Bauleiter-Handbuch Auftragnehmer

Bauleiter-Handbuch Auftragnehmer

- Praxisbeispiele
- Checklisten
- Musterbriefe
- Aufgaben des Bauleiters

von
Rechtsanwalt Dr.-Ing. Helmuth Duve
Dr.-Ing. Christopher Cichos

6. Auflage

Reguvis

Bibliografische Information der Deutschen Nationalbibliothek
Die Deutsche Nationalbibliothek verzeichnet diese Publikation in der Deutschen Nationalbibliografie; detaillierte bibliografische Daten sind im Internet über http://dnb.d-nb.de abrufbar.

Reguvis Fachmedien GmbH
Amsterdamer Str. 192
50735 Köln
service@reguvis.de
www.reguvis.de

ISBN (Print): 978-3-8462-1530-2
ISBN (E-Book): 978-3-8462-1536-4

Satz: Cicero Computer GmbH, Bonn
Druck und buchbinderische Verarbeitung: Appel & Klinger Druck und Medien GmbH, Schneckenlohe

Printed in Germany

Inhaltsverzeichnis

Vorwort zur 6. Auflage

Wir freuen uns als Autoren, dass das vorliegende Handbuch weiterhin Zuspruch findet und nun in die sechste Auflage geht. Das positive Feedback bereitet uns Autoren viel Freude und wir bedanken uns herzlich dafür. Alle sind weiterhin eingeladen, mit den Autoren den Dialog fortzuführen.

In der sechsten Auflage haben wir insbesondere den aktuellen Stand des neuen Bauvertragsrechts berücksichtigt. Das neue Werkvertragsrecht im BGB ist nun schon mehr als sechs Jahre in Kraft. Eine Revolution sollte es werden. Doch die Praxis zeigt, dass es immer noch nur mit sehr viel Zurückhaltung aufgenommen wird. Alle Fragen, welche durch die neuen Regelungen aufgeworfen wurden, sind weiterhin unbeantwortet. Ob die Regelungen der VOB/B Bestand haben werden? Auch diese wichtige Frage ist nicht abschließend entschieden, weder politisch noch durch die Gerichte. Festzustellen ist aber, dass die Gerichte immer mehr Regelungen aus der VOB/B als unwirksam bezeichnen. Die Ausführungen zur VOB/B und das Kapitel zum neuen Bauvertragsrecht wurden entsprechend aktualisiert und überarbeitet. Es bleibt nach wie vor eine Portion Ungewissheit, mit der wir immer noch leben müssen. Wir haben trotz der Unklarheiten weiterhin Musterbriefe für den Bauleiter eingefügt, von denen zu erwarten ist, dass die zugrunde liegenden Regelungen so bleiben werden.

Der arbeitsrechtliche Teil in Bezug auf die Beschäftigung inländischer und ausländischer Nachunternehmer gestaltet sich leider immer komplizierter und ändert sich fortlaufend. Der Teil wurde so bearbeitet, dass der Bauleiter die notwendigen Informationen zur Beurteilung erhält. Letztlich handelt es sich aber um eine sehr spezielle Materie, für die entsprechende Formulare und Vorgehensweisen durch den jeweiligen Betrieb vorgegeben werden sollten.

Mit der sechsten Auflage möchten die Autoren weiterhin einen Beitrag leisten, die »Baustelle« für die Bauleiter zum Erfolg werden zu lassen. Hierzu gehört es auch, dass aus der Vertragsabwicklung kein Rechtsstreit entsteht. Die klare Information des Auftraggebers, wie sie in der VOB/B dem Auftragnehmer vorgegeben wird, hat sich auch als bestes Mittel zur Streitvermeidung bewährt. Diesem Zweck dienen die Musterbriefe, deren Bearbeitung durch die Ausführungen und Checklisten ergänzt und erleichtert wird. Aus der Resonanz haben wir entnommen, dass es anfänglich schwerfallen mag, Briefe zu versenden. Im Nachhinein haben aber alle damit sehr gute Erfahrungen gemacht. Auch die Kunden schätzen den formell korrekten Umgang, der zu mehr Klarheit und Transparenz führt.

Dem Verlag danken wir erneut für die Betreuung und Unterstützung. Schön, dass wir als Autoren mit so viel Freude und so zuverlässig auf sie zählen können.

Frau Rechtsanwältin Regine Baumgärtner danken wir besonders für die erneute Unterstützung und Überarbeitung des arbeitsrechtlichen Kapitels. Sie ist nun schon über sechs Auflagen verlässliche Partnerin der Autoren.

Gerade ein Handbuch lebt von dem Dialog mit den Lesern und Verwendern. Wir wünschen uns, dass dieses Buch noch besser wird. Anregungen und Hinweise erbitten wir an ch.cichos@chc-sv.de, helmuth.duve@profacto-jur.com oder die Reguvis Fachmedien GmbH.

Stuttgart und Frankfurt, im Dezember 2024

Dr.-Ing. Helmuth Duve

Prof. Dr.-Ing. Christopher Cichos

Literaturempfehlung

Rechtliche Fragen im Zusammenhang mit der VOB/B schlägt man in einem Kommentar zu den einzelnen Regelungen nach. Ausführlich und verständlich ist das Werk: Ingenstau, Heinz; Korbion, Hermann; VOB Teile A und B, Kommentar. Baubetriebliche Probleme und deren Lösung findet man in dem Klassiker: Vygen, Klaus; Joussen, Edgar; Lang, Andreas; Rasch, Dirk; Bauverzögerung und Leistungsänderung. Man muss jeweils die aktuelle Auflage verwenden.

Gerichtsverfahren, Beweisverfahren, Schiedsverfahren, Gutachtenverfahren etc. werden dargestellt und erläutert in: Duve, Helmuth; Streitregulierung im Bauwesen, Köln 2007. Flussdiagramme ermöglichen das gezielte Nachschlagen und einen schnellen Überblick speziell für Ingenieure.

Eine praktische Hilfe bei der Kalkulation und Verhandlung von Nachträgen findet man in dem Buch Nachträge im Bauwesen, Grundlagen und Kalkulation von Helmuth Duve, erschienen in Köln 2019. Inhaltlich ist das Buch die Fortsetzung des Bauleiterhandbuches für die Bearbeitung von Nachträgen.

1 Einleitung

Das vorliegende Handbuch richtet sich an den auftragnehmerseitigen Bauleiter auf der Baustelle. Es beschreibt seine Tätigkeiten, seine Pflichten und Rechte. Dabei wurde die Gliederung des Handbuches dem zeitlichen Ablauf einer Baumaßnahme nachgebildet. Damit wird ein schneller Zugriff bei gezielten Fragestellungen ermöglicht. 1

In den Kapiteln, in denen Tätigkeiten des Bauleiters beschrieben werden, befinden sich Ablaufdiagramme, welche die übliche Abwicklung der Handlungsabläufe darstellen. In den folgenden Ausführungen zu den Ablaufdiagrammen wird auf die Musterschreiben hingewiesen, die sich auf den ausgeführten Sachverhalt beziehen und hinter den Kapiteln angehängt wurden. 2

Die Musterschreiben sind mit einem allgemeinen Text versehen, der die erforderlichen Ausführungen darstellt. Damit sich der Verwender vorstellen kann, wie ein fertiger, ausgefüllter Brief aussehen könnte, wurden in den Briefen keine Leerzeichen eingesetzt, sondern ein Beispiel. Diese Textteile sind in den Briefen kursiv gedruckt. Der Verwender muss hier seinen entsprechenden Sachverhalt einfügen. Im laufenden Text in den Kapiteln wird auf das entsprechende Musterschreiben »MS« hingewiesen. 3

Es gibt keine Musterbriefe, die immer passend sind. Daher muss bei der Verwendung eines Musterbriefs überlegt werden, ob dieser im Einzelfall passt oder ob andere Randbedingungen vorliegen, die eine Änderung erforderlich machen. Daher sind die Musterbriefe nicht allgemein gültig. 4

Am Ende der Kapitel finden sich Checklisten. Sie dienen der Orientierung und Erinnerung nach dem Lesen der Kapitel. Sie enthalten nicht unbedingt alle zu beachtenden Gegebenheiten des Einzelfalles und ersetzen daher nicht die Lektüre. Da es sich um ein Handbuch handelt, kann der Verwender hier eigene Punkte nachtragen, die für ihn wichtig sind. 5

Zusätzlich werden dem Bauleiter in dem Kapitel Zeitmanagement Richtzeitwerte für seine Tätigkeiten zur Verfügung gestellt. Diese Zeitwerte stellen durchschnittliche Aufwendungen von Bauleitern dar und sollen hilfreich sein, die eigenen Aufwendungen zu kontrollieren und den eigenen Tagesablauf effizienter zu planen. 6

Da das Baurecht im BGB mit zahlreichen Änderungen für Verträge, die ab dem 01.01.2018 abgeschlossen worden sind, in Kraft getreten ist, wurden in Kapitel 12 die Änderungen dargestellt. Hier wird es allerdings durch die Recht- 7 sprechung in den kommenden Jahren noch zu zahlreichen Klärungen offener Fragen kommen. Daher muss der Verwender dieses Buches bei Fragen zu dem „neuen“ Bauvertragsrecht immer eine Aktualisierung im Auge behalten. Hier kann nur der jetzt aktuelle Stand dargestellt werden. Auch zum jetzigen Zeitpunkt ist es immer noch so, dass in der Praxis die gesetzlichen Regelungen und die Unwirksamkeit von Regelungen aus der VOB/B nicht bekannt sind und nicht angewendet werden. Es ist daher dringend erforderlich, die Ausführungen in Kapitel 12 durchzuarbeiten.

8 In den mehr als sechs Jahren der Geltung der „neuen“ gesetzlichen Vorschriften hat die Rechtsprechung immer mehr Regelungen in den allgemeinen Geschäftsbedingungen der VOB/B für unwirksam erklärt. Die VOB/B ist damit „durchlöchert“ worden und es ist zu erwarten, dass die Rechtsprechung noch weitere Regelungen der VOB/B für unwirksam erklären wird. Leider hat der Verdingungsausschuss immer noch keine neue VOB/B herausgegeben, obwohl das dringend erforderlich ist. Mit diesem Zustand der sich daraus ergebenden Ungewissheit müssen wir also noch unseren Baualltag gestalten.

2 Die Bauleiter auf einer Baustelle

2.1 Der Bauleiter des Auftragnehmers

Der Bauleiter eines Auftragnehmers hat in erster Linie für die vertraglich geschuldete Herstellung des Bauwerks im Namen seines Unternehmens zu sorgen und dessen Interessen zu vertreten. Er koordiniert, leitet und überwacht die Vorgänge auf der Baustelle. Dabei sind alle seine Aufgaben, seien es Planungsaufgaben, Dokumentationen, Besprechungen, Verwaltungsaufgaben oder Kontrollen, miteinander verknüpft und stehen in engem Zusammenhang mit dem Ablauf der Baustelle. **9**

Neben diesen »technischen« Aufgaben sind aber auch soziale Herausforderungen zu bewältigen. Sie sind nicht zu unterschätzen, weil sie häufig den Ablauf der Baumaßnahme und die Leistungen zur Herstellung des Bauwerks entscheidend beeinflussen. Die Beziehung zwischen Auftraggeber und Auftragnehmer ist äußerst komplex, da auf beiden Seiten viele Beteiligte auftreten, z.B. Projektsteuerer, Architekten, Planer, mögliche Nutzer, Investoren, aber auch Nachunternehmer, eigene Kollegen und Poliere, Geräteführer, gewerbliche Mitarbeiter etc. Dementsprechend nimmt der Bauleiter des Auftragnehmers als ständiger Mittelsmann zwischen Auftraggeber und Unternehmer im Baustellengeschehen eine exponierte Rolle ein. **10**

Wegen der zunehmenden Spezialisierung in einzelnen Gewerken gibt es den Generalisten als Bauleiter nur noch selten. In aller Regel findet zumindest eine spartenweise Beschränkung des Einsatzbereiches statt. Bei großen Projekten im Bereich des Schlüsselfertigbaus wird eine Reihe von Bauleitern eingesetzt, die jeweils nur für bestimmte Gewerke oder Bauabschnitte zuständig sind. Diese Fach- oder Abschnittsbauleiter arbeiten im Detail wie der Bauleiter einer Gesamtbaustelle und unterscheiden sich daher nicht grundsätzlich von ihm. Lediglich die Anzahl der Schnittstellen zu weiteren Beteiligten ist bei der Leitung eines Gewerkes geringer als bei der Leitung aller Gewerke. **11**

Oftmals werden dem Bauleiter des Auftragnehmers auch die Aufgaben des Bauleiters nach der Landesbauordnung und die Tätigkeiten des Sicherheits- und Gesundheitskoordinators übertragen, die ohne eine Übertragung zum Aufgabenbereich des Auftraggebers zählen. Damit steigt die Verantwortung des Bauleiters. Die gewissenhafte Erfüllung dieser Aufgaben sollte nicht vernachlässigt werden, da es sich um persönlich zu erfüllende Aufgaben handelt, die staatlich überwacht werden. **12**

2.2 Einordnung des Bauleiters in die Unternehmensstruktur

13 In der Struktur größerer Unternehmen ist mehreren Bauleitern in der Regel eine Oberbauleitung übergeordnet, die gegenüber der Geschäftsleitung die Gesamtverantwortung für das Bauprojekt trägt. Die Oberbauleitung wird unterstützt von einer kaufmännischen und einer technischen Leitung und kann ebenso in eine Projektleitung eingebunden sein, insbesondere bei Großprojekten, die komplett von einem Auftragnehmer realisiert werden. Die Begriffe Projektleitung und Oberbauleitung werden nicht überall gleich verwendet.

14 Während die Oberbauleitung in vielen Fällen mehr Verwaltungs- und Koordinationsaufgaben wahrnimmt, ist der Bauleiter für die Organisation und Tätigkeiten auf der Baustelle zuständig. Hierzu können ihm Bauleiter eines Gewerks, Oberpoliere und Poliere unterstellt werden. Abhängig von den Projektgrößen und der Größe des Bauunternehmens können die Aufgabenbereiche auch anders aufgeteilt sein.

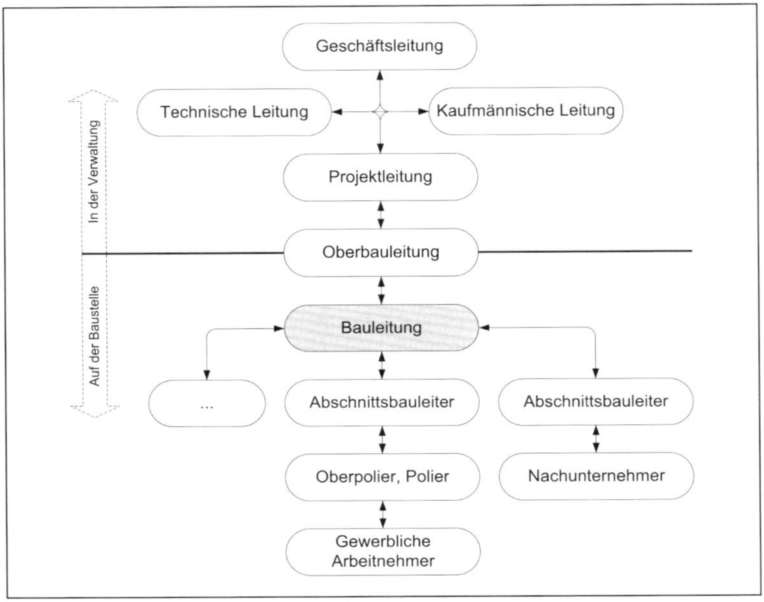

Abbildung 1: Einordnung des Bauleiters in das Schema einer Unternehmensstruktur großer Bauunternehmen

Die Tätigkeiten für kleinere Bauprojekte lasten einen Bauleiter meist nicht vollständig aus. Deshalb kann er gleichzeitig mit mehreren Projekten betraut sein. Allerdings wird dadurch eine umfangreichere Tätigkeit in der Verwaltung des Unternehmens, besonders zur Koordination und Überwachung seiner unterschiedlichen Baustellen, notwendig. In der Regel handelt es sich um vor- und nachbereitende Arbeiten für die eigentlichen Tätigkeiten auf der Baustelle, die einen reibungslosen Baustellenablauf gewährleisten. Das hat zur Folge, dass der Bauleiter nur zeitweise auf einer Baustelle sein kann. Der Bauleiter muss daher entscheiden, zu welchen Zeitpunkten er auf welcher Baustelle sein muss. Diese Koordination hat er nicht, wenn er nur in einem Projekt tätig ist. Darüber hinaus obliegen ihm auch die Akquisition neuer und die Nachbearbeitung abgeschlossener Projekte. Diese Form der Tätigkeit erfordert ein gutes und effektives Zeitmanagement, da zu den eigentlichen Tätigkeiten die An- und Abfahrtszeiten dazukommen. **15**

Andererseits ist bei kleineren Bauunternehmen die Geschäftsleitung stärker in das operative Geschehen auf den Baustellen eingebunden. Eine strikte Aufteilung der Tätigkeiten zwischen Verwaltung und Baustelle, wie es in der Regel bei Großunternehmen der Fall ist, ist nicht gegeben. Daneben gibt es, besonders in mittelgroßen Unternehmen, Mischformen. **16**

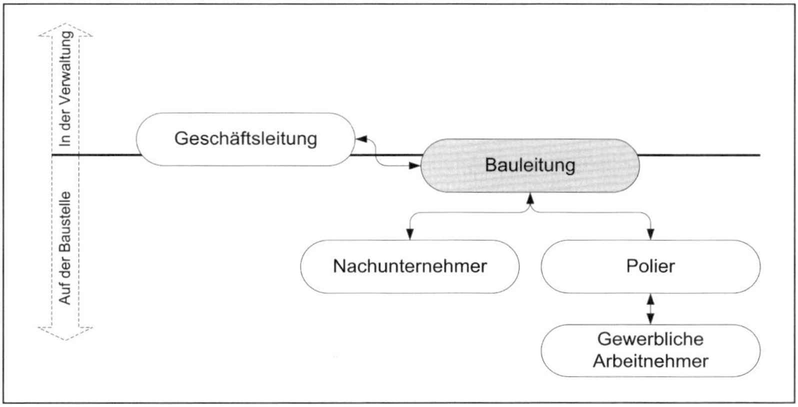

Abbildung 2: Einordnung des Bauleiters in das Schema einer Unternehmensstruktur kleiner Bauunternehmen

2.3 Einordnung in die Projektstruktur

17 Neben seiner Position in der Unternehmensstruktur ist auch seine Stellung innerhalb des Projektes für die Arbeit eines Bauleiters von Bedeutung. Von der Größe der Baustelle ist die Anzahl der Beteiligten abhängig, mit denen der Bauleiter direkt Kontakt hat. Hierzu gehören z.B. Fachplaner, Nachunternehmer, interne Fachabteilungen. Die Anzahl der Beteiligten spiegelt die Anzahl der Schnittstellen wider, die das Aufgabenfeld des Bauleiters mitbestimmen. Die folgende Abbildung verdeutlicht die vielfältigen Beziehungen. Die Beteiligten können auch in Beziehung zu anderen Beteiligten stehen oder sie können dem Auftraggeber zuzurechnen sein.

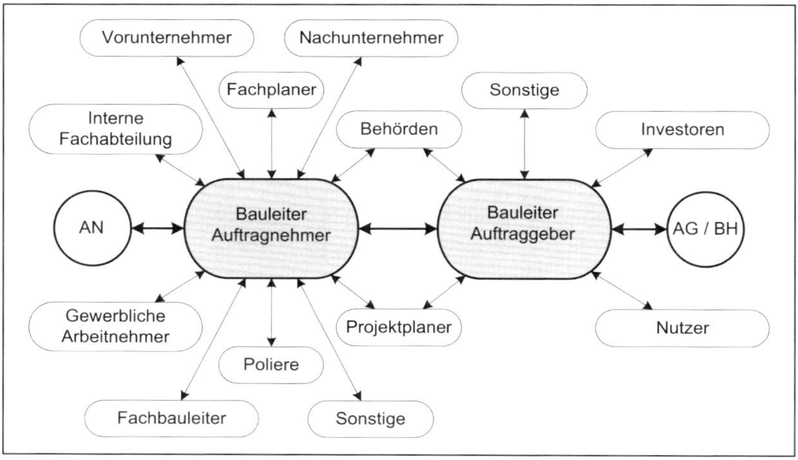

Abbildung 3: Einbettung des Bauleiters in die Projektstruktur

18 Es ist ersichtlich, dass im Zentrum der Projektstruktur die Bauleiter des Auftragnehmers und des Auftraggebers stehen. Im Prinzip spiegeln sie als Vertreter des Auftragnehmers und des Auftraggebers das Verhältnis der Partner des Bauvertrages wider. Sämtliche Entscheidungen und Informationen müssen in der Regel über die Bauleiter in die Baustelle hinein kommuniziert werden. Dabei ist allerdings zu beachten, dass der auftraggeberseitige Bauleiter meist keine rechtliche Vollmacht zum verbindlichen Handeln hat. Daher müssen alle Entscheidungen direkt bei dem Auftraggeber abgefragt werden, wenn die Kompetenzen der Bauleiter nicht anders vertraglich festgelegt sind. Wenn es keine Regelungen hierzu gibt, ist der Umfang der Vollmachten vor Beginn der Tätigkeiten als Erstes zu klären.

Die Kommunikation mit den anderen externen Beteiligten sowie die Kommunikation der Beteiligten untereinander dienen in vielen Fällen der schnellen Klärung von Sachfragen, was für einen reibungslosen Bauablauf erforderlich ist. Es ist allerdings auch die Aufgabe des Bauleiters sicherzustellen, dass keine Änderungen und Abweichungen des vertraglichen Bausolls durch nicht bevollmächtigte Beteiligte, z. B. Planung, in die Bauausführung Eingang finden. Es gilt das vorab schon Ausgeführte; verbindliche Entscheidungen zu den Fragen des Bauvertrages können nur durch Bevollmächtigte getroffen werden. Einfache Grundregel ist immer: »Wenn es Geld kostet, ist der Auftraggeber zu fragen.« Besonders durch die Digitalisierung und die damit verbundene schnelle Weitergabe von Informationen an viele Beteiligte muss der Bauleiter die Informationswege kennen und gut in diese eingebunden sein, was im Allgemeinen zusätzlichen Zeitaufwand bedeutet. Aber nur so ist es ihm möglich, Einfluss auf die Informationsflüsse zu nehmen. **19**

2.4 Bauleiter des Auftraggebers

20 Die Bauleiter der Auftraggeber sind mit der Überwachung der vertragsgemäßen Leistungen der Auftragnehmer beauftragt und somit zur Sicherung der Interessen des Auftraggebers. Die Leitung der Baustelle obliegt aber dem Bauleiter des Auftragnehmers. Hat der Auftraggeber ein Ingenieur- oder Architekturbüro mit der Überwachung der Objektherstellung betraut, richten sich die Leistung und Vergütung nach der HOAI 2021. In den §§ 3, 33 ff. HOAI, Leistungsbild Objektplanung für Gebäude und Innenräume, sind die zu erbringenden Leistungen beschrieben. Diese werden in neun Leistungsphasen eingeteilt, die sich wiederum in Einzeltätigkeiten aufgliedern. Dabei beschreibt die Leistungsphase 8 – Objektüberwachung (Bauüberwachung) und Dokumentation – hauptsächlich die Aufgaben des Bauleiters eines Auftraggebers auf der Baustelle. Zu den Grundleistungen dieser Leistungsphase zählen gemäß Anlage 10 HOAI:

- Überwachen der Ausführung des Objektes auf Übereinstimmung mit der öffentlich-rechtlichen Genehmigung oder Zustimmung, den Verträgen mit ausführenden Unternehmen, den Ausführungsunterlagen, den einschlägigen Vorschriften sowie mit den allgemein anerkannten Regeln der Technik
- Überwachen der Ausführung von Tragwerken mit sehr geringen und geringen Planungsanforderungen auf Übereinstimmung mit dem Standsicherheitsnachweis
- Koordinieren der an der Objektüberwachung fachlich Beteiligten
- Aufstellen, Fortschreiben und Überwachen eines Terminplans (Balkendiagramm)
- Dokumentation des Bauablaufs (zum Beispiel Bautagebuch)
- Gemeinsames Aufmaß mit den ausführenden Unternehmen
- Rechnungsprüfung einschließlich Prüfen der Aufmaße der bauausführenden Unternehmen
- Vergleich der Ergebnisse der Rechnungsprüfungen mit den Auftragssummen einschließlich Nachträgen
- Kostenkontrolle durch Überprüfen der Leistungsabrechnung der bauausführenden Unternehmen im Vergleich zu den Vertragspreisen
- Kostenfeststellung, zum Beispiel nach DIN 276

- Organisation der Abnahme der Bauleistungen unter Mitwirkung anderer an der Planung und Objektüberwachung fachlich Beteiligter, Feststellung von Mängeln, Abnahmeempfehlung für den Auftraggeber
- Antrag auf öffentlich-rechtliche Abnahmen und Teilnahme daran
- Systematische Zusammenstellung der Dokumentation, zeichnerischen Darstellungen und rechnerischen Ergebnisse des Objekts
- Übergabe des Objekts
- Auflisten der Verjährungsfristen für Mängelansprüche
- Überwachen der Beseitigung der bei der Abnahme festgestellten Mängel

Aus der Aufzählung der Tätigkeiten kann man erkennen, welche Leistungen **21**
man üblicherweise von dem Bauleiter des Auftraggebers erwarten darf. In der Regel ist der Auftraggeber bemüht, ein qualitativ hochwertiges Objekt möglichst kostengünstig erstellen zu lassen. Der Auftragnehmer hingegen wird bemüht sein, seinen unternehmerischen Erfolg zu maximieren. Daraus ergeben sich unterschiedliche Ziele, die auch für den Bauleiter eines Auftragnehmers und den Bauleiter des Auftraggebers Geltung haben.

2.5 Bauleiter nach Landesbauordnung

22 Die LBO ist die Landesbauordnung. Sie ist ein Gesetz der Bundesländer, welches je nach Bundesland verschieden sein kann. Die Vorschriften sind zwingend zu beachten. Der Bauleiter nach LBO hat die fachgerechte Ausführung des Bauwerks nach der genehmigten Planung des zuständigen Bauamtes, also der Baugenehmigung, zu überwachen und gegenüber der Bauaufsichtsbehörde öffentlich-rechtlich zu verantworten. Dabei hat er auch weitergehende öffentliche Interessen zu wahren sowie die Verkehrssicherheit der Baustelle und des Baubetriebes sicherzustellen.

23 Der Auftraggeber hat gegenüber der Bauaufsichtsbehörde den Bauleiter nach Landesbauordnung zu bestimmen. Er kann dazu den von ihm beauftragten Bauleiter benennen. In den meisten Fällen überträgt er diese Aufgabe jedoch dem Auftragnehmer. Sie wird dann durch den Bauleiter in Person ausgeübt, der gegenüber der Bauaufsicht namentlich zu benennen ist. Diese ist mit dem beteiligten Bauleiter abzustimmen.

24 Die öffentlich-rechtlichen Aufgaben des Bauleiters werden in den Landesbauordnungen definiert, z.B. in § 51 der Hessischen Bauordnung:

> *(1) Die mit der Bauleitung beauftragte Person hat darüber zu wachen, dass die Baumaßnahme dem öffentlichen Baurecht, insbesondere*
>
> *1. den nach § 3 Abs. 3 eingeführten Technischen Baubestimmungen,*
>
> *2. den genehmigten Bauvorlagen, soweit eine bauaufsichtliche Prüfung entfällt den eingereichten Bauvorlagen,*
>
> *3. den Einzelzeichnungen, Einzelberechnungen und Anweisungen der Entwurfsverfasserin oder des Entwurfsverfassers entsprechend ausgeführt wird, und die hierfür erforderlichen Weisungen zu erteilen. Im Rahmen dieser Aufgabe ist für den sicheren Betrieb der Baustelle, insbesondere das gefahrlose Ineinandergreifen aller Arbeiten zu sorgen.*
>
> *(2) Die Bauleitung darf nur übernehmen, wer über die erforderliche Sachkunde und Erfahrung verfügt; für die Mindestqualifikation gilt § 49 Abs. 6 entsprechend. Verfügt die mit der Bauleitung beauftragte Person auf Teilgebieten nicht über die erforderliche Eignung, insbesondere Sachkunde und Erfahrung, sind geeignete Personen für die Fachbauleitung heranzuziehen. Diese treten insoweit an die Stelle der Bauleitung. Aufgabe der Bauleitung bleibt es, die Tätigkeiten der Fachbauleitungen und die eigene Tätigkeit aufeinander abzustimmen.*

Eine strikte Abgrenzung der Verantwortlichkeiten der Funktionsträger von Auftraggeber, Auftragnehmer, dem Sicherheits- und Gesundheitskoordinator sowie dem Bauleiter nach Landesbauordnung ist in der Praxis schwierig, wodurch zumindest in Teilen eine Überlappung der notwendigen Kontrollen und der Kompetenzen zustande kommt. Um grundsätzlich Versäumnisse zu vermeiden, muss jeder Bauleiter im Zweifel eigenständig tätig werden. **25**

Wie dem Gesetzestext zu entnehmen ist, hat der Bauleiter über eine ausreichende Qualifikation („wer über die erforderliche Sachkunde und Erfahrung verfügt") zu verfügen. Diese richtet sich nach dem Einzelfall und damit nach der Art, der Größe und der Lage der Baustelle. So ist beispielsweise eine Baustelle im Innenstadtbereich, bei der Fertigteile mit dem Kran versetzt werden, in Bezug auf die notwendigen Absicherungsmaßnahmen erheblich aufwendiger als eine Baustelle auf »der grünen Wiese«, bei der Arbeiten für Außenanlagen von Sportplätzen durchgeführt werden. Weitere Faktoren, welche die Erfahrung und Qualifikation des Bauleiters nach LBO bestimmen, sind die Anzahl der auf der Baustelle tätigen Nachunternehmer, die Baustellenbelegschaft, der Maschineneinsatz, die Platzverhältnisse, die Emissionen, die Witterungsbedingungen etc. Daher ist eine ständige Präsenz auf der Baustelle erforderlich, die für eine Überwachung des Objektes durch die Bauleitung von Auftragnehmer und Auftraggeber nicht immer notwendig ist. Als Bauleiter sollte man selbstkritisch prüfen, ob man diese Aufgabe übernehmen kann und über die entsprechende Erfahrung verfügt. Häufig ist die Hinzuziehung von externen Sicherheits- und Gesundheits-Koordinatoren (SiGeKo) ratsam. **26**

3 Die Vorbereitung einer Baumaßnahme

3.1 Die Auftragsunterlagen und deren Übernahme

Die Arbeit des Bauleiters beginnt nicht mit seiner Tätigkeit auf der Baustelle, sondern mit den Vorbereitungen für die Baumaßnahme. Wenn er nicht bereits an den Arbeiten für das Angebot oder an den Auftragsverhandlungen beteiligt war, werden nach der Auftragserteilung von den firmeninternen Mitarbeitern die Unterlagen (Dokumente) für das Projekt an ihn übergeben.

27 In § 1 Abs. 2 VOB/B ist die Reihenfolge der Geltung der Unterlagen bei Widersprüchen im Vertrag aufgeführt, sofern sie nicht vertraglich geändert wurde. Zu den Auftragsunterlagen gehören im Allgemeinen:

- der Bauvertrag einschließlich der Vergabeprotokolle und aller Ergänzungen,
- die Leistungsbeschreibung einschließlich Leistungsverzeichnis,
- bautechnische Pläne und Berechnungen,
- Informationen über Hauptachsen des Gebäudes, Grenzen des Grundstücks sowie über Höhenfestpunkte,
- eventuell vorliegende Gutachten,
- Vollmachten und Befugnisse aller Beteiligten,
- die Terminplanung des Auftraggebers,
- die Angebotskalkulation des Auftragnehmers,
- eine Lieferanten- und Nachunternehmerliste,
- Informationen beispielsweise aus einer Ortsbegehung,
- Informationen zum Zustand des Geländes,
- Pläne oder andere Dokumente zur Verkehrsanbindung und zum Zustand der Straßen,
- Pläne oder andere Dokumente zur Erschließung des Grundstücks inklusive der Informationen zur Lage von Ver- und Entsorgungsstraßen sowie deren Zustand,
- Dokumente zum Zustand der Nachbarbebauung (ggfls. Beweissicherung),

- bereits abgeschlossene Nachunternehmerverträge des Auftragnehmers,
- Informationen über das geplante Bauverfahren und den geplanten Geräteeinsatz,
- Dokumente zu möglichen Auflagen durch die Öffentliche Hand.

Bereits vor dem Übergabegespräch sollte sich der Bauleiter in die Unterlagen einarbeiten und sich auf das Gespräch vorbereiten, da er zu diesem Zeitpunkt noch unbefangen ist und über die neutrale Sicht eines unbeteiligten Dritten verfügt. Dadurch wird es möglich, die Unterlagen kritischer zu hinterfragen und auch möglicherweise fehlende Informationen schnell zu identifizieren, da er sonst nicht alles nachvollziehen kann. Die Protokolle der Vergabeverhandlungen und der Auftragsgespräche erleichtern die Informationsweitergabe und ermöglichen dem Bauleiter einen schnellen Einstieg in das Projekt. Bei dem Übergabegespräch sollten neben dem Bauleiter unbedingt die Kalkulatoren und Personen, welche die Verhandlungen geführt haben, anwesend sein, um möglichst wenig Informationen zu verlieren. Diese Gespräche können nach Bedarf auch mehrmals stattfinden. Es ist also im Interesse aller Beteiligten, dass der Bauleiter zur Einarbeitung in das Projekt jegliche Unterstützung erhält. 28

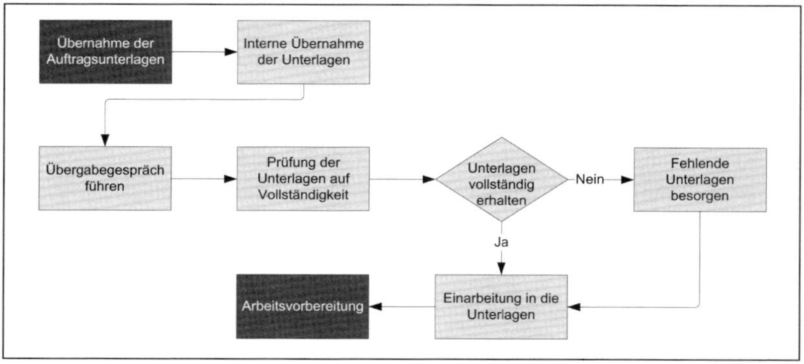

Abbildung 4: Tätigkeitsablauf Übergabe der Projektunterlagen

Da sich bereits bis zu diesem Zeitpunkt viele Informationen angesammelt haben, muss der Bauleiter großen Wert darauf legen, dass alle Informationen an ihn weitergegeben werden. Gerade während der Auftragsverhandlungen werden vielfach noch Unterlagen nachgereicht, technische Spezifikationen geändert, Leistungsschnittstellen definiert etc. Die ausgetauschten und übergebe- 29 nen Unterlagen finden nicht immer Eingang in die vertraglichen Unterlagen, sondern werden oft schlicht vergessen. Daher ist es für den übernehmenden Bauleiter ratsam, auch nach Unterlagen zu fragen, die während der Vertragsverhandlung angefertigt wurden. In vielen Fällen stellt sich heraus, dass sich gerade aus diesen nicht zum Vertrag gehörenden Unterlagen Einiges ergibt, was bei späteren Meinungsverschiedenheiten mit dem Auftraggeber zu einer schnellen Klärung beitragen kann. Gerade wenn der Bauleiter sich unvoreingenommen in das Projekt einarbeitet, können ihm solche Widersprüche auffallen. Daher sollte seine Einarbeitung gewissenhaft erfolgen.

30 Die Unterlagen, die der für die Objekterstellung zuständige Bauleiter erhält, müssen vollständig sein. Das bedeutet, dass er alle vertraglichen Unterlagen bekommen muss, da sie für die Bestimmung der Bauleistung notwendig sind. Ausgenommen sind daher nur zum Beispiel die ausgetauschten Bürgschaften im Original. Weiterhin muss überprüft werden, ob die übergebenen Unterlagen auch wirklich die vertraglichen Unterlagen sind. Bei der Unterzeichnung der Verträge paraphiert man alle Blätter und Seiten, die verbindlicher Vertragsbestandteil werden sollen. Paraphieren bedeutet, dass beide Vertragspartner auf jeder Seite, jedem Plan etc. ihr Unterschriftenkürzel anbringen. Wenn Vertragsbestandteile nicht paraphiert sind und ihre Eigenschaft als Vertragsbestandteil nicht eindeutig ist, ist deren Übereinstimmung mit den Unterlagen des Auftraggebers zu klären. Es kommt nicht selten vor, dass sich erst bei der Abwicklung einer Baumaßnahme herausstellt, dass die Vertragspartner unterschiedliche Pläne in ihren Unterlagen haben. Insbesondere bei handschriftlichen Änderungen in Vertragsbestandteilen muss eindeutig sein, dass die Änderung auch von beiden Vertragspartnern genehmigt worden ist. Auch bei der Nutzung von digitalen Datenräumen ist darauf zu achten, dass zumindest der Bauleiter dort Zugang zu den Vertragsdokumenten hat und diese im Zweifelsfall einsehen kann.

31 Wenn die übergebenen Unterlagen nicht vollständig sind, müssen die fehlenden Unterlagen umgehend ergänzt werden. Daher sollte der Bauleiter genau überprüfen, was ihm vorliegt und was nach Vertrag vorliegen sollte. Fehlende Unterlagen sind gegebenenfalls vom Auftraggeber zu besorgen. Bereits zu diesem Zeitpunkt sind die zwar nicht in den Vertragsunterlagen enthaltenen, aber ebenfalls geltenden Unterlagen zusammenzustellen. Hierzu gehören z.B. die einschlägigen DIN-Normen, geltende und zu beachtende Vorschriften über Lärmschutz, Emissionen, Wasserhaltung etc. sowie im Vertrag genannte und zu beachtende Regelungen.

Zusammen mit den internen Unterlagen der Kalkulation kann der Bauleiter das zu erbringende Bausoll, also die für die vertragliche Vergütung zu erbringende Leistung, bestimmen. Dadurch erhält er Kenntnisse über Abweichungen, z.B. in der Kalkulation übersehene Leistungen oder Leistungen, bei denen eine andere Ausführung in Art und Menge erwartet werden kann. Diese Kenntnisse sind wichtig, damit man die Abwicklung der Baumaßnahme steuern kann und nicht von ändernden Ereignissen überrascht wird. **32**

Alle Unterlagen, die der Auftraggeber dem Auftragnehmer zur Verfügung stellt, müssen vom Auftragnehmer im Rahmen seiner Vertragserfüllung geprüft werden. Auf entdeckte, aber auch auf vermutete Unstimmigkeiten, die zu einer mangelhaften Leistung führen, muss der Auftraggeber hingewiesen werden. Dies schreibt sowohl § 3 Abs. 3 VOB/B sowie § 4 Abs. 3 VOB/B vor. Die Bedenken sind in einem Schreiben (MS 1) an den Auftraggeber anzumelden. Sie sind möglichst vor Beginn der Arbeiten mitzuteilen, können aber auch noch während der Ausführung geltend gemacht werden. **33**

Ebenso hat der Bauleiter vor Beginn der Objekterstellung die Weisungsbefugnisse der vom Auftraggeber beauftragten Beteiligten zu klären. Hierzu fordert er vom Auftraggeber unterschriebene Vollmachten an (MS 2). Dadurch werden nicht nur Missverständnisse vermieden, sondern die klare Vollmachtserteilung schützt alle Beteiligten vor unnötigen Streitigkeiten. Ohne Vollmacht von auftraggeberseitigen Bauleitern angeordnete Mehrleistungen müssen durch den Auftraggeber nicht bezahlt werden. Zwar kann eine Haftung des Vertreters ohne Vollmacht in Frage kommen. Allerdings lassen sich Forderungen größeren Umfangs nicht ohne Probleme durchsetzen. Vollmachten sollte man sich auch in den Vertragsverhältnissen zwischen Generalunternehmern und Nachunternehmern vorlegen lassen. Dies sorgt oftmals nicht nur beim Bauleiter für Klarheit, sondern auch bei den übrigen Beteiligten. Daher sollte sich ein Bauleiter nicht davor scheuen, sich Vollmachten vorlegen zu lassen. **34**

Grundsätzlich muss der Bauleiter von allen Auftragsunterlagen Kopien besitzen. Es wird nur mit diesen Kopien gearbeitet. Häufig werden sonst auf den Originalen handschriftliche Eintragungen vorgenommen, die Unterlagen verlegt, nicht wieder einsortiert etc. Die in der Hauptverwaltung abgelegten Originaldokumente bleiben so stets vollständig und ermöglichen jederzeit eine lückenlose Rekonstruktion der Beauftragung. Inzwischen haben sich zudem bei vielen Bauvorhaben digitale Datenräume durchgesetzt, in denen alle Unterlagen digital hinterlegt sind und in denen durch die Vergabe von Rechten genau definiert ist, wer Zugriff auf welche Unterlagen hat. **35**

Checkliste 1: Übernahme der Auftragsunterlagen

Wann:	Nach Vertragsabschluss und vor Baubeginn
Warum:	Zur Einarbeitung des zuständigen Bauleiters in das Projekt und alle Unterlagen
Wer:	Bauleiter und bisher Beteiligte des Auftragnehmers
Was:	Interne Übernahme der Unterlagen; Prüfung der Unterlagen auf Vollständigkeit; Einarbeitung in die vorhandenen Unterlagen; Übergabegespräche mit dem Kalkulator etc.; Prüfen der Vollmachten der Beteiligten
Wie:	Durcharbeiten der Vertragsunterlagen; Besprechung mit den bisher an der Angebotslegung Beteiligten
Kontrolle:	Unterlagen vollständig? Unstimmigkeiten in den Unterlagen? Vollmachten vorhanden?
Weiteres Vorgehen:	Vervollständigung der Unterlagen; Bedenkenanmeldung an Auftraggeber; Arbeitsvorbereitung für das Objekt durch den Bauleiter
Eigene Anmerkungen:	

Musterschreiben 1: Bedenkenanmeldung vor Baubeginn

Adressat: *Auftraggeber*

Bauvorhaben: ....

Datum: ....

BD Nr. 1: *Bedenken auf Grund starrer Anschlüsse der Trockenbauwände*

Sehr geehrte Damen und Herren,

bei der weiteren detaillierten Durchsicht der vertraglichen Unterlagen im Rahmen der Arbeitsvorbereitung sind uns folgende Ausführungsvorgaben aufgefallen, bei denen wir Bedenken zu der von Ihnen vorgesehenen Ausführungsart haben.

Bereich: *Übergang Westflügel an den Treppenhauskern*

Vorgegebene Bauleistung: *Starrer Anschluss der Trockenbauwände durch Profile und Verschraubung*

Art der Bedenken: *Es erscheint durch eventuell unterschiedliche Setzungen des Treppenhauskernes und der Skelettkonstruktion des Westflügels möglich, dass die Anschlüsse der Trockenbauwände den Setzungen nicht folgen können, da sie starr an die Wände des Treppenhauskernes und ebenfalls starr an die Decken des Westflügels angeschlossen sind. Dadurch können Risse auftreten.*

Aufgrund unserer Bedenken lehnen wir für entsprechende Schäden dieser Ausführung die Haftung und Gewährleistung ab.

Bitte teilen Sie uns mit, ob diese Bauleistungen trotz unserer Bedenken wie von Ihnen ausgeschrieben ausgeführt werden sollen.

Sollten Sie unsere Bedenken teilen, bitten wir um Erarbeitung einer neuen Planung Ihrerseits für die einzelnen Arbeiten. Sollte Ihre Entscheidung oder die Planung nicht bis zum *Dienstag, den 16. März 2027* **bei uns eingegangen sein, werden wir an der Ausführung unserer Arbeiten gehindert sein.**

Für Rückfragen stehen wir Ihnen gerne zur Verfügung.

Mit freundlichen Grüßen

....

(Unterschrift)

Hinweise zu Musterschreiben 1

Art des Schreibens: Muss, Schriftform, Zugangsnachweis

36 **Zeitpunkt des Schreibens:** Das Schreiben ist sofort zu versenden, wenn dem Auftragnehmer seine Bedenken bewusst werden. § 4 Abs. 3 VOB/B sieht die Unverzüglichkeit vor, was ohne schuldhaftes Zögern bedeutet.

37 **Vorschriften:** § 4 Abs. 3 VOB/B Diese Vorschrift sieht zwingend vor, dass der Auftragnehmer bei dem Auftraggeber Bedenken anmeldet in den folgenden Fällen:

- Es bestehen Bedenken, dass die durch den Auftraggeber oder seinen Planer vorgesehene Art der Ausführung zu Mängeln führt.
- Es bestehen Bedenken, dass die durch den Auftraggeber oder seinen Planer vorgesehene Art der Ausführung nicht oder nur mit erheblichem Mehraufwand gegen Unfallgefahren gesichert werden kann, sodass große Gefahr besteht.
- Es bestehen Bedenken, dass die durch den Auftraggeber oder seine Lieferanten beigestellten Baustoffe nicht die notwendige Qualität aufweisen.
- Es bestehen Bedenken, dass die durch den Auftraggeber oder seine Lieferanten beigestellten Bauteile nicht die notwendige Qualität aufweisen.
- Es bestehen Bedenken, dass die durch den Auftraggeber oder seine anderen Vorunternehmer ausgeführten Vorgewerke nicht die notwendige Qualität aufweisen.

38 **Adressat:** Auftraggeber; es ist in jedem Fall anzuraten, dass die Bedenkenanmeldung an den Auftraggeber gesendet wird. In vielen Fällen ist der planende Architekt auch der für den Bauherren bauleitende Beteiligte. Daher ist es sinnvoll, dass der Bauherr informiert wird.

39 **Nummerierung:** Die Bedenkenanmeldung sollte nummeriert werden und dadurch leicht auffindbar sein. Sie wird üblicherweise erst zu einem späteren Zeitpunkt erheblich, wenn es um Fragen der Mängel und der Gewährleistung geht.

40 **Text:** Die Bedenkenanmeldung muss so formuliert sein, dass auch ein Laie erkennen kann, aus welchem Umstand an welchem Bauteil welche Schäden oder Mängel entstehen können. Es sind alle möglichen Folgen genau zu benennen.

Weitere Hinweise: Wenn Bedenken angemeldet werden, muss der Auftraggeber entscheiden, ob er seine vorgegebene Ausführung belässt oder Änderungen vornimmt. Dafür ist eine Frist zu setzen und anzukündigen, dass es im Falle fehlender Entscheidung zu hindernden Umständen kommt. 41
Sollte der Auftraggeber die Bedenken zurückweisen, so ist dies unschädlich. Es sollte trotzdem ein Schreiben erfolgen, in dem die Bedenken aufrechterhalten werden.

Musterschreiben 2: Anforderung der Vollmachten bei AG

Adressat: *Auftraggeber*

Bauvorhaben: ....

Datum: ....

AS Nr. 1: *Übersendung einer Vollmacht*

Sehr geehrte Damen und Herren,

in den vertraglichen Unterlagen befindet sich kein von Ihnen benannter bevollmächtigter Vertreter.

Für die Durchführung des Bauvorhabens haben Sie *Herrn Architekt Müller* **als Ihren bauleitenden Architekten benannt. Bitte übersenden Sie uns eine von Ihnen unterschriebene Vollmacht für** *Herrn Müller,* **aus der hervorgeht, in welchem Umfang seine Vollmachten bei der Abwicklung des Bauvorhabens gegeben sind.**

Wir bitten Sie insbesondere auszuführen, ob *Herr Müller*

- **zu Anordnungen berechtigt ist, mit denen vertragliche Leistungen geändert werden,**
- **zusätzliche, vergütungspflichtige Leistungen beauftragen darf,**
- **Empfangsberechtigung für Schreiben hat, die an den Auftraggeber zu richten wären,**
- **Stundenlohnarbeiten beauftragen und bestätigen darf.**
- *evtl. weitere Pflichten des Auftraggebers benennen.*

Wir benötigen die Vollmacht bis spätestens *zum Baubeginn.*

Für Rückfragen stehen wir Ihnen gerne zur Verfügung.

Mit freundlichen Grüßen

....

(Unterschrift)

Hinweise zu Musterschreiben 2

Art des Schreibens: Sollte

42 **Zeitpunkt des Schreibens:** Das Schreiben sollte vor Baubeginn versendet werden, bevor ein Beteiligter auf Seiten des Auftraggebers Anordnungen erteilt, Unterschriften leistet oder Ähnliches.

43 **Vorschriften:** § 167 BGB, weitergehend sollte die Vollmacht aber schriftlich erteilt werden, auch wenn keine Form gefordert wird. Nach § 4 Abs. 1 Ziffer 3

VOB/B hat der Auftragnehmer auch dem Auftraggeber einen Vertreter zu benennen.

Adressat: Auftraggeber; es ist nicht anzuraten, den Beteiligten anzuschreiben, von dem man nicht weiß, ob er eine Vollmacht hat. Dessen Antwort bedeutet nicht, dass sie zutreffend ist. Es kann nur der verbindlich antworten, der die Vollmacht gibt, dass eine Person in seinem Namen handeln darf. **44**

Nummerierung: Das Schreiben ist als allgemeines Schreiben zu nummerieren und zur Bauakte zu nehmen. Wichtiger ist allerdings die Dokumentation und Ablage des Antwortschreibens, in dem der Auftraggeber mitteilt, für wen und in welchem Umfang Vollmachten bestehen. **45**

Text: Das Anschreiben muss klar nach den Personen fragen, die Vollmacht besitzen. Wichtig ist weiterhin, dass gefragt wird, in welchem Umfang die Personen Vollmacht haben. **46**

Weitere Hinweise: Wenn die Antwort des Auftraggebers unklar ist, muss nachgefragt werden. Im Zweifel ist davon auszugehen, dass keine Vollmachten vorliegen. Dann ist in jedem Fall der Auftraggeber selbst anzuschreiben. Wenn in Laufe der Bauausführung Fragen auftreten, ob der Bevollmächtigte dies auch entscheiden darf, ist sicherheitshalber der Auftraggeber mit anzuschreiben, sodass er Kenntnis von dem Vorgang hat. **47**

Vorsicht ist geboten in den Fällen, in denen der Auftraggeber einer Person nur eine Vollmacht in bestimmten Umfang erteilt, also zum Beispiel nur bis 5.000,00 € im Einzelfall. Dann fragt es sich, ob der bevollmächtigte Vertreter zum Beispiel an einem Tag mehrfach Erklärungen über Beträge unter 5.000,00 € abgeben darf. In diesen Fällen ist der Auftraggeber als Vollmachtgeber zu informieren und zu fragen.

3.2 Die Arbeitsvorbereitung

48 Nach Erhalt des Auftrags und den Übergabegesprächen trägt der Bauleiter die Verantwortung für das Projekt. Er muss nun in die Unterlagen eingearbeitet sein, ergänzende Unterlagen bereitgestellt haben und einen klaren Überblick über die zu erstellende Leistung haben. Die individuelle Arbeitsvorbereitung dient dazu, alle anstehenden Aufgaben des Bauleiters zu erkennen und unter Berücksichtigung der Randbedingungen in eine persönliche Arbeitsplanung umzusetzen. Zu den Randbedingungen gehören die zeitlichen Ressourcen, die sich zwingend aus dem vertraglich vorgesehenen Baubeginn ergeben, die fachlichen Kompetenzen des Bauleiters und die daraus resultierende Frage, ob er sich entsprechende Unterstützung, beispielsweise Fachplaner oder Nachunternehmer, holen muss sowie die personellen Randbedingungen. Hierzu zählt insbesondere, ob und in welchem Umfang ihm eigenes Personal zur Durchführung der Baumaßnahme zur Verfügung steht. Dieses ist dringend mit der Geschäftsführung oder der Bereichsleitung im Unternehmen abzuklären.

49 Bei der Durchsicht der Unterlagen zur Vorbereitung sind insbesondere die vertraglichen Schriftstücke durchzusehen, ob in den geltenden Regelungen Abweichungen zur VOB/B vorhanden sind. Hierzu gehört z.B. die Planungsverantwortung bei pauschalen Leistungsbeschreibungen, welche die Wahl des Bauverfahrens in die Hand des Auftragnehmers legen, bestimmte Anforderungen an formelle Voraussetzungen für den Schriftverkehr, die Anmeldung oder Beauftragung von Mehrleistungen, Fristenregelungen, Ausschlussklauseln für Ansprüche, Abrechnungsvereinbarungen usw. Liegen solche Besonderheiten vor, ist es ratsam, den entsprechenden Schriftverkehr bereits zu diesem Zeitpunkt zu entwerfen und die Besonderheiten in einer Checkliste zu vermerken.

50 Wenn die Gültigkeit der VOB/C vereinbart ist, also immer, wenn die VOB/B gilt, ist das Leistungsverzeichnis mit den Geltungsbereichen der VOB/C abzugleichen, ob einschlägige Normen vorhanden sind. In den Normen der VOB/C sind in den Abschnitten 4 Nebenleistungen und besondere Leistungen aufgezählt. Aus den dort aufgeführten Nebenleistungen ist erkennbar, welche Arbeiten durch den Auftragnehmer ohne eine besondere Vergütung mit erbracht werden müssen. In vielen Fällen lohnt es sich, vor Ausführung der jeweiligen Arbeiten den Katalog der besonderen Leistungen durchzusehen. Sind die dort beschriebenen Leistungen auszuführen, können die entspre-

chenden Mehrkosten angekündigt werden (MS 3). Für die besonderen Leistungen erhält der Auftragnehmer eine gesonderte Vergütung.

Die eigentliche Arbeitsvorbereitung stellt die Planung der Ausführung der Bauarbeiten dar. Diese projektbezogene Arbeitsvorbereitung dient der Koordination der unterschiedlichen Beteiligten und der Durchführung eines geordneten Bauablaufs. Die folgende Abbildung zeigt die Arbeitsschritte, die während der Arbeitsvorbereitung durch den Bauleiter zu erledigen sind. **51**

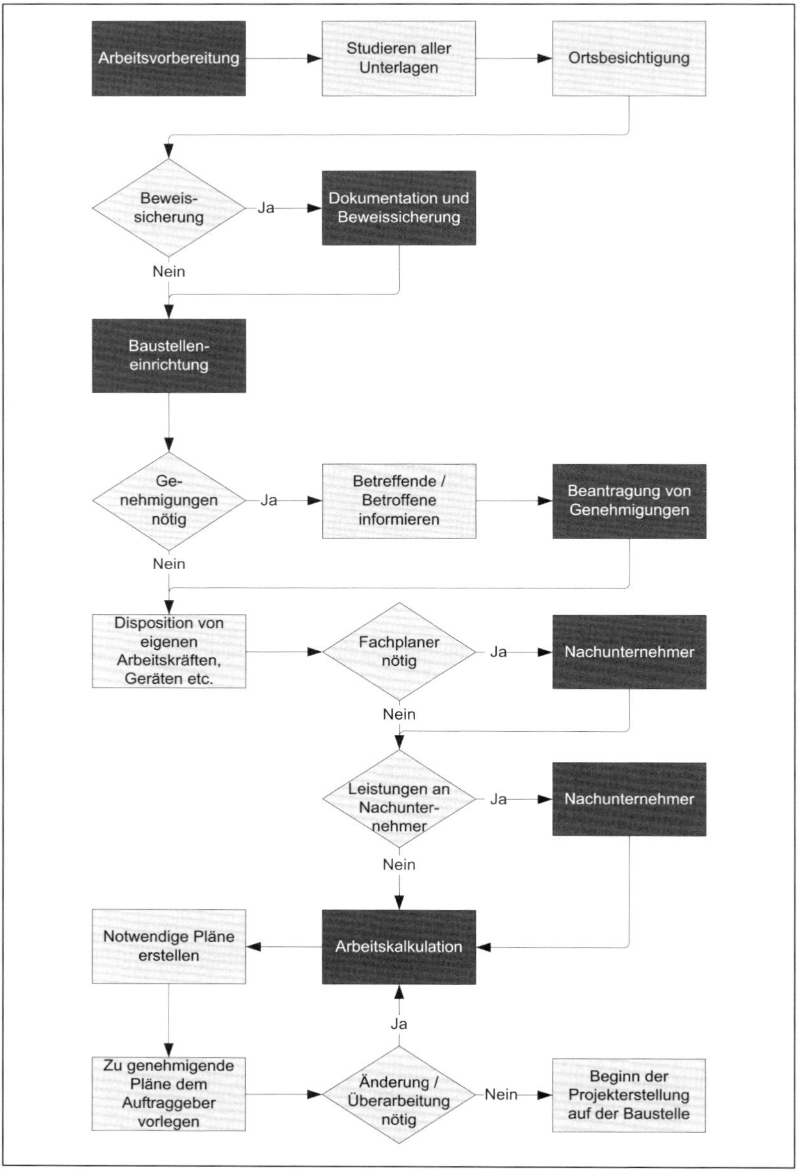

Abbildung 5: Tätigkeitsablauf Arbeitsvorbereitung

Der Bauleiter besichtigt zu Beginn der Arbeitsvorbereitung das Baufeld. Dabei kann er sich einen Überblick über die infrastrukturellen Randbedingungen des Geländes und über sonstige Besonderheiten des Baufeldes verschaffen. Es ist zu prüfen, ob die vertraglichen Rahmenbedingungen für den Beginn der Bauarbeiten vorliegen, also z.B. Vorleistungen des Auftraggebers bereits ausgeführt worden sind. 52

In vielen Verträgen ist die Besichtigung des Baufeldes durch den Auftragnehmer bestätigt worden, ohne dass eine Besichtigung tatsächlich stattgefunden hat. Ansprüche auf Mehrleistungen, die sich aus der Lage des Baufeldes ergeben, sollen damit ausgeschlossen werden. Bei Abweichungen der erwarteten Rahmenbedingungen von der tatsächlichen Situation ist zu prüfen, ob zu dem Zeitpunkt vor Vertragsschluss eine Besichtigung des Baufeldes überhaupt möglich war oder ob sich seit diesem Zeitpunkt die Verhältnisse bereits geändert haben. In diesen Fällen sind Ansprüche nicht auszuschließen, die sich aus Änderungen ergeben, die der Auftragnehmer zum Zeitpunkt des Vertragsschlusses nicht sehen konnte. 53

Die für einen reibungslosen Bauablauf notwendigen Ver- und Entsorgungsleitungen müssen vorbereitet und dazu rechtzeitig bei den entsprechenden Dienstleistern beantragt werden. Dies ist üblicherweise die Angelegenheit des Auftraggebers. Allerdings sind die entsprechenden Anschlüsse und Leitungen auf dem Baufeld zu konzipieren, sodass die Lage der Anschlüsse wichtig ist. Vor allem für die Wasserhaltung müssen auch ausreichende Kapazitäten für das zu entsorgende Wasser bereitgestellt werden. Hierfür ist auch zu prüfen, ob Genehmigungen eingeholt werden müssen. 54

Der Bauablauf wird im Allgemeinen bereits bei Vertragsabschluss als Grobterminplan festgelegt und ist Bestandteil des Vertrages. Die terminlichen Vorgaben des Auftraggebers, Zeitpunkte für Mitwirkungshandlungen des Auftraggebers etc. sollten sich aus dem vertraglichen Bauzeitenplan ergeben. Wichtig sind ebenfalls die darin enthaltenen Vertragstermine. Sie sollten mit den im Vertragstext genannten Terminen übereinstimmen. Die Vertragstermine, sie müssen ausdrücklich als Vertragstermine benannt sein, sind durch den Auftragnehmer zwingend einzuhalten. In jedem Fall ist der genannte Fertigstellungstermin, auch ohne dass er als Vertragstermin bezeichnet worden ist, für den Auftragnehmer verbindlich. 55

56 Häufig werden als Vertragsterminpläne nur Balkenpläne vereinbart, die keine einzelnen Vorgänge, sondern nur Summenbalken enthalten. Durch die Arbeitsvorbereitung verändert sich auch möglicherweise die Länge von Summenbalken, also die Ausführungsdauer oder die Ausführungsreihenfolge. Innerhalb der Arbeitsvorbereitung hat der Bauleiter daher unter Beachtung der Vertragstermine einen detaillierten Bauzeitenplan aufzustellen. Anhand der kapazitiven und technischen Möglichkeiten des ausführenden Auftragnehmers und übriger Randbedingungen werden die Arbeiten in einen zeitlichen Ablauf, den Bauzeitenplan, eingeplant und die jeweiligen Anfangs- und Endtermine der einzelnen Vorgänge bestimmt. Ein übersichtlicher Bauzeitenplan ermöglicht einen schnellen und einfachen Soll-Ist-Vergleich der Baustelle.

57 Wenn der Bauzeitenplan aufgestellt ist, stehen auch die Termine fest, wann Versorgungsleistungen, wie z.B. Strom und Wasser, und die Entsorgung, z.B. von Bauschutt, Erdaushub etc., erforderlich werden. Die entsprechende Beistellung muss zu den jeweiligen Terminen, eventuell mit einem gewissen zeitlichen Vorlauf, sichergestellt werden. Hierzu gehört es auch, dass für Aushubmaterial die Entsorgung auf Deponien angefragt wird. In den meisten Fällen ist hierfür eine Mitwirkung des Auftraggebers erforderlich. Die entsprechenden Termine für seine Mitwirkungspflichten müssen daher mitgeteilt werden.

58 Mit Hilfe von Aufwandswerten, Leistungswerten, der Massenangaben der einzelnen Leistungen und der vorgegebenen Termine für die Teilleistungen werden die benötigten Arbeitskapazitäten ermittelt. Dazu kann ein Vorgangsverzeichnis entwickelt werden, daraus wiederum ein Arbeitsverzeichnis und daraus schließlich ein Terminplan.

Bei der Erstellung des Bauzeitenplans ist zudem die Arbeitssituation des eigenen Unternehmens zu beachten, da diese die Verfügbarkeit der Baumaschinen und der erforderlichen gewerblichen Arbeitnehmer beeinflusst. Sind nicht genügend Arbeitskräfte oder Baugeräte zur Erbringung der vertraglich geschuldeten Leistung vorhanden, müssen alternative Lösungen entwickelt werden. Möglich ist dann beispielsweise der Einsatz von Nachunternehmern, das Anmieten oder der Erwerb von Baumaschinen etc. Durch detaillierte Geräte- und Personaleinsatzpläne können das Personal und die Maschinen effizienter eingesetzt und Ablaufstörungen aus kapazitiven Engpässen vermieden werden. Wenn sich herausstellt, dass für bestimmte Tätigkeiten eine Fachplanung notwendig ist oder für Leistungen ein Nachunternehmer beauftragt werden muss, sind die erforderlichen Maßnahmen möglichst früh zu veranlassen.

In einem weiteren Schritt kann man nun die Angebotskalkulation überarbeiten und daraus die Arbeitskalkulation erstellen. Im Zusammenhang mit dem Bauzeitenplan ergeben sich daraus möglicherweise Optimierungspotenziale, sodass sich die Erstellung der Arbeitskalkulation und eine weitere Überarbeitung des Bauzeitenplans überschneiden. Zur Umsetzung der Vorbereitung können dem Bauleiter die folgenden von ihm zu erstellenden Pläne dienen: **59**

- Terminpläne
- Geräte-Einsatzpläne
- Einsatzpläne der Baustellenbelegschaft
- Baustelleneinrichtungspläne
- Ausführungspläne, sofern vom Auftragnehmer zu erstellen, etc.

Wenn es vertraglich vorgesehen ist, müssen die Pläne dem Auftraggeber vorgelegt und gegebenenfalls von diesem genehmigt werden. Hat der Auftraggeber Einsprüche gegen die vorgelegte Planung, sind diese zu klären, die Arbeitskalkulation und die Pläne sind darauf anzupassen. Allerdings sind nur Einsprüche des Auftraggebers im Grundsatz zu beachten, wenn vertragliche Gegebenheiten nicht berücksichtigt worden sind. Andernfalls steht es dem Auftragnehmer frei, wie er den Bauablauf und die Durchführung der Baumaßnahme gestaltet. Sollte der Auftraggeber auf Änderungen bestehen, die sich nicht zwingend aus vertraglichen Regelungen ergeben, so stellt dies eine Anordnung für eine Leistungsänderung dar. In diesen Fällen sollte dem Auftraggeber gegebenenfalls mitgeteilt werden, dass durch seine Anordnung möglicherweise die termingerechte Fertigstellung des Bauvorhabens gefährdet ist und Mehrkosten entstehen. **60**

Checkliste 2: Arbeitsvorbereitung

Wann:	Nach Übergabe der Projektunterlagen und vor Baubeginn
Warum:	Zur Vorbereitung der Baumaßnahme
Wer:	Bauleiter
Was:	Ortsbesichtigung Beweissicherung Erstellung des Bauzeitenplanes und der Arbeitskalkulation Beantragung von Genehmigungen, Beauftragung von Nachunternehmern
Wie:	Prüfung der vertraglichen Vorgaben; Einteilung der verfügbaren Ressourcen
Kontrolle:	Kann das Bausoll erfüllt werden? Ist die Beistellung von Genehmigungen etc. erforderlich?
Weiteres Vorgehen:	Beantragung von Genehmigungen Beauftragung von Nachunternehmern Genehmigung von Plänen durch den Auftraggeber
Eigene Anmerkungen:	

Musterschreiben 3: Mehrkostenanmeldung VOB/C besondere Leistung

Adressat: *Auftraggeber*

Bauvorhaben: ....

Datum: ....

MK Nr. 1: *Ausführung Besonderer Leistungen*

Sehr geehrte Damen und Herren,

bei der weiteren detaillierten Durchsicht der vertraglichen Unterlagen im Rahmen der Arbeitsvorbereitung sind uns folgende Ausführungsvorgaben von Ihnen aufgefallen, bei denen Besondere Leistungen nach der vereinbarten VOB/C auszuführen sind. Für die nachfolgend genannten Besonderen Leistungen melden wir die Mehrkosten an:

Bereich: *Innen liegende Bäder in den Wohnungen*

Nach den vorliegenden Plänen ist in den innen liegenden Bädern der Fliesenbelag nach dem Einbau der Sanitärartikel aufzubringen. Das Anarbeiten der Fliesen ist erforderlich, nicht in der Position des Leistungsverzeichnisses enthalten und nach DIN 18352 Abschnitt 4.2.14 und 4.2.15 eine Besondere Leistung. Das erforderliche Ausbilden und Schließen der Anschlussfugen ist nach Abschnitt 4.2.16 ebenfalls eine Besondere Leistung.

Wir bitten Sie um Bestätigung der Leistungen und werden Ihnen auf der Grundlage der vertraglichen Preise die Höhe der Vergütung nennen, sobald wir den entstehenden Aufwand kennen.

Durch die Mehrleistungen kann es zu einer Bauzeitverlängerung kommen.

Für Rückfragen stehen wir Ihnen gerne zur Verfügung.

Mit freundlichen Grüßen

....

(Unterschrift)

Hinweise zu Musterschreiben 3

Art des Schreibens: Muss, Schriftform, Zugangsnachweis

61 **Zeitpunkt des Schreibens:** Das Schreiben muss vor der Ausführung der Leistung versendet werden. Dabei ist möglichst ein zeitlicher Vorlauf einzuhalten, der es dem Auftraggeber ermöglicht zu antworten.

62 **Vorschriften:** § 2 Abs. 6 VOB/B; diese Vorschrift sieht zwingend vor, dass der Auftragnehmer bei dem Auftraggeber die Ausführung der besonderen Leistungen anmeldet, da der Auftraggeber dafür eine zusätzliche Vergütung zahlen muss. Die Anmeldung sollte in jedem Fall erfolgen, auch wenn die Rechtsprechung die Anmeldung als nicht erforderlich ansieht, wenn der Auftraggeber wusste, dass er eine zusätzliche Vergütung zahlen muss oder wenn die zusätzliche Leistung ohne Alternativen zwingend erforderlich ist.

63 Abschnitte 4 der Normen der VOB/C, welche die Besonderen Leistungen enthalten. Die ebenfalls in den Abschnitten 4 enthaltenen Nebenleistungen sind nicht gesondert zu vergüten.

64 **Adressat:** Auftraggeber; es ist in jedem Fall anzuraten, dass die Mehrkostenanmeldung an den Auftraggeber gesendet wird, da dieser die Vergütung zu bezahlen hat.

65 **Nummerierung:** Die Mehrkostenanmeldung sollte fortlaufend nummeriert werden und dadurch leicht auffindbar sein. Die Nummer kann bei späteren Rechnungen oder weiterem Schriftverkehr zur Identifikation verwendet werden.

66 **Text:** Die Mehrkostenanmeldung muss so formuliert sein, dass auch ein Laie erkennen kann, für welche Mehrleistungen die zusätzliche Vergütung entsteht. Wenn die Leistungen zu einer Verlängerung der Bauzeit führen, ist diese Bauzeitverlängerung vorzubehalten.

67 **Weitere Hinweise:** Wenn Mehrkosten angemeldet werden, muss der Auftraggeber entscheiden, ob er diese Leistungen haben möchte. Wenn er sie ablehnt, sind diese Leistungen nicht auszuführen.

Sind die Leistungen allerdings erforderlich, damit der Auftragnehmer seine Leistung mangelfrei erbringen kann, dann sind bei einer Ablehnung des Auftraggebers Bedenken anzumelden, vergleiche zum Beispiel Musterschreiben 4.

Man sollte vor der Versendung der Mehrkostenanmeldung prüfen, ob die VOB/B als Vertragsbestandteil vereinbart ist oder aber auch nur die VOB/C.

Ist die VOB/B oder nur die VOB/C nicht vereinbart, gelten die Regelungen über die Abgrenzung der Besonderen Leistungen in den Abschnitten 4 der VOB/C nicht.
Selbst wenn die VOB/B und damit auch die VOB/C vereinbart sind, kann in der Leistungsbeschreibung oder dem Vertrag vorgesehen sein, dass der Auftragnehmer die Besonderen Leistungen der Abschnitte 4 der VOB/C ohne zusätzliche Vergütung mit erbringen muss. Dann können keine Mehrkosten geltend gemacht werden.

3.3 Die Prüfung der Vorleistungen

68 Wenn die vertraglichen Leistungen des Auftragnehmers auf Vorleistungen anderer Unternehmer aufbauen, muss der Bauleiter vor dem Beginn seiner Arbeiten die Erfüllung aller Voraussetzungen prüfen. Diese Prüfungspflicht obliegt dem Auftragnehmer immer. Sie ist speziell auch in § 4 Abs. 3 VOB/B geregelt.

69 Zunächst ist durch den Bauleiter mit den vertraglichen Unterlagen festzustellen, wo die technische Schnittstelle der Vorarbeiten zu den von ihm durchzuführenden Arbeiten liegt. Dies ist sehr wichtig, da viele Arbeiten weder typischerweise zu der Ausführung der Vorarbeiten noch zu den darauf aufbauenden Arbeiten gehören. Wenn diese Arbeiten aus technischen Gründen zwingend notwendig sind, aber nicht zum Leistungsumfang der vorliegenden Beauftragung gehören, sind sie auf einer Checkliste für die Prüfung der Vorleistungen zu vermerken. Die Prüfung der Vorleistung kann allerdings erst erfolgen, wenn der Voruntemehmer seine Leistungen abgeschlossen hat.

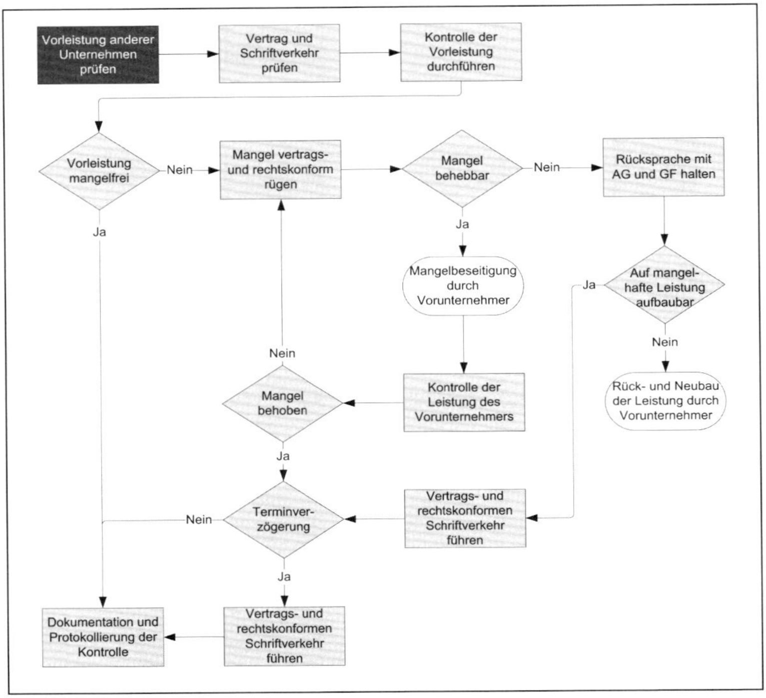

Abbildung 6: Tätigkeitsablauf Prüfung der Vorunternehmerleistungen

Die Kontrolle der Vorleistungen wird durch den Bauleiter vor Ort vorgenommen. Bei der Prüfung hat er sorgfältig vorzugehen und sein Fachwissen einzusetzen. Reicht sein Fachwissen nicht aus, sollte er sich fachkundige Hilfe holen. Im Allgemeinen beschränkt sich die Überprüfung aber auf eine Inaugenscheinnahme der Vorleistung. Wenn dem Bauleiter hierbei Zweifel an der Mangelfreiheit der einzelnen Vorleistung kommen, muss er bei dem Auftraggeber schriftlich Bedenken anmelden (MS 4). Das gilt auch, wenn die Vorleistung zwar mangelfrei erscheint, aber der Zustand eine weitere Bearbeitung nicht zulässt. Ein Beispiel hierfür ist ein mangelfreier Rohbau, der aber auf Grund seiner Restfeuchte noch nicht verputzt werden kann. **70**

Die letzteren Fälle sind nicht unproblematisch. Wenn der Auftragnehmer bei der Prüfung der Vorleistung zu dem Ergebnis kommt, dass der Aufbau auf dem Vorgewerk zeitlich noch nicht möglich ist, muss er dem Auftraggeber diese Umstände mitteilen und die daraus folgenden hindernden Umstände anmelden (MS 5). In vielen Fällen weist der Auftraggeber die Anzeige hindernder Umstände zurück und fordert den Auftragnehmer auf, umgehend die Arbeiten zu beginnen. In diesen Fällen hat der Auftragnehmer Bedenken anzumelden, wenn er nicht sicher weiß, ob die Arbeiten beginnen können. Sollte der Auftragnehmer aber sichere Kenntnis davon haben, dass ein Beginn der Arbeiten zu einer mangelhaften Leistung an seinem Gewerk führt, darf er die Arbeiten nicht ausführen. Führt er die Arbeiten trotzdem aus, so bleibt er trotz einer möglichen Bedenkenanmeldung für entstehende Mängel verantwortlich. Der Bauleiter muss sich daher nach der Prüfung der Vorleistungen sorgfältig überlegen, welche Schritte er unternimmt. Alternativ kann der Auftragnehmer in der oben erwähnten Bedenkenanmeldung den Auftraggeber auffordern, weitere Untersuchungen des Vorgewerkes vorzunehmen bzw. diese Untersuchungen bei einer entsprechenden Vergütung an den Auftragnehmer zu beauftragen. **71**

Vielfach lassen sich die Vorleistungen auch besser beurteilen, wenn man den Auftraggeber auffordert, die entsprechenden Unterlagen für die Durchführung des Vorgewerkes und dessen Abnahme zur Einsichtnahme bereitzustellen. Eine entsprechende Aufforderung sollte schriftlich erfolgen, da der Auftraggeber bei einer Verweigerung dieser Informationen ein erhebliches Risiko für eine alleinige Verantwortung von Mängeln übernimmt. **72**

Verzichtet der Bauleiter auf eine Prüfung der Vorleistungen und kommt es zu einem Mangel, trägt er zumindest einen Teil der Verantwortung dafür und kann zur Tragung der Sanierungskosten ganz oder teilweise herangezogen **73** werden. Das kann nicht nur die Mangelbeseitigungskosten für seine eigene Leistung betreffen, sondern auch für weitere anfallende Arbeiten. Aus diesem Grund ist es sehr wichtig, dass die Prüfung und Kontrolle der Vorleistungen durch den Bauleiter schriftlich dokumentiert und protokolliert wird. In diesen Protokollen ist zu vermerken, unter welchen Randbedingungen, zu welchem Zeitpunkt und durch welche Prüfung die Vorleistungen kontrolliert wurden.

74 Wenn Mängel an den Vorleistungen festgestellt werden, muss der Mangel durch den Bauleiter dokumentiert werden. Unter Angabe und Beschreibung des Mangels muss das Vorliegen gegenüber dem Auftraggeber mitgeteilt werden. In diesem Schreiben ist gleichzeitig darauf hinzuweisen, dass durch den bestehenden Mangel an der Vorleistung die Ausführung der eigenen Leistungen nicht möglich ist, sodass eine Behinderung vorliegt. Sollte der Mangel durch den Auftraggeber bzw. dessen Vorunternehmer beseitigt werden, ist die Vorleistung abermals zu kontrollieren. Eine eventuelle Behinderung ist abzumelden (MS 6), wenn der Mangel behoben ist und die eigenen Arbeiten nun beginnen können.

75 Sollte es sich um einen Mangel handeln, der nicht zu beheben ist, ist eine Rücksprache mit dem Auftraggeber zu halten. In diesen Fällen ist auch die eigene Geschäftsleitung von dem Vorgang zu informieren. Wenn eine Fortsetzung der eigenen Arbeiten auch auf der mangelhaften Vorleistung möglich ist, muss der Bauleiter nach der Information des Auftraggebers dessen Anordnung abwarten, die Arbeiten weiterzuführen. In diesen Fällen ist eine Anmeldung von Bedenken ratsam.

76 Die Dokumentation der sorgfältigen Prüfung der Vorleistungen ist von außerordentlicher Wichtigkeit. Kommt es zu einem späteren Zeitpunkt zu Mängeln an den eigenen Leistungen, kann die Ursache möglicherweise im Bereich der Vorleistungen liegen. Gerade bei nicht sorgfältig ausgeführten Vorleistungen und der Insolvenz des ausführenden Vorunternehmens werden durch Auftraggeber die Folgegewerke in die Haftung genommen. Dieser Haftung kann man entgehen, wenn man die sorgfältige Prüfung nachweisen kann.

77 Um für die Gewährleistung die Schnittstelle zu seinen eigenen Arbeiten nachweisen zu können, sollte auch eine Dokumentation der Vorleistungen durch Fotos angelegt werden. Vielfach reicht das allerdings nicht aus, da bestimmte Leistungen der Vorgewerke nicht sichtbar sein müssen. Man sollte bedenken, dass der Aufwand für eine ordentliche Dokumentation der Vorleistungen relativ gering ist, wenn man sich bewusst macht, dass die übliche Gewährleistungszeit für seine eigenen Arbeiten fünf Jahre beträgt.

Checkliste 3: Prüfung der Vorleistungen

Wann:	Vor Baubeginn
Warum:	Sicherstellung der Mangelfreiheit der eigenen Arbeiten
Wer:	Bauleiter
Was:	Prüfung der Vorleistungen auf Mangelfreiheit Prüfung der Vorleistungen auf Vollständigkeit Prüfung von Leistungen auf der Schnittstelle der Gewerke
Wie:	Besichtigung vor Ort Einsichtnahme in Ausführungsunterlagen des Vorgewerkes
Kontrolle:	Kann mit den eigenen Leistungen begonnen werden? Sind weitere Vorleistungen fraglich oder fehlen sie?
Weiteres Vorgehen:	Bedenkenanmeldung an den Auftraggeber Behinderungsanzeige wegen fehlender Vorleistungen
Eigene Anmerkungen:	

Musterschreiben 4: Bedenkenanmeldung Vorleistung

Adressat: *Auftraggeber*

Bauvorhaben: ....

Datum: ....

BD Nr. 2: *Bedenken gegen die Eignung des vorhandenen Estrichs*

Sehr geehrte Damen und Herren,

bei der Prüfung vor Ort im Rahmen der Arbeitsvorbereitung sind uns folgende Vorleistungen aufgefallen, bei denen wir Bedenken haben, ob unsere Leistung mangelfrei ausgeführt werden kann.

Bereich: *2. und 3. Obergeschoss, Bauteil 1*

Vorhandene Bauleistung: *Zementestrich*

Art der Bedenken: *Von uns wurde zur Vorbereitung der Verlegung des Bodenbelages eine Gitterritzprüfung durchgeführt. Auf Grund der Prüfung haben wir Bedenken, ob der Estrich eine genügende Haftzugfestigkeit aufweist. Sollte die Haftzugfestigkeit nicht ausreichend sein, kann es zu einem Lösen des verklebten textilen Bodenbelages, Wellenbildung und weiteren Unebenheiten kommen.*

Aufgrund unserer Bedenken lehnen wir für entsprechende Schäden dieser Ausführung die Haftung und Gewährleistung ab.

Bitte teilen Sie uns mit, ob diese Bauleistungen trotz unserer Bedenken wie von Ihnen ausgeschrieben ausgeführt werden sollen.

Sollten Sie unsere Bedenken teilen, bitten wir um die entsprechende Beseitigung der Mängel an den Vorarbeiten. Sollte Ihre Entscheidung oder die Mitteilung der Mangelbeseitigung nicht bis zum Dienstag, den *16. März 2027* **bei uns eingegangen sein, werden wir an der Ausführung unserer Arbeiten gehindert sein.**

Für Rückfragen stehen wir Ihnen gerne zur Verfügung.

Mit freundlichen Grüßen

....

(Unterschrift)

Hinweise zu Musterschreiben 4

Art des Schreibens: Muss, Schriftform, Zugangsnachweis

Zeitpunkt des Schreibens: Das Schreiben ist sofort zu versenden, wenn dem Auftragnehmer seine Bedenken bewusst werden. § 4 Abs. 3 VOB/B sieht die Unverzüglichkeit vor, was ohne schuldhaftes Zögern bedeutet. Dies ist bei Prüfungen des Vorgewerkes direkt nach Vorliegen des Prüfungsergebnisses. **78**

Vorschriften: § 4 Abs. 3 VOB/B Diese Vorschrift sieht zwingend vor, dass der Auftragnehmer bei dem Auftraggeber Bedenken anmeldet in den folgenden Fällen: **79**

- Es bestehen Bedenken, dass die durch den Auftraggeber oder seinen Planer vorgesehene Art der Ausführung zu Mängeln führt.
- Es bestehen Bedenken, dass die durch den Auftraggeber oder seinen Planer vorgesehene Art der Ausführung nicht oder nur mit erheblichem Mehraufwand gegen Unfallgefahren gesichert werden kann, sodass große Gefahr besteht.
- Es bestehen Bedenken, dass die durch den Auftraggeber oder seine Lieferanten beigestellten Baustoffe nicht die notwendige Qualität aufweisen.
- Es bestehen Bedenken, dass die durch den Auftraggeber oder seine Lieferanten beigestellten Bauteile nicht die notwendige Qualität aufweisen.
- Es bestehen Bedenken, dass die durch den Auftraggeber oder seine anderen Vorunternehmer ausgeführten Vorgewerke nicht die notwendige Qualität aufweisen.

Adressat: Auftraggeber; es ist in jedem Fall anzuraten, dass die Bedenkenanmeldung an den Auftraggeber gesendet wird. In vielen Fällen ist der planende Architekt auch der für den Bauherren bauleitende Beteiligte. Daher ist es sinnvoll, dass der Bauherr informiert wird. Die Versendung an den Vorunternehmer ist unsinnig und reicht in keinem Fall aus. **80**

Nummerierung: Die Bedenkenanmeldung sollte nummeriert werden und dadurch leicht auffindbar sein. Sie wird üblicherweise erst zu einem späteren Zeitpunkt erheblich, wenn es um Fragen der Mängel und der Gewährleistung geht. **81**

Text: Die Bedenkenanmeldung muss so formuliert sein, dass auch ein Laie erkennen kann, aus welchem Umstand an welchem Bauteil welche Schäden oder Mängel entstehen können. Es sind alle möglichen Folgen genau zu benennen. Das Vorgewerk ist ebenfalls, wenn möglich, zu benennen. **82**

83 **Weitere Hinweise:** Wenn Bedenken angemeldet werden, muss der Auftraggeber entscheiden, ob er seine vorgegebene Ausführung belässt oder Änderungen vornimmt. Dafür ist eine Frist zu setzen und anzukündigen, dass es im Falle fehlender Entscheidung zu hindernden Umständen kommt.
Sollte der Auftraggeber die Bedenken zurückweisen, so ist dies unschädlich. Es sollte trotzdem ein Schreiben erfolgen, in dem die Bedenken aufrechterhalten werden.
Die Beseitigung der Mängel an dem Vorgewerk sollte auch durch den Vorunternehmer erfolgen. Führt der Auftragnehmer die Beseitigung von Mängeln an einem fremden Vorgewerk aus, kommt er dafür in die Haftung. Dies ist zu vermeiden.

Musterschreiben 5: Behinderungsmeldung wegen Vorleistungen

Adressat: *Auftraggeber*

Bauvorhaben: ....

Datum: ....

BM Nr. 1: *Behinderung auf Grund nicht geeignet erscheinender Vorleistung*

Sehr geehrte Damen und Herren,

wir sind derzeit nicht in der Lage, die vertragsgemäß vorgesehenen Arbeiten durchzuführen.

Das hat folgende Ursachen:

In dem jetzt freigegebenen 6. Obergeschoss stehen alle Estrichplatten in den Randbereichen hoch. Es könnte sich um ein Aufschüsseln der Estrichplatten handeln. Sollten sich die Verwölbungen durch ein weiteres Abtrocknen des Estrichs zurückbilden, kann es in den Randfugen des verlegten Natursteinbelages zu Abrissen und in dem gesamten Belag zu Rissen und Abplatzungen auf Grund von Zwängungen kommen.

Daher sind wir an der Ausführung folgender Arbeiten gehindert:

Ausführung der Naturstein-Verlegearbeiten in den Konferenz- und Direktionsbüros im 6. Obergeschoss.

Die betroffenen Arbeiten würden ohne die hindernden Umstände ab morgen früh ausgeführt.

Weitere betroffene Arbeiten sind die in unserem Bauzeitenplan ausgewiesenen

Verfugungs- und Finisharbeiten.

Eventuell sind weitere Arbeiten betroffen. Dies ist im Moment jedoch noch nicht absehbar.

Behinderung seit: *Heute*

Voraussichtliches Ende: *Nach Klärung der Ursachen und Freigabe durch den Auftraggeber*

Dauer: Derzeit nicht absehbar

Hierdurch können Stillstandskosten entstehen, die wir Ihnen hiermit anmelden. Eine Umstellung der Arbeiten ist nicht möglich.

Die Behinderung wirkt sich zudem voraussichtlich bauzeitverlängernd aus, kann aber eventuell durch kostenverursachende Beschleunigungsmaßnahmen ganz oder teilweise aufgefangen werden.

Für Rückfragen stehen wir Ihnen gerne zur Verfügung.

Mit freundlichen Grüßen

....

(Unterschrift)

Hinweise zu Musterschreiben 5

Art des Schreibens: Muss, Schriftform, Zugangsnachweis

84 **Zeitpunkt des Schreibens:** Das Schreiben muss versendet werden, wenn der Auftragnehmer erkennt, dass es möglicherweise zu hindernden Umständen kommt, welche seine geplante Ausführung erschweren, verschieben oder unmöglich machen. Dies kann bereits sehr früh sein, wenn man erkennt, dass zum Beispiel Vorleistungen nicht fertig werden. Es kann aber auch erst unmittelbar vor der Ausführung erkennbar sein, dass hindernde Umstände vorliegen.

85 **Vorschriften:** § 6 VOB/B, § 642 BGB; hier ist zwar nicht jeweils ausdrücklich erwähnt, was zu tun ist. Es gelten aber in jedem Fall die von der Rechtsprechung aufgestellten Grundsätze, dass der Auftragnehmer den Auftraggeber vollumfänglich zu informieren hat. Die Pflichten des Auftragnehmers gehen also weiter, als dies der Text der Vorschriften vermuten lässt.

86 **Adressat:** Auftraggeber; es ist nicht anzuraten, andere Beteiligte anzuschreiben. Insbesondere ist es zwecklos, den säumigen Nebenunternehmer anzuschreiben. Dies ersetzt nicht die Anmeldung hindernder Umstände bei dem Auftraggeber.

87 **Nummerierung:** Das Schreiben ist als allgemeines Schreiben zu nummerieren und zur Bauakte zu nehmen. Wichtiger ist allerdings die Dokumentation des Vorliegens der hindernden Umstände und der Auswirkungen der hindernden Umstände im weiteren Ablauf. Diese Dokumentation muss unter der gleichen Nummer abgelegt werden, welche die entsprechende Anzeige der hin-

dernden Umstände trägt. Das stellt sicher, dass man im Nachgang auch die entstandenen Kosten für den jeweiligen hindernden Umstand bestimmen kann.

Text: Das Anschreiben muss klar und auch für einen Laien verständlich beschreiben, durch welchen Umstand es zu hindernden Auswirkungen auf den geplanten Bauablauf kommen kann. Es sind detailliert die anstehenden Arbeiten zu nennen, der Beginn der hindernden Umstände, die voraussichtliche Dauer und Auswirkungen auf weitere Arbeiten. Hier müssen also bereits so genau wie möglich das Ereignis, die Auswirkung und die Verursachung beschrieben werden. Es muss erforderlichenfalls ausgeführt werden, dass keine alternativen Arbeiten zur Ausführung anstehen mit der Folge, dass das Personal nicht anderweitig eingesetzt werden kann. **88**

Weitere Hinweise: Wichtig ist, dass man die hindernden Umstände auch wieder abmeldet, wenn diese nicht mehr vorliegen, vgl. Musterschreiben 6. Das wird in den Vorschriften nicht gefordert, die Rechtsprechung verlangt es aber von dem Auftragnehmer. Es stellt auch für den Auftragnehmer sicher, dass er in seiner Dokumentation den abschließenden Brief ablegt und damit dieser Umstand beendet ist. **89**

Musterschreiben 6: Abmeldung der Behinderung wegen mangelhafter Vorleistungen

Adressat: *Auftraggeber*

Bauvorhaben: ....

Datum: ....

BA Nr. 1: *Unser Schreiben BM Nr. 1 vom ...*

Sehr geehrte Damen und Herren,

hiermit teilen wir Ihnen mit, dass im Bereich des *6. OG bei den Natursteinarbeiten* **keine Behinderung mehr vorliegt.**

Wie Ihnen mit Schreiben vom ... mitgeteilt, bestand eine Behinderung folgender Arbeiten:

Naturstein-Verlegearbeiten im 6. Obergeschoss einschließlich nachfolgender Verfugungs- und Finisharbeiten

vom *28. Juni 2027, morgens,* **bis zum** *9. Juli 2027, abends.*

Es ergab sich ein Stillstand von *10* **Arbeitstagen.**

In keinen Bereichen dauert die Behinderung noch an.

Die entstandenen Stillstandskosten werden wir Ihnen in Kürze mitteilen.

Die Behinderung wirkt sich bauzeitverlängernd aus.

Bitte teilen Sie uns mit, ob wir die Stillstandszeit durch kostenverursachende Beschleunigungsmaßnahmen ganz oder teilweise auffangen sollen.

Für Rückfragen stehen wir Ihnen gerne zur Verfügung

Mit freundlichen Grüßen

....

(Unterschrift)

Hinweise zu Musterschreiben 6

Art des Schreibens: Muss, Schriftform, Zugangsnachweis

Zeitpunkt des Schreibens: Das Schreiben muss versendet werden, wenn die hindernden Umstände nicht mehr vorliegen. Das Schreiben dient gleichzeitig der Dokumentation, dass nunmehr die hindernden Umstände beendet sind. **90**

Vorschriften: § 6 VOB/B, § 642 BGB; in diesen Vorschriften ist nicht erwähnt, dass die hindernden Umstände auch wieder abgemeldet werden müssen. Es gelten aber in jedem Fall die von der Rechtsprechung aufgestellten Grundsätze, dass der Auftragnehmer den Auftraggeber vollumfänglich zu informieren hat. Die Pflichten des Auftragnehmers gehen also weiter, als dies der Text der Vorschriften vermuten lässt. Die Abmeldung der hindernden Umstände ist also trotz der fehlenden Hinweise in den Vorschriften zu versenden. **91**

Adressat: Auftraggeber; es ist nicht anzuraten, andere Beteiligte anzuschreiben. Insbesondere ist es zwecklos, den säumigen Nebenunternehmer, den Planer des Auftraggebers oder andere Personen, die für die hindernden Umstände verantwortlich sein können, anzuschreiben. Dies ersetzt nicht die Abmeldung hindernder Umstände bei dem Auftraggeber. **92**

Nummerierung: Das Schreiben ist als allgemeines Schreiben zu nummerieren und zur Bauakte zu nehmen. Wichtiger ist allerdings die Dokumentation des Vorliegens der hindernden Umstände und der Auswirkungen der hindernden Umstände im weiteren Ablauf. Diese Dokumentation muss unter der gleichen Nummer abgelegt werden, welche die entsprechende Anzeige der hindernden Umstände trägt. Das stellt sicher, dass man im Nachgang auch die entstandenen Kosten für den jeweiligen hindernden Umstand bestimmen kann. **93**

Text: Das Anschreiben muss klar und auch für einen Laien verständlich beschreiben, durch welchen Umstand es zu hindernden Auswirkungen auf den geplanten Bauablauf gekommen ist, der nun nicht mehr vorliegt. Man kann dabei die Dauer der Auswirkung aufführen und möglicherweise Personalstillstandsdauern etc. Sinnvoll ist weiterhin, die Arbeiten nochmals zu benennen, bei denen sich die hindernden Umstände ausgewirkt haben. Die Auswirkungen auf diese Arbeiten müssen zu diesem Zeitpunkt vollständig dokumentiert sein. **94**

Weitere Hinweise: Sollten die hindernden Umstände nicht mehr vorliegen, aber deren hindernde Auswirkung weiterhin andauern, ist dies ebenfalls an den Auftraggeber mitzuteilen. In diesen Fällen ist weiterhin zu dokumentieren, wie sich die nunmehr beendeten Umstände noch hindernd auswirken. **95**

3.4 Die Einrichtung der Baustelle

96 Zeitgleich mit der Vorbereitung des Arbeitsablaufs plant der Bauleiter auch die Einrichtung der Baustelle. Art und Umfang der benötigten Baustelleneinrichtungselemente müssen dem zu erstellenden Objekt angepasst werden, sind also von Projekt zu Projekt unterschiedlich. Die Baustelleneinrichtung bildet die infrastrukturelle Grundlage für ein reibungsloses Miteinander aller Beteiligten auf der Baustelle. Da die meisten Elemente der Baustelleneinrichtung während der gesamten Bauzeit einen festen Platz zugewiesen bekommen, sollte die Planung der Baustelleneinrichtung sorgfältig vorgenommen werden. Sie ist während der Durchführung mitentscheidend für eine hohe Leistung der Belegschaft. Da eine Baustelleneinrichtung für jede Baustelle individuell zu planen ist, ist die Qualität des Baustelleneinrichtungsplans stark von dem Ersteller abhängig.

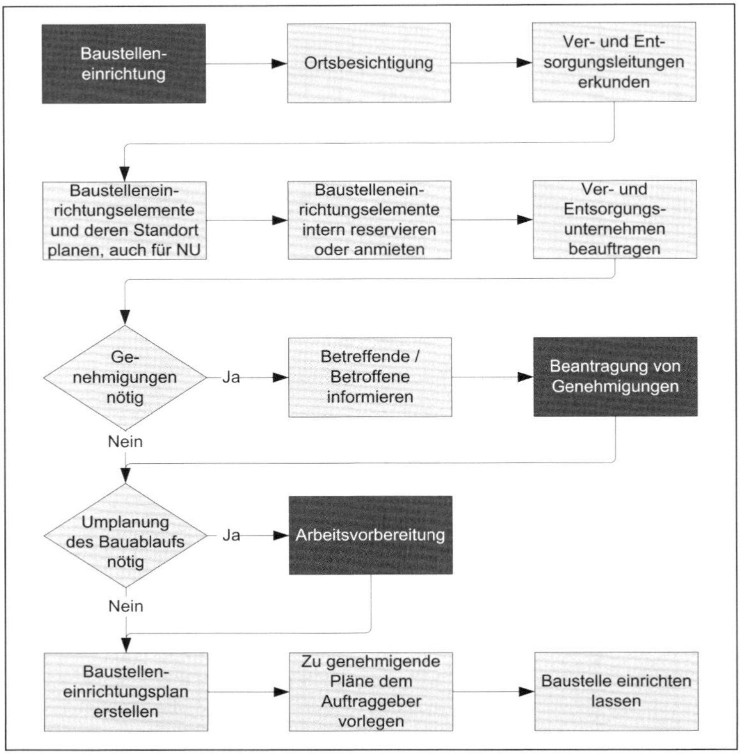

Abbildung 7: Einrichten der Baustelle

Vor der Planung der Baustelleneinrichtung ist dazu eine Begehung des Geländes notwendig. Der Zustand der Baustelleneinrichtungsflächen, die Zufahrtsmöglichkeiten auf das Gelände und die umgebende Bebauung müssen erkundet werden. Die Versorgung der Baustelle mit Strom, Wasser, Betriebsstoffen, Telefon etc. sowie die Entsorgung von Müll, Abwasser, Schutt und Aushubmassen kann nur nach Kenntnis der örtlichen Gegebenheiten sicher vorbereitet werden. Eine Ortsbesichtigung offenbart Probleme, die der Bauleiter durch effizientere Verfahren, Maschinen oder andere Lösungsansätze eventuell umgehen kann. **97**

Große Baugeräte wie Kräne, aber auch Container für das Personal erfordern oftmals ein Fundament zur sicheren Aufstellung. Insbesondere bei diesen Geräten ist die Aufstellung sorgfältig zu planen, da eine spätere Umstellung meist nur noch mit viel Aufwand möglich ist. Der Baustellenkran sollte mit besonderem Augenmerk aufgestellt werden, sodass er eine schnelle und problemlose Andienung zu jedem Zeitpunkt des Bauablaufs ermöglicht. Der Baustelleneinrichtungsplan ist durch den Bauleiter in jedem Fall mit dem Bauzeitenplan abzugleichen. Damit wird sichergestellt, dass die Baustelleneinrichtung in jeder Phase des Bauablaufs eine ungehinderte Ausführung der Arbeiten ermöglicht. In den Bauzeitenplan kann eingetragen werden, wann Geräte für die Baustelleneinrichtung benötigt werden bzw. wann Geräte der Baustelleneinrichtung bereits abgezogen werden können. Dadurch werden Kosten für die Vorhaltung der Geräte minimiert. Daher ist es sinnvoll, für unterschiedliche Phasen des Projekts ggf. auch unterschiedliche Baustelleneinrichtungspläne anzufertigen. Diese müssen natürlich aufeinander abgestimmt werden und die jeweiligen Anforderungen an die Baustelleneinrichtung gut erfüllen. **98**

Die Baustelleneinrichtung wird in der Regel auch von weiteren am Bau Beteiligten genutzt. Hierfür ist zu prüfen, welche vertraglichen Verpflichtungen dem Auftragnehmer obliegen. Die Stellung von Containern für ein Baubüro des Auftraggebers ist vielfach in der vertraglich geschuldeten Baustelleneinrichtung enthalten. Sie ist ein häufiger Streitpunkt, wenn es um die weitere Ausstattung geht. In aller Regel gibt es keine detaillierten Anforderungen im Vertrag, sodass eine Abstimmung erforderlich wird. Der Bauleiter hat ebenfalls daran zu denken, dass auch seine Nachunternehmer in die Baustelleneinrichtung einzubeziehen sind. Vor allem bei Nachunternehmerleistungen, die einen hohen Materialbedarf haben, sind ausreichende Lagerflächen vorzusehen. Auf einen entsprechenden Witterungsschutz ist zu achten, da viele **99**

Baustoffe durch eine falsche Lagerung bereits zum Zeitpunkt des Einbaus geschädigt sind. Die Lagerung von schweren Materialien auf betonierten Decken kann zu bleibenden Verformungen führen. Es ist daher auch zu prüfen, ob diese Flächen für eine Lagerung zu dem vorgesehenen Zeitpunkt geeignet sind.

100 Besonderes Augenmerk ist bei der Planung der Baustelleneinrichtung auf die Arbeitssicherheit zu legen. Damit werden Unfallgefahren minimiert. Die Aufstellung von Gesundheits- und Sicherheitsplänen steht daher auch in einem Zusammenhang mit der Baustelleneinrichtung. Wenn der Auftragnehmer gleichzeitig die Aufgaben des Sicherheits- und Gesundheitskoordinators übernommen hat, müssen die entsprechenden Maßnahmen und Nachweise angefertigt werden. Die Regelungen der Berufsgenossenschaften sind zu beachten. Je nach der Größe der Baustellenbelegschaft sind sanitäre Einrichtungen und Einrichtungen für eine erste Hilfe bereitzuhalten.

101 Sollte die Fläche des Baufeldes für eine Baustelleneinrichtung nicht ausreichend sein, so ist darüber nachzudenken, ob benachbarte Flächen oder der öffentliche Verkehrsraum einbezogen werden können. Vor allem im innerstädtischen Bereich kann es sich für die Arbeit der Bauleitung bewähren, wenn sie in unmittelbarer Nachbarschaft zur Baustelle vorübergehend Büroräume anmietet. Damit werden nicht nur bessere Arbeitsbedingungen hergestellt, sondern es werden auch die ansonsten für Container benötigten Flächen anderweitig nutzbar. Der unmittelbare (Sicht-)Kontakt zur Baustelle sollte jedoch in jedem Fall erhalten bleiben.

Checkliste 4: Baustelleneinrichtung

Wann:	Vor Baubeginn
Warum:	Sicherstellung des reibungslosen Bauablaufes
Wer:	Bauleiter
Was:	Planung der Baustelleneinrichtung anhand des geschuldeten Vertragssolls Prüfung der Durchführbarkeit Prüfung auf mögliche Optimierung
Wie:	Besichtigung vor Ort Aufstellen des Baustelleneinrichtungsplanes
Kontrolle:	Alle notwendigen Geräte vorhanden? Abgleich mit dem Bauzeitenplan auf Machbarkeit; Vertragliche Pflichten für die Stellung von Büros für Auftraggeber etc. erfüllt?
Weiteres Vorgehen:	Nacharbeit oder Optimierung des Baustelleneinrichtungsplanes Suche nach weiteren Flächen oder Büroräumen in der Nähe des Baufeldes
Eigene Anmerkungen:	

3.5 Die Arbeitskalkulation

102 Nach dem Vertragsabschluss oder der Beauftragung durch den Auftraggeber liegt die Angebots- oder Auftragskalkulation vor. Die Angebotskalkulation kann teilweise lediglich auf überschlägigen Schätzungen oder Annahmen beruhen, welche für die Berechnung der Angebotssumme ausreichend waren. Die Angebotskalkulation sollte daher für eine weitere Verwendung während der Durchführung der Baumaßnahme überarbeitet werden. Die Aufstellung der Arbeitskalkulation stellt also die weitere Entwicklung und Detaillierung für den Auftragnehmer dar.

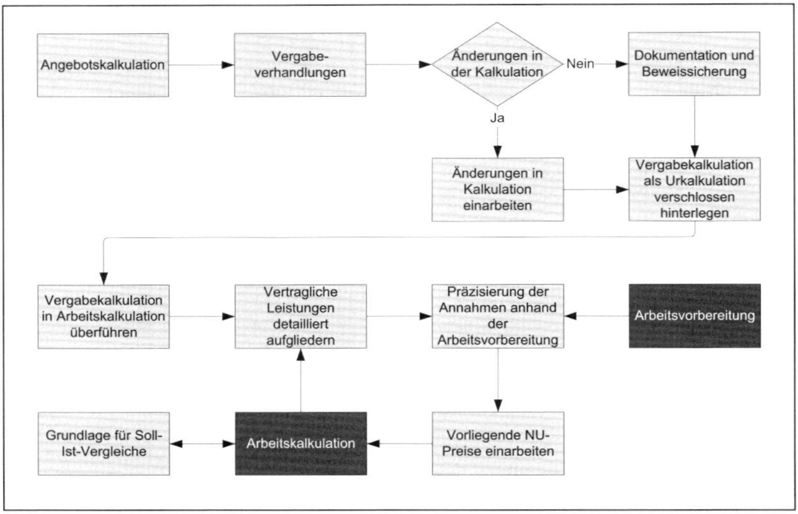

Abbildung 8: Tätigkeitsablauf der Arbeitskalkulation

103 Dabei ist zunächst zu überprüfen, ob sich die Angebotssumme von der Auftragssumme unterscheidet, denn häufig werden in den Auftragsverhandlungen noch Nachlässe gewährt. Sollte es sich um einen generellen Nachlass handeln, sind die Preise aller Positionen entsprechend anzupassen. Sollten nur einzelne Positionen oder Titel reduziert worden sein, ist in diesen Positionen entsprechend zu verfahren. Wird dies nicht von der eigenen Kalkulationsabteilung zur Verfügung gestellt, muss es durch den Bauleiter erfolgen.

Weiterhin ist zu prüfen, ob sich Leistungen verändert haben. Im Zuge der Auftragsverhandlungen können Leistungsteile entfallen, möglicherweise sind aber auch einzelne Leistungen hinzugekommen. Die entsprechenden Leistungsanteile sind zu kalkulieren und in der Arbeitskalkulation entsprechend zu berücksichtigen. Das gleiche gilt auch für die Änderung von Bauumständen oder eine Änderung der Bauzeit. **104**

Üblicherweise werden bereits die ersten Leistungen an Nachunternehmer vergeben und Materialien bestellt. Mit diesen tatsächlichen Werten können die Annahmen aus der Angebotskalkulation korrigiert werden. Sollten die Annahmen zu hoch gewesen sein, so ergibt sich ein erhöhter Gewinnanteil, der sogenannte Vergabegewinn. Sollte das Budget der entsprechenden Leistung allerdings überschritten worden sein, müssen entsprechende Beträge aus anderen Budgetpositionen bereitgestellt werden. Auf Grundlage dieser genauen Kenntnisse der Baustelleneinrichtung, der Massen, der Kapazitäten, der Nachunternehmervergaben, des Bauverfahrens usw. ist eine gründliche und genaue Ermittlung der Kosten aller Arbeiten möglich. **105**

Diese Arbeitskalkulation dient während der Objekterstellung als Grundlage für Soll-Ist-Vergleiche. Sie unterstützt damit nicht nur die Anfertigung der Leistungsmeldungen für das interne Berichtswesen, sondern ist zugleich für den Bauleiter ein zentrales Kontrollinstrument zur Steuerung seiner Baustelle. Er erkennt unmittelbar an einer Kostenüberschreitung, dass möglicherweise bei der Durchführung der Leistung eine Abweichung zu den getroffenen Annahmen und der Kalkulation vorliegt. Es ist daher zu untersuchen, aus welchen Gründen eine Kostenüberschreitung eingetreten ist. Sollten beispielsweise Mehrleistungen zu der Überschreitung des ursprünglichen Budgets geführt haben, ist die Ursache der Mehrleistungen zu erkunden. Wenn die Mehrleistungen durch den Auftraggeber zu verantworten sind, sind sie ihm entsprechend in Rechnung zu stellen. **106**

Der Auftragnehmer muss bei sehr vielen Aufträgen Kalkulationsangaben bei dem Auftraggeber einreichen und hinterlegen. In einfachen Fällen handelt es sich um Einheitspreisverträge, bei denen die Einheitspreise, nicht aber die Vordersätze verbindlich werden. Für die so genannte Urkalkulation, die auch als Hinterlegkalkulation bezeichnet wird, sind daher nur die Preisbestandteile der Einheitspreise und die Zuschläge aufzuschlüsseln. Enthalten die Verträge allerdings pauschale Vergütungsanteile, müssen möglicherweise zunächst die darin enthaltenen Leistungen ermittelt und diese dann einzeln bepreist werden. **107**

108 Vor der Abgabe der Urkalkulation muss sich der Bauleiter ausgiebig mit der Angebotskalkulation, den bisher beim Auftraggeber gemachten Angaben und den Änderungen durch die Auftragsverhandlungen beschäftigen. Die Praxis zeigt immer wieder, dass in den Urkalkulationen nicht zutreffende Angaben enthalten sind, weil Änderungen nicht in die Angebotskalkulation eingepflegt worden sind und daher auch keinen Eingang in die Urkalkulation gefunden haben. Es ist ebenfalls möglich, dass in der Angebotsphase einzelne Preisanteile zusammengefasst worden sind. Diese sind jetzt zu detaillieren. Dabei ist es in das Ermessen des Auftragnehmers gestellt, wie er zusammengefasste Preisanteile aufteilt. Hierbei können auch Erwartungen des zukünftigen Bauablaufes eine erhebliche Rolle spielen.

109 Die Anfertigung der Arbeitskalkulation und der zu hinterlegenden Urkalkulation dient vor allem bei Mehrkostenforderungen als Nachweis für die Entwicklung des neuen Preises aus dem vertraglichen Preisgefüge. Genaue und nachvollziehbare Angaben dienen nicht nur der eigenen Glaubwürdigkeit, sondern helfen auch bei der Verhandlung von Mehrkostenforderungen erheblich. Ungenaue Angaben, die ein Auftragnehmer erkennbar einseitig zu seinen Gunsten auslegt, führen in vielen Fällen zu einer Verweigerung der Zahlung und zu nachfolgenden Streitigkeiten. Es ist daher empfehlenswert, in der Urkalkulation nicht nur Angaben zur Preisermittlung zu machen, sondern darüber hinaus auch weitere Angaben zu den geplanten Bauverfahren, den Materialien etc. Mit diesen Angaben zur Ausgestaltung des vertraglichen Bausolls, welches im Verantwortungsbereich des Auftragnehmers liegt und daher von ihm frei gewählt werden kann, lassen sich spätere Abweichungen ebenfalls überzeugend darstellen, wenn andere Materialien oder andere Verfahren eingesetzt werden müssen, die teurer sind.

110 Die Urkalkulation ist üblicherweise in einem verschlossenen Umschlag zu hinterlegen. Sie ist daher vom Auftragnehmer entsprechend einzupacken und zu verschließen, sodass sie auch bei rauer Behandlung nicht aufreißen kann. Sie wird üblicherweise nur geöffnet und eingesehen, wenn es bei Meinungsverschiedenheiten um den Nachweis des vertraglichen Preisgefüges geht und der Auftragnehmer anwesend ist. Dabei dürfen nur diejenigen Bestandteile eingesehen werden, welche für die entsprechenden Nachweise erforderlich sind.

Checkliste 5: Arbeitskalkulation

Wann:	Vor Baubeginn
Warum:	Korrektur von Schätzungen und Annahmen; Änderungen aus der Auftragsverhandlung einpflegen Kontrollinstrument für den Soll-Ist Vergleich während des Bauablaufes Anfertigung einer Hinterlegkalkulation (Urkalkulation)
Wer:	Bauleiter
Was:	Prüfung der Übereinstimmung der Angebotspreise und der Vertragspreise Prüfung der Änderungen des Leistungsumfanges zwischen Angebot und Vertrag Einpflegen der Korrekturen in die Kalkulation
Wie:	Abgleich der Vertrags- mit den Angebotsunterlagen Angebotskalkulation in die Arbeitskalkulation anhand der Änderung überführen
Kontrolle:	Stimmen die Werte in der Arbeitskalkulation mit denen des Vertrages überein? Entspricht die Arbeitskalkulation dem geplanten Bauablauf?
Weiteres Vorgehen:	Einpflegen von weiteren Werten während folgender Vergaben etc. Mehrleistungen einpflegen; Hinterlegkalkulation für den Auftraggeber anfertigen
Eigene Anmerkungen:	

3.6 Beweissicherung vor Baubeginn

111 Die Beweissicherung vor Baubeginn dient generell der Feststellung des Zustandes rund um die Baustelle. Bei späteren Unklarheiten und Streitigkeiten kann beispielsweise eine Beweissicherung der umgebenden Bausubstanz und der natürlichen Gegebenheiten vor Baubeginn helfen nachzuvollziehen, ob Schäden bereits vorhanden waren oder aufgrund des Baugeschehens entstanden sind. Es ist sinnvoll, bereits im Bauvertrag eine notwendige Beweissicherung sowie die Art, den Umfang und die Kostenverteilung der Beweissicherung festzulegen. Dabei kann es sich auch um eine Auflage zu der Baugenehmigung durch die Bauaufsichtsbehörde handeln.

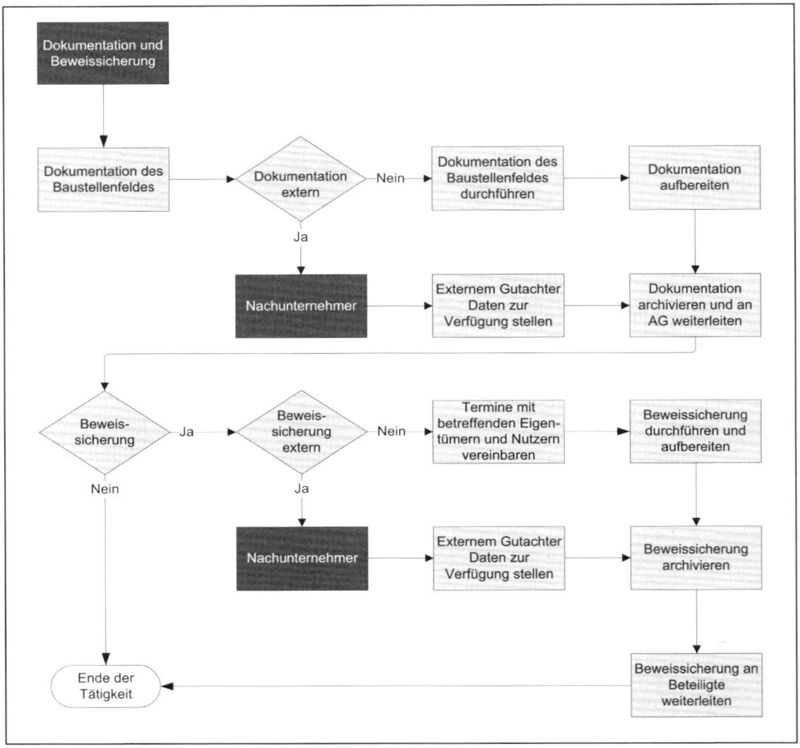

Abbildung 9: Tätigkeitsablauf Beweissicherung vor Baubeginn

Zunächst ist der Zustand des Baufeldes, also der durch die Arbeiten veränderten Flächen, vor Baubeginn nachvollziehbar aufzunehmen. Diese Zustandsfeststellung dient auch zur Klärung bei Fragen der späteren Abrechnung und zur internen Dokumentation des Baufortschrittes. Daher kann der Bauleiter diese Dokumentation des Baufeldes meistens selbst mit einer Kamera vor Beginn der ersten Arbeiten erledigen. Allerdings müssen die Bilder zeitnah mit entsprechenden Erläuterungen versehen werden. Hierzu kann man eine Kopie des Planes des Baufeldes nehmen, wie er den Verträgen beiliegt, und in dem Plan mit Pfeilen die Richtung der Fotografie und die Nummer eintragen. Auf dem Ausdruck des Bildes wird angemerkt, was das Bild zeigt. Leider wird dies in vielen Fällen nicht gemacht, sondern die Bilder werden nur auf einem PC gespeichert. Wenn man die Dokumentation benötigt, ist in vielen Fällen nicht mehr zu rekonstruieren, was das Bild zeigt und wo die Lage auf dem Baufeld war. Dies gilt insbesondere, wenn ein Zustand später nicht mehr sichtbar ist. **112**

In besonderen Fällen, z.B. bei rutschgefährdeten Hanglagen, zu erhaltender Bepflanzung und Baumbestand etc. oder wenn Meinungsverschiedenheiten zu erwarten sind, ist es sinnvoll, bereits die Dokumentation des Baufeldes einem externen Sachverständigen zu überlassen. Er ist möglichst so rechtzeitig zu beauftragen, dass sein Gutachten vor Baubeginn fertiggestellt ist. Damit lässt sich prüfen, ob es für den angedachten Zweck ausreichend ist, und es kann dem Auftraggeber zugeleitet werden. Damit kann er Kenntnis nehmen und ist in der Lage, abweichende Standpunkte bereits zu diesem Zeitpunkt einzubringen. Man vermeidet damit einen späteren Streit über den Inhalt des Gutachtens. **113**

Bei innerstädtischen Baumaßnahmen, angrenzender Bebauung in der Umgebung, dem Einsatz von schweren Geräten oder kritischen Bauverfahren ist in jedem Fall eine Beweissicherung in die Wege zu leiten. Damit muss der Zustand von gefährdeten Bauwerken etc. dokumentiert werden. § 3 Abs. 4 VOB/B sieht eine solche Zustandsfeststellung vor, deren Niederschrift durch den Auftragnehmer und den Auftraggeber anzuerkennen ist. Mit dem Einverständnis des Auftraggebers kann man einen gemeinsam bestellten Sachverständigen beauftragen. Es ist in den Fällen möglicher Schadensverursachung nicht ratsam, die Dokumentation selbst durchzuführen. **114**

115 Grundsätzlich sollte eine weitergehende Beweissicherung erfolgen bei:

- Nutzung fremder Flächen
- Erd- und Tiefbauarbeiten inklusive aller Verbauarbeiten
- Wasserhaltungsarbeiten
- Neubau neben Bestandsgebäuden (u.a. Mitnahmesetzungen)
- Nachbarbebauung aus Mauerwerk und Altbauten, Wohnbebauung
- Allen Arbeiten, bei denen es zu Schäden an den umliegenden Bauwerken oder den Leistungen von Vorgewerken kommen kann.

116 Die Begutachtung darf sich nicht nur auf die Bauwerke in der Nachbarschaft beschränken, sondern muss auch z.B. die notwendigen An- und Abfahrtswege einschließen für den Fall, dass ein größeres Aufkommen von Zulieferverkehr mit schweren LKW zu erwarten ist.

117 Beweise vor und während eines Projektes können mit Hilfe des gerichtlichen selbstständigen Beweisverfahrens nach der ZPO, eines Schiedsgutachtens oder eines Parteigutachtens gesichert werden. Es ist sinnvoll, mit allen Betroffenen eine gemeinsame Vereinbarung abzuschließen, wie die Beweissicherung durchgeführt wird. In diesem Fall ist sie für die Beteiligten verbindlich, ohne dass es eines formellen Verfahrens vor einem Gericht bedarf. Die notwendige Schiedsgutachtenvereinbarung sollte von Fachkundigen aufgesetzt werden.

118 Einem selbstständigen Beweisverfahren gehen ein Antrag bei dem zuständigen Gericht und die Entscheidung des Gerichts zum Beweisbeschluss voraus. Der Beschluss beinhaltet die festzustellenden Tatsachen und die Art der Beweiserhebung. Dazu bestimmt das Gericht einen unabhängigen Sachverständigen, der unparteilich die Beweise sichert. Dieses Verfahren ist wegen seiner formellen Voraussetzungen und den daraus folgenden Bearbeitungsfristen nur zu empfehlen, wenn Betroffene sich nicht an einem schiedsgutachterlichen Verfahren beteiligen wollen und eine verbindliche Tatsachenfeststellung Ihnen gegenüber wegen drohender Streitigkeiten erforderlich ist.

119 Im Gegensatz dazu kann eine der am Bau beteiligten Parteien einseitig ein Parteigutachten einholen. Art, Umfang und Verwendung des Parteigutachtens bleiben der beauftragenden Partei überlassen. Das Parteigutachten hat allerdings keine Verbindlichkeit, sondern nur den Stellenwert einer selbst angefertigten Dokumentation. Es ist allerdings in der Regel ausreichend, wenn es um kleinere Feststellungen geht und keine Streitigkeiten größeren Umfanges zu erwarten sind.

Die betroffenen Eigentümer und Nutzer sollten rechtzeitig vor den anstehenden Terminen angeschrieben und informiert werden. Die Durchführung einer Baumaßnahme ist für die Nachbarschaft immer mit Unannehmlichkeiten verbunden. Ein persönliches Ansprechen ist vielfach hilfreich. Verweigern betroffene Nachbarn den Zutritt zu ihren Häusern oder Wohnungen, ist darüber ein Protokoll anzufertigen, welches mindestens zwei Personen unterschreiben und darin bestätigen, dass der Zutritt für eine Feststellung von Vorschäden und des Zustandes durch die namentlich genannte Person nicht erlaubt wurde. **120**

Der Bauleiter stellt dem Sachverständigen unabhängig von der Art der Beweissicherung alle notwendigen Dokumente und Informationen zur Verfügung. Um mögliche Missverständnisse zu vermeiden, ist es sinnvoll, dass allen Betroffenen die Möglichkeit gegeben wird, bei der Beweisaufnahme anwesend zu sein. Die Termine und die Anwesenheit sind umfassend zu protokollieren. Die Feststellungen durch die Beweissicherung werden allen Beteiligten zur Einsicht oder als Kopie zur Verfügung gestellt, die im Zweifelsfall Einwände gegen die Feststellungen vortragen könnten. In jedem Fall ist der Auftraggeber von der Beweissicherung in Kenntnis zu setzen und ein vollständiger Bericht der Beweissicherung an ihn zu übergeben. Unstimmigkeiten können so gemeinsam und kurzfristig geklärt werden. **121**

Es ist möglich, dass für entstehende Schäden eine Versicherung aufkommt. Es ist daher ratsam zu klären, ob eine solche Haftpflichtversicherung besteht. In diesem Fall ist sie ebenfalls in Kenntnis zu setzen. Das Gutachten ist, unabhängig davon, wer es in Auftrag gibt oder erstellt, durch den Bauleiter zu archivieren. **122**

Checkliste 6: Beweissicherung vor Baubeginn

Wann:	Vor Baubeginn
Warum:	Vermeidung unberechtigter Schadenersatzforderungen
Wer:	Bauleiter, Sachverständigen oder Auftraggeber und gegebenenfalls weitere Betroffene
Was:	Dokumentation des Zustandes der Umgebung vor Baubeginn Prüfung auf mögliche Vorschäden
Wie:	Besichtigung vor Ort Erstellen eines Bestandsgutachtens
Kontrolle:	Vertragliche Pflichten zur Beweissicherung vorhanden? Schäden im Umfeld durch die Baudurchführung möglich? Alle möglicherweise betroffenen Gebäude, Grünanlagen, Straßen, Vorleistungen etc. aufgenommen?
Weiteres Vorgehen:	Gutachten den Betroffenen und dem Auftraggeber zur Kenntnis geben Meinungsverschiedenheiten klären Gutachten archivieren
Eigene Anmerkungen:	

3.7 Beantragung von Genehmigungen

Für den geplanten Bauablauf kann es notwendig sein, dass verschiedene Genehmigungen eingeholt werden müssen. Diese sind z.B. für die Entnahme oder Einleitung von Grundwasser, Eingriffe in den öffentlichen Verkehrsraum, das Aufstellen von Baustelleneinrichtung und Kränen, die Nutzung benachbarter Flächen etc. erforderlich. Es liegt in jedem Fall in dem Verantwortungsbereich des Bauleiters zu prüfen, ob für die Durchführung seiner Arbeiten eine Genehmigung erforderlich ist, und er hat dafür Sorge zu tragen, dass die notwendigen Genehmigungen vor dem Beginn der Durchführung der entsprechenden Arbeiten vorliegen. 123

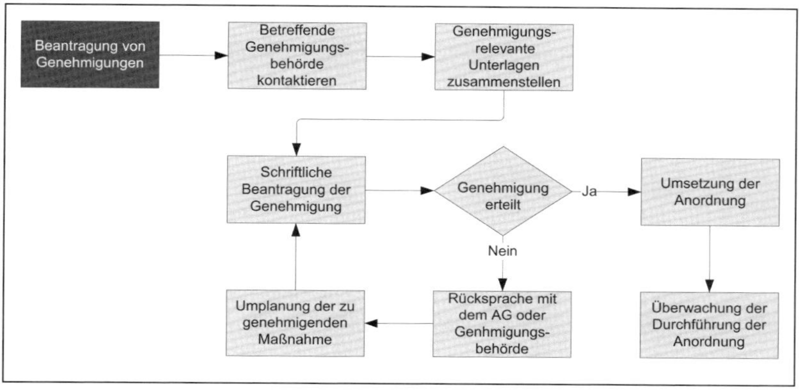

Abbildung 10: Tätigkeitsablauf Beantragung von Genehmigungen

Nach § 4 Abs. 1 Nr. 1 VOB/B ist die Herbeiführung der öffentlich-rechtlichen Genehmigungen und Erlaubnisse die Aufgabe des Auftraggebers. Allerdings werden in den Bauverträgen häufig dazu abweichende Regelungen getroffen. Daher ist bei gegebener Notwendigkeit von Genehmigungen anhand des Bauvertrages zu prüfen, wer zur Einholung der Genehmigungen verpflichtet ist. Das ist allerdings vielfach auf Grund unklarer Formulierungen, die in den Vertragsverhandlungen nicht hinreichend präzisiert worden sind, nicht einfach zu beurteilen. 124

Im Prinzip kann man vier unterschiedliche Situationen unterscheiden. Im Grundsatz hat der Auftraggeber die Genehmigungen einzuholen und dem Auftragnehmer rechtzeitig vor der Ausführung vorzulegen. Bei entsprechenden vertraglichen Regelungen kann die Tätigkeit der Einholung von Genehmi- 125 gungen auf den Auftragnehmer übertragen werden. Eine Erweiterung stellt es dar, wenn neben dieser Tätigkeit auch die Kosten, die im Rahmen des Genehmigungsverfahrens anfallen, durch den Auftragnehmer zu tragen sind. Von besonderer Bedeutung ist es, wenn zusätzlich auch das Risiko der Genehmigungsfähigkeit bzw. von notwendigen Anpassungen, Umstellungen und Auflagen in den einzuholenden Genehmigungen auf den Auftragnehmer übertragen worden ist.

126 Wird zum Beispiel in dem Bauvertrag lediglich die Klausel »die wasserrechtliche Genehmigung ist durch den Auftragnehmer einzuholen« verwendet, so bedeutet dies ohne weitere Zusätze, dass der Auftragnehmer lediglich die Genehmigung einholen muss. Die Vergütung für diese Tätigkeit, die Kosten des Genehmigungsverfahrens und das Risiko der Erteilung der Genehmigung sind mit dieser Klausel nicht geregelt. Lautet die entsprechende Klausel beispielsweise »die wasserrechtliche Genehmigung ist durch den Auftragnehmer auf seine Kosten einzuholen«, so überträgt diese Klausel noch nicht das Risiko der Erteilung und überträgt auch nicht weitere Kosten, die aus Auflagen in der Genehmigung entstehen. Die Auslegung der vertraglichen Regelungen kann schwierig sein, sodass in Zweifelsfällen juristischer Rat eingeholt werden sollte.

127 Ist der Auftraggeber für die Besorgung der Genehmigungen verantwortlich, muss der Bauleiter dafür sorgen, dass ihm die entsprechenden Genehmigungen vor Beginn der Arbeiten übergeben werden. Werden Arbeiten ohne entsprechende Genehmigungen durchgeführt, kann dies ein behördliches Bußgeld und eventuell sogar einen Baustopp nach sich ziehen. Der Bauleiter steht in jedem Fall in der Verantwortung und darf daher die Arbeiten nicht ohne die Genehmigung durchführen.

128 Wenn der Auftragnehmer die Genehmigungen zu besorgen hat, kontaktiert der Bauleiter bereits im Vorfeld die entsprechenden Behörden. Dabei schildert er bereits sein Anliegen und klärt ab, welche Unterlagen für einen entsprechenden Antrag einzureichen sind und wie lange eine Erteilung der Genehmigung dauern wird. Vielfach ist es dabei hilfreich, den zuständigen Mitarbeiter auf dem Amt zu einem Ortstermin zu bitten. Der Bauleiter stellt die relevanten Unterlagen zusammen und beantragt schriftlich eine Genehmigung bei den betreffenden Behörden.

129 Wird die Genehmigung nicht antragsgemäß erteilt, trägt aber der Auftraggeber das Genehmigungsrisiko, ist er umgehend in Kenntnis zu setzen und ihm ist mitzuteilen, wenn eine Behinderung (MS 7) des Bauablaufs zu befürchten ist. Die entsprechenden Voraussetzungen für die Erteilung der notwendigen Genehmigung sind durch eine Rücksprache mit dem Auftraggeber und der Genehmigungsbehörde zu klären. Nach einer entsprechenden Bearbeitung wird die Genehmigung erneut beantragt. Fallen die notwendigen Änderungen in den Verantwortungsbereich des Auftraggebers, können die Mehrleistungen, die für ein abermaliges Beantragen der Genehmigung und durch eventuelle Änderungen und Auflagen angefallen sind, dem Auftraggeber in Rechnung gestellt werden.

Wird eine Genehmigung erteilt, muss der Bauleiter für die Umsetzung und **130**
Überwachung der Anordnungen sorgen. Beispielsweise kann für die Anbindung der Baustelle an das öffentliche Verkehrsnetz eine Genehmigung erteilt worden sein. Die Beschilderung, die Unterhaltung der Warnlampen, die Vermeidung und Beseitigung von Verschmutzungen der öffentlichen Straßen etc. ist durch den Bauleiter sicherzustellen.

Von den öffentlich-rechtlichen Genehmigungen sind Erlaubnisse zu unter- **131**
scheiden, die von Privatpersonen eingeholt werden müssen. Sollten keine vertraglichen Regelungen vorhanden sein, ist bei der Notwendigkeit einer Erlaubnis der Auftraggeber in der Pflicht, diese zu besorgen. Etwas anderes kann sich allerdings ergeben, wenn der Auftragnehmer für eine Vereinfachung des Bauablaufs oder aus anderen Gründen die Erlaubnis eines Nachbarn benötigt. In diesen Fällen muss sich der Bauleiter selbstständig darum bemühen.

Auch während des Bauablaufs kann es erforderlich sein, dass der Bauleiter **132**
weitere Genehmigungen einholen muss. Vorsorglich erkundigt er sich, ob gegebenenfalls eine entsprechende Genehmigung kurzfristig zu erlangen ist. Beispielsweise nimmt man bereits mit den entsprechenden Behörden Kontakt auf, wenn sich absehen lässt, dass für eventuell anstehende Beschleunigungsmaßnahmen die Arbeitszeit verlängert werden muss, für eine Erleichterung oder Beschleunigung von Arbeiten ein Mobilkran aufgestellt werden soll usw.

Sämtliche Genehmigungen sind durch den Bauleiter auf der Baustelle vorzu- **133**
halten, damit er sie bei einer entsprechenden Kontrolle der zuständigen Behörden jederzeit vorlegen kann. Die Genehmigungen sind jedoch so zu archivieren, dass sie nicht verloren gehen und jederzeit auffindbar sind. Es ist daher ratsam, Kopien der Genehmigungen anzufertigen.

Checkliste 7: Beantragung von Genehmigungen

Wann:	Vor Beginn der jeweiligen Arbeiten
Warum:	Zwingend erforderlich, da andernfalls behördliche Maßnahmen möglich sind
Wer:	Auftraggeber, je nach Vertrag eventuell der Bauleiter
Was:	Prüfung des Umfanges von erforderlichen Genehmigungen Prüfung der Verantwortung für die Einholung der Genehmigung Anfordern oder Einholung der Genehmigung
Wie:	Durchsicht des geplanten Bauablaufs auf Genehmigungsbedürftigkeit Durchsicht des Bauvertrages Schreiben an den Auftraggeber oder schriftlicher Antrag an die zuständige Behörde
Kontrolle:	Liegen rechtzeitig vor Beginn der Arbeiten die erforderlichen Genehmigungen vor? Können die Anforderungen aus der Genehmigung eingehalten werden? Sind in der Genehmigung Auflagen enthalten, mit denen nicht zu rechnen war und die weitere Kosten verursachen?
Weiteres Vorgehen:	Behinderungsanzeige bei fehlender Genehmigung Mehrkostenanmeldung bei nicht erteilter Genehmigung oder Auflagen
Eigene Anmerkungen:	

Musterschreiben 7: Behinderungsvoranmeldung wegen nicht erteilter Genehmigung

Adressat: *Auftraggeber*

Bauvorhaben: ....

Datum: ....

BM Nr. 2: *Behinderung auf Grund fehlender Genehmigung*

Sehr geehrte Damen und Herren,

wir sind derzeit nicht in der Lage, die vertragsgemäß vorgesehenen Arbeiten durchzuführen.

Das hat folgende Ursachen:

Die für die Einleitung des Grundwassers erforderliche wasserrechtliche Genehmigung ist uns noch nicht durch Sie vorgelegt worden. Daher sind wir an der Ausführung folgender Arbeiten gehindert: Die Planung der Wasserentsorgung, die Bereitstellung der Materialien und die Beschaffung der notwendigen Pumpen sind ohne die Genehmigung nicht möglich, da von dem Inhalt der Genehmigung die Ausführung der Entsorgung abhängt. Daher kann die jetzt erforderliche Beschaffung nicht erfolgen. Damit wird auch die notwendige Wasserhaltung für die gesamte Baugrube voraussichtlich nicht zum geplanten Termin fertiggestellt werden können.

Die betroffenen Arbeiten würden ohne die hindernden Umstände *ab morgen früh* **ausgeführt.**

Weitere betroffene Arbeiten sind die in unserem Bauzeitenplan ausgewiesenen Arbeiten *in der Baugrube, beginnend mit dem weiteren Aushub unterhalb des Grundwasserspiegels.*

Eventuell sind weitere Arbeiten betroffen. Dies ist im Moment jedoch noch nicht absehbar.

Behinderung seit: *Heute, Datum*

Voraussichtliches Ende: *Bei Vorlage der wasserrechtlichen Genehmigung*

Dauer: *Derzeit nicht absehbar*

Hierdurch können Stillstandskosten entstehen, die wir Ihnen hiermit anmelden.

Die Behinderung wirkt sich zudem voraussichtlich bauzeitverlängernd aus, kann aber eventuell durch kostenverursachende Beschleunigungsmaßnahmen ganz oder teilweise aufgefangen werden.

Für Rückfragen stehen wir Ihnen gerne zur Verfügung.

Mit freundlichen Grüßen

....

(Unterschrift)

Hinweise zu Musterschreiben 7

Art des Schreibens: Muss, Schriftform, Zugangsnachweis

134 **Zeitpunkt des Schreibens:** Das Schreiben muss versendet werden, wenn der Auftragnehmer erkennt, dass es möglicherweise zu hindernden Umständen kommt, welche seine geplante Ausführung erschweren, verschieben oder unmöglich machen. Dies kann bereits sehr früh sein, wenn man erkennt, dass zum Beispiel Vorleistungen nicht fertig werden. Es kann aber auch erst unmittelbar vor der Ausführung erkennbar sein, dass hindernde Umstände vorliegen.

135 **Vorschriften:** § 6 VOB/B, § 642 BGB; hier ist zwar nicht jeweils ausdrücklich erwähnt, was zu tun ist. Es gelten aber in jedem Fall die von der Rechtsprechung aufgestellten Grundsätze, dass der Auftragnehmer den Auftraggeber vollumfänglich zu informieren hat. Die Pflichten des Auftragnehmers gehen also weiter, als dies der Text der Vorschriften vermuten lässt. Man sollte also die hindernden Umstände bereits anzeigen, wenn man erkennt, dass sie in naher Zukunft sehr wahrscheinlich eintreten.

136 **Adressat:** Auftraggeber; es ist nicht anzuraten, andere Beteiligte anzuschreiben. Insbesondere ist es zwecklos, den säumigen Nebenunternehmer oder Behörden anzuschreiben. Dies ersetzt nicht die Anmeldung hindernder Umstände bei dem Auftraggeber.

137 **Nummerierung:** Das Schreiben ist als allgemeines Schreiben zu nummerieren und zur Bauakte zu nehmen. Wichtiger ist allerdings die Dokumentation des Vorliegens der hindernden Umstände und der Auswirkungen der hindern-

den Umstände im weiteren Ablauf. Diese Dokumentation muss unter der gleichen Nummer abgelegt werden, welche die entsprechende Anzeige der hindernden Umstände trägt. Das stellt sicher, dass man im Nachgang auch die entstandenen Kosten für den jeweiligen hindernden Umstand bestimmen kann.

Text: Das Anschreiben muss klar und auch für einen Laien verständlich be- 138
schreiben, durch welchen Umstand es zu hindernden Auswirkungen auf den geplanten Bauablauf kommen kann. Es sind detailliert die anstehenden Arbeiten zu nennen, der Beginn der hindernden Umstände, die voraussichtliche Dauer und Auswirkungen auf weitere Arbeiten. Hier müssen also bereits so genau wie möglich das Ereignis, die Auswirkung und die Verursachung beschrieben werden. Es muss erforderlichenfalls ausgeführt werden, dass keine alternativen Arbeiten zur Ausführung anstehen mit der Folge, dass das Personal nicht anderweitig eingesetzt werden kann.

Weitere Hinweise: Wichtig ist, dass man die hindernden Umstände auch wie- 139
der abmeldet, wenn diese nicht mehr vorliegen, vgl. Musterschreiben 6. Das wird in den Vorschriften nicht gefordert, die Rechtsprechung verlangt es aber von dem Auftragnehmer. Es stellt auch für den Auftragnehmer sicher, dass er in seiner Dokumentation den abschließenden Brief ablegt und damit dieser Umstand beendet ist.

4 Die Abwicklung einer Baumaßnahme

4.1 Planprüfung

140 Eine wichtige Aufgabe des Bauleiters besteht in der Prüfung der bautechnischen Pläne, nach denen das Bauwerk errichtet wird. Voraussetzung für die vom Auftraggeber gewünschte Ausführung sind von ihm freigegebene Baupläne, die auch Teil der allgemein notwendigen Unterlagen des Antrags auf Baugenehmigung sind. Nach den Landesbauordnungen sind dem Bauantrag alle zur Beurteilung des Vorhabens und zur Bearbeitung des Bauantrages erforderlichen Unterlagen, die Bauvorlagen, beizufügen. Sie sind wesentliche Vorbedingung für die Baudurchführung und enthalten Informationen, die der ausführende Auftragnehmer zwingend einzuhalten hat.

141 Allgemein werden die sogenannte auftraggeberseitige und die auftragnehmerseitige Planung unterschieden. Man meint damit im Kern, ob der Auftraggeber oder Auftragnehmer die Ausführungsplanung verantwortlich erstellen muss. Unabhängig von dieser Unterscheidung besteht in jedem Fall eine Schnittstelle innerhalb der Planung. Wenn der Auftraggeber die von ihm selbst aufgestellte Entwurfs- und Genehmigungsplanung nur für die Ausschreibung benutzt, muss die vom Auftragnehmer durchzuführende Ausführungsplanung darauf aufbauen. Stellt der Auftraggeber auch die Ausführungsplanung, beruht zumindest die Werk- und Montageplanung des Auftragnehmers darauf. Die eingehenden Pläne sind in jedem Fall durch den Bauleiter zu prüfen.

142 Als baubegleitende Planung bezeichnet man die Situation, in der bei Baubeginn noch nicht alle für die Baumaßnahme notwendigen Pläne vollständig vorliegen, sondern diese Pläne erst während der Bautätigkeit erstellt werden. In diesem Fall kommt der Terminkontrolle für die eingehende Planung besondere Bedeutung zu.
Die folgende Abbildung zeigt den allgemeinen Tätigkeitsablauf der Planprüfung.

143 Hat der Auftragnehmer die Planungsleistung mit übernommen, ist er eigenverantwortlich für die termingerechte Bereitstellung der Pläne. In diesen Fällen muss aber die Freigabe der Pläne durch den Auftraggeber bewirkt wer-

den. Hierfür ist ein Terminablauf zu vereinbaren oder festzulegen. Ist das nicht der Fall, müssen die Pläne mit ausreichendem Vorlauf und der Bitte um Freigabe an den Auftraggeber versendet werden. In diesem Schreiben (MS 8) sollte darauf hingewiesen werden, bis zu welchem Termin die Pläne benötigt werden und welche Folgen die Überschreitung des Termins hat. Wenn die Pläne mit der Freigabe nicht zum Termin eingegangen sind, ist so zu verfahren wie bei einem fehlenden Eingang der Pläne, wie er im Folgenden beschrieben wird.

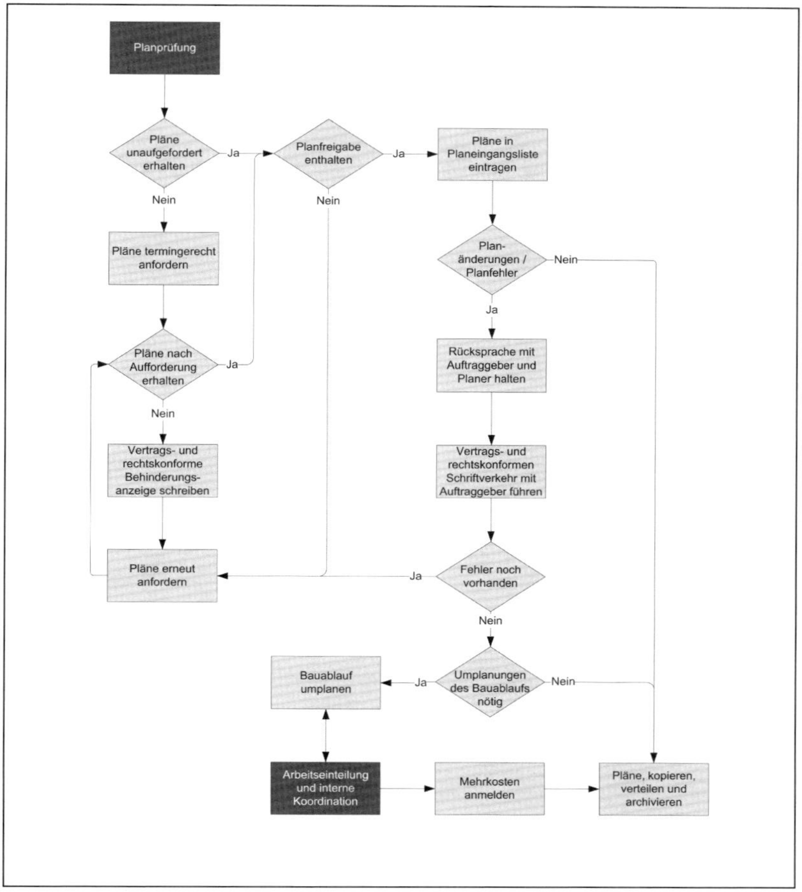

Abbildung 11: Tätigkeitsablauf Planprüfung

144 Im Allgemeinen hat der Auftraggeber einen Architekten oder Fachingenieure mit der Planung des Bauwerks beauftragt. In diesem Fall liefert möglicherweise der Planer die Pläne direkt an den Auftragnehmer, verantwortlich für die rechtzeitige Lieferung und die Inhalte bleibt aber der Auftraggeber. Daher sind alle Schreiben bezüglich der Planung zumindest auch an den Auftraggeber zu versenden, Ergebnisse von Planungsbesprechungen sind an den Auftraggeber weiterzuleiten.

145 Die Pläne müssen rechtzeitig vorliegen, da sie mit entsprechendem Vorlauf vor der Ausführung vom Auftragnehmer zu kontrollieren beziehungsweise Material, Geräte, gewerbliche Arbeitskräfte und Fremdleistungen bereitzustellen sind. Dazu wird üblicherweise eine vertragliche Reglung mit den Planvorlauffristen vereinbart. In der Praxis kommt es dennoch immer wieder zu Schwierigkeiten bei der rechtzeitigen Auslieferung der Pläne durch den Auftraggeber. Wenn die Pläne nicht unaufgefordert vor dem Termin eingehen, sollte man den Auftraggeber mit ein bis zwei Wochen Vorlauf schriftlich an den kommenden Planliefertermin erinnern und vorsorglich auf die Folgen einer Terminüberschreitung hinweisen. Wenn die Pläne trotz der Terminerinnerung nicht rechtzeitig eingehen, muss sofort eine Anzeige hindernder Umstände (MS 9) an den Auftraggeber versendet werden. In diesem Schreiben sind die ausstehenden Pläne erneut anzufordern.

146 Liegen die angeforderten Pläne mit einer Freigabe des Auftraggebers vor, sind die eingegangenen Pläne zu dokumentieren. Hierfür werden üblicherweise Planeingangslisten geführt und der Plan mit einem Eingangstempel versehen. Die Pläne müssen auf Übereinstimmung mit dem vertraglich vereinbarten Bausoll, auf Vollständigkeit, bezüglich der Abstimmung mit vorherigen Plänen und auf die Einhaltung der Regeln der Technik kontrolliert werden. Wenn die Pläne in Ordnung sind, ist eine diesbezügliche Anzeige hindernder Umstände (MS 10) aufzuheben. Einem Verteiler entsprechend werden die Pläne kopiert und versendet. Die Pläne müssen im Original archiviert werden.

147 Werden bei der Prüfung Abweichungen festgestellt, können diese eventuell durch eine Rücksprache mit dem Planer beseitigt werden. Liegen jedoch Fehler, Abweichungen vom Bausoll etc. vor, ist in jedem Fall auch der Auftraggeber zu informieren. Bei Verzögerungen in der Ausführung ist eine Anzeige hindernder Umstände an den Auftraggeber zu versenden. Darin ist die Fehlerhaftigkeit der Planung zu beschreiben und eine korrigierte Planung anzufordern. Das gesamte Planprüfungsprozedere wiederholt sich somit.

Bei einer fehlerhaften Planung durch den Auftraggeber sollte man sich nicht dazu verleiten lassen, verbindliche Verbesserungsvorschläge oder Sondervorschläge für eine andere Ausführung zu machen. In diesen Fällen kann sich die Verantwortlichkeit für die Planung vom Auftraggeber auf den Auftragnehmer verschieben. Aus dem gleichen Grund sollten in keinem Fall eigenmächtig Änderungen an den Plänen vorgenommen werden. **148**

Sind in der Planung Mehrleistungen enthalten, wird häufig die Freigabe der Pläne durch den Auftraggeber als Anordnung für die Mehrleistungen angesehen. Diese Auffassung ist aber in vielen Fällen unbegründet, zum Beispiel, wenn der Auftraggeber kein Fachkundiger ist. Eine Freigabe der Pläne durch den bauleitenden Architekten des Auftraggebers ist ebenfalls nicht ausreichend, da der Architekt fast nie eine entsprechende Vollmacht besitzt. Es ist daher in jedem Fall vor der Ausführung eine Mehrkostenanmeldung (MS 11) an den Auftraggeber zu verschicken, welche die Mehrleistungen beschreibt und um eine schriftliche Beauftragung nachsucht. Wenn auf Grund der Planänderungen der Bauablauf umgeplant werden muss, kann daraus eine zusätzliche Überarbeitung der internen Einteilung und Koordination der gewerblichen Arbeitnehmer und der Geräte notwendig sein. Ergeben sich aufgrund der Umstellung zusätzliche Ausführungskosten, sind sie dem Auftraggeber anzukündigen. **149**

Wenn auch nach einem erneuten Plandurchgang Änderungen bestehen bleiben, die Anlass zu der Annahme geben, dass bei einer entsprechenden Ausführung Mängel entstehen, ist eine Bedenkenanzeige (MS 12) an den Auftraggeber zu versenden. Wenn man sich allerdings sicher ist, dass eine entsprechende Ausführung Mängel aufweisen wird, so darf man die Ausführung nicht vornehmen. Andernfalls bleibt man für den Mangel verantwortlich, da man wider besseres Wissen für den Auftraggeber etwas gebaut hat, was mit Sicherheit mangelhaft ist. Allerdings kann der Auftraggeber bei einer Verweigerung der Ausführung der Leistung eine Kündigung aussprechen. Aus diesem Grunde sollte man sich sehr sicher sein, bevor man eine Ausführung wegen technischer Mangelhaftigkeit der Planung verweigert. **150**

Bei einer Änderung der Pläne erhöht sich jeweils der Planindex. Wenn die Änderungen der Pläne durch den Auftraggeber verursacht wurden, können ihm die Kosten für die weitere Planbearbeitung in Rechnung gestellt werden. Die Kosten sollten im Zuge der Anzeige hindernder Umstände bereits angekündigt werden. **151**

152 Häufig werden zum vorgesehenen Zeitpunkt der Planlieferung nur unvollständige Pläne oder Vorabzüge durch den Auftraggeber oder seinen Planer bereitgestellt. Wenn der Planinhalt kein Weiterführen der Arbeiten zulässt, ist der Auftraggeber über die Unvollständigkeit der Planung schriftlich zu informieren. Besteht die Gefahr, dass durch ein Arbeiten nach den Vorabzügen ein späterer Rückbau oder Änderungen erforderlich werden, muss der Auftraggeber aufgefordert werden zu entscheiden, ob mit der Ausführung gewartet werden soll, bis eine vollständige Planung vorliegt, oder ob er ein vorgezogenes Arbeiten mit den Vorabzügen wünscht. Dabei ist der Hinweis erforderlich, dass mögliche Mehrkosten entstehen.

153 Hat der Auftragnehmer oder einer seiner Ausführungsgehilfen, z.B. der Planer als Nachunternehmer, die verspätete Planlieferung zu vertreten, entfällt zwar der vertrags- und rechtskonforme Schriftverkehr mit dem Auftraggeber. In diesen Fällen können aber Schadenersatzforderungen gegen den Planer bestehen. Daher ist bei einer verspäteten Planlieferung auch der eigene Planer anzumahnen und mit einem entsprechenden Schreiben (MS 13) in Verzug zu setzen.

Checkliste 8: Terminüberwachung Planung

Wann:	Ein bis zwei Wochen vor Planliefertermin
Warum:	Sicherstellung des Planliefertermins
Wer:	Bauleiter
Was:	Zusammenstellung der benötigten Pläne Erinnerung an den Auftraggeber oder den eigenen Planer
Wie:	Schreiben mit Bitte um rechtzeitige Planlieferung und Hinweis auf andernfalls eintretende Hinderungen und Störungen des Bauablaufes
Kontrolle:	Prüfung der Planliefertermine Prüfung des Planeingangs am Liefertermin
Weiteres Vorgehen:	*Bei unvollständigem Planeingang:* Behinderungsanzeige an AG, Inverzugsetzung des eigenen Planers *Ansonsten:* Planverteilung und Archivierung
Eigene Anmerkungen:	

Checkliste 9: Planprüfung

Wann:	Direkt nach Erhalt der Pläne
Warum:	Zur Dokumentation des Planeingangs und zur Feststellung des Planinhaltes
Wer:	Bauleiter
Was:	Prüfung der einzelnen Pläne auf Vollständigkeit und Richtigkeit Prüfung der Planinhalte auf Stimmigkeit mit anderen Plänen Prüfung auf Übereinstimmung mit dem vertraglichen Bausoll Dokumentation und Schriftverkehr
Wie:	Eintragung in Planeingangsliste, Vergleich der Pläne mit dem Vertragssoll und vorherigen Plänen, Änderungen dem AG mitteilen, evtl. Behinderungsanzeige, Mehrkostenanmeldung; Pläne erneut anfordern
Kontrolle:	Prüfung des neuen Planeinganges Beauftragung von Mehrleistungen durch Planänderungen
Weiteres Vorgehen:	*Bei ausführbaren Plänen:* Aufhebung der Behinderung *Ansonsten:* Aufrechterhaltung der Behinderung, Evtl. Bedenkenanmeldung
Eigene Anmerkungen:	

Musterschreiben 8: Schreiben an den Auftraggeber zur Freigabe der durch den Auftragnehmer aufgestellten Planung

Adressat: *Auftraggeber*

Bauvorhaben: ....

Datum: ....

AS Nr. *2:* **Freigabe von Plänen** *für die Fassadenarbeiten*

Sehr geehrte Damen und Herren,

in der Anlage erhalten Sie die von uns aufgestellten Pläne, wie aus der angefügten Liste ersichtlich, mit der Bitte um Freigabe.

Wir benötigen die freigegebenen Pläne bis spätestens zum *Montag, dem 27. Februar 2025, also in sechs Wochen.*

Sollten die Pläne nicht bis dahin bei uns eingegangen sein, werden wir an der Ausführung *der Fassadenarbeiten* **gehindert sein. Der Beginn dieser Arbeiten ist für den** *01. Juni 2025* **vorgesehen.**

Der Zeitraum zwischen der Planfreigabe und dem Beginn der Ausführung ist *für die Herstellung der Werkplanung, die Vorfertigung der Fassadenelemente und die Arbeitsvorbereitung* **zwingend erforderlich.**

Für Rückfragen stehen wir Ihnen gerne zur Verfügung.

Mit freundlichen Grüßen

....

(Unterschrift)

Hinweise zu Musterschreiben 8

Art des Schreibens: Sollte

Zeitpunkt des Schreibens: Das Schreiben sollte an den Auftraggeber versendet werden, wenn der Auftraggeber eine Mitwirkungshandlung erbringen muss, von der die weitere Ausführung der Arbeiten des Auftragnehmers abhängt. Der Auftraggeber muss ausreichend Zeit haben, seine Mitwirkungshandlung zu erbringen. Es ist dem Auftraggeber also ausreichende Vorlaufzeit zu gewähren. **154**

155 **Vorschriften:** Es gibt hierzu keine besondere Vorschrift, welche den Auftragnehmer veranlasst, den Auftraggeber auf die bestehenden Fristen hinzuweisen, wenn diese im Vertrag benannt sind. Für die Fälle, in denen der Vertrag keine Fristen oder Termine für die pünktliche Erfüllung der Mitwirkungshandlungen des Auftraggebers nennt, sind ihm diese Fristen während des Bauablaufes zu nennen. Damit ist klar, dass bei Überschreitung der Fristen hindernde Umstände auf den Bauablauf vorliegen und der Auftraggeber nach weiterer Nachfrist säumig ist. Dies ist der sogenannte Verzug.

156 **Adressat:** Auftraggeber; es ist nicht anzuraten, den Beteiligten anzuschreiben, von dem man die Mitwirkungshandlung erwartet. Die Mitteilung ersetzt nicht das Schreiben an den Auftraggeber, da sich dieser nach Erhalt der Information um die Rechtzeitigkeit der Mitwirkung kümmern muss. Sinnvoll ist es allerdings, neben dem Auftraggeber auch dem Gehilfen des Auftraggebers die Mitteilung zu übersenden. Dies dient seiner Information.

157 **Nummerierung:** Das Schreiben ist als allgemeines Schreiben zu nummerieren und zur Bauakte zu nehmen. Sollte die Mitwirkungshandlung durch den Auftraggeber nicht rechtzeitig erbracht werden und hindernde Umstände entstehen, ist das Schreiben zu der Vorgangsnummer zu nehmen, welche die nachfolgende Anzeige hindernder Umstände erhält.

158 **Text:** Das Schreiben muss die anstehende Mitwirkungshandlung so klar umschreiben, dass selbst ein Laie versteht, was der Auftragnehmer benötigt. Weiterhin ist der Termin eindeutig zu nennen, an dem die Mitwirkungshandlung frei zur Verfügung stehen muss.
Es ist sinnvoll, ergänzend zu beschreiben, für welche anstehenden Arbeiten die Mitwirkungshandlungen erforderlich sind und für welchen Zeitpunkt diese Arbeiten vorgesehen sind. Damit ist bereits vorgegeben, welche Arbeiten betroffen sind, wenn die Mitwirkungshandlung nicht rechtzeitig erbracht wird.

159 **Weitere Hinweise:** Wenn die Mitwirkungshandlung nicht zum vorgegebenen Zeitpunkt erbracht worden ist, sind direkt die hindernden Umstände anzumelden. Hierzu kann beispielsweise Musterschreiben 9 verwendet werden. Man sollte dem Auftraggeber im Falle der Säumigkeit eine Nachfrist setzen, die entsprechend kurz sein kann. Das Setzen einer Nachfrist muss an den Auftraggeber mit einem Zugangsnachweis versendet werden.

Musterschreiben 9: Behinderungsanzeige Planlieferverzug

Adressat: *Auftraggeber*

Bauvorhaben: ....

Datum: ....

BM Nr. *3: Behinderung auf Grund fehlender Planung*

Sehr geehrte Damen und Herren,

wir sind derzeit nicht in der Lage, die vertragsgemäß vorgesehenen Arbeiten durchzuführen. Das hat folgende Ursachen:

Die von Ihnen heute bereitzustellende Bewehrungsplanung ist uns nicht übergeben worden. Sie befinden sich in Planlieferverzug.

Daher sind wir an der Ausführung folgender Arbeiten gehindert:

Bewehrungsarbeiten Bodenplatte

Die betroffenen Arbeiten würden ohne die hindernden Umstände *ab morgen früh* **ausgeführt.**

Weitere betroffene Arbeiten sind die in unserem Bauzeitenplan ausgewiesenen Arbeiten *des Betonbaus, beginnend mit den Wänden im Kellergeschoss.* **Eventuell sind weitere Arbeiten betroffen. Dies ist im Moment jedoch noch nicht absehbar.**

Behinderung seit: *Heute*

Voraussichtliches Ende: *Bei Vorlage der geprüften und freigegebenen Bewehrungspläne*

Dauer: *Derzeit nicht absehbar, wir bitten um sofortige Zusendung der Pläne. Soll bereits mit den Arbeiten nach den Vorabzügen begonnen werden, bitten wir um eine sofortige Anordnung. Da die Vorabzüge fehlerhaft waren, kann es aber zu Mehrkosten durch notwendigen Rückbau kommen.*

Der Bauablauf kann nicht umgestellt werden, da keine anderen Arbeiten ausgeführt werden können. Durch die Behinderung werden Stillstandskosten entstehen, die wir Ihnen hiermit anmelden.

Die Behinderung wirkt sich zudem voraussichtlich bauzeitverlängernd aus, kann aber eventuell durch kostenverursachende Be-

schleunigungsmaßnahmen ganz oder teilweise aufgefangen werden.

Für Rückfragen stehen wir Ihnen gerne zur Verfügung.

Mit freundlichen Grüßen

....

(Unterschrift)

Hinweise zu Musterschreiben 9

Art des Schreibens: Muss, Schriftform, Zugangsnachweis

160 **Zeitpunkt des Schreibens:** Das Schreiben muss versendet werden, wenn der Auftragnehmer erkennt, dass es möglicherweise zu hindernden Umständen kommt, welche seine geplante Ausführung erschweren, verschieben oder unmöglich machen. Dies kann bereits sehr früh sein, wenn man erkennt, dass zum Beispiel Vorleistungen nicht fertig werden. Es kann aber auch erst unmittelbar vor der Ausführung erkennbar sein, dass hindernde Umstände vorliegen.
Sollten Pläne zum Planlieferzeitpunkt nicht vorliegen, aber Planvorlaufzeiten vereinbart sein, dann ist bereits zum Zeitpunkt der nicht erfolgten Planlieferung eine Anzeige hindernder Umstände zu versenden, obwohl die konkreten Arbeiten erst zu einem späteren Zeitpunkt nach der Planvorlauffrist begonnen werden sollten. Man meldet also die hindernden Umstände dann an, wenn das Ereignis eintritt. Ein weiteres Schreiben ist zu versenden, wenn die konkreten Arbeiten wegen der fehlenden Pläne nicht beginnen können.

161 **Vorschriften:** § 6 VOB/B, § 642 BGB; hier ist zwar nicht jeweils ausdrücklich erwähnt, was zu tun ist. Es gelten aber in jedem Fall die von der Rechtsprechung aufgestellten Grundsätze, dass der Auftragnehmer den Auftraggeber vollumfänglich zu informieren hat. Die Pflichten des Auftragnehmers gehen also weiter, als dies der Text der Vorschriften vermuten lässt.

162 **Adressat:** Auftraggeber; es ist nicht anzuraten, andere Beteiligte anzuschreiben. Insbesondere ist es zwecklos, den säumigen Planer anzuschreiben. Dies ersetzt nicht die Anmeldung hindernder Umstände bei dem Auftraggeber.

163 **Nummerierung:** Das Schreiben ist als allgemeines Schreiben zu nummerieren und zur Bauakte zu nehmen. Wichtiger ist allerdings die Dokumentation des Vorliegens der hindernden Umstände und der Auswirkungen der hindernden Umstände im weiteren Ablauf. Diese Dokumentation muss unter der glei-

chen Nummer abgelegt werden, welche die entsprechende Anzeige der hindernden Umstände trägt. Das stellt sicher, dass man im Nachgang auch die entstandenen Kosten für den jeweiligen hindernden Umstand bestimmen kann.

Text: Das Anschreiben muss klar und auch für einen Laien verständlich beschreiben, durch welchen Umstand es zu hindernden Auswirkungen auf den geplanten Bauablauf kommen kann. Es sind detailliert die anstehenden Arbeiten zu nennen, der Beginn der hindernden Umstände, die voraussichtliche Dauer und Auswirkungen auf weitere Arbeiten. Hier müssen also bereits so genau wie möglich das Ereignis, die Auswirkung und die Verursachung beschrieben werden. Es muss erforderlichenfalls ausgeführt werden, dass keine alternativen Arbeiten zur Ausführung anstehen mit der Folge, dass das Personal nicht anderweitig eingesetzt werden kann. **164**

Weitere Hinweise: Wichtig ist, dass man die hindernden Umstände auch wieder abmeldet, wenn diese nicht mehr vorliegen, vgl. Musterschreiben 10. Das wird in den Vorschriften nicht gefordert, die Rechtsprechung verlangt es aber von dem Auftragnehmer. Es stellt auch für den Auftragnehmer sicher, dass er in seiner Dokumentation den abschließenden Brief ablegt und damit dieser Umstand beendet ist. **165**

Musterschreiben 10: Aufhebung der Behinderungsanzeige Planlieferverzug

Adressat: *Auftraggeber*

Bauvorhaben: ....

Datum: ....

BA Nr. *3:* **Unser Schreiben BM Nr.** *3* **vom .**

Sehr geehrte Damen und Herren,

hiermit teilen wir Ihnen mit, dass im Bereich der *Bewehrungsarbeiten für die Bodenplatte* **keine Behinderung mehr vorliegt.**

Wie Ihnen mit Schreiben vom . mitgeteilt, bestand eine Behinderung folgender Arbeiten:

Bewehrungsverlegearbeiten für die Bodenplatte einschließlich nachfolgender Betonarbeiten **vom** *18. Juni 2025, morgens,* **bis zum** *9. Juli 2025, abends.*

Es ergab sich ein Stillstand von *20* **Arbeitstagen.**

In keinen Bereichen dauert die Behinderung noch an, allerdings ergeben sich Leistungsminderungen durch die Wiederaufnahme der Arbeiten.

Die entstandenen Kosten für den Stillstand und die Leistungsreduzierung werden wir Ihnen in Kürze mitteilen.

Die Behinderung wirkt sich bauzeitverlängernd aus.

Bitte teilen Sie uns mit, ob wir die Stillstandszeit durch kostenverursachende Beschleunigungsmaßnahmen ganz oder teilweise auffangen sollen.

Für Rückfragen stehen wir Ihnen gerne zur Verfügung

Mit freundlichen Grüßen

....

(Unterschrift)

Hinweise zu Musterschreiben 10

Art des Schreibens: Muss, Schriftform, Zugangsnachweis

166 **Zeitpunkt des Schreibens:** Das Schreiben muss versendet werden, wenn die hindernden Umstände nicht mehr vorliegen. Das Schreiben dient gleichzeitig der Dokumentation, dass nunmehr die hindernden Umstände beendet sind.

Vorschriften: § 6 VOB/B, § 642 BGB; in diesen Vorschriften ist nicht erwähnt, dass die hindernden Umstände auch wieder abgemeldet werden müssen. Es gelten aber in jedem Fall die von der Rechtsprechung aufgestellten Grundsätze, dass der Auftragnehmer den Auftraggeber vollumfänglich zu informieren hat. Die Pflichten des Auftragnehmers gehen also weiter, als dies der Text der Vorschriften vermuten lässt. Die Abmeldung der hindernden Umstände ist also trotz der fehlenden Hinweise in den Vorschriften zu versenden. **167**

Adressat: Auftraggeber; es ist nicht anzuraten, andere Beteiligte anzuschreiben. Insbesondere ist es zwecklos, den säumigen Nebenunternehmer, den Planer des Auftraggebers oder andere Personen, die für die hindernden Umstände verantwortlich sein können, anzuschreiben. Dies ersetzt nicht die Abmeldung hindernder Umstände bei dem Auftraggeber. **168**

Nummerierung: Das Schreiben ist als allgemeines Schreiben zu nummerieren und zur Bauakte zu nehmen. Wichtiger ist allerdings die Dokumentation des Vorliegens der hindernden Umstände und der Auswirkungen der hindernden Umstände im weiteren Ablauf. Diese Dokumentation muss unter der gleichen Nummer abgelegt werden, welche die entsprechende Anzeige der hindernden Umstände trägt. Das stellt sicher, dass man im Nachgang auch die entstandenen Kosten für den jeweiligen hindernden Umstand bestimmen kann. **169**

Text: Das Anschreiben muss klar und auch für einen Laien verständlich beschreiben, durch welchen Umstand es zu hindernden Auswirkungen auf den geplanten Bauablauf gekommen ist, der nun nicht mehr vorliegt. Man kann dabei die Dauer der Auswirkung aufführen und möglicherweise die Personalstillstandsdauer etc. Sinnvoll ist weiterhin, die Arbeiten nochmals zu benennen, bei denen sich die hindernden Umstände ausgewirkt haben. Die Auswirkungen auf diese Arbeiten müssen zu diesem Zeitpunkt vollständig dokumentiert sein. **170**

Weitere Hinweise: Sollten die hindernden Umstände nicht mehr vorliegen, aber deren hindernde Auswirkung weiterhin andauern, ist dies ebenfalls an den Auftraggeber mitzuteilen. In diesen Fällen ist weiterhin zu dokumentieren, wie sich die nunmehr beendeten Umstände noch hindernd auswirken. Dies kann zum Beispiel durch die Wiederaufnahme der Arbeiten nach einem Stillstand gegeben sein, durch die erneute Einarbeitung oder durch die Witterung. **171**

Musterschreiben 11: Mehrkostenanmeldung bei Planänderungen

Adressat: *Auftraggeber*

Bauvorhaben: ....

Datum: ....

MK Nr. *2: Ausführung von Mehrleistungen*

Sehr geehrte Damen und Herren,

bei der Prüfung der von Ihnen gelieferten und freigegebenen Ausführungsplanung hat sich herausgestellt, dass Mehrleistungen in den Plänen enthalten sind, die nicht zu unserem geschuldeten Leistungsumfang gehören. In der Anlage finden Sie die Auflistung der Mehrleistungen und die entsprechenden Planbezeichnungen.

Für die dort genannten Mehrleistungen melden wir Mehrkosten an.

Da wir die Pläne direkt von Ihrem Planungsbüro bekommen haben, erscheint es möglich, dass Ihnen die erstmalig in den Plänen enthaltenen zusätzlichen Leistungen bei der Freigabe nicht aufgefallen sind.

Wir bitten Sie daher um Bestätigung der Beauftragung der in den Plänen enthaltenen Leistungen und werden Ihnen nachfolgend auf der Grundlage der vertraglichen Preise die Höhe der Vergütung nennen.

Durch die Mehrleistungen kann es zu einer Bauzeitverlängerung kommen.

Für Rückfragen stehen wir Ihnen gerne zur Verfügung.

Mit freundlichen Grüßen

....

(Unterschrift)

Hinweise zu Musterschreiben 11

Art des Schreibens: Muss/Sollte, Schriftform, Zugangsnachweis

Zeitpunkt des Schreibens: Das Schreiben muss vor der Ausführung der Leistung versendet werden. Dabei ist möglichst ein zeitlicher Vorlauf einzuhalten, der es dem Auftraggeber ermöglicht zu antworten. 172

Vorschriften: § 1 Abs. 3 VOB/B, § 1 Abs. 4 VOB/B, § 2 Abs. 5 VOB/B, § 2 Abs. 6 VOB/B; diese Vorschriften sehen zwar nicht in jedem Fall zwingend vor, dass der Auftragnehmer bei dem Auftraggeber die Ausführung der geänderten oder zusätzlichen Leistungen anmeldet. Dem Auftraggeber ist allerdings in den meisten Fällen nicht bewusst, dass es in Plänen geänderte oder zusätzliche Leistungen gibt. Daher ist es auch ein streitvermeidender Kundenservice, dem Auftraggeber dies mitzuteilen. 173

Adressat: Auftraggeber; es ist in jedem Fall dringend anzuraten, dass die Mehrkostenanmeldung an den Auftraggeber gesendet wird, da dieser die Vergütung zu bezahlen hat. 174

Nummerierung: Die Mehrkostenanmeldung sollte fortlaufend nummeriert werden und dadurch leicht auffindbar sein. Die Nummer kann bei späteren Rechnungen oder weiterem Schriftverkehr zur Identifikation verwendet werden. 175

Text: Die Mehrkostenanmeldung muss so formuliert sein, dass auch ein Laie erkennen kann, für welche Mehrleistungen in welchen Plänen die zusätzliche Vergütung entsteht. Daher ist es sinnvoll, die Pläne mit den markierten Details beizulegen. Wenn die Leistungen zu einer Verlängerung der Bauzeit führen, ist diese Bauzeitverlängerung vorzubehalten. 176

Weitere Hinweise: Die Darstellung in freigegebenen Plänen ist üblicherweise als eine Anordnung des Auftraggebers zu qualifizieren, wenn er oder ein von ihm Bevollmächtigter die Pläne freigegeben hat. Sollte allerdings ein nicht zur Beauftragung von Mehrleistungen Bevollmächtigter die Pläne freigegeben haben, ist in jedem Fall vor der Ausführung der Leistung die Mehrkostenanmeldung zu versenden. 177

Wenn Mehrkosten angemeldet werden, muss der Auftraggeber entscheiden, ob er diese Leistungen haben möchte. Wenn er sie ablehnt, sind diese Leistungen nicht auszuführen.

Sind die Leistungen allerdings erforderlich, damit der Auftragnehmer seine Leistung mangelfrei erbringen kann, dann sind bei einer Ablehnung des Auftraggebers Bedenken anzumelden, vergleiche zum Beispiel Musterschreiben 4.

Musterschreiben 12: Bedenkenanmeldung bei Planangaben

Adressat: *Auftraggeber*

Bauvorhaben: ....

Datum: ....

BD Nr. *3: Bedenken gegen die Rohbauplanung*

Sehr geehrte Damen und Herren,

bei der Prüfung der von Ihnen korrigierten, erneut gelieferten und freigegebenen Ausführungsplanung sind uns folgende Leistungen aufgefallen, bei denen wir Bedenken haben, ob unsere Leistung mangelfrei ausgeführt werden kann.

Bereich: *Obergeschosse Bauteil B*

Vorhandene Bauleistung: *Deckenplatten, Höhe h = 25 cm*

Art der Bedenken: *Die Dicke der Deckenplatten wird von Ihnen in den Plänen XY 555 mit 25 cm angegeben. Bei der gegebenen Spannweite der Deckenfelder und der vorgesehenen Bewehrung erscheint es möglich, dass im Endzustand bei einer Belastung der Decken die Durchbiegung nicht die von Ihnen vorgesehenen Maximalwerte einhält.*

Aufgrund unserer Bedenken lehnen wir für entsprechende Schäden dieser Ausführung die Haftung und Gewährleistung ab.

Bitte teilen Sie uns mit, ob diese Bauleistungen trotz unserer Bedenken wie von Ihnen geplant ausgeführt werden sollen.

Sollten Sie unsere Bedenken teilen, bitten wir um die entsprechende Berichtigung der Planung. Sollte Ihre Entscheidung oder die geänderte Planung nicht bis zum *Dienstag, den 19. Mai 2020* **bei uns eingegangen sein, werden wir an der Ausführung unserer Arbeiten gehindert sein.**

Für Rückfragen stehen wir Ihnen gerne zur Verfügung.

Mit freundlichen Grüßen

....

(Unterschrift)

Hinweise zu Musterschreiben 12

Art des Schreibens: Muss, Schriftform, Zugangsnachweis

Zeitpunkt des Schreibens: Das Schreiben ist sofort zu versenden, wenn dem Auftragnehmer seine Bedenken bewusst werden. § 4 Abs. 3 VOB/B sieht die Unverzüglichkeit vor, was ohne schuldhaftes Zögern bedeutet. **178**

Vorschriften: § 4 Abs. 3 VOB/B Diese Vorschrift sieht zwingend vor, dass der Auftragnehmer bei dem Auftraggeber in den folgenden Fällen Bedenken anmeldet: **179**

- Es bestehen Bedenken, dass die durch den Auftraggeber oder seinen Planer vorgesehene Art der Ausführung zu Mängeln führt.
- Es bestehen Bedenken, dass die durch den Auftraggeber oder seinen Planer vorgesehene Art der Ausführung nicht oder nur mit erheblichem Mehraufwand gegen Unfallgefahren gesichert werden kann, sodass große Gefahr besteht.
- Es bestehen Bedenken, dass die durch den Auftraggeber oder seine Lieferanten beigestellten Baustoffe nicht die notwendige Qualität aufweisen.
- Es bestehen Bedenken, dass die durch den Auftraggeber oder seine Lieferanten beigestellten Bauteile nicht die notwendige Qualität aufweisen.
- Es bestehen Bedenken, dass die durch den Auftraggeber oder seine anderen Vorunternehmer ausgeführten Vorgewerke nicht die notwendige Qualität aufweisen.

Adressat: Auftraggeber; es ist in jedem Fall anzuraten, dass die Bedenkenanmeldung an den Auftraggeber gesendet wird. In vielen Fällen ist der planende Architekt auch der für den Bauherren bauleitende Beteiligte. Daher ist es sinnvoll, dass der Bauherr informiert wird. Es ist nicht ausreichend, lediglich den Planer anzuschreiben. **180**

Nummerierung: Die Bedenkenanmeldung sollte nummeriert werden und dadurch leicht auffindbar sein. Sie wird üblicherweise erst zu einem späteren Zeitpunkt erheblich, wenn es um Fragen der Mängel und der Gewährleistung geht. **181**

Text: Die Bedenkenanmeldung muss so formuliert sein, dass auch ein Laie erkennen kann, aus welchem Umstand an welchem Bauteil welche Schäden oder Mängel entstehen können. Es sind alle möglichen Folgen genau zu be- **182**

nennen. Die Bedenkenanzeige muss also enthalten, bei welchen Arbeiten in welchem Bauteil aus welchen Gründen was passieren kann.

183 **Weitere Hinweise:** Wenn Bedenken angemeldet werden, muss der Auftraggeber entscheiden, ob er seine vorgegebene Ausführung belässt oder Änderungen vornimmt. Dafür ist eine Frist zu setzen und anzukündigen, dass es im Falle fehlender Entscheidung zu hindernden Umständen kommt.
Sollte der Auftraggeber die Bedenken zurückweisen, so ist dies unschädlich. Es sollte trotzdem ein Schreiben erfolgen, in dem die Bedenken aufrechterhalten werden.

Musterschreiben 13: Inverzugsetzung des eigenen Planers

Adressat: *Planer des Auftragnehmers*

Bauvorhaben: ....

Datum: ....

AS Nr. *2:* **Mahnung und Verzugsmitteilung** *Lieferung der HLS-Pläne*

Sehr geehrte Damen und Herren,

vertraglich vorgesehener Liefertermin für die *HLS-Planung für das Projekt CITY TOWER Wanne-Eickel war gestern, der 15. November 2025.* **Die Planung liegt uns nicht bzw. nicht vollständig vor.**

Wir mahnen die Lieferung der ausführungsreifen Planung an und setzen Ihnen eine Nachfrist bis zum *Freitag,* **den** *22. November 2025.*

Mit Ablauf der Nachfrist befinden Sie sich in Verzug und haften für die Schäden, die sich auf Grund des Verzuges ergeben. Wir weisen Sie darauf hin, dass eine weitere Verspätung der von Ihnen zu liefernden Pläne zu Bauzeitverzögerungen führt. Sollte es auf Grund dessen zu einer Überschreitung des vertraglichen Abnahmetermins kommen, fällt im Rahmen des Bauvertrages eine Vertragsstrafe in Höhe von € *10.000* **pro** *Kalendertag* **an. Weitere Schäden durch** *eine verspätete Eröffnung des Einkaufsbereichs des Gebäudes* **sind nicht ausgeschlossen.**

Für Rückfragen stehen wir Ihnen gerne zur Verfügung.

Mit freundlichen Grüßen

....

(Unterschrift)

Hinweise zu Musterschreiben 13

Art des Schreibens: Muss, Schriftform, Zugangsnachweis

Zeitpunkt des Schreibens: Das Schreiben muss versendet werden, wenn der Auftragnehmer erkennt, dass sein Erfüllungsgehilfe seine Leistungen nicht rechtzeitig erbringt. **184**
Erfüllungsgehilfen können durch den Auftragnehmer beschäftigte Planer oder Nachunternehmer sein. Das Schreiben ist spätestens zu versenden, wenn der Erfüllungsgehilfe seinen Termin überschritten hat.

185 **Vorschriften:** § 286 BGB; hier sind die Voraussetzungen des Schuldnerverzugs beschrieben. Der Planer hat die Pläne zu liefern und ist diesbezüglich ein Schuldner des ihn beauftragenden Auftragnehmers.

186 **Adressat:** Der säumige Nachunternehmer ist anzuschreiben. Dabei ist darauf zu achten, dass der Angeschriebene auch eine Empfangsvollmacht hat. Wenn man sich nicht sicher ist, sollte im Handelsregister nachgesehen werden, wer Vertretungsberechtigter des Unternehmens ist. In diesen Fällen ist der Vertretungsberechtigte anzuschreiben.

187 **Nummerierung:** Das Schreiben ist als allgemeines Schreiben zu nummerieren und zur Bauakte zu nehmen. Wichtiger ist allerdings die Dokumentation des Vorliegens der hindernden Umstände und der Auswirkungen der hindernden Umstände im weiteren Ablauf. Diese Dokumentation muss unter der gleichen Nummer abgelegt werden. Das stellt sicher, dass man im Nachgang auch die entstandenen Kosten für den jeweiligen hindernden Umstand bestimmen kann.

188 **Text:** Das Anschreiben muss klar und auch für einen Laien verständlich beschreiben, welche Lieferung einer Leistung man von dem Erfüllungsgehilfen zu welchem Termin erwartet. Es sind für den Fall, dass die Leistungen des Erfüllungsgehilfen nicht innerhalb der gesetzten Frist erfolgen, detailliert die anstehenden Arbeiten zu nennen, der Beginn der hindernden Umstände, die voraussichtliche Dauer und die Auswirkungen auf weitere Arbeiten. Hier müssen also bereits so genau wie möglich das Ereignis, die Auswirkung und die Verursachung beschrieben werden. Es muss erforderlichenfalls ausgeführt werden, dass keine alternativen Arbeiten zur Ausführung anstehen mit der Folge, dass das Personal nicht anderweitig eingesetzt werden kann.

189 **Weitere Hinweise:** Der säumige Lieferant oder Erfüllungsgehilfe ist im Falle des Verzuges zum Ersatz des Schadens verpflichtet. Man sollte ihm spätestens bei der Nachfristsetzung mitteilen, wenn es zu einem größeren Schaden kommen kann, zum Beispiel wegen einer hohen Vertragsstrafe, die der Auftragnehmer an den Auftraggeber zu zahlen hat, wenn er wegen der säumigen Leistung des Erfüllungsgehilfen selbst mit seinen Bauarbeiten in Verzug gerät.

4.2 Besprechungen

Besprechungen sind mit weitem Abstand das wichtigste Kommunikationsmittel auf der Baustelle und rund um die Abwicklung eines Bauvorhabens. Es ist dabei unerheblich, ob eine Besprechung nach offizieller Einladung und mit anschließendem Protokollversand durchgeführt wird oder ob es sich um ein spontanes, an Ort und Stelle geführtes Gespräch handelt. Man sollte sich bewusst sein, dass eine Besprechung das schnellste und effektivste Mittel der Kommunikation und daher zur Klärung von Problemen für den Baufortschritt unabdingbar ist. Auf der anderen Seite ist das gesprochene Wort »flüchtig«. Zusagen und die Übernahme von Verantwortung können im Nachhinein schnell wieder zurückgenommen werden mit der Begründung »Das habe ich so nicht gesagt«. Es ist also erforderlich, die wichtigen Punkte einer Besprechung schriftlich zu fixieren, damit sie zu einem späteren Zeitpunkt als Nachweis zur Verfügung stehen. Grundsätzlich muss man dabei zwischen »internen« und »externen« Besprechungen unterscheiden. **190**

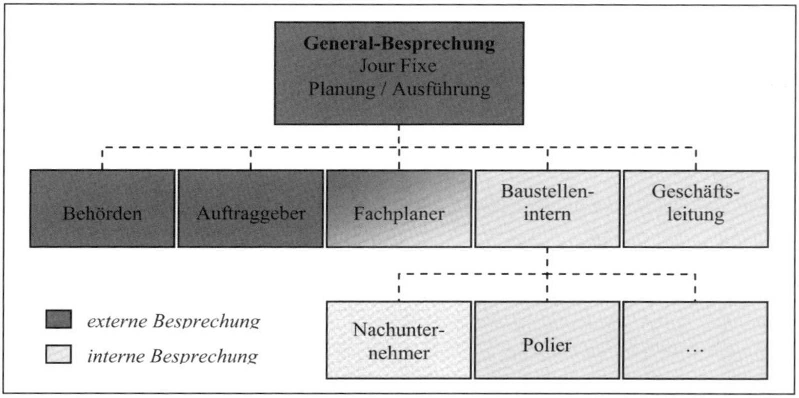

Abbildung 12: Übersicht Besprechungen

In den Bereich interne Besprechungen gehören aus Sicht des Bauleiters alle Gespräche, welche die Baustelle und nur den Auftragnehmer betreffen, bei denen aber nicht die Anwesenheit des Auftraggebers, seiner Vertreter oder seiner Erfüllungsgehilfen benötigt wird. Für diese Gespräche ist eine Dokumentation nur in einem Umfang erforderlich, wie sie entweder intern nach den Firmenrichtlinien vorgeschrieben ist oder wegen der Erinnerungsfunktion benötigt wird. **191**

192 Besprechungen mit der eigenen Geschäftsführung oder den Vorgesetzten dienen der Informationsweitergabe und zur Kontrolle und Prüfung des Baustellengeschehens. An diesen Besprechungen können bei Bedarf weitere Mitarbeiter des Unternehmens, wie der Kalkulator des Angebots oder ein Jurist, teilnehmen. Der Bauleiter kann diese Gelegenheit nutzen, um für den weiteren Bauablauf Handlungsalternativen zu erfragen und Rat einzuholen, denn häufig ergeben sich während der Bauabwicklung an anderen Baustellen Abläufe, die genutzt werden können, z.B. die Freimeldung von Geräten und Kolonnen, die auf der eigenen Baustelle sinnvoll eingesetzt werden können, Materialüberschüsse etc. Das unternehmerische Denken des Bauleiters sollte nicht »hinter dem eigenen Bauzaun« aufhören.

193 Zu internen Besprechungen zählen ebenfalls alle Gespräche, an denen nur Mitarbeiter der eigenen Baustelle und des eigenen Unternehmens beteiligt sind. Für den Bauleiter sind die Gespräche mit seinen Polieren und gewerblichen Mitarbeitern von hoher Bedeutung, da er nur über diese Mitarbeiter Informationen über die ausgeführten Bautätigkeiten, auftretende Probleme und eventuell sich abzeichnende Änderungen erhält. Der Polier als Bindeglied zwischen gewerblichen Arbeitnehmern und der Bauleitung stellt einen der wichtigsten Ansprechpartner des Bauleiters auf der Baustelle dar. Neben den regelmäßigen Absprachen über beispielsweise den Baufortschritt oder Baustoffbestellungen sollten alle wesentlichen Vorgänge der Baustelle mit den Polieren besprochen werden. Der Polier verteilt die Arbeit auf das gewerbliche Personal und beaufsichtigt die Durchführung.

194 Reichen die Fachkenntnis des Bauleiters oder seine Zeit nicht zur sicheren und mangelfreien Planung und Herstellung aller Teile des Objekts aus, muss er auf die Hilfe eines Fachplaners zurückgreifen. Häufig werden spezielle Details von Fachplanern konstruiert, mit denen der Bauleiter Rücksprache halten muss. Das gilt insbesondere, wenn diese Details zu einer Umplanung der Bauausführung oder der Materialdisposition führen können oder Umplanungen in anderen Bereichen Einfluss auf die bestehende Planung des Fachplaners haben können. Es ist die Aufgabe des Bauleiters, dem Fachplaner alle Informationen zukommen zu lassen, damit die Schnittstellen zwischen den verschiedenen Planungs- und Tätigkeitsbereichen reibungslos ineinandergreifen.

195 Der eingeschaltete Fachplaner kann ein Mitarbeiter des eigenen Unternehmens sein. In diesen Fällen sollte ein Protokoll angefertigt werden, welches die besprochenen Inhalte und die verteilten Aufgaben mit Fristen für die Erle-

digung enthält. Es dient hauptsächlich der Terminkoordination für die fristgerechte Lieferung der für den weiteren Bauablauf benötigten Planungen. Wenn es sich allerdings um ein externes Ingenieurbüro handelt, sind die Inhalte der Besprechung in einem Protokoll in gleicher Art festzuhalten, wie es im Folgenden für die externen Besprechungen beschrieben wird.

Zu baustelleninternen Besprechungen zählen auch die Unterredungen mit ei- **196** genen Nachunternehmern. In den meisten Fällen geht es hierbei ebenfalls um die Koordination der Arbeitsabläufe und Details zur Ausführung. Diese Besprechungen können lediglich der Abklärung von organisatorischen Fragen dienen, die keine besondere Relevanz haben und die vertraglichen Leistungen des Nachunternehmers nicht ändern. In diesen Fällen handelt es sich um die übliche mündliche Abstimmung. Die Dokumentation ist daher nicht zwingend erforderlich. Sollten aber die Besprechungen mit dem Nachunternehmer auch die Änderung von vertraglichen Gegebenheiten, Fristsetzungen oder Mängel zum Gegenstand haben, müssen die Gespräche protokolliert werden. Hierfür gilt dann ebenfalls das in dem Folgenden für externe Besprechungen Ausgeführte.

Im Unterschied zu internen Besprechungen sind bei externen Besprechungen **197** der Auftraggeber, sein Vertreter oder andere Erfüllungsgehilfen anwesend. Erfüllungsgehilfen des Auftraggebers sind alle Beteiligten, die für den Auftraggeber tätig sind und dabei Pflichten übernehmen, die der Auftraggeber im Rahmen des Bauvertrages zu erfüllen hat. Hierzu zählt zum Beispiel ein Projektsteuerer, der bauleitende Architekt, die Planer des Auftraggebers etc. Im Gegensatz zu internen Besprechungen müssen alle externen Besprechungen dokumentiert werden, damit die Gesprächsinhalte nachgewiesen werden können. Es ist daher bei externen Besprechungen nicht erforderlich, vertragsrelevante und andere Punkte zu unterscheiden. In den meisten Fällen lässt es sich erst im Nachhinein sagen, ob die besprochenen Inhalte für den weiteren Bauablauf und die Regelung vertraglicher Angelegenheiten von Bedeutung sind.

Im Baualltag ist es vorteilhaft, regelmäßige Besprechungen mit allen Projekt- **198** beteiligten zu führen. Dort können alle anfallenden Probleme schnell und praxisnah erörtert werden. Ein Jour Fix findet in der Regel zu einer festgesetzten Uhrzeit an einem festgelegten Tag in der Woche statt, womit sich eine Routine für alle Beteiligten entwickeln kann. Die Häufigkeit eines Jour Fix ist abhängig vom Umfang der augenblicklich zu erbringenden Leistung. Anwesend sind im Allgemeinen neben dem Bauleiter alle Verantwortlichen der am Bau

Beteiligten sowie ein Vertreter des Auftraggebers. Über jeden Jour Fix wird ein Protokoll geführt, das alle wichtigen Ergebnisse enthält.

199 In regelmäßigen Abständen sollte der Stand der Arbeiten des Projekts und daraus resultierende Probleme mit dem Auftraggeber besprochen werden. Diese Besprechungen vermeiden die Häufung von Schwierigkeiten. Treten unvorhergesehene Probleme auf, ist eine Besprechung mit dem Auftraggeber kurzfristig einzuberufen. Sämtliche Inhalte dieser Unterredungen sind vollständig zu protokollieren.

200 Diese Besprechungen dienen aber nicht nur der Behandlung von Problemen, sondern sollten auch stattfinden, um dem Auftraggeber den Fortschritt auf der Baustelle zu präsentieren. Es zeigt sich immer wieder, dass die Integration des Auftraggebers in das Baustellengeschehen bewirkt, dass eine hohe Identifikation mit den stattfindenden Arbeiten eintritt und sich in vielen Fällen bereits zu einem frühen Zeitpunkt kooperative Lösungen finden lassen. Das hat zur Folge, dass auch die Anzahl von Mangeleinreden zum Zeitpunkt der Abnahme erheblich abnimmt, da der Auftraggeber bereits im Vorfeld den Stand der Arbeiten besichtigen konnte. Es ist sinnvoll, dass eine Baustellenbesichtigung mit dem Auftraggeber in dem Bautagebuch vermerkt wird. Darin wird aufgeführt, welche Arbeiten in Augenschein genommen worden sind.

201 Bei der Herstellung eines Bauvorhabens werden in vielfältiger Art und Weise auch öffentliche Interessen berührt. Zur Erfüllung formaler Verfahren für erforderliche Genehmigungen muss der Bauleiter Rücksprache mit den zuständigen Behörden halten. Diese Besprechungen finden meist nur bei Bedarf statt. Es ist allerdings sinnvoll, dass die zuständigen Behörden bereits im Vorfeld über den Sachstand informiert werden. Zeichnet sich die Notwendigkeit einer Genehmigung ab, können auch im Voraus Anfragen an die Behörde gerichtet werden. Besprechungen mit Behördenvertretern sind ebenfalls immer zu protokollieren.

202 In der Praxis ist immer wieder festzustellen, dass Besprechungen aller Art sehr häufig durchgeführt werden. Sie nehmen daher eine wichtige Stellung in der Tätigkeit eines Bauleiters ein. Im Gegensatz dazu werden allerdings die meisten Besprechungen nicht ausreichend vorbereitet. Daher sind sie in vielen Fällen ineffizient oder es wird im Nachhinein festgestellt, dass ein verbindliches Ergebnis durch die Besprechungen nicht erzielt worden ist. Der Bauleiter muss daher ein erhebliches Interesse daran haben, die Besprechungen so kurz wie möglich zu halten und verbindliche Ergebnisse zu erzielen. Daher hat er immer dann, wenn die Möglichkeit dazu besteht, die Initiative zu ergreifen und das Programm für die Besprechung zu gestalten. Letztlich dient jede Besprechung nur der Abwicklung der Baumaßnahme. Die folgende Abbildung zeigt den Ablauf der Tätigkeit zur Durchführung von Besprechungen.

Für alle Besprechungen, die nicht spontan auf Grund einer passenden Gele- **203**
genheit durchgeführt werden, wie zum Beispiel die Gespräche mit den Polieren bei einem Baustellenrundgang, wird nach einer Terminvereinbarung, die telefonisch erfolgen kann, durch den Bauleiter eine Einladung an die Teilnehmer (MS 14) versendet. In der Einladung sollten nicht nur der Termin, sondern auch das Programm und die Teilnehmer aufgeführt werden. Damit wird erreicht, dass die entscheidungserheblichen Personen anwesend sind, aber keine weiteren Teilnehmer, die für die Thematik nicht benötigt werden. Die Festlegung des Programms hilft allen Teilnehmern, sich auf die Besprechung vorzubereiten. Es sollte daher nicht vorkommen, dass ein Teilnehmer die Besprechung eines Themas ablehnt, da er davon nichts gewusst habe und deshalb nicht vorbereitet sei.

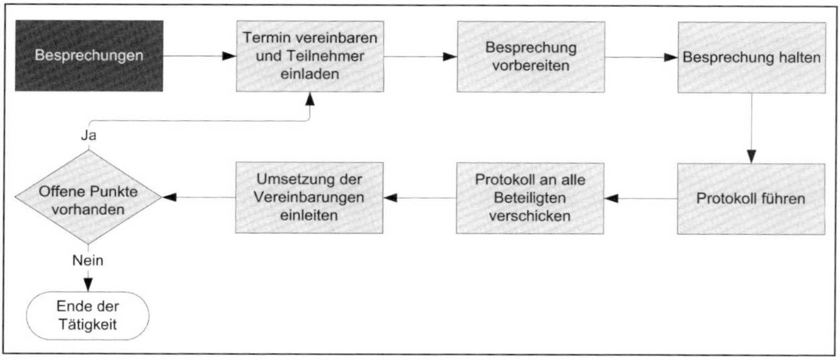

Abbildung 13: Tätigkeitsablauf Besprechungen

Die Vorbereitung der Besprechung richtet sich nach den Inhalten. Handelt es **204**
sich um verschiedene kleinere Besprechungspunkte, kann man sich entsprechende Notizen anfertigen, welche Punkte besprochen werden müssen und was das gewünschte Ziel bei jedem Punkt sein soll. Bei einer entsprechenden Anordnung der eigenen Notizen auf einem Blatt kann man dieses gleichzeitig für die handschriftlichen Notizen oder die Anfertigung des Protokolls verwenden. Größere Problembereiche müssen besprochen werden. Dazu bietet es sich an, eine Tischvorlage anzufertigen. Sie sollte alle wesentlichen Unterla-

gen enthalten, aber auch nur so umfangreich sein, dass die Teilnehmer die Inhalte schnell erfassen können. Es bietet sich an, die Tischvorlage vor der Besprechung an die Teilnehmer zu versenden.

205 Zu einer Vorbereitung der Besprechung gehört es auch, dass man den Besprechungsraum kontrolliert, eventuell reinigen lässt, lüftet und sich eine Sitzordnung überlegt. Bei längeren Besprechungen oder einer längeren Anfahrt der Teilnehmer sollten Getränke bereitgehalten werden. Bei Besprechungen im eigenen Baubüro achtet man besonders darauf, dass keine vertraulichen Unterlagen herumliegen oder etwa an Tafeln, Clipcharts oder aufgehängten Plänen Informationen aus vorhergehenden internen Besprechungen angebracht sind.

206 Die Begrüßung der Teilnehmer und die Gesprächsleitung sind durch den einladenden Bauleiter vorzunehmen. Er stellt die Tagesordnung vor und gibt bekannt, dass er ein Protokoll anfertigen wird, und führt in die einzelnen Gesprächsthemen ein. Dabei muss er darauf achten, dass die Teilnehmer nicht von der Thematik abschweifen, und sollte klarstellen, was das zu erreichende Ergebnis für die einzelnen Themen sein muss. In vielen Fällen ist es ebenfalls hilfreich, wenn für die einzelnen Themen ein Zeitrahmen vorgegeben wird. Das Durchreichen einer Anwesenheitsliste erfolgt bereits am Anfang, wobei unbekannte Gesprächspartner eine Visitenkarte hinterlegen.

207 Noch während der Besprechung fertigt man Notizen an, welche die wesentlichen Gesprächsinhalte erfassen. Hierzu gehört vor allem, dass auch Zwischenergebnisse und Ergebnisse zu einzelnen Punkten notiert werden. Sollten keine Ergebnisse erzielt werden, ist das ebenfalls zu vermerken. In diesen Fällen ist eine Begründung auszuführen. Wenn für einzelne Themen eine Klärung erst durch weitere Unterlagen erfolgen kann, muss man sich einigen, wer diese Arbeiten bis zu welchem Zeitpunkt erledigt und dies ebenfalls ins Protokoll aufnehmen. Bei wichtigen Besprechungen kann es hilfreich sein, dass eine Sekretärin oder ein anderer Mitarbeiter das Protokoll führt. Nach der Diskussion jedes einzelnen Themas wiederholt man das gefundene Ergebnis in der Art, wie man es in das Protokoll aufnehmen wird. Damit beugt man Widersprüchen gegen das Protokoll vor.

208 Am Ende der Besprechung wird durch den Bauleiter umgehend das Protokoll (MS 15) angefertigt. Ein späteres Anfertigen führt oft dazu, dass einzelne Punkte vergessen werden. Die zeitnahe Versendung des Protokolls dient ebenso der Vermeidung von Widersprüchen. In dem Begleitbrief zum Proto-

koll (MS 16) wird eine Frist gesetzt, bis wann Widersprüche gegen das Protokoll einzureichen sind. Erwähnt wird in dem Protokoll der Adressat, damit er eine Aufgabe erledigt. Diese Protokollstelle hebt man mit einer farblichen Markierung hervor. Ist der Auftraggeber bei der Besprechung nicht anwesend, versendet der Bauleiter das Protokoll in jedem Fall auch an ihn. Damit erhält er Gelegenheit, von den Inhalten der Besprechung Kenntnis zu nehmen.
Von Vorteil ist es, wenn man direkt am Ende der Besprechung das bereits verlesene Protokoll ausdruckt, den Teilnehmern zur Unterschrift vorlegt und die Kopien verteilt. Nicht anwesende Beteiligte erhalten im Nachgang einen Scan des Protokolls. Dieses Vorgehen hat den Vorteil, dass es keine Einwände gegen das Protokoll geben kann und der Vorgang abgeschlossen ist.

Wenn in den Besprechungen streitige Angelegenheiten diskutiert und zu einem Ergebnis geführt werden, sollte man sich die Zeit nehmen, zumindest das Protokoll bezüglich dieser Angelegenheit sofort aufzusetzen und von allen Teilnehmern unterschreiben zu lassen. Die Praxis zeigt immer wieder, dass einmal getroffene Vereinbarungen aus Besprechungen im Nachhinein durch eine Seite zurückgenommen werden, da mit einem gewissen Zeitablauf noch die eine oder andere Idee aufgekommen ist, um eventuell ein Verhandlungsergebnis zu verbessern. **209**

Nach der Anfertigung des Protokolls muss der Bauleiter die in der Besprechung getroffenen Vereinbarungen umsetzen und die dazu notwendigen Maßnahmen einleiten. Er prüft, ob die in der Verhandlung gefundenen Ergebnisse keine Mehrleistungen verursachen, die nicht vom Auftraggeber oder einem bevollmächtigten Vertreter angeordnet worden sind. Andernfalls hat er mit dem Auftraggeber Rücksprache zu halten, ob er diese Leistungen genehmigt. Im Zweifelsfall versendet der Bauleiter eine Mehrkostenanmeldung an den Auftraggeber (MS 17). **210**

Wenn nach der Besprechung noch offene Punkte verblieben sind, müssen zur weiteren Klärung die entsprechenden Personen erneut zu einer Besprechung eingeladen werden. Im Zweifelsfall muss sich der Bauleiter überlegen, ob eine Wiederholung der Besprechung erfolgreich sein kann. Dies ist in aller Regel nur gegeben, wenn neue Gesichtspunkte die Verhandlungspartner veranlassen, ihre Positionen zu überdenken und ein Ergebnis zu finden. Sind in der Sache keine neuen Gesichtspunkte oder Lösungen erkennbar, ist darüber nachzudenken, ob durch einen Wechsel der Gesprächsteilnehmer eine Lösung zu erreichen ist, z.B. durch die Beteiligung von vorgesetzten Personen. **211**

212 Im Gegensatz zu Besprechungen geht einer Rücksprache zur schnellen Klärung einzelner Punkte keine Einladung voraus und in der Regel wird kein Protokoll angefertigt. Allerdings sind auch in diesen Fällen die Ergebnisse schriftlich festzuhalten bzw. die Absprache zu dokumentieren. Hierfür sind in aller Regel Aktennotizen ausreichend. Eine Alternative ist die Eintragung in das Bautagebuch, wenn es sich um Absprachen mit Beteiligten des Auftraggebers handelt.

213 Unabhängig davon, ob Vereinbarungen in einer Besprechung, am Telefon oder bei einer anderen Gelegenheit mündlich getroffen werden, muss der Inhalt der Vereinbarung schriftlich fixiert werden, wenn es sich um vertragsrelevante und vergütungspflichtige Angelegenheiten handelt. Im Grundsatz sind auch mündliche Vereinbarungen verbindlich und haben rechtlich den gleichen Stellenwert wie eine schriftliche Vereinbarung. Mündliche Vereinbarungen haben allerdings den Nachteil, dass sie im Streitfall schlecht zu beweisen sind. Wenn beide Vertragspartner Kaufleute sind, also vereinfacht gesagt es sich nicht um Privatpersonen handelt, ist es sinnvoll, mündliche Vereinbarungen durch ein kaufmännisches Bestätigungsschreiben zu fixieren. Auch bei Privatpersonen sollte ein solches Bestätigungsschreiben versendet werden, auch wenn es nicht die rechtliche Wirkung einer Beweiserleichterung hat.

214 Für ein kaufmännisches Bestätigungsschreiben (MS 18) ist unmittelbar nach der getroffenen mündlichen Vereinbarung ein Brief an den Gesprächspartner aufzusetzen, welcher den Inhalt der getroffenen Vereinbarungen wiedergibt und den Gesprächspartner nennt. Man muss dabei bedenken, dass dieses Schreiben eventuell später zu Beweiszwecken dient und es sich auch einem Dritten aus diesem Schreiben eindeutig erschließen sollte, was die Beteiligten vereinbart haben. Der Dritte hat dabei nicht die gleichen Vorkenntnisse, die bei den Beteiligten vorhanden sind. Daher ist der Sachverhalt entsprechend mit aufzuführen. Selbstverständlich muss der Gesprächspartner zum Abschluss einer solchen Vereinbarung bevollmächtigt sein.

Checkliste 10: Besprechungen

Wann:	Vor der Besprechung
Warum:	Zur ergebnisorientierten und effektiven Durchführung der Besprechung
Wer:	Bauleiter
Was:	Aufstellung der Besprechungspunkte Terminvereinbarung und Einladungsversand Vorbereitung des Termins Prüfung des Besprechungsraumes Besprechung halten und protokollieren
Wie:	Durcharbeiten der Unterlagen bezüglich offener Punkte; Zusammenstellung der für die Entscheidung notwendigen Personen Terminvorschläge und terminelle Notwendigkeiten bestimmen
Kontrolle:	Alle an der Entscheidung Beteiligten Personen eingeladen? Alle entscheidungsrelevanten Themen auf der Tagesordnung?
Weiteres Vorgehen:	Sofortiges Erstellen des Protokolls nach der Besprechung; Versand des Protokolls an alle Beteiligten, evtl. weitere Personen Veranlassung aller beschlossenen Handlungen Erforderlichen Schriftverkehr führen Getroffene Vereinbarungen sofort schriftlich bestätigen Protokoll archivieren
Eigene Anmerkungen:	

Musterschreiben 14: Einladung zu einer Besprechung

Adressat: *Auftraggeber u.a. Teilnehmer*

Bauvorhaben: ....

Datum: ....

AS 3: *Einladung zur Besprechung*

Sehr geehrte Damen und Herren,

nach unserer telefonischen Terminvereinbarung lade ich sie zu der Besprechung für die im Anhang genannten Protokollpunkte

am *15. Dezember 2025*

um *09.00 Uhr* **bis** *12.00 Uhr*

im *Besprechungsraum 02 auf der Baustelle, Müllerstraße 3, 74391 Müllerstadt*

ein. Um pünktliches Erscheinen wird gebeten.

Sollten Sie eine Ergänzung des Programms für die Besprechung wünschen oder weitere Teilnehmer mitbringen wollen, die nicht in der Liste im Anhang vermerkt sind, bitten wir um kurze Information.

Für Rückfragen stehen wir Ihnen gerne zur Verfügung.

Mit freundlichen Grüßen

....

(Unterschrift)

Anlage: Besprechungsprogramm, Teilnehmerliste

Hinweise zu Musterschreiben 14

Art des Schreibens: Kann

Zeitpunkt des Schreibens: Das Schreiben ist nach der Terminvereinbarung mit Vorlauf zu dem verabredeten Termin zu versenden. Dies kann bei kurzfristigen Terminvereinbarungen auch mit geringem zeitlichen Vorlauf erfolgen. **215**
Vorschriften: Keine.

Adressat: Teilnehmer der Besprechung, eventuell Auftraggeber; möglicherweise können auch andere Baubeteiligte angeschrieben werden, wenn die Information über den Termin für eine Besprechung zu einem Thema auch für diese Personen von Interesse sein kann. **216**

Nummerierung: Das Schreiben ist als allgemeines Schreiben zu nummerieren und zur Bauakte zu nehmen. Wichtiger ist allerdings die Dokumentation und Ablage des Protokolls der Besprechung mit den Inhalten der Besprechung und den getroffenen Entscheidungen. **217**

Text: Das Anschreiben muss klar den Termin und den Ort der Besprechung nennen. Als Anlage sollte das Programm für die Besprechung angefügt werden und eine Teilnehmerliste. Damit ist allen im Vorfeld klar, welche Punkte besprochen werden sollen. **218**

Weitere Hinweise: Das Schreiben ist zwar nicht unbedingt erforderlich, es zeigt aber professionellen Umgang. Es stellt weiterhin sicher, dass in der Besprechung die zu entscheidenden Themen behandelt werden. Sinnvoll ist es daher auch, in dem Besprechungsprogramm Zeitfenster vorzugeben, die für einzelne Punkte zur Verfügung stehen. **219**
Sollten bei der Besprechung Beschlüsse gefasst werden, ist möglicherweise weiterer Schriftverkehr erforderlich. Dies gilt insbesondere, wenn Leistungsänderungen auszuführen sind.
Auch in den Fällen, in denen erforderliche Entscheidungen nicht getroffen werden, die für den weiteren Bauablauf aber benötigt werden, ist ergänzender Schriftverkehr zu führen, zum Beispiel eine Anzeige hindernder Umstände.

Musterschreiben 15: Anschreiben Protokollversand und Musterprotokoll

Adressat: *Auftraggeber u.a. Teilnehmer*

Bauvorhaben: ....

Datum: ....

AS 4: *Protokoll der Besprechung*

Sehr geehrte Damen und Herren,

im Anhang übersenden wir Ihnen das Protokoll unserer heutigen Besprechung vom *15. Dezember 2025.*

Wir bitten Sie zu beachten, dass die Tagesordnungspunkte *2 und 4* **durch Sie zu erledigen sind. Die Erledigungsfristen ergeben sich aus dem Protokoll.**

Sollten Sie gegen das Protokoll Einspruch erheben wollen oder Ergänzungen wünschen, bitten wir um Mitteilung bis zum *17. Dezember 2025.*

Für Rückfragen stehen wir Ihnen gerne zur Verfügung.

Mit freundlichen Grüßen

....

(Unterschrift)

Anlage: Besprechungsprotokoll

Hinweise zu Musterschreiben 15

Art des Schreibens: Kann

Zeitpunkt des Schreibens: Das Schreiben ist nach der Besprechung möglichst kurzfristig zu versenden.

Vorschriften: Keine.

Adressat: Teilnehmer der Besprechung, eventuell Auftraggeber; möglicherweise können auch andere Baubeteiligte angeschrieben werden, wenn die Information über eine Besprechung zu einem Thema auch für diese Personen von Interesse sein kann. **220**

Nummerierung: Das Schreiben ist als allgemeines Schreiben zu nummerieren und zur Bauakte zu nehmen. Es ist der Einladung zur Besprechung anzufügen, vgl. Musterschreiben 14. **221**

Text: Das Anschreiben muss klar den Termin der Besprechung nennen. Als Anlage ist das Protokoll der Besprechung anzufügen.

In dem Schreiben kann man insbesondere auf die zu bearbeitenden Punkte hinweisen.

Weiterhin ist der Hinweis mit Fristsetzung sinnvoll, dass die anderen Teilnehmer Einwände erheben können. Damit wird vermieden, dass spätere Diskussionen über die Inhalte des Protokolls zu Streitigkeiten führen.

Weitere Hinweise: Wichtig ist die möglichst schnelle Versendung des Protokolls, da dann die Inhalte der Besprechung bei allen Teilnehmern noch präsent sind. **222**

Sollten bei der Besprechung Beschlüsse gefasst werden, ist möglicherweise weiterer Schriftverkehr erforderlich. Dies gilt insbesondere, wenn Leistungsänderungen auszuführen sind und weder der Auftraggeber noch ein von ihm Bevollmächtigter anwesend waren.

Auch in den Fällen, in denen erforderliche Entscheidungen nicht getroffen werden, die für den weiteren Bauablauf aber benötigt werden, ist ergänzender Schriftverkehr zu führen, zum Beispiel eine Anzeige hindernder Umstände.

Musterschreiben 16: Besprechungsprotokoll

Besprechungsprotokoll Nr. 23

Bauvorhaben: ....

Besprechungsdatum, zugleich erstellt am: ....

Anwesend: *Teilnehmer Herr Kern (verspätet ab 10.00 Uhr)*

Nach kurzer Begrüßung der Teilnehmer erfolgt die Besprechung der Tagesordnungspunkte.

TOP 1: Planlieferung TGA

Es wird festgestellt, dass die vorliegenden Pläne unvollständig sind. IB Müller wird die Pläne vervollständigen und bis zum 21. Dezember 2025 auf der Baustelle in je fünf Kopien bereitstellen.

Zu erledigen: *IB Müller*

Bis zum: *21.12.2025*

TOP 2: *Angebot Außenanlagen*

Das Angebot wurde durch Herrn Kern noch nicht geprüft. Herr Kern wurde darüber informiert, dass das Angebot spätestens am 2. Januar 2025 beauftragt werden muss, da ansonsten die Baustelleneinrichtung nicht mehr zur Verfügung steht. Herr Kern sagt die Prüfung zu.

Zu erledigen: *Herr Kern*

Bis zum: *18.12.2025*

TOP 3: *Verfüllung der Pumpenschächte*

Firma Roller sagt die Verfüllung der Pumpenschächte ab dem 16. Dezember 2025 zu.

Zu erledigen: *Firma Roller*

Ab dem: *16.12.2025*

TOP 4: *Bereitstellung der Gasversorgung*

Herr Kern wurde darüber informiert, dass der bauseitige Gasanschluss bereits am 10. Dezember 2025 zur Verfügung stehen sollte. Herr Kern sagt die sofortige Bereitstellung zu.

Zu erledigen: *Herr Kern*

Bis zum: *Sofort*

Aufgestellt: *15. Dezember 2025, BL Schlauer*

Hinweise zu Musterschreiben 16

Art des Schreibens: Muss

Zeitpunkt des Schreibens: Das Protokoll einer Besprechung ist in jedem Fall anzufertigen. Damit wird dokumentiert, wer welche Themen besprochen hat und welche Ergebnisse gefunden oder nicht gefunden wurden. Um nachträgliche Diskussionen über die Inhalte der Besprechung zu vermeiden, hat es sich bewährt, das Protokoll gleich in der Besprechung anzufertigen, zu verlesen und danach gegenseitig zu unterschreiben. **223**
Vorschriften: Keine.

Adressat: Teilnehmer der Besprechung, eventuell Auftraggeber; möglicherweise können auch andere Baubeteiligte angeschrieben werden, wenn die Information über eine Besprechung zu einem Thema auch für diese Personen von Interesse sein kann. **224**

Nummerierung: Das Protokoll sollte eine fortlaufende Nummer für jede Besprechung erhalten und muss zur Bauakte genommen werden. Es ist der Einladung zur Besprechung anzufügen, vgl. Musterschreiben 14, bzw. dem Begleitschreiben zum Protokollversand, vgl. Musterschreiben 15. **225**
Text: Das Protokoll in Musterschreiben 16 enthält die wichtigsten Inhalte. Man kann auch nach Bedarf weitere Punkte aufnehmen.
Es ist das Besprechungsdatum und das Datum, an dem das Protokoll erstellt wurde, anzugeben.
Die anwesenden Teilnehmer sind aufzuführen. Hierfür kann man bei einer größeren Anzahl von Teilnehmern auch eine Anwesenheitsliste ausfüllen lassen. Dafür zählt man vorher die Teilnehmer durch und streicht überflüssige Felder von der Liste. Damit stellt man sicher, dass alle Teilnehmer eingetragen sind. Wenn Teilnehmer verspätet kommen oder früher gehen, ist dies mit anzumerken.
Das Protokoll muss alle Inhalte der Besprechung wiedergeben. Hierfür kann man die Punkteliste der Einladung verwenden. Zu jedem dieser Punkte sind die Gesprächsinhalte und Ergebnisse festzuhalten. Dies muss in einer Form geschehen, die auch Dritten, die nicht an der Besprechung teilgenommen haben, die Inhalte zweifelsfrei vermittelt.
Wenn Punkte offen sind, ist einzutragen wer diesen Punkt zu erledigen hat und die Frist dafür zu nennen.
Der Verfasser des Protokolls ist abschließend zu benennen.

226 **Weitere Hinweise:** Wichtig ist die möglichst schnelle Versendung des Protokolls, da dann die Inhalte der Besprechung bei allen Teilnehmern noch präsent sind.

Sollten bei der Besprechung Beschlüsse gefasst werden, ist möglicherweise weiterer Schriftverkehr erforderlich. Dies gilt insbesondere, wenn Leistungsänderungen auszuführen sind und weder der Auftraggeber noch ein von ihm Bevollmächtigter anwesend waren.

Auch in den Fällen, in denen erforderliche Entscheidungen nicht getroffen werden, die für den weiteren Bauablauf aber benötigt werden, ist ergänzender Schriftverkehr zu führen, zum Beispiel eine Anzeige hindernder Umstände.

Musterschreiben 17: Mehrkostenanmeldung nach einer Besprechung

Adressat: *Auftraggeber*

Bauvorhaben: ....

Datum: ....

MK 3: *Ergebnis der Besprechung*

Sehr geehrte Damen und Herren,

in der Besprechung am *15. Dezember 2025* **wurde unter Anwesenheit** *Ihres bauleitenden Architekten, Herrn Müller, und Ihres Fachplaners für die Gebäudetechnik diskutiert, wie die Lüftungsanlage im Bauteil 3 auszuführen ist. Aus technischen Gründen wurde eine Umverlegung der Zuleitungen* **beschlossen.**

Durch diese Maßnahmen wird es zu Mehrkosten *gegenüber der bisher von Ihnen in der Planung ausgewiesenen Ausführung* **kommen. Diese Mehrkosten melden wir hiermit an.**

Bitte teilen Sie uns bis zum *4. Januar 2025* **mit, ob sie diese Ausführung wünschen, da bei der Besprechung kein bevollmächtigter Vertreter von Ihnen anwesend war.**

Für Rückfragen stehen wir Ihnen gerne zur Verfügung.

Mit freundlichen Grüßen

....

(Unterschrift)

Hinweise zu Musterschreiben 17

Art des Schreibens: Muss, Schriftform, Zugangsnachweis

227 **Zeitpunkt des Schreibens:** Das Schreiben muss vor der Ausführung der Leistung versendet werden. Dabei ist möglichst ein zeitlicher Vorlauf einzuhalten, der es dem Auftraggeber ermöglicht zu antworten.

228 **Vorschriften:** § 1 Abs. 3 VOB/B, § 1 Abs. 4 VOB/B, § 2 Abs. 5 VOB/B, § 2 Abs. 6 VOB/B; wenn der Auftraggeber oder sein dazu Bevollmächtigter bei der Vereinbarung von geänderten oder zusätzlichen Leistungen nicht anwesend war und diesen nicht zugestimmt hat, ist der Auftraggeber vor Ausführung der Leistungen zu fragen.

229 **Adressat:** Auftraggeber; es ist in jedem Fall anzuraten, dass die Mehrkostenanmeldung an den Auftraggeber gesendet wird, da dieser die Vergütung zu bezahlen hat.

230 **Nummerierung:** Die Mehrkostenanmeldung sollte fortlaufend nummeriert werden und dadurch leicht auffindbar sein. Die Nummer kann bei späteren Rechnungen oder weiterem Schriftverkehr zur Identifikation verwendet werden.

231 **Text:** Die Mehrkostenanmeldung muss so formuliert sein, dass auch ein Laie erkennen kann, für welche Mehrleistungen die zusätzliche Vergütung entsteht. Daher ist es sinnvoll, das Protokoll der Besprechung beizulegen. Wenn die Leistungen zu einer Verlängerung der Bauzeit führen, ist diese Bauzeitverlängerung vorzubehalten.

232 **Weitere Hinweise:** Wenn Mehrkosten angemeldet werden, muss der Auftraggeber entscheiden, ob er diese Leistungen haben möchte. Wenn er sie ablehnt, sind diese Leistungen nicht auszuführen.

Sind die Leistungen allerdings erforderlich, damit der Auftragnehmer seine Leistung mangelfrei erbringen kann, dann sind bei einer Ablehnung des Auftraggebers Bedenken anzumelden, vergleiche zum Beispiel Musterschreiben 4.

Musterschreiben 18: Kaufmännisches Bestätigungsschreiben

Adressat: *Auftraggeber*

Bauvorhaben: ....

Datum: ....

AS 5: *Ergebnis der Besprechung*

Sehr geehrter *Auftraggeber oder bevollmächtigter Vertreter,*

in der Besprechung am *15. April 2025* **wurde zwischen Ihnen und dem Unterzeichner folgende Vereinbarung geschlossen:**

Die von uns gestellten Gerüste verbleiben für die folgenden Malerarbeiten auf der Baustelle, längstens aber bis zum 15. Juli 2025.

Zur Abgeltung der Kosten für die verlängerte Vorhaltung der von uns gestellten Gerüste über den 30. April 2025 hinaus und die erforderlichen Reinigungsmaßnahmen, die durch die nachfolgenden Arbeiten an den Gerüstteilen entstehen, zahlen Sie einen einmaligen Betrag in Höhe von 7.500,00 €. Der Betrag ist sofort fällig und auf unser Konto zu überweisen.

Wir bestätigen Ihnen hiermit die in der Besprechung getroffene Vereinbarung.

Mit freundlichen Grüßen

....

(Unterschrift)

Anlage: Besprechungsprotokoll

Hinweise zu Musterschreiben 18

Art des Schreibens: Muss, Sollte

233 **Zeitpunkt des Schreibens:** Das Schreiben ist direkt nach einer Besprechung zu versenden. Sollte es sich um eine Besprechung handeln, von der kein Protokoll angefertigt wurde, muss das Schreiben versendet werden. Wenn es ein Protokoll der Besprechung gibt, sollte mit diesem Schreiben dokumentiert werden, dass man in der Besprechung eine Vereinbarung getroffen hat, die bestehende vertragliche Regelungen ändert oder ergänzt. Auch in diesem Fall ist das Schreiben unmittelbar nach der Besprechung zu versenden. Dem Schreiben ist dann das Protokoll der Besprechung anzufügen.
Vorschriften: Keine besonderen, Handelsbrauch.

234 **Adressat:** Auftraggeber, Vertreter des Auftraggebers; es ist nicht anzuraten, den Beteiligten anzuschreiben, von dem man nicht weiß, ob er eine Vollmacht hat, auch wenn er der Verhandlungspartner war.

235 **Nummerierung:** Das Schreiben ist als allgemeines Schreiben zu nummerieren und zur Bauakte zu nehmen. Es sollte dem Vertrag angehängt werden, da vertragliche Regelungen betroffen sind.

236 **Text:** Aus dem Schreiben muss die vollständige Vereinbarung erkennbar sein. Es ist nutzlos, wenn man durch Bezüge auf nicht dokumentierte Gesprächsinhalte später nicht mehr erkennen kann, was vereinbart worden ist. Wichtig ist ebenfalls, dass man klarstellt, dass die ausgeführte Vereinbarung bereits in der Besprechung so abgeschlossen worden ist.

237 **Weitere Hinweise:** Wenn das Bestätigungsschreiben unmittelbar nach der mündlichen Vereinbarung versendet wird, gilt die ausgeführte Vereinbarung als abgeschlossen, wenn nicht der Empfänger des Bestätigungsschreibens unverzüglich dem Inhalt widerspricht. Man darf natürlich nicht Vereinbarungen bestätigen, die so nicht abgeschlossen worden sind.

4.3 Arbeitseinteilung und interne Koordination

Aus der Arbeitsvorbereitung ergeben sich für den Bauablauf die geplanten personellen Kapazitäten und Geräte. Da sich aber die Verhältnisse vor Ort ständig ändern können, wird die ursprüngliche Bauablaufplanung durch den Bauleiter überwacht. Damit lässt sich feststellen, ob Modifikationen der ursprünglichen Planung erforderlich sind. **238**

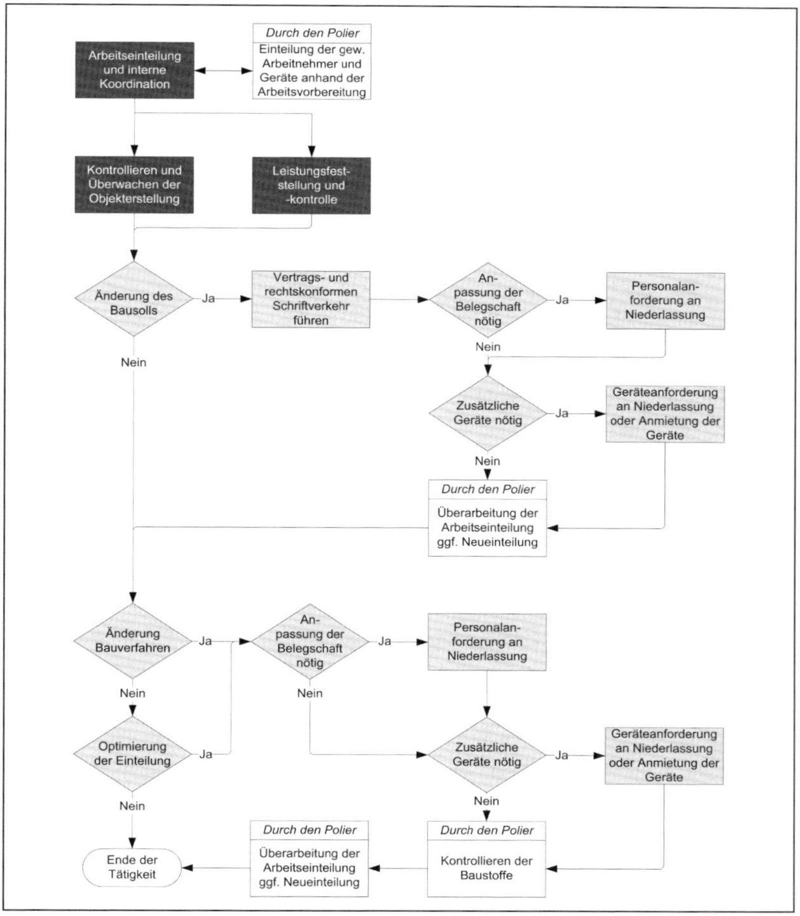

Abbildung 14: Tätigkeitsablauf Arbeitseinteilung und interne Koordination

239 Die Anzahl der gewerblichen Arbeitnehmer wird nach dem Bauzeitenplan in einem Personaleinsatzplan erfasst. Die Gesamtanzahl der eigenen gewerblichen Arbeitnehmer legt somit im Wesentlichen der Bauleiter fest. Die aus der Arbeitsvorbereitung resultierenden Vorgaben, die der Bauleiter im Gesamtkontext durchdenken und koordinieren muss, setzt der Polier durch die tägliche Einteilung der gewerblichen Arbeitnehmer und der Geräte auf der Baustelle um. Der Polier muss diese Einteilung ständig überwachen und optimieren. Der Bauleiter hingegen prüft dies lediglich bezüglich der Einhaltung der Leistungsvorgaben in Bezug auf den vertraglichen Bauzeitenplan.

240 Bei der Arbeitseinteilung und der internen Koordination des eigenen Personals wird der Bauleiter sehr stark von seinem Polier unterstützt. Eine gute Kommunikation zwischen den beiden erleichtert die Planungen für den Baustellenablauf und stellt die Grundlage für eine gute Abwicklung der Baustelle dar. Eine gute Leistung des Poliers kann den Bauleiter deutlich entlasten, der dadurch mehr Zeit für die Erledigung seiner administrativen Tätigkeiten hat.

241 Der Einsatz von Nachunternehmern ergibt sich ebenfalls aus dem Bauzeitenplan. Der Bauleiter hat in Abstimmung mit dem Polier den Einsatz der Nachunternehmer zu koordinieren. Grundsätzlich ist es Sache des Nachunternehmers, wie er seine Leistung innerhalb der für ihn vorgeschriebenen Bauzeit erbringt. Allerdings ist es sinnvoll, dass der Einsatz der Nachunternehmer nicht nur technologisch koordiniert, sondern auch die Anzahl der auf der Baustelle tätigen Personen auf ein zu bewältigendes Maß beschränkt wird. Dabei spielen nicht nur Aspekte der Sicherheit auf der Baustelle eine Rolle, sondern auch die Beaufsichtigung der Durchführung der Nachunternehmerleistungen durch den Bauleiter oder seinen Polier.

242 Die Tätigkeit der Arbeitseinteilung und der internen Koordination stehen in engem Zusammenhang mit den nachfolgend beschriebenen Tätigkeiten des Kontrollierens und Überwachens der Objekterstellung sowie der Leistungserstellung und -kontrolle. Diese Tätigkeiten können jeweils eine neue Arbeitseinteilung und die entsprechende interne Koordination notwendig machen. Dabei liegen die Gründe für eine Änderung der Arbeitseinteilung möglicherweise in der eigenen Verantwortung des Bauleiters, nämlich nicht nur ein selbst zu verantwortender Rückstand, sondern eventuell auch Optimierungen.

243 Allerdings können die Gründe auch auf Umstände zurückzuführen sein, die vom Auftraggeber zu verantworten sind. In diesen Fällen handelt es sich üblicherweise um Änderungen des vertraglich festgelegten Bausolls. Diese Än-

derungen können Mehrleistungen, hindernde Umstände und angeordnete Umstellungen des Ablaufs sein. Ergibt eine Prüfung durch den Bauleiter, dass eine Änderung des Bausolls vorliegt, muss er den entsprechenden Schriftverkehr mit dem Auftraggeber abfassen. Hierbei handelt es sich üblicherweise um eine Mehrkostenanmeldung (MS 19). In dieser muss auf die entsprechenden Mehrleistungen vor der Ausführung der Arbeiten hingewiesen werden.

Nicht selten ergibt sich aber auch die Situation, dass der Bauleiter bei seinem **244** Baustellenrundgang feststellt, dass eine Leistung gerade ausgeführt wird oder bereits fertig gestellt ist, die vertraglich nicht vorgesehen war. Soll diese Leistung von dem Auftraggeber nachträglich anerkannt werden oder ist die Leistung aus konstruktiven Gründen notwendig, muss der Bauleiter diese Leistung dem Auftraggeber schriftlich anzeigen und den Anspruch auf eine Vergütung anmelden (MS 20). In diesen Fällen steht dem Auftragnehmer nach § 2 Abs. 8 VOB/B ein Vergütungsanspruch zu. Wichtig und unbedingt zu beachten ist, dass diese Mehrkostenanmeldung sofort nach der Kenntnisnahme des Bauleiters an den Auftraggeber übermittelt wird. Sollte die Mehrkostenanmeldung erst verspätet versendet werden, kann der Anspruch verfallen.

Als Folge der Änderungen des Bausolls ist zu prüfen, ob eine Anpassung der **245** Belegschaftsstärke oder der Zusammensetzung der Belegschaft notwendig ist. Die entsprechenden Personalanforderungen sind zu veranlassen. Das Gleiche gilt auch bezüglich weiterer benötigter Geräte. Sind die entsprechenden Geräte nicht im eigenen Bestand verfügbar, ist unter Berücksichtigung des geplanten Einsatztermins eine Entscheidung zu treffen, ob die Geräte kurzfristig angemietet werden oder sich ein Kauf lohnt. Die Überarbeitung der Arbeitseinteilung muss auf den Bauablaufplan abgestimmt werden und ist in Zusammenarbeit mit dem Polier umzusetzen.

Eine Änderung der geplanten Bauverfahren kann sich ebenfalls aus einer Än- **246** derung des Bausolls ergeben. In diesen Fällen ist genauso zu verfahren, wie es vorab beschrieben worden ist. Auf der anderen Seite ergeben sich auch Änderungen der geplanten Bauverfahren, da die tatsächlichen Umstände die geplante Ausführung nicht zulassen, ohne dass ein Eingriff des Auftraggebers vorliegt. In diesen Fällen ist durch den Bauleiter ebenfalls zu überlegen, ob eine Anpassung der Belegschaft notwendig ist oder zusätzliche Geräte benötigt werden. Bei einer Änderung der Bauverfahren ist zusätzlich festzustellen, ob die vorhandenen Baustoffe ausreichend und geeignet sind.

247 In jedem Stadium des Bauablaufs prüft der Bauleiter, ob er in Bezug auf die Bauverfahren und die Einteilung des Personals Optimierungen vornehmen kann. Es kann sich ergeben, dass eine Umstellung der Reihenfolge der durchzuführenden Arbeiten, ein geänderter Einsatz des Personals oder der kurzfristige Einsatz zusätzlicher Kapazitäten eine erhebliche Beschleunigung des Bauablaufs bringt. Hierdurch schafft sich der Bauleiter einen zeitlichen Puffer, der ihm bei der weiteren Bauausführung zur Verfügung steht oder die benötigte Bauzeit verkürzt. Vor allem bei der Errichtung des Rohbaus ergeben sich häufig Synergien durch einen angepassten Geräte- und Personaleinsatz.

248 Ergibt eine Überprüfung der Anpassung der Belegschaft, dass ein Personalüberhang vorhanden ist, muss der Bauleiter in Zusammenarbeit mit dem Polier den Einsatzplan überarbeiten und überlegen, ob ein Personalabbau sinnvoll ist. Bauleiter können durch Optimierung der Arbeitseinteilung unter Berücksichtigung der sich ändernden Gegebenheiten das wirtschaftliche Ergebnis während der Bauausführung verbessern.

249 Bei allen Umstellungen des Bauablaufes, Personaleinsatzänderungen etc. muss bedacht werden, dass diese Änderungen auch Einfluss auf Arbeiten haben können, die erst zukünftig ausgeführt werden. Daher sind nicht nur die einzelnen Vorgänge zu betrachten, sondern die Änderungen sind in den bestehenden Bauzeitenplan einzuarbeiten und es ist zu untersuchen, ob nachteilige Folgen auf andere Vorgänge entstehen. Darauf ist insbesondere zu achten, wenn für Änderungen, die der Auftraggeber verursacht hat, Kosten in die Rechnungen eingestellt werden. Es ist dann zumindest bei bestehender Unsicherheit über weitere negative Einflüsse ein Vorbehalt aufzunehmen, dass diese Kosten in dem Rechnungsbetrag nicht enthalten sind und deshalb ein Vorbehalt gemacht wird. Sinnvoll ist ein entsprechender Begleitbrief (MS 21).

Checkliste 11: Arbeitseinteilung und interne Koordination

Wann:	Während des gesamten Bauablaufs
Warum:	Personaleinteilung und Optimierung
Wer:	Bauleiter mit Polier
Was:	Prüfung der Übereinstimmung des geplanten Personaleinsatzes mit den Gegebenheiten vor Ort Prüfung der Übereinstimmung des geplanten Geräteeinsatzes mit den Gegebenheiten vor Ort Prüfung auf Änderungen des Bausolls
Wie:	Abgleich der Personalstandskurve mit dem tatsächlichen Bedarf Prüfung der Personal- und der Geräteauslastung Abstimmung des Einsatzes mit dem Polier
Kontrolle:	Alle Mitarbeiter und Geräte ausgelastet? Effektiverer Einsatz auf der Baustelle möglich? Personalerhöhung sinnvoll?
Weiteres Vorgehen:	Mehrkostenanmeldung an Auftraggeber versenden Personalanforderung oder Freistellung Geräteanforderung oder Freistellung
Eigene Anmerkungen:	

Musterschreiben 19: Mehrkostenanmeldung nach § 2 Abs. 5 oder Abs. 6 VOB/B

Adressat: *Auftraggeber*

Bauvorhaben: ....

Datum: ....

MK 4: *Anordnung der gevouteten Unterzüge*

Sehr geehrte Damen und Herren,

bei Ihrer Baustellenbesichtigung am 12. März 2025 **haben Sie angeordnet***, dass die Unterzüge der Achsen 3 bis 9 jeweils an den Enden nicht rechtwinklig an die Stützen heranzuführen sind, sondern in den letzten zwei Metern als gerundete Vouten auszuführen sind.* **Es handelt sich daher um eine angeordnete Änderung des ursprünglichen Bausolls, die Mehrkosten verursacht.**

Die Ausführung bedingt, dass die Schalung nicht mehr mit der sonst verwendeten Systemschalung ausgeführt werden kann, sondern dass die Schalung nunmehr durch unsere Bautischler für die jeweils nur rechts oder nur links zu verwendenden Schalungen speziell angefertigt werden müssen.

Wir werden die entsprechende Baustelleneinrichtung umgehend bereitstellen und das Personal entsprechend ergänzen. Durch die Ausführung dieser Arbeiten kommt es allerdings zu einer Verlängerung der Bauzeit, da jeweils nur ein Unterzug eingeschalt werden kann. Alternativ können wir mehrere Schalungsstücke für die Vouten anfertigen, sodass die Verlängerung der Bauzeit zumindest teilweise aufgeholt werden kann.

Wir bitten Sie um eine entsprechende Abstimmung des von Ihnen gewünschten Vorgehens bis zum 20. März 2025.

Die Mehrkosten für die angeordnete Leistungsänderung werden wir Ihnen mit der nächsten Abschlagsrechnung einreichen.

Für Rückfragen stehen wir Ihnen gerne zur Verfügung.

Mit freundlichen Grüßen

....

(Unterschrift)

Hinweise zu Musterschreiben 19

Art des Schreibens: Muss/Sollte, Schriftform, Zugangsnachweis

Zeitpunkt des Schreibens: Das Schreiben muss vor der Ausführung der Leistung versendet werden. Dabei ist möglichst ein zeitlicher Vorlauf einzuhalten, der es dem Auftraggeber ermöglicht zu antworten. **250**

Vorschriften: § 1 Abs. 3 VOB/B, § 1 Abs. 4 VOB/B, § 2 Abs. 5 VOB/B, § 2 Abs. 6 VOB/B; diese Vorschriften sehen zwar nicht in jedem Fall zwingend vor, dass der Auftragnehmer bei dem Auftraggeber die Ausführung der geänderten oder zusätzlichen Leistungen anmeldet. Dem Auftraggeber ist allerdings in den meisten Fällen nicht bewusst, dass geänderte oder zusätzliche Leistungen eine zusätzliche Vergütung und zusätzliche Bauzeit zur Folge haben. Daher ist es auch ein streitvermeidender Kundenservice, dem Auftraggeber dies mitzuteilen. **251**

Adressat: Auftraggeber; es ist in jedem Fall anzuraten, dass die Mehrkostenanmeldung an den Auftraggeber gesendet wird, da dieser die Vergütung zu bezahlen hat. **252**

Nummerierung: Die Mehrkostenanmeldung sollte fortlaufend nummeriert werden und dadurch leicht auffindbar sein. Die Nummer kann bei späteren Rechnungen oder weiterem Schriftverkehr zur Identifikation verwendet werden. **253**

Text: Die Mehrkostenanmeldung muss so formuliert sein, dass auch ein Laie erkennen kann, für welche Mehrleistungen auf Grund welcher Anordnung von wem die zusätzliche Vergütung entsteht. Daher ist es sinnvoll, die entsprechenden Unterlagen beizulegen oder die Umstände der Anordnung anzugeben. Wenn die Leistungen zu einer Verlängerung der Bauzeit führen, ist diese Bauzeitverlängerung vorzubehalten. **254**
Es sollte ebenfalls zumindest als Überblick angegeben werden, welche Leistungen sich ändern und zu einer Mehrkostenforderung führen.

Weitere Hinweise: Wenn Mehrkosten angemeldet werden, die der Auftraggeber oder sein Bevollmächtigter angeordnet haben, muss der Auftraggeber nicht erneut entscheiden, ob er diese Leistungen haben möchte. Die Mitteilung ist in jedem Fall zur Klarstellung und Streitvermeidung erforderlich. **255**
Wenn der Auftraggeber die Mehrkosten ablehnt, ist zu klären, ob er die Leistungen trotzdem haben möchte. In diesem Fall sind die Leistungen auszuführen, aber die Mehrkostenanmeldung aufrecht zu erhalten.

Wenn der Auftragnehmer Bedenken hat, dass der Auftraggeber die Leistungen nicht bezahlt, dann kann er eine Sicherheit in Form einer Bürgschaft nach § 650f BGB fordern.

Musterschreiben 20: Mehrkostenanmeldung nach § 2 Abs. 8 VOB/B

Adressat: *Auftraggeber*

Bauvorhaben: ....

Datum: ....

MK 5: *Ausführung von Verstrebungen zur Aufnahme von Konsollasten*

Sehr geehrte Damen und Herren,

bei der Ausführung der Trockenbauarbeiten haben wir Ihren Plänen entnommen, dass in dem Bereich der geplanten Nasszellen die Montage von Waschbecken und vorgehängten WCs vorgesehen ist. In der Unterkonstruktion für die Trockenbauwände war zwischen den senkrechten Ständern keine Verstärkung zur Aufnahme der Anhängelasten als vertragliche Leistung vorgesehen.

Um die Anhängelasten durch die Unterkonstruktionen schadensfrei aufnehmen zu können, sind zwischen den senkrechten Pfosten waagerechte Riegel einzubringen. Wir haben heute an den Stellen der geplanten Anbringung von Anhängelasten die waagerechten Riegel in die Unterkonstruktionen eingebracht. **Es handelt sich daher um eine notwendige Änderung des ursprünglichen Bausolls, die Mehrkosten verursacht.**

Die Mehrkosten für die angeordnete Leistungsänderung werden wir Ihnen mit der nächsten Abschlagsrechnung einreichen.

Für Rückfragen stehen wir Ihnen gerne zur Verfügung.

Mit freundlichen Grüßen

....

(Unterschrift)

Hinweise zu Musterschreiben 20

Art des Schreibens: Muss, Schriftform, Zugangsnachweis

Zeitpunkt des Schreibens: Das Schreiben muss sofort nach der Ausführung der Leistung versendet werden.

256 **Vorschriften:** § 2 Abs. 8 VOB/B; diese Vorschriften sehen in jedem Fall zwingend vor, dass der Auftragnehmer bei dem Auftraggeber die Ausführung der geänderten oder zusätzlichen Leistungen anmeldet. Eigentlich müssen zusätzliche Leistungen nach § 2 Abs. 6 VOB/B schon vor der Ausführung angemeldet werden. Es kommt aber vor, dass man erst bei der Ausführung merkt, dass weitere Leistungen erforderlich sind, die vertraglich nicht vorgesehen waren. Wenn dies durch den Auftragnehmer bemerkt wird, hat er diesen Mehrkosten anzumelden. Er darf mit der Anmeldung der Mehrkosten nicht einfach abwarten und diese nur in die Rechnung aufnehmen.

257 **Adressat:** Auftraggeber; es ist in jedem Fall anzuraten, dass die Mehrkostenanmeldung an den Auftraggeber gesendet wird, da dieser die Vergütung zu bezahlen hat.

258 **Nummerierung:** Die Mehrkostenanmeldung sollte fortlaufend nummeriert werden und dadurch leicht auffindbar sein. Die Nummer kann bei späteren Rechnungen oder weiterem Schriftverkehr zur Identifikation verwendet werden.

259 **Text:** Die Mehrkostenanmeldung muss so formuliert sein, dass auch ein Laie erkennen kann, für welche Mehrleistungen die zusätzliche Vergütung entsteht. Daher ist es sinnvoll, die Leistung und den Einbauort zu beschreiben. Man sollte ebenfalls mit angeben, aus welchem Grund man die zusätzliche Leistung ausgeführt hat und warum dies technisch zwingend erforderlich ist. Wenn die Leistungen zu einer Verlängerung der Bauzeit führen, ist diese Bauzeitverlängerung vorzubehalten.

260 **Weitere Hinweise:** Wenn die zusätzlichen Leistungen nicht technisch zwingend erforderlich sind, ist der Auftragnehmer auf Verlangen des Auftraggebers verpflichtet, diese zusätzlichen Leistungen rückzubauen. Es liegt daher auch im Interesse des Auftragnehmers, die Leistungen dem Auftraggeber sofort mitzuteilen und eine Klärung herbeizuführen.
Sind die zusätzlichen Leistungen allerdings erforderlich, damit der Auftragnehmer seine Leistung mangelfrei erbringen kann, dann sind bei einer Ablehnung des Auftraggebers Bedenken anzumelden, vergleiche zum Beispiel

Musterschreiben 4. Vor einem Rückbau ist also die definitive Klärung mit dem Auftraggeber herbeizuführen.
Wenn die zusätzlichen Leistungen nicht technisch zwingend erforderlich sind, der Auftraggeber diese Leistungen aber nach der Ausführung haben möchte, dann muss er sie anerkennen. In diesem Fall hat er die zusätzlichen Leistungen auch zu vergüten.
Die Vergütung des Auftragnehmers ist nach § 2 Abs. 5 VOB/B zu berechnen, wenn es vergleichbare Kalkulationsansätze oder Leistungen im vertraglichen Leistungsverzeichnis gibt. Andernfalls ist die Vergütung gemäß § 2 Abs. 6 VOB/B zu berechnen.

Musterschreiben 21: Vorbehalt weiterer Kosten bei Rechnungsstellung

Adressat: *Auftraggeber*

Bauvorhaben: ....

Datum: ....

AS 6: Vorbehalt weiterer Kosten

Sehr geehrte Damen und Herren,

in der beigefügten Abschlagsrechnung Nr. *12* **sind unter der Position** *45 bis Position 56* **die Kosten für die von Ihnen angeordnete Ausführung** *der Vouten an den Unterzügen* **aufgeführt. Es handelt sich dabei lediglich um die Mehrkosten, die durch die geänderte Herstellung im Gegensatz zu der rechtwinkligen Ausführung entstanden sind, einschließlich der vertraglichen Zuschläge.**

Es ist derzeit noch nicht abzusehen, ob die geänderte Ausführung und die Verlängerung der Dauer der Herstellung *der Unterzüge* **Auswirkung auf andere Herstellungsvorgänge, z.B.** *im Ausbau*, **oder die Gesamtbauzeit haben wird. Die weiteren Kosten, die als Folgekosten entstehen können, sind daher derzeit nicht zu beziffern und werden vorbehalten.**

Die weiteren Mehrkosten werden wir Ihnen umgehend mitteilen, wenn sie erkennbar sind.

Für Rückfragen stehen wir Ihnen gerne zur Verfügung.

Mit freundlichen Grüßen

....

(Unterschrift)

Hinweise zu Musterschreiben 21

Art des Schreibens: Sollte

Zeitpunkt des Schreibens: Das Schreiben ist direkt mit der entsprechenden Abschlagsrechnung zu versenden.

Vorschriften: § 14 Abs. 1, Abs. 2 VOB/B; diese Vorschriften gelten allgemein für die Rechnungsstellung.

Adressat: Auftraggeber; eventuell der Bevollmächtigte des Auftraggebers. **261** Der Brief sollte nicht allein an einen nicht Bevollmächtigten versendet werden, der lediglich die Rechnungen prüft. In diesen Fällen ist das Vorbehaltsschreiben als Kopie zur Information des Prüfenden der Rechnung beizulegen, aber auch an den Auftraggeber zu versenden.

Nummerierung: Das Schreiben ist als allgemeines Schreiben zu nummerieren und zur Bauakte zu nehmen. **262** Man muss in jedem Fall das Schreiben so ablegen, dass man sich bei den nächsten Rechnungen an die vorbehaltenen Kosten erinnert und diese nach Möglichkeit mit in Rechnung stellt.

Text: In dem Schreiben sind die Rechnung und die in Bezug genommenen **263** Positionen genau zu benennen. Danach ist auszuführen, welche Kosten für welche möglichen Leistungen vorbehalten werden, weil sie noch nicht mit dieser Rechnung eingereicht werden können. Diese Punkte müssen in dem Schreiben so dargestellt werden, dass ein unbeteiligter Dritter nur aus diesem Schreiben herleiten kann, um welche Kosten es geht, die in welchen Positionen nicht enthalten sind.

Weitere Hinweise: Der Vorbehalt ist häufig nicht erforderlich, wenn man Leis- **264** tungen mit eigens vorgesehenen Positionen nicht in Rechnung stellt. Dann ist klar, dass diese Positionen noch abgerechnet werden müssen. Allerdings kommt es gerade bei Mehrmengen, Leistungsänderungen, zusätzlichen Leistungen oder der Verschiebung von Leistungen in einen späteren Ausführungszeitraum zu zeitabhängigen Kosten, deren Vergütungshöhe sich noch nicht bestimmen lässt. Daher sind zeitabhängige Kosten in den meisten Fällen vorzubehalten.

4.4 Kontrollieren und Überwachen der Bauausführung

265 Der Bauleiter muss die Objekterstellung grundsätzlich überwachen und erbrachte Leistungen prüfen. Neben der strategischen Führung der Baustelle gehört die Kontrolle und Überwachung der für die Objekterstellung erbrachten Leistungen zu den elementaren Aufgaben des Bauleiters. Es handelt sich dabei nicht nur um die reine Überwachung, sondern auch um die Informationsgewinnung für zukünftige Entscheidungen.

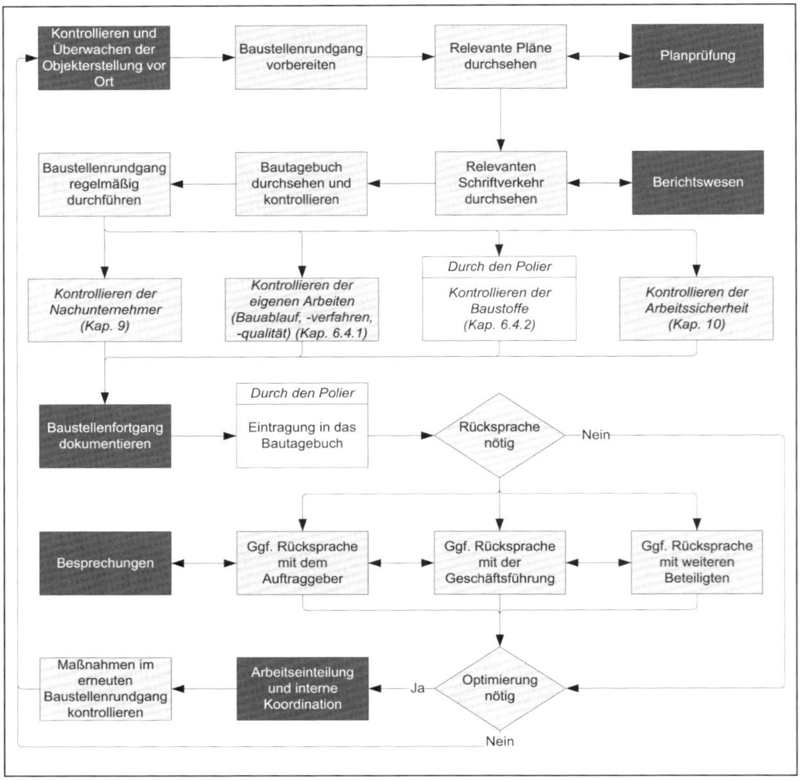

Abbildung 15: Tätigkeitsablauf Kontrollieren und Überwachen der Objekterstellung vor Ort

Um sich über den Stand der Arbeiten auf der Baustelle zu informieren und die ausgeführten Arbeiten zu kontrollieren, muss der Bauleiter einen Baustellenrundgang vornehmen und dabei alle ausgeführten Arbeiten ansehen sowie die momentanen Herstellungsorte für die Bauleistung besuchen. Üblicherweise beschränkt sich diese Tätigkeit auf die eigene Baustelle. Allerdings sollte auch bedacht werden, dass Bauteile an anderer Stelle vorgefertigt und auf die Baustelle geliefert werden. Hierzu zählen zum Beispiel Betonfertigteile, die in einem Fertigteilwerk hergestellt werden, Fassadenelemente, Einbauteile usw. Um sicherzustellen, dass die vorgefertigten Teile bei der Anlieferung auf der Baustelle der geplanten Ausführung entsprechen und verwendet werden können, sollte der Bauleiter bereits bei Beginn der Produktion eine entsprechende Kontrolle vornehmen. Alternativ zu einem Besuch in dem fertigenden Werk kann auch eine Bemusterung auf der Baustelle stattfinden. **266**

Zur Vorbereitung des Baustellenrundganges sind die relevanten Pläne durchzusehen, damit die auszuführende Leistung in Erinnerung gerufen wird. Dabei ist es ebenfalls hilfreich, wenn das Leistungsverzeichnis vor und bei der Ausführung der Arbeiten darauf geprüft wird, ob alle auszuführenden Arbeiten in dem Leistungsverzeichnis enthalten sind oder ob die Notwendigkeit besteht, eine Mehrkostenanmeldung an den Auftraggeber zu versenden. Zur Vorbereitung gehört ebenfalls die Durchsicht von eventuell vorhandenem Schriftverkehr und der letzten Eintragungen im Bautagebuch. Es kann damit sichergestellt werden, dass fehlende Eintragungen korrigiert werden können. **267**

Der Baustellenrundgang wird zeitlich so gelegt, dass die an dem jeweiligen Tag ausgeführten Arbeiten zu einem sinnvollen Stand besichtigt werden können, die Mitarbeiter und Poliere vor Ort sind und anstehende Fragen direkt geklärt werden können. In vielerlei Belang hat es sich auch als hilfreich herausgestellt, wenn der Bauleiter seinen Baustellenrundgang nicht immer zu der gleichen Zeit und mit dem gleichen Turnus durchführt. Das gilt vor allem für die Kontrolle von Nachunternehmern, da die Kontrolle der eigenen Mitarbeiter in Zusammenarbeit mit den Polieren erfolgen sollte. **268**

Je früher Fehler und Mängel in der Ausführung oder den Leistungen erkannt werden, desto einfacher und kostengünstiger gestaltet sich die Behebung und Regulierung. Ebenso wichtig ist die Kontrolle des Bauablaufs, um die vertraglich festgelegten Termine einhalten zu können und Ausführungsverzögerungen zu verhindern. Der Bauleiter kann dabei die Objekterstellung anhand **269** von mehreren Schwerpunkten während der Bauphase kontrollieren und steuern. Dazu zählen die Bereiche:

- Kontrolle der Bauqualität
- Kontrolle des Bauablaufs
- Kontrolle des Bauverfahrens

} Kontrolle der eigenen Arbeiten

- Kontrolle der Baustoffe
- Kontrolle der Nachunternehmer (Kapitel 7)
- Kontrolle der Arbeitssicherheit und des Arbeitsschutzes

270 Grundsätzlich kann man bei der Kontrolle und Überwachung der Bauausführung unterscheiden, ob die Anwesenheit des Bauleiters vor Ort erforderlich ist oder ob anhand der Planungsvorgaben und übriger Dokumente eine Überprüfung vom Bauleiterbüro aus stattfinden kann. In den meisten Fällen ist eine Besichtigung vor Ort erforderlich, sodass im Folgenden die Teilvorgänge während einer Begehung des Objekts aufgeführt werden, also bei Anwesenheit des Bauleiters vor Ort.

271 Bei einem Baustellenrundgang werden verschiedene Dinge gleichzeitig geprüft. Es handelt sich daher um einen allgemeinen Baustellenrundgang. Davon zu unterscheiden ist die gezielte Kontrolle einzelner Bauleistungen und Gegebenheiten, für die der Bauleiter meist aus besonderer Veranlassung die betreffende Leistung besichtigt. Das Kontrollieren der Nachunternehmer wird in Kapitel 7 beschrieben. Das Kontrollieren der eigenen Arbeiten und die Kontrolle der Baustoffe werden im Folgenden ausgeführt.

272 Unmittelbar nach dem Baustellenrundgang erfolgt die Dokumentation. Hierfür kann man eine Art Tagebuch anlegen, in welchem man das Datum, die Uhrzeit und die besichtigten Leistungen aufführt. Besonderheiten und abzuarbeitende Angelegenheiten werden notiert und ihre spätere Erledigung vermerkt. Mit dieser Dokumentation belegt der Bauleiter die Erfüllung seiner Aufsichtspflichten und sie dient als Nachweis, dass der Auftragnehmer seinen Pflichten zur Erbringung einer mangelfreien Leistung nachgekommen ist. Diese Dokumentation bekommt Relevanz, wenn ein Auftraggeber Mangelansprüche auf Grund eines Organisationsverschuldens des Auftragnehmers geltend macht, die auch nach Ablauf der Gewährleistungsfrist möglich sein können.

Der Baustellenrundgang wird auch im Bautagebuch vermerkt. In aller Regel führt der Polier das Bautagebuch. Es wird aber vor dem nächsten Baustellenrundgang durch den Bauleiter kontrolliert, ob die notwendigen Eintragungen vorgenommen worden sind. In das Bautagebuch werden auch die Besonderheiten aufgenommen, die der Bauleiter bei dem Baustellenrundgang festgestellt hat. **273**

Nach dem Baustellenrundgang muss der Bauleiter bei Unregelmäßigkeiten, die er nicht selbstständig beheben kann, Rücksprache mit dem Auftraggeber, der eigenen Geschäftsführung, dem zuständigen Oberbauleiter, den Fachplanern oder den Nachunternehmern halten. Ergeben sich daraus Ansätze zur Optimierung des Baugeschehens, kann er diese anhand der Arbeitseinteilung und internen Koordination umsetzen. Die Auswirkungen sich ständig verändernder Einflüsse auf die Bauwerkserstellung muss der Bauleiter ebenso regelmäßig kontrollieren wie die Umsetzung der bei vorhergehenden Baustellenrundgängen getroffenen Maßnahmen. **274**

Checkliste 12: Kontrollieren und Überwachen der Objekterstellung vor Ort

Wann:	Während des gesamten Bauablaufes
Warum:	Soll-Ist-Vergleich, Mangelfreiheit, um über das aktuelle Geschehen auf der zu leitenden Baustelle informiert zu sein
Wer:	Bauleiter, evtl. mit Polier
Was:	Prüfung der ausgeführten Leistungen Prüfung auf Änderungen des Bausolls
Wie:	Durchsicht der vertraglichen Unterlagen für die anstehenden Arbeiten Abgleich des vertraglichen Bausolls mit den auszuführenden Arbeiten vor Ort Rundgang über die gesamte Baustelle Besprechung der auszuführenden Arbeiten mit den Polieren
Kontrolle:	Entsprechen die beabsichtigten Arbeiten den Plänen? Entsprechen die freigegebenen Pläne dem vertraglichen Bausoll? Laufen die Arbeiten entsprechend dem Bauzeitenplan? Sind die ausgeführten Arbeiten mangelfrei?
Weiteres Vorgehen:	Baustellenrundgang dokumentieren Notwendige Klärung offener Punkte herbeiführen Mögliche Optimierungen veranlassen Eventuelle Mangelbeseitigung veranlassen
Eigene Anmerkungen:	

4.5 Kontrollieren der eigenen Arbeiten

Zur Kontrolle der eigenen Arbeiten überprüft der Bauleiter sowohl die Vertragskonformität der eigenen Leistungen als auch die Bauqualität, den Bauablauf und das Bauverfahren, die voneinander abhängen. 275

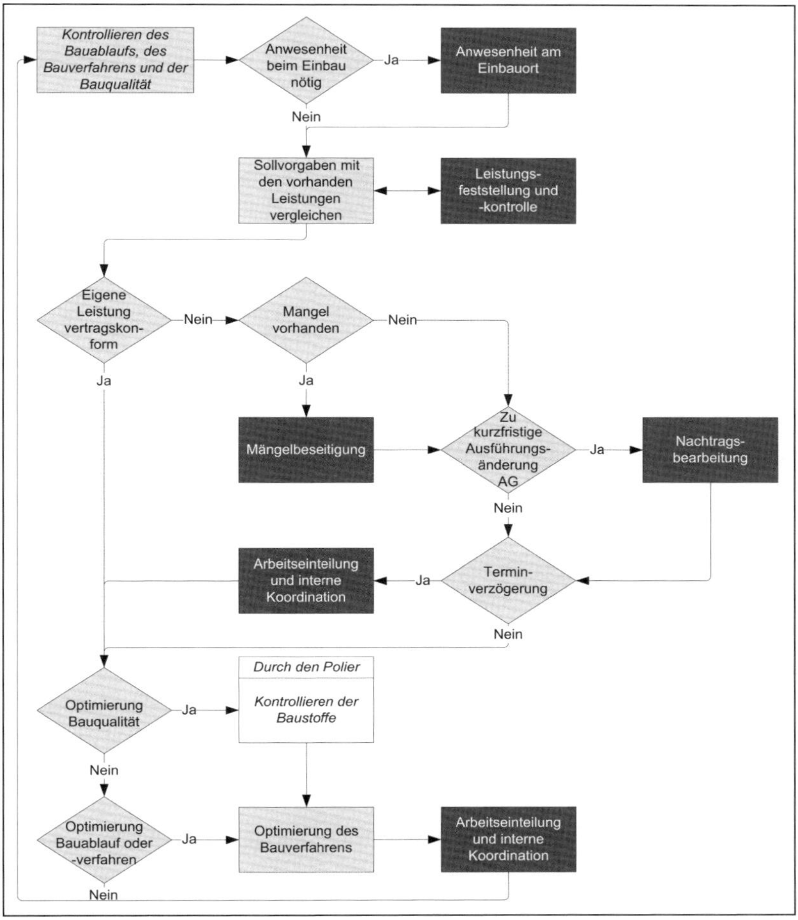

Abbildung 16: Kontrollieren der eigenen Arbeiten

276 Zur Steigerung der Bauqualität kann die Erhöhung der Qualität der Baustoffe, eine Anpassung des Bauverfahrens an die aktuellen Erfordernisse und die Steigerung der Qualität oder Quantität der gewerblichen Arbeitnehmer und der Geräte beitragen. Auch der geplante Bauablauf kann durch die Anpassung des Bauverfahrens an die aktuellen Erfordernisse und durch die Optimierung der Arbeitseinteilung verbessert werden. Eine Umgestaltung des Bauverfahrens oder des Bauablaufs kann aber auch zu der Notwendigkeit der Verwendung anderer Baustoffe führen. Eine Veränderung des Bauverfahrens, der Baustoffe oder des Bauablaufs kann also nicht vollkommen unabhängig voneinander erfolgen.

277 Einen besonderen Anlass für einen Baustellenrundgang stellen Arbeiten dar, die als kritisch beurteilt werden müssen. Das können Arbeiten sein, die technisch schwierig durchzuführen sind, oder Arbeiten, die für den weiteren Bauablauf aus baubetrieblicher oder konstruktiver Sicht von hoher Wichtigkeit sind. Der entsprechende Ablauf ist in Kapitel 4.8 beschrieben.

278 Während des Baustellenrundgangs prüft der Bauleiter, ob die Leistungen vertragskonform erstellt werden. Wenn keine Abweichungen zwischen dem vertraglichen Bausoll und der tatsächlich ausgeführten Leistung vorliegen, werden die Daten für eine Leistungsfeststellung und -kontrolle verwendet. Sollten Abweichungen festgestellt werden, so bedeutet dies in jedem Fall einen Handlungsbedarf für den Bauleiter. Dabei kann es mehrere Gründe für eine nicht vertragskonforme Leistung geben. Daher ist zunächst die Ursache zu ermitteln. Die weiteren Schritte hängen von der Ursache ab.

279 Zum einen können Mängel in der eigenen Leistung auftreten, die der Bauleiter beseitigen lassen muss. Hierzu ist der Auftragnehmer nach § 4 Abs. 7 VOB/B verpflichtet. Kommt er dieser Pflicht trotz einer Aufforderung des Auftraggebers nicht nach, kann der Auftraggeber ihm den Auftrag möglicherweise entziehen. Es handelt sich daher bei der Kontrolle der Mangelfreiheit der Bauleistung um einen elementaren Bestandteil der Vertragsabwicklung. Weitere Ausführungen dazu finden sich im Kapitel 4.9 Mangelbeseitigung.

280 Zum anderen kann eine kurzfristige Ausführungsänderung des Auftraggebers vorliegen, die den Auftragnehmer eventuell zwingt, den ursprünglich geplanten Bauablauf oder die Ausführung zu verändern und damit die Leistungen nicht mehr so zu erbringen, wie es ursprünglich im Bauvertrag vorgesehen war. In diesem Fall muss der Bauleiter eine Mehrkostenanmeldung an

den Auftraggeber versenden. Hier handelt es sich üblicherweise um eine Mehrkostenanmeldung (MS 22) nach § 2 Abs. 5 oder Abs. 6 VOB/B.

Ein weiterer Grund für eine Abweichung vom geplanten Bauablauf ist eine Terminverzögerung. Diese kann als Ursache einen selbst verschuldeten Rückstand des Auftragnehmers haben. Liegt eine Verzögerung aufgrund eines eigenen Verschuldens vor, muss der Bauleiter diese Verzögerung durch Umstellung der Arbeitseinteilung und internen Koordination möglichst wieder aufholen. Er sollte allerdings die Ursachen des Rückstandes ermitteln, damit er Vorsorge treffen kann, dass nicht ein erneuter Rückstand eintritt. **281**

Die Terminverzögerung kann aber auch Gründe haben, die der Auftragnehmer nicht zu vertreten hat. In diesem Fall sieht § 6 Abs. 2 VOB/B vor, dass die Ausführungsfristen entsprechend verlängert werden. Voraussetzung hierfür ist aber, dass der Auftragnehmer dem Auftraggeber unverzüglich schriftlich mitteilt, dass er sich in der weiteren Ausführung der Arbeiten gehindert sieht. Diese Anzeige hindernder Umstände (MS 23) muss den Auftraggeber über alle Umstände informieren, die im Zusammenhang mit den hindernden Umständen bekannt sind, und ihn in die Lage versetzen, den Sachverhalt zu beurteilen. Zu den Inhalten einer Anzeige hindernder Umstände gehören daher nicht nur die hindernden Umstände, sondern auch die Beschreibung der Auswirkungen auf den Baubetrieb mit Details, wie z.B. die Benennung der betroffenen Arbeiten, die voraussichtliche Dauer der hindernden Umstände und die Kostenfolgen. Wenn die hindernden Umstände entfallen, ist die Behinderung gegenüber dem Auftraggeber gemäß § 6 Abs. 3 VOB/B abzumelden. Dies gilt auch, wenn die hindernden Umstände nur teilweise entfallen (MS 24). **282**

In der Praxis ist es häufig zu beobachten, dass von Seiten des Auftraggebers eine Anzeige hindernder Umstände zurückgewiesen wird. Diese Schreiben sind eigentlich überflüssig, noch unsinniger sind die Erwiderungsschreiben eines Auftragnehmers, die eine Behinderung aufrechterhalten. Es geht bei einer Anzeige hindernder Umstände nicht darum, eine Behinderung festzustellen, sondern der Auftragnehmer teilt mit, dass er sich in der Ausführung seiner Leistungen gehindert »glaubt«, so der Wortlaut des § 6 Abs. 1 VOB/B. Daher ist nur relevant, dass der Bauleiter die hindernden Umstände anmeldet und abmeldet. Anderer Schriftverkehr ist nicht sinnvoll. Die Behinderung und ihre Auswirkungen müssen aber für den Schadensnachweis dokumentiert werden. Dies ist die vorrangige Aufgabe des Bauleiters neben dem Bemühen um eine Fortsetzung der Arbeiten, wenn hindernde Umstände vorliegen. **283**

284 Der Auftragnehmer ist in jedem Fall verpflichtet, das ihm Mögliche zu tun, die Weiterführung der Arbeiten zu ermöglichen. Dies können im Einzelfall auch kostenpflichtige Maßnahmen sein. Es ist allerdings zu befürchten, dass es zu späteren Streitigkeiten über die Bezahlung dieser Maßnahmen kommt. Diese Situationen sind für den Auftragnehmer unangenehm, da er einerseits zur Schadensgeringhaltung verpflichtet ist, andererseits aber die Bezahlung der Leistungen in seinem Risiko verbleibt. In diesen Fällen sollte der Auftraggeber schriftlich (MS 25) über die Möglichkeit der Umstellung informiert und seine Entscheidung verlangt werden. Im Rahmen der Kooperationspflicht müsste dieser dann Stellung beziehen. Der Auftragnehmer hat zumindest seine Informationspflichten und seine Pflicht zur Kooperation erfüllt. Man darf nicht verkennen, dass es letztlich die Entscheidung des Auftraggebers bleibt, wie sein Bauwerk errichtet wird.

285 Wird die Leistung vertragskonform erbracht, hat der Bauleiter die Bauqualität, den Bauablauf und das Bauverfahren zu prüfen. Anhand der kontinuierlichen Leistungsfeststellung und -kontrolle kann der Bauleiter den aktuellen Stand der Baustelle feststellen und diesen mit den Soll-Vorgaben aus der Arbeitsvorbereitung vergleichen. Stellt er dabei Differenzen fest, die noch nicht termin- oder qualitätsrelevant sind, muss er zumindest den Bauablauf oder das Bauverfahren optimieren, um auch zukünftig die vertragsmäßige Leistung sicherzustellen. Ein einsetzender Leistungsschwund lässt sich am besten bereits anfänglich korrigieren, wenn die Abweichungen und Korrekturmaßnahmen noch klein sind.

286 Unter dem Begriff Bauqualität ist die Qualität des fertigen Bauwerks zu verstehen. Die Anforderungen an die Qualität werden dabei vom Auftraggeber und den einzuhaltenden Vorschriften bestimmt und spiegeln dessen persönlichen Anspruch und die erwartete Mindestanforderung wider. Eines der wichtigsten Ziele des Auftragnehmers muss es also sein, die geforderte Qualität durch entsprechende Leistungen zu erbringen. Der Kontrolle der Bauqualität durch den Bauleiter fällt daher ein großes Gewicht zu. Während seines Baustellenrundgangs kann er die erbrachten Leistungen qualitativ überprüfen. Dabei hat er auch die fach- und sachgerechte Herstellung zu kontrollieren. Dies setzt allerdings die hinreichende Kenntnis der geschuldeten Qualität und das nötige Wissen zu ihrer Erzielung voraus. Bei speziellen Arbeiten, über die der Bauleiter keine ausreichenden Kenntnisse hat, sollte er technischen Rat einholen, zum Beispiel durch das Hinzuziehen von Sachverständigen oder der technischen Berater der Baustoffhersteller. Die Kosten für Sachverständige sind meistens nur von untergeordneter Bedeutung im Gegensatz zu Mangelbehebungskosten.

Durch den Bauablaufplan hat der Bauleiter Kenntnisse der anstehenden Arbeiten und sollte sich vor deren Durchführung die notwendigen Fachkenntnisse aneignen. Kleinere Fehler bei der Herstellung bedingen oftmals Mangelbeseitigungsmaßnahmen mit einem erheblichen Aufwand. Das gilt vor allem, wenn es sich um die Herstellung von Bauteilen handelt, an deren Oberfläche ein hoher Anspruch gestellt wird. Ein Beispiel hierfür ist Sichtbeton. Bereits kleinere Unsauberkeiten in der Schalung, der überschüssige Auftrag von Trennmitteln etc. können zu einer mangelhaften Oberfläche führen. In diesen Fällen muss der Bauleiter durch seine Fachkenntnis, unterstützt von seinem Polier, die Mangelfreiheit sicherstellen und die gewerblichen Mitarbeiter entsprechend informieren und motivieren. **287**

Sollte sich herausstellen, dass für die Erzielung der geforderten Qualität der verwendete Baustoff eventuell nicht ausreichend ist, muss überlegt werden, ob nicht auf einen anderen Baustoff umgestellt werden kann oder muss. In Abstimmung mit dem Polier wird das rechtzeitig überdacht, geplant und in die Wege geleitet. Auch hier ist es in vielen Fällen kostengünstiger, einen qualitativ hochwertigeren Baustoff einzusetzen als einen minderwertigeren Baustoff »auszureizen« und danach Mängel zu beheben. Neben der Qualität eines Bauobjekts ist auch die termingerechte Fertigstellung eine der Hauptanforderungen an den Auftragnehmer. **288**

Grundlage einer jeden Kontrolle des Bauablaufs bildet zumindest die direkte Prüfung des Objekts durch den Bauleiter. Eine Kontrolle des Bautenstandes aufgrund von bestellten Massen oder erbrachten Lohnstunden genügt nicht. Der Bauleiter muss daher in regelmäßigen Abständen die Baustelle in Augenschein nehmen und gegebenenfalls weitere Prüfungen durchführen oder durchführen lassen. Der festgestellte Fortschritt der Bauwerkserstellung dient ihm als Grundlage für seine Soll-Ist-Vergleiche. Auch hier gilt, dass eine Abweichung möglichst früh festgestellt werden sollte. Nur bei zeitnaher Feststellung kann mit kleinen Korrekturen, z.B. Überstunden an wenigen Tagen, der Soll-Zustand wiederhergestellt werden, der eine termingerechte Fertigstellung ermöglicht. Bei größeren Differenzen riskiert der Bauleiter, dass die Abweichung den Auftraggeber veranlasst, nach § 5 Abs. 3 und Abs. 4 VOB/B unter Fristsetzung Abhilfe zu schaffen. **289**

290 Um die vorgenannten Ziele – hohe Qualität und fristgerechte Fertigstellung – erreichen zu können, muss das unter den gegebenen Randbedingungen optimale Bauverfahren gewählt werden, das den verschiedenen Veränderungen jeweils anzupassen ist. Die Entscheidung obliegt im Rahmen der vertraglichen Möglichkeiten dem Bauleiter, darüber hinaus bedarf es der Absprache mit dem Auftraggeber. Das Bauverfahren bestimmt auch maßgeblich die Kosten für die Herstellung, sodass der Bauleiter auch während der Abwicklung der Bautätigkeit ständig überlegen sollte, wie er weiterhin optimieren kann.

291 Wichtig ist aber in diesem Zusammenhang, dass bei einer Umstellung von Baustoffen, Bauverfahren oder des Bauablaufes durch den Bauleiter geprüft werden muss, ob dadurch auch vertraglich vorgesehene Mitwirkungspflichten des Auftraggebers betroffen sind oder anschließende Arbeiten, die nicht im vertraglichen Leistungsumfang enthalten sind oder von Nachunternehmern ausgeführt werden, von den Umstellungen betroffen sein können. In diesen Fällen hat der Auftragnehmer trotz der ihm zustehenden freien Wahl zunächst den Auftraggeber von den Umstellungen zu informieren (MS 26), damit seine Mitwirkungshandlungen rechtzeitig erbracht werden können.

Checkliste 13: Kontrollieren der eigenen Arbeiten

Wann:	Während der gesamten Bauphase
Warum:	Vertragskonformität der Leistung und Optimierung
Wer:	Bauleiter mit Polier
Was:	Prüfung der Mangelfreiheit der Leistung Prüfung bezüglich Mehrleistungen Prüfung auf Termineinhaltung Prüfung möglicher Optimierungen
Wie:	Sichtkontrolle der Leistungen und der Herstellung; Abgleich der vertraglichen Unterlagen mit der auszuführenden Leistung Prüfung des Leistungsstandes und Abgleich mit dem Bauzeitenplan
Kontrolle:	Hergestellte Leistung entspricht den Vorgaben der Normen und des Vertrages? Leistungsstand im Soll? Zu erbringende Leistung stimmt mit dem Leistungsverzeichnis überein?
Weiteres Vorgehen:	Ursachen der Abweichungen ergründen Maßnahmen zur Korrektur der Abweichungen ergreifen Notwendigen Schriftverkehr an den Auftraggeber versenden Optimierungen veranlassen
Eigene Anmerkungen:	

Musterschreiben 22: Mehrkostenanmeldung nach § 2 Abs. 5 oder Abs. 6 VOB/B

Adressat: *Auftraggeber*

Bauvorhaben: ....

Datum: ....

MK 6: *Ausführung von Fliesen als Bodenbelag im EG Bauteil 2*

Sehr geehrte Damen und Herren,

bei der heutigen Kontrolle der Bauleistungen ist aufgefallen, dass *Sie in den von Ihnen freigegebenen Plänen den Bodenbelag im Erdgeschoss des Bauteils 2 als Fliesenbelag angegeben haben. In unserem Bauvertrag, Leistungsverzeichnis Positionen 54, ist nur in dem angrenzenden Bauteil 1 ein Fliesenbelag vorgesehen.* **Es handelt sich daher um eine Änderung des ursprünglichen Bausolls, die Mehrkosten verursacht.**

Wir bitten Sie um eine Bestätigung, dass *der Fliesenbelag im Erdgeschoss des Bauteils 2* **ausgeführt werden soll. Die Angabe in den Plänen reicht als Beauftragung nicht aus.** *Da die Fliesenarbeiten im Bauteil 1 bereits ausgeführt werden, benötigen wir Ihre Bestätigung bis zum 20. März 2025.*

Sollten wir Ihre Bestätigung nicht vorliegen haben, gehen wir davon aus, dass es sich um eine Änderung in den Plänen handelt, die von Ihnen nicht gewünscht wird.

Für Rückfragen stehen wir Ihnen gerne zur Verfügung.

Mit freundlichen Grüßen

....

(Unterschrift)

Hinweise zu Musterschreiben 22

Art des Schreibens: Muss, Schriftform, Zugangsnachweis

Zeitpunkt des Schreibens: Das Schreiben muss vor der Ausführung der Leistung versendet werden. Dabei ist möglichst ein zeitlicher Vorlauf einzuhalten, der es dem Auftraggeber ermöglicht zu antworten. **292**

Vorschriften: § 1 Abs. 3 VOB/B, § 1 Abs. 4 VOB/B, § 2 Abs. 5 VOB/B, § 2 Abs. 6 VOB/B; diese Vorschriften sehen zwar nicht in jedem Fall zwingend vor, dass der Auftragnehmer bei dem Auftraggeber die Ausführung der geänderten oder zusätzlichen Leistungen anmeldet. Dem Auftraggeber ist allerdings in den meisten Fällen nicht bewusst, dass es in Plänen geänderte oder zusätzliche Leistungen gibt. Daher ist es auch ein streitvermeidender Kundenservice, dem Auftraggeber dies mitzuteilen. **293**

Adressat: Auftraggeber; es ist in jedem Fall anzuraten, dass die Mehrkostenanmeldung an den Auftraggeber gesendet wird, da dieser die Vergütung zu bezahlen hat. **294**

Nummerierung: Die Mehrkostenanmeldung sollte fortlaufend nummeriert werden und dadurch leicht auffindbar sein. Die Nummer kann bei späteren Rechnungen oder weiterem Schriftverkehr zur Identifikation verwendet werden. **295**

Text: Die Mehrkostenanmeldung muss so formuliert sein, dass auch ein Laie erkennen kann, für welche Mehrleistungen in welchen Plänen die zusätzliche Vergütung entsteht. Daher ist es sinnvoll, die Pläne mit den markierten Details beizulegen. Wenn die Leistungen zu einer Verlängerung der Bauzeit führen, ist diese Bauzeitverlängerung vorzubehalten. **296**

Weitere Hinweise: Die Darstellung in freigegebenen Plänen ist üblicherweise als eine Anordnung des Auftraggebers zu qualifizieren, wenn er oder ein von ihm Bevollmächtigter die Pläne freigegeben hat. Sollte allerdings ein nicht zur Beauftragung von Mehrleistungen Bevollmächtigter die Pläne freigegeben haben, ist in jedem Fall vor der Ausführung der Leistung die Mehrkostenanmeldung zu versenden. **297**

Wenn Mehrkosten angemeldet werden, muss der Auftraggeber entscheiden, ob er diese Leistungen haben möchte. Wenn er sie ablehnt, sind diese Leistungen nicht auszuführen.

Sind die Leistungen allerdings erforderlich, damit der Auftragnehmer seine Leistung mangelfrei erbringen kann, dann sind bei einer Ablehnung des Auftraggebers Bedenken anzumelden, vergleiche zum Beispiel Musterschreiben 4.

Musterschreiben 23: Behinderungsmeldung fehlender bauseitiger Leistungen

Adressat: *Auftraggeber*

Bauvorhaben: ....

Datum: ....

BM Nr. *2: Behinderung auf Grund nicht beigestellter Fenster*

Sehr geehrte Damen und Herren,

wir sind derzeit nicht in der Lage, die vertragsgemäß vorgesehenen Arbeiten durchzuführen.

Das hat folgende Ursachen:

Die für heute Morgen zugesagte Lieferung der Fenster durch Ihren Lieferanten ist nicht erfolgt. Die Fenster sind eine Leistung, die Sie bereitstellen wollten.

Daher sind wir an der Ausführung folgender Arbeiten gehindert:

Ausführung der Arbeiten an der Fassade zur Herstellung einer wetterdichten Gebäudehülle durch das Einsetzen der Fenster. **Die betroffenen Arbeiten würden ohne die hindernden Umstände** *ab heute Mittag* **ausgeführt.**

Weitere betroffene Arbeiten sind die in unserem Bauzeitenplan ausgewiesenen

Ausbauarbeiten im Innenbereich. Für die Durchführung dieser Arbeiten ist die wetterdichte Gebäudehülle erforderlich.

Eventuell sind weitere Arbeiten betroffen. Dies ist im Moment jedoch noch nicht absehbar.

Behinderung seit: *Heute*

Voraussichtliches Ende: *Nach Lieferung der Fenster ist eine sofortige Weiterführung der Arbeiten möglich.*

Dauer: *Derzeit nicht absehbar*

Hierdurch können Stillstandskosten entstehen, die wir Ihnen hiermit anmelden. Eine Umstellung der Arbeiten ist bis übermorgen möglich, da in kleinerem Umfang noch Arbeiten an den einzusetzenden Türen ausgeführt werden können.

Die Behinderung wirkt sich zudem voraussichtlich bauzeitverlängernd aus, kann aber eventuell durch kostenverursachende Beschleunigungsmaßnahmen ganz oder teilweise aufgefangen werden.

Für Rückfragen stehen wir Ihnen gerne zur Verfügung.

Mit freundlichen Grüßen

Hinweise zu Musterschreiben 23

Art des Schreibens: Muss, Schriftform, Zugangsnachweis

Zeitpunkt des Schreibens: Das Schreiben muss versendet werden, wenn der Auftragnehmer erkennt, dass es möglicherweise zu hindernden Umständen kommt, welche seine geplante Ausführung erschweren, verschieben oder unmöglich machen. Dies kann bereits sehr früh sein, wenn man erkennt, dass zum Beispiel Vorleistungen nicht fertig werden. Es kann aber auch erst unmittelbar vor der Ausführung erkennbar sein, dass hindernde Umstände vorliegen. **298**

Vorschriften: § 6 VOB/B, § 642 BGB; hier ist zwar nicht jeweils ausdrücklich erwähnt, was zu tun ist. Es gelten aber in jedem Fall die von der Rechtsprechung aufgestellten Grundsätze, dass der Auftragnehmer den Auftraggeber vollumfänglich zu informieren hat. Die Pflichten des Auftragnehmers gehen also weiter, als dies der Text der Vorschriften vermuten lässt. **299**

Adressat: Auftraggeber; es ist nicht anzuraten, andere Beteiligte anzuschreiben. Insbesondere ist es zwecklos, den säumigen Lieferanten, der durch den Auftraggeber beauftragt worden ist, anzuschreiben. Dies ersetzt nicht die Anmeldung hindernder Umstände bei dem Auftraggeber. **300**

Nummerierung: Das Schreiben ist als allgemeines Schreiben zu nummerieren und zur Bauakte zu nehmen. Wichtiger ist allerdings die Dokumentation des Vorliegens der hindernden Umstände und der Auswirkungen der hindernden Umstände im weiteren Ablauf. Diese Dokumentation muss unter der gleichen Nummer abgelegt werden, welche die entsprechende Anzeige der hindernden Umstände trägt. Das stellt sicher, dass man im Nachgang auch die entstandenen Kosten für den jeweiligen hindernden Umstand bestimmen kann. **301**

302 **Text:** Das Anschreiben muss klar und auch für einen Laien verständlich beschreiben, durch welchen Umstand es zu hindernden Auswirkungen auf den geplanten Bauablauf kommen kann. Es sind detailliert die anstehenden Arbeiten zu nennen, der Beginn der hindernden Umstände, die voraussichtliche Dauer und Auswirkungen auf weitere Arbeiten. Hier müssen also bereits so genau wie möglich das Ereignis, die Auswirkung und die Verursachung beschrieben werden. Es muss erforderlichenfalls ausgeführt werden, dass keine alternativen Arbeiten zur Ausführung anstehen mit der Folge, dass das Personal nicht anderweitig eingesetzt werden kann.

303 **Weitere Hinweise:** Wichtig ist, dass man die hindernden Umstände auch wieder abmeldet, wenn diese nicht mehr vorliegen, vgl. Musterschreiben 24. Das wird in den Vorschriften nicht gefordert, die Rechtsprechung verlangt es aber von dem Auftragnehmer. Es stellt auch für den Auftragnehmer sicher, dass er in seiner Dokumentation den abschließenden Brief ablegt und damit dieser Umstand beendet ist.

Musterschreiben 24: Abmeldung der Behinderung wegen fehlender bauseitiger Leistungen

Adressat: *Auftraggeber*

Bauvorhaben: ....

Datum: ....

BA Nr. *1:* **Unser Schreiben BM Nr.** *2* **vom** ...

Sehr geehrte Damen und Herren,

hiermit teilen wir Ihnen mit, dass im Bereich der *Fassadenarbeiten derzeit* **keine Behinderung mehr vorliegt.**

Wie Ihnen mit Schreiben vom ... **mitgeteilt, bestand eine Behinderung folgender Arbeiten:**

Ausführung der Arbeiten an der Fassade zur Herstellung einer wetterdichten Gebäudehülle durch das Einsetzen der Fenster **vom** *23. Juli 2025* **bis zum** *24. Juli 2025*. **Die Behinderung konnte durch eine Umstellung ausgeglichen werden.**

Es ergab sich bislang kein Stillstand.

Allerdings wurden nur die zweiflügligen Fenster für die Fassade Nord und West geliefert. Die Arbeiten des Einsetzens der Fenster müssen daher in einzelne Bereiche aufgeteilt werden, wodurch es auf Grund des ständigen Arbeitsplatzwechsels in verschiedene Stockwerke zu einer Verlängerung der Ausführungsdauer kommen wird. Die restlichen Fenster wurden bislang nicht geliefert, sodass es ab nächsten Montag erneut zu einem Stillstand kommen kann, wenn keine weiteren Materiallieferungen erfolgen.

Wir werden Sie über den weiteren Stand der Arbeiten informieren.

Für Rückfragen stehen wir Ihnen gerne zur Verfügung

Mit freundlichen Grüßen

....

(Unterschrift)

Hinweise zu Musterschreiben 24

Art des Schreibens: Muss, Schriftform, Zugangsnachweis

304 **Zeitpunkt des Schreibens:** Das Schreiben muss versendet werden, wenn die hindernden Umstände nicht mehr vorliegen. Das Schreiben dient gleichzeitig der Dokumentation, dass nunmehr die hindernden Umstände beendet sind.

305 **Vorschriften:** § 6 VOB/B, § 642 BGB; in diesen Vorschriften ist nicht erwähnt, dass die hindernden Umstände auch wieder abgemeldet werden müssen. Es gelten aber in jedem Fall die von der Rechtsprechung aufgestellten Grundsätze, dass der Auftragnehmer den Auftraggeber vollumfänglich zu informieren hat. Die Pflichten des Auftragnehmers gehen also weiter, als dies der Text der Vorschriften vermuten lässt. Die Abmeldung der hindernden Umstände ist also trotz der fehlenden Hinweise in den Vorschriften zu versenden.

306 **Adressat:** Auftraggeber; es ist nicht anzuraten, andere Beteiligte anzuschreiben. Insbesondere ist es zwecklos, den säumigen Nebenunternehmer, den Planer des Auftraggebers oder andere Personen, die für die hindernden Umstände verantwortlich sein können, anzuschreiben. Dies ersetzt nicht die Abmeldung hindernder Umstände bei dem Auftraggeber.

307 **Nummerierung:** Das Schreiben ist als allgemeines Schreiben zu nummerieren und zur Bauakte zu nehmen. Wichtiger ist allerdings die Dokumentation des Vorliegens der hindernden Umstände und der Auswirkungen der hindernden Umstände im weiteren Ablauf. Diese Dokumentation muss unter der gleichen Nummer abgelegt werden, welche die entsprechende Anzeige der hindernden Umstände trägt. Das stellt sicher, dass man im Nachgang auch die entstandenen Kosten für den jeweiligen hindernden Umstand bestimmen kann.

308 **Text:** Das Anschreiben muss klar und auch für einen Laien verständlich beschreiben, durch welchen Umstand es zu hindernden Auswirkungen auf den geplanten Bauablauf gekommen ist, der nun nicht mehr vorliegt. Man kann dabei die Dauer der Auswirkung aufführen und möglicherweise Personalstillstandsdauer etc. Sinnvoll ist es weiterhin, die Arbeiten nochmals zu benennen, bei denen sich die hindernden Umstände ausgewirkt haben. Die Auswirkungen auf diese Arbeiten müssen zu diesem Zeitpunkt vollständig dokumentiert sein.

309 **Weitere Hinweise:** Sollten die hindernden Umstände nicht mehr vorliegen, aber deren hindernde Auswirkung weiterhin andauern, ist dies ebenfalls an den Auftraggeber mitzuteilen. In diesen Fällen ist weiterhin zu dokumentieren, wie sich die nunmehr beendeten Umstände noch hindernd auswirken.

Musterschreiben 25: Anforderung einer Stellungnahme des Auftraggebers zu Umstellungen des Bauablaufes auf Grund von Behinderungen

Adressat: *Auftraggeber*

Bauvorhaben: ....

Datum: ....

AS Nr. *7:* **Behinderungsbedingte Umstellung des Bauablaufes**

Sehr geehrte Damen und Herren,

wir hatten Ihnen mit Schreiben *vom 3. August 2026* **mitgeteilt, dass** *im Bereich der Betonarbeiten im Bauteil 5 wegen fehlender Bewehrungspläne hindernde Umstände vorliegen. Auf Grund der in anderen Bereichen weitergeführten Arbeiten wäre es nun alternativ zu dem weiteren Stillstand möglich, die Betonarbeiten am Bauteil 6 zu beginnen. Hierfür müssen aber die Baustelleneinrichtung, die Schalsätze und die Hilfsbetriebe umgestellt werden. Daraus ergeben sich Mehrkosten.*

Wir sind nicht in der Lage beurteilen zu können, wann *im Bauteil 5 die* **hindernden Umstände entfallen,** *da Sie die Pläne liefern müssen***. Daher können wir ebenfalls nicht übersehen, ob die Umstellung des Bauablaufes sinnvoll ist. Wir bitten Sie daher um Mitteilung, ob wir die Umstellung des Bauablaufes vornehmen sollen.**

Sollten Sie keine Anordnung treffen, werden wir die Umstellung nicht vornehmen, da wir die Einflüsse auf den weiteren Bauablauf aus heutiger Sicht nicht beurteilen können.

Für Rückfragen stehen wir Ihnen gerne zur Verfügung

Mit freundlichen Grüßen

....

(Unterschrift)

Hinweise zu Musterschreiben 25

Art des Schreibens: Sollte, Schriftform, Zugangsnachweis

310 **Zeitpunkt des Schreibens:** Das Schreiben muss versendet werden, wenn der Auftragnehmer erkennt, dass es infolge von hindernden Umständen in einem Bereich sinnvoll sein kann, in einem anderen Bereich weiterzuarbeiten. Dies kann bereits sehr früh sein, wenn man erkennt, dass zum Beispiel Vorleistungen nicht fertig werden. Es kann aber auch erst unmittelbar bei der Ausführung erkennbar sein, dass hindernde Umstände vorliegen und eine Umstellung möglich ist.

311 **Vorschriften:** § 6 Abs. 3 VOB/B, § 254 Abs. 2 BGB; hier ist zwar nicht jeweils ausdrücklich erwähnt, was zu tun ist. Es gilt aber in jedem Fall der Grundsatz, dass der Auftragnehmer den durch hindernde Umstände entstehenden Schaden so gering wie möglich halten muss. Die Pflichten des Auftragnehmers gehen also weiter, als dies der Text der Vorschriften vermuten lässt.

312 **Adressat:** Auftraggeber; Bevollmächtigter; es ist nicht anzuraten, andere Beteiligte anzuschreiben. Letztlich muss der Auftraggeber oder sein Bevollmächtigter die Entscheidung treffen, ob vorgeschlagene Maßnahmen, welche von den vertraglichen Vorgaben abweichen, ausgeführt werden sollen.

313 **Nummerierung:** Das Schreiben ist als allgemeines Schreiben zu nummerieren und zur Bauakte zu nehmen. Es ist sinnvoll, das Schreiben dem entsprechenden Schreiben mit der Anmeldung der hindernden Umstände anzufügen. Wichtig ist allerdings auch in den Fällen, in denen der vorgesehene Bauablauf umgestellt wird, dass die Dokumentation des Vorliegens der hindernden Umstände und der Auswirkungen der hindernden Umstände im weiteren Ablauf angefertigt wird. Diese Dokumentation muss unter der gleichen Nummer abgelegt werden, welche die entsprechende Anzeige der hindernden Umstände trägt. Das stellt sicher, dass man im Nachgang auch die entstandenen Kosten für den jeweiligen hindernden Umstand bestimmen kann. Im Falle einer Umstellung des Bauablaufes sind auch die Kosten der Umstellung zu dokumentieren. Hierzu gehören insbesondere die aufgewendeten Personalstunden.

314 **Text:** Das Anschreiben muss klar und auch für einen Laien verständlich beschreiben, durch welchen Umstand es zu hindernden Auswirkungen auf den geplanten Bauablauf kommt. Die betroffenen Arbeiten sind detailliert zu nennen. Hier müssen also bereits so genau wie möglich das Ereignis, die Auswirkung und die Verursachung beschrieben werden. Wenn eine Umstellung

möglich ist, ist diese vorzuschlagen. Die Entscheidung, ob man Umstellungen vornimmt, sollte allerdings der Auftraggeber treffen. Es ist sinnvoll, in dem Schreiben gleichzeitig mitzuteilen, welche Alternative man durchführt, wenn der Auftraggeber keine Entscheidung trifft.

Weitere Hinweise: Wenn der Auftragnehmer selbstständig den Bauablauf umstellt, kommt es häufig im folgenden Ablauf zu weiteren Komplikationen. Wenn diese Komplikationen oder deren Auswirkungen ohne die Umstellung nicht eingetreten wären, fragt es sich, wer die Verantwortung trägt. Um zu vermeiden, dass der Auftragnehmer, der eine Umstellung aus dem guten Willen der Schadensreduzierung vornimmt, im Nachgang für höhere Kosten haften soll, ist der Auftraggeber in diese Entscheidung einzubinden. **315**

Musterschreiben 26: Information des Auftraggebers zu Umstellungen des Bauablaufes

Adressat: *Auftraggeber*

Bauvorhaben: ....

Datum: ....

AS Nr. *8:* **Umstellung des Bauablaufes**

Sehr geehrte Damen und Herren,

wir möchten Ihnen mitteilen, dass wir beabsichtigen, *die Betonierarbeiten im Bereich des Gebäudeteiles C ab dem 23. Juni 2026 durchzuführen. Diese Arbeiten waren erst nach vollständiger Fertigstellung des Gebäudeteiles A im November vorgesehen.*

Es handelt sich um eine Umstellung auf Grund interner Dispositionen, *die eine bessere Ausführungsqualität ermöglicht*. **Daraus ergeben sich für Sie keine Mehrkosten. Vertragsfristen werden hiervon nicht berührt.**

Wir benötigen die von Ihnen bereitzustellenden freigegebenen Pläne daher nicht, wie ursprünglich vorgesehen, erst im Oktober, sondern mit dem vertragsgemäßen Vorlauf bereits am 9. Mai 2021. Vertraglicher Planliefertermin ist der 15. April 2026, sodass sich für Sie daraus ebenfalls keine Änderungen ergeben.

Dies Schreiben dient Ihrer Information und wir stehen für Rückfragen gerne zur Verfügung.

Mit freundlichen Grüßen

....

(Unterschrift)

Hinweise zu Musterschreiben 26

Art des Schreibens: Sollte, Schriftform, Zugangsnachweis

Zeitpunkt des Schreibens: Das Schreiben muss versendet werden, wenn der Auftragnehmer aus internen Gründen den ausgewiesenen Bauablauf umstellen will. Das Schreiben ist in jedem Fall so rechtzeitig zu versenden, dass der Auftraggeber seine erforderlichen Mitwirkungshandlungen entsprechend zeitgerecht für die neuen Termine einrichten kann. **316**

Vorschriften: Keine, allerdings hat der Auftragnehmer den Auftraggeber umfassend zu informieren. Insbesondere in den Fällen, in denen der Auftraggeber Mitwirkungshandlungen zu Terminen erbringen muss, ist er zwingend über die Umstellung zu informieren. **317**

Adressat: Auftraggeber; Bevollmächtigter; es ist nicht anzuraten, andere Beteiligte anzuschreiben. Letztlich muss der Auftraggeber oder sein Bevollmächtigter die Konsequenzen für die Mitwirkungshandlungen ziehen und seine Erfüllungsgehilfen, zum Beispiel seinen Planer, entsprechend anweisen. **318**
Nummerierung: Das Schreiben ist als allgemeines Schreiben zu nummerieren und zur Bauakte zu nehmen.

Text: Das Anschreiben muss klar und auch für einen Laien verständlich beschreiben, welche Arbeiten des vorgesehenen Bauablaufes betroffen sind und welche Arbeiten wie umgestellt werden. Weiterhin müssen die Mitwirkungshandlungen des Auftraggebers beschrieben werden und die Termine genannt werden, an welchen diese Mitwirkungshandlungen durch die Umstellung erforderlich werden. **319**

Weitere Hinweise: Solange der Auftragnehmer keine Vertragstermine oder andere verbindliche vertragliche Regelungen einseitig ändert, darf er den Bauablauf umstellen. Er braucht hierfür nicht die Zustimmung des Auftraggebers. **320**
Vorsicht ist allerdings in den Fällen geboten, in denen Mitwirkungshandlungen des Auftraggebers betroffen sind, für die ebenfalls vertragliche Termine vorgesehen sind. Beispiel hierfür sind Planliefertermine. Der Auftragnehmer hat keinen zwingenden Anspruch darauf, dass der Auftraggeber seine Mitwirkungshandlungen früher erbringt. In diesen Fällen ist vor der Umstellung eine einvernehmliche Lösung mit dem Auftraggeber herbeizuführen.

4.6 Kontrollieren der Baustoffe

321 Die auf der Baustelle verwendeten Baustoffe sind eine weitere Grundlage für eine vertragsgemäße Leistung und einen reibungslosen Bauablauf. Daher hat auch der Bauleiter die Lieferung, Lagerung und Bereitstellung zu kontrollieren. Bei besonders hohen Anforderungen muss der Bauleiter die Bestellung und Lieferung der Baustoffe auf jeden Fall selbst kontrollieren und überwachen.

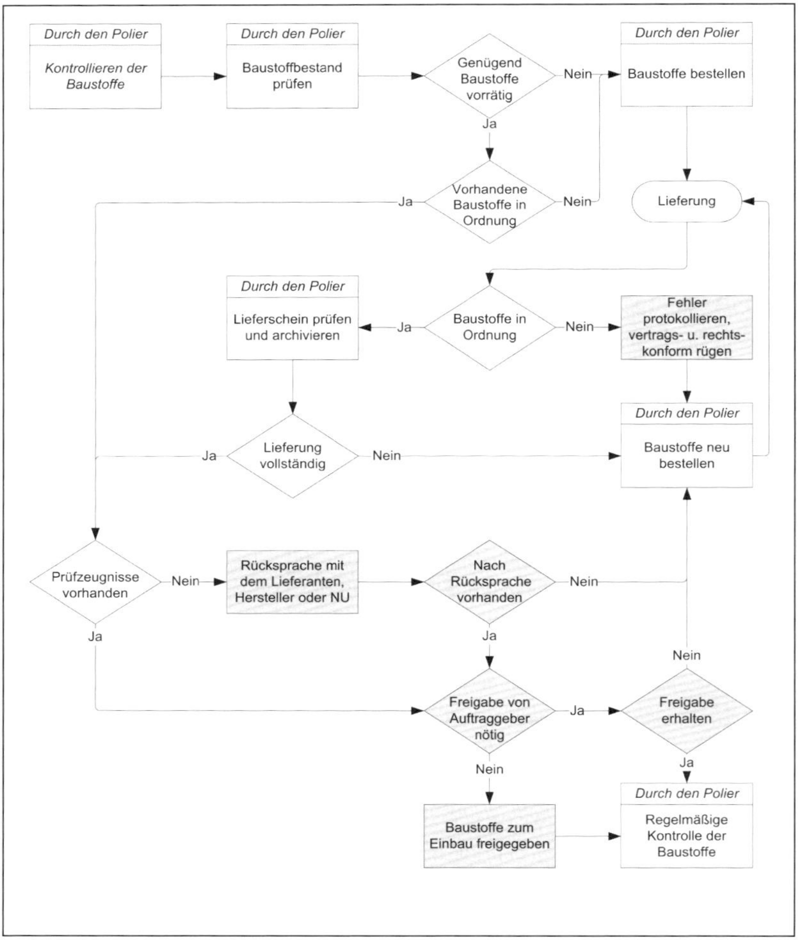

Abbildung 17: Kontrollieren der Baustoffe

Die Logistik für die Baustoffe hängt eng mit den dafür erforderlichen Geräten zusammen. Die Bereitstellung von Putz kann z.B. in Säcken erfolgen, aber auch mit einem Silo, welches entweder den trockenen Mörtel enthält oder aber bereits fertig angemischten Putz. Daher ist zuerst zu entscheiden, welcher Bedarf in welchem Ausführungszeitraum gegeben ist. Nach der Bedarfsermittlung kann der auf der Baustelle notwendige Bestand festgelegt werden, woraus die zeitgerechte Beschaffung terminiert wird. Dabei ist die Transportmöglichkeit auf der Baustelle ebenso einzuplanen wie auch die vorhandenen Lagerungsmöglichkeiten. Die sich ergebenden Liefertermine sind in einer Kontrollliste festzuhalten, die der Überwachung und Abrechnung der gelieferten Baustoffe dient. **322**

Die Kontrolle, Bestellung und Prüfung der Baustoffe gehören üblicherweise zum Aufgabenbereich des Poliers. Er prüft den Baustoffbestand, die Baustoffqualität und bestellt gegebenenfalls neue Baustoffe. Ebenso kontrolliert er die Lieferscheine und das Vorliegen notwendiger Prüfzeugnisse. Oftmals übernimmt aber auch der Bauleiter einen Teil dieser Aufgaben. Zumindest unterstützt der Bauleiter den Polier durch das Führen des vertrags- und rechtskonformen Schriftverkehrs oder bei notwendigen Rücksprachen mit dem Auftraggeber. Eine gute Kommunikation zwischen Bauleiter und Polier ist daher auch Grundvoraussetzung für die reibungslose Versorgung der Baustelle. **323**

Wenn Baustoffe zu einem bestimmten Termin benötigt werden, zum Beispiel, wenn eine Lagerung nicht möglich ist, sollte der Bauleiter bereits bei der Bestellung (MS 27) darauf hinweisen, dass durch den Lieferanten der Termin unbedingt einzuhalten ist. Wenn durch eine fehlende Lieferung Störungen des Bauablaufs eintreten, ist auch auf die Möglichkeit eines entstehenden Schadens aufmerksam zu machen. Sollte der Baustofflieferant allgemeine Geschäftsbedingungen verwenden, ist zu prüfen, ob ein Schadensersatzanspruch limitiert oder ausgeschlossen wird. In diesen Fällen muss der Bauleiter die Geltung der allgemeinen Geschäftsbedingungen bei der Bestellung ablehnen. **324**

Die gelieferten Baustoffe sind direkt nach dem Abladen und vor dem Unterschreiben des Lieferscheins zu kontrollieren. Beschädigte Baustoffe sind sofort zu beanstanden. Sollte die Mangelfreiheit der Lieferung nicht kontrolliert werden können, ist dies auf dem Lieferschein zu vermerken. Häufig finden sich auf den Lieferscheinen über der Unterschrift Anmerkungen, dass mit der Unterschrift auch die Mangelfreiheit der Lieferung bestätigt wird. Wenn spä- **325** tere Kontrollen Beanstandungen ergeben, erschwert dies in aller Regel eine Reklamation.

326 Wenn gelieferte Baustoffe nicht der Bestellung entsprechend oder mangelhaft sind, wird dies zunächst auf den Lieferscheinen vermerkt. Der Bauleiter hat in diesem Fall die Reklamation (MS 28) gegenüber dem Lieferanten schriftlich auszuführen. Dabei beschreibt er neben dem Datum und der Bezeichnung der Lieferung auch den vorhandenen Mangel. Die Ersatzlieferung ist mit einem neuen Termin anzumahnen, wobei die Lieferung ohne Kosten zu erfolgen hat. War die Lieferung zu einem Fixtermin vorgesehen, wird ein Schadenersatzanspruch angekündigt.

327 Es ist ratsam, dass der Bauleiter bereits bei der Anlieferung von Baustoffen, die nicht sofort verwendet werden, die Lagerung prüft. Viele Baustoffe sind witterungsempfindlich. Daher ist auf einen ausreichenden Schutz zu achten. Andererseits dürfen die Baustoffe nicht so gelagert werden, dass sie nachfolgende Arbeiten erschweren. Dies gilt vor allem auch für Materiallieferungen von Nachunternehmern, die von den geplanten Bautätigkeiten keine Kenntnis haben und ihr Material dort lagern, wo es günstig erscheint.

328 Der Bauleiter muss mit dem Polier den Nachweis der Eignung der verwendeten Baustoffe prüfen. Langjährig erprobte Baustoffe sind z.B. durch die Bundesanstalt für Forschung und Materialprüfung (BAM) oder das Deutsche Institut für Bautechnik in der Bauregelliste zugelassen, auf die der Bauleiter zurückgreifen kann. Der Einsatz neuer Baustoffe, für die es also weder eine Zustimmung im Einzelfall noch ein Prüfzeugnis gibt, sollte sorgfältig bedacht und gegebenenfalls die Zustimmung im Einzelfall eingeholt werden. Mögliche Probleme sind vor dem Einsatz mit dem Auftraggeber zu erörtern.

329 In aller Regel verfügen die Baustoffe über ein Prüfzeugnis oder eine allgemeine bauaufsichtliche Zulassung. Für viele Baustoffe geben allerdings die Hersteller besondere Richtlinien und Hinweisblätter heraus, die zwingend zu beachten sind. Dabei ist auch zu berücksichtigen, dass viele Baustoffe nur für eine Verwendung zugelassen sind, wenn sie in Kombination mit anderen Baustoffen des gleichen Herstellers eingebaut werden. Das sind Systemzulassungen, welche die Verwendung einschränken können. Insbesondere bei Baustoffen, die an der Oberfläche verbleiben, geben Hersteller besondere Hinweise zur Reinigung und Pflege. Diese Hinweisblätter sind zu dokumentieren und dem Auftraggeber bei der Abnahme zu übergeben.

Der Bauleiter muss für gewisse Baustoffe Prüfungen durchführen lassen. Für die Fremdüberwachung zieht er Prüfinstitute hinzu, die auch die Eigenüberwachung übernehmen können, soweit sie nicht im eigenen Unternehmen gewährleistet werden kann. Der Einsatz neutraler Institute entbindet ihn aber nicht von seiner Verantwortung zur Prüfung. Bei Streitigkeiten über die Eignung von Baustoffen zwischen dem Auftraggeber und dem Auftragnehmer kann nach § 18 Abs. 4 VOB/B eine staatliche oder staatlich anerkannte Materialprüfungsstelle beauftragt werden. Diese kann verbindlich über die Eignung der Baustoffe entscheiden. **330**

Die Bauverträge sehen bei der Auswahl von Baustoffen, die für das äußere Erscheinungsbild des Bauwerkes oder des Innenraumes entscheidend sind, meistens ein Mitspracherecht des Auftraggebers vor. Der Auftragnehmer hat die beabsichtigten Baustoffe in einer Bemusterung vorzulegen und die Freigabe des Auftraggebers einzuholen. Der Bauleiter muss sich rechtzeitig um die Vereinbarung von Bemusterungsterminen kümmern, damit genügend Zeit für die Bestellung der Baustoffe verbleibt. Es ist ratsam, die Einladung zu einem Termin für eine Bemusterung (MS 29) schriftlich an den Auftraggeber zu versenden und in diesem Schreiben auch darauf hinzuweisen, dass die Entscheidung über den Baustoff für den weiteren Bauablauf erforderlich ist. **331**

Bemusterungen sind Anlass zu Streitigkeiten, wenn der Auftraggeber der Auffassung ist, dass die vorgelegten Baustoffe nicht seinen qualitativen Anforderungen entsprechen. In vielen Fällen ist es schwierig zu beurteilen, ob der Bauleiter weitere Baustoffe vorzulegen hat, insbesondere in einer hochwertigeren Ausführung. Aus solchen Anlässen werden immer wieder Rechtsstreitigkeiten geführt, deren Ausgang im Vorfeld ungewiss ist. Ist der Vertrag in diesen Belangen nicht eindeutig, ist es ratsam, mit dem Auftraggeber bereits zu einem sehr frühen Zeitpunkt die Frage der Baustoffe anzusprechen. Sollte der Auftraggeber einen Baustoff auswählen, der nach Ansicht des Auftragnehmers nicht mehr zur vertraglichen Leistung gehört, versendet der Bauleiter zumindest eine entsprechende Mehrkostenanmeldung an den Auftraggeber. **332**

Checkliste 14: Kontrollieren der Baustoffe

Wann:	Vor und während der Verwendung
Warum:	Verfügbarkeit und Mangelfreiheit der Baustoffe
Wer:	Bauleiter mit Polier
Was:	Prüfung des Bedarfs von Baustoffen Prüfung der Möglichkeit der Lagerung von Baustoffen Festlegung von Lieferterminen Eventuelle Freigabe durch den Auftraggeber
Wie:	Termingerechte Bestellung der Baustoffe veranlassen Bemusterungstermine mit dem Auftraggeber veranlassen
Kontrolle:	Bedarfslisten erstellen und Liefertermine prüfen; Prüfzeugnisse und Herstellerhinweise notwendig? Sichtkontrolle der Lieferung Kontrolle der Lagerung Bemusterungsrecht des Auftraggebers vertraglich vorgesehen?
Weiteres Vorgehen:	Bedarfslisten aktualisieren und Abrechnungen veranlassen Fehlerhafte Lieferungen reklamieren Prüfzeugnisse und Herstellerhinweise besorgen
Eigene Anmerkungen:	

Musterschreiben 27: Bestellung von Baustoffen

Adressat: *Baustofflieferanten*

Bauvorhaben: ....

Datum: ....

AS Nr. *9:* **Bestellung**

Sehr geehrte Damen und Herren,

wir möchten *entsprechend unserer telefonischen Absprache bei Ihnen die im Anhang aufgeführten* **Baustoffe bestellen,** *die bei Ihnen lagerhaltig sein sollen.*

Die Lieferung erfolgt zum Fixtermin am

18. März 2026 um acht Uhr morgens

auf die Baustelle *Müllerstraße 23, 41235 Wollhausen.*

Die Lieferung erfolgt auf Rechnung und versandkostenfrei. *Der verhandelte Rechnungsbetrag ergibt sich aus der Aufstellung im Anhang.*

Wir weisen Sie daraufhin, dass die Bestellung der Ware für die Ausführung der Arbeiten *ab 12 Uhr des Liefertages* **bestimmt ist. Sollte die Ware nicht zu dem fixen Termin geliefert werden, wird es zu einem Stillstand der Arbeiten kommen. Es ist weiterhin nicht auszuschließen, dass es zu einer Überschreitung des vertragsstrafenbewehrten Abnahmetermins kommen wird. Wir möchten Sie hiermit darauf hinweisen, dass eine nicht termingerechte Lieferung zu erheblichen Schäden führen kann.**

Den von Ihnen verwendeten allgemeinen Geschäftsbedingungen widersprechen wir.

Für Rückfragen stehen wir Ihnen gerne zur Verfügung

Mit freundlichen Grüßen

....

(Unterschrift)

Anlage: Bestellliste und vereinbarte Preise

Hinweise zu Musterschreiben 27

Art des Schreibens: Muss, Schriftform, möglichst Zugangsnachweis

333 **Zeitpunkt des Schreibens:** Die Bestellung ist schriftlich auszufertigen, da es sich um eine verbindliche Willenserklärung zu einem Vertragsabschluss handelt. Bestellungen von Baumaterialien sind so rechtzeitig durchzuführen, dass die Baustoffe zur Verfügung stehen, wenn sie benötigt werden. Einen geringen Vorlauf sollte man disponieren, damit die Ware geprüft werden kann und Zeit für mögliche Reklamationen bleibt.
Vorschriften: §§ 145, 146 BGB, Angebot und Annahme als zwei übereinstimmende Willenserklärungen für einen Vertragsabschluss.
Adressat: Baustofflieferant oder andere Erfüllungsgehilfen.

334 **Nummerierung:** Das Schreiben ist als allgemeines Schreiben zu nummerieren und zur Bauakte zu nehmen. Häufig sind diese Bestellschreiben in den allgemeinen kaufmännischen Unterlagen der Baustelle abzulegen, in denen auch die Wareneingangsrechnungen etc. abgelegt werden.

335 **Text:** Das Bestellschreiben muss alle für den Vertrag geltenden Bedingungen nennen. Hierzu zählen insbesondere die zu liefernden Waren und deren Umfang, der Liefertermin, der Lieferort, die Lieferbedingungen, die Zahlungsbedingungen, der Zahlbetrag und mögliche allgemeine Geschäftsbedingungen. Sinnvoll ist weiterhin bei Lieferungen, die just in time bestellt werden, der Hinweis auf mögliche Schäden, die durch eine verspätete Lieferung entstehen können. Damit wird dem Lieferanten klar, dass seine Lieferung pünktlich zu sein hat.

336 **Weitere Hinweise:** Wenn Lieferungen just in time benötigt werden, dann ist der genaue Termin zu benennen und als Fixtermin zu bezeichnen. Sollte der Lieferant unpünktlich sein, befindet er sich bereits mit Überschreiten des genannten Termins in Verzug und der Besteller ist nicht mehr zur Annahme der verspäteten Lieferung verpflichtet.
Man sollte bei allen Lieferanten vor Vertragsabschluss kontrollieren, ob in allgemeinen Geschäftsbedingungen Besonderheiten bezüglich der Rügepflicht bei Mängeln etc. aufgeführt sind. Sind solche Regelungen wirksamer Vertragsbestandteil geworden, sind sie zu beachten. Sind diese Regelungen unerwünscht, sind sie bei Vertragsabschluss auszuschließen.

Musterschreiben 28: Reklamation von gelieferten Baustoffen

Adressat: *Baustofflieferant*

Bauvorhaben: ....

Datum: ....

AS Nr. *10:* **Reklamation der gelieferten Gipsplatten**

Sehr geehrte Damen und Herren,

wir möchten Ihnen mitteilen, dass die von Ihnen am *18. März 2026 gelieferten Gipsplatten, Kundennummer 253, Bestellung 8/532 A, teilweise* **mangelhaft waren.**

Eine Palette war beschädigt, da an allen Platten eine Ecke eingedrückt und der Karton zerrissen war.

Bei einer weiteren Palette handelt es sich um Platten, deren Oberfläche bräunliche Verfärbungen aufweist, die möglicherweise durch die Einwirkung von UV-Licht entstanden sein können.

Da wir Trockenbauwände in der Qualitätsstufe Q 4 herstellen müssen, können wir diese Platten nicht einsetzen.

Die reklamierte Ware wurde zurückgewiesen und durch ihren Lieferanten wieder mitgenommen. Wir bitten Sie umgehend, spätestens jedoch bis *zum 19. März 2026, 12 Uhr*, **um die kostenfreie Ersatzlieferung mangelfreier** *Gipsplatten.*

Da die *Gipsplatten* **zum Fixtermin am** *18. März 2026* **geliefert werden sollten, behalten wir uns die Geltendmachung eines Schadenersatzes vor, wenn durch die verspätete Lieferung Schäden eintreten.**

Für Rückfragen stehen wir Ihnen gerne zur Verfügung

Mit freundlichen Grüße

....

(Unterschrift)

Hinweise zu Musterschreiben 28

Art des Schreibens: Muss, Schriftform, möglichst Zugangsnachweis

Zeitpunkt des Schreibens: Die Reklamation ist schriftlich auszufertigen. Gelieferte Baumaterialien sind sofort nach Erhalt zu kontrollieren und Mängel sofort bei dem Lieferanten zu rügen. **337**

Vorschriften: § 377 HGB.

338 **Adressat:** Baustofflieferant, auch der eingesetzte Spediteur. Der Lieferant, mit dem man den Kaufvertrag abgeschlossen hat, ist in jedem Fall zu informieren.

339 **Nummerierung:** Das Schreiben ist als allgemeines Schreiben zu nummerieren und zur Bauakte zu nehmen. Häufig sind diese Reklamationsschreiben in den allgemeinen kaufmännischen Unterlagen der Baustelle abzulegen, in denen auch die Bestellschreiben und die Wareneingangsrechnungen etc. abgelegt werden.

340 **Text:** Das Reklamationsschreiben muss alle wesentlichen Fakten aufführen. Hierzu gehört zunächst der Bezug zu der getätigten Bestellung und dem Lieferdatum. Dann sind die Mängel anzugeben und so zu beschreiben, dass einem unbeteiligten Dritten im Nachgang verständlich wird, um was es sich handelt.
Man sollte dem Lieferanten gleichzeitig mitteilen, welche Maßnahmen man getroffen hat. Hierzu zählt, ob man die Annahme der Ware verweigert hat, ob die mangelhafte Ware angenommen wurde, aber gerügt wird etc.
Wichtig ist, dass man ebenfalls aufführt, welche Rechte man wegen der Mängel geltend machen möchte. Hier kommen der Umtausch, die Minderung, mögliche Mangelbehebung und Schadenersatz in Frage.

341 **Weitere Hinweise:** Wenn die Ware durch einen Spediteur ausgeliefert wird, ist die Ware ebenfalls direkt zu kontrollieren. Im Falle von Beanstandungen ist auf den Lieferscheinen ein entsprechender Vermerk zu machen. Dieser Vermerk hat den gleichen Inhalt wie das Musterschreiben 28. Bei unbrauchbarer Ware ist die Annahme zu verweigern.
Ware, die bei Erhalt nicht kontrolliert werden kann, zum Beispiel wegen der Menge oder der Verpackung, ist unverzüglich nach der Lieferung zu kontrollieren, auch wenn dies einen Mehraufwand bedeutet. Eine Rüge erst bei Verwendung der Materialien kann verspätet sein. In jedem Fall muss auf der Empfangsbestätigung bei Lieferung vermerkt werden, dass eine Kontrolle erst im Nachgang erfolgt.
Man sollte bei allen Lieferanten vor Vertragsabschluss kontrollieren, ob in allgemeinen Geschäftsbedingungen Besonderheiten bezüglich der Rügepflicht bei Mängeln aufgeführt sind. Sind solche Regelungen wirksamer Vertragsbestandteil geworden, sind sie zu beachten.

Musterschreiben 29: Einladung an den Auftraggeber für eine Bemusterung

Adressat: *Auftraggeber*

Bauvorhaben: ....

Datum: ....

AS Nr. *11:* **Einladung zur Bemusterung**

Sehr geehrte Damen und Herren,

wir laden Sie zur Bemusterung am *16. August 2025, Baustelle Hubert Straße 18, im Erdgeschoss des Bauteils 4,* **ein.**

Wir haben für die Positionen

165, Türklinken

208, Fliesen im Eingangsbereich

211, Teppichboden in den Konferenzräumen

212, PVC-Belag in den Fluren

431, Beleuchtungskörper Flurbereich

jeweils eine vertragsgemäße Auswahl bereitgestellt.

Wir schlagen vor, die jeweiligen Bemusterungen an den Einbauorten vorzunehmen, damit die Lichtverhältnisse bei der Bemusterung den Lichtverhältnissen bei der Abnahme entsprechen.

Ihre Auswahl werden wir gerne zu dem Termin der Bemusterung aufnehmen. Ihre Entscheidung ist zu diesem Termin notwendig, damit die entsprechenden Materialien bestellt werden können. Die Lieferungen benötigen je nach Hersteller eine Vorlaufzeit von bis zu *20* **Wochen. Eine verspätete Auswahl kann daher dazu führen, dass der vertraglich vereinbarte Fertigstellungstermin nicht eingehalten werden kann.**

Für Rückfragen stehen wir Ihnen gerne zur Verfügung.

Mit freundlichen Grüßen

....

(Unterschrift)

Hinweise zu Musterschreiben 29

Art des Schreibens: Muss, Schriftform

Zeitpunkt des Schreibens: Die Einladung zur Bemusterung ist so rechtzeitig zu versenden, dass auch ein Alternativtermin zur Verfügung gestellt werden **342**

kann. Nach der Bemusterung muss dem Auftragnehmer genügend Zeit verbleiben, die Baustoffe zeitgerecht für die Ausführung zu besorgen.
Vorschriften: Keine, aber häufig vertragliche Regelungen.

343 **Adressat:** Auftraggeber, evtl. Bevollmächtigter. Insbesondere bei Baustoffen, welche sichtbar bleiben, sollte der Auftraggeber immer informiert werden. Damit wird vermieden, dass der Auftraggeber diese Baustoffe wegen Nichtgefallens bei der Abnahme rügt.

344 **Nummerierung:** Das Schreiben ist als allgemeines Schreiben zu nummerieren und zur Bauakte zu nehmen. Das Protokoll der Bemusterung sollte zu den vertraglichen Unterlagen genommen werden. Mit dem Schreiben wird dokumentiert, welche Baustoffe der Auftraggeber auf Grund seines Wahlrechtes bestimmt hat. Mit der Bemusterung wird die vertragliche Ausführung fixiert.

345 **Text:** Der Termin und der Ort für die Bemusterung sind in der Einladung zu benennen. Weiterhin ist unter Bezug auf die entsprechenden vertraglichen Regelungen und Positionen des Leistungsverzeichnisses aufzuzählen, welche Baustoffe oder Ausführungsarten zu bemustern sind.
Sinnvoll ist auch der Hinweis, dass eine Bestimmung des Auftraggebers zu diesem Termin erfolgen muss, da sonst Verzögerungen im Bauablauf eintreten können.

346 **Weitere Hinweise:** Man sollte sich überlegen, welche Baustoffe oder Ausführungsarten zu bemustern sind. Häufig sind Muster nicht unter Baustellenbedingungen hergestellt oder werden unter anderen Lichtverhältnissen bemustert. Dann weicht die tatsächliche Ausführung möglicherweise im Erscheinungsbild von der bemusterten Fläche ab. Um Streitigkeiten bei der späteren Abnahme zu vermeiden, sind entsprechende Orte für die Bemusterung zu wählen oder einschlägige Hinweise auf Abweichungen im Erscheinungsbild zu geben.
Die Bemusterung ist in jedem Fall zu protokollieren. Das Protokoll sollte beiderseitig unterzeichnet werden. Damit wird dokumentiert, für welche Leistung sich der Auftraggeber entschieden hat.
Sollte der Auftraggeber seine Entscheidung nicht rechtzeitig treffen oder die Bemusterung nicht rechtzeitig trotz einer entsprechenden Einladung durchführen, ist ergänzender Schriftverkehr erforderlich. Wenn es wegen der fehlenden Entscheidung zu hindernden Umständen bei der Ausführung kommen kann, ist eine Anzeige hindernder Umstände zu versenden.

4.7 Berichtswesen

Das Berichtswesen ist die schriftliche Dokumentation von Ereignissen und Tatsachen. Es ist eine weitere wichtige Tätigkeit des Bauleiters. Es dient ihm als Grundlage für sein weiteres Vorgehen, ist Beweismittel bei Streitigkeiten sowie Informations- und Kontrollinstrument für alle Beteiligten. Im Grundsatz ist es der Zweck der Baustellendokumentation, den gesamten Herstellprozess für Unbeteiligte im Nachhinein reproduzierbar zu machen. Letztlich sind diese Informationen aus dem laufenden Projekt auch für die wirtschaftliche Entwicklung des Unternehmens wichtig. Die durch den Bauleiter anzufertigende Dokumentation wird nicht nur durch interne Regelungen des Unternehmens festgelegt, sondern sie wird auch durch den Bauvertrag und öffentliche Vorschriften verlangt. **347**

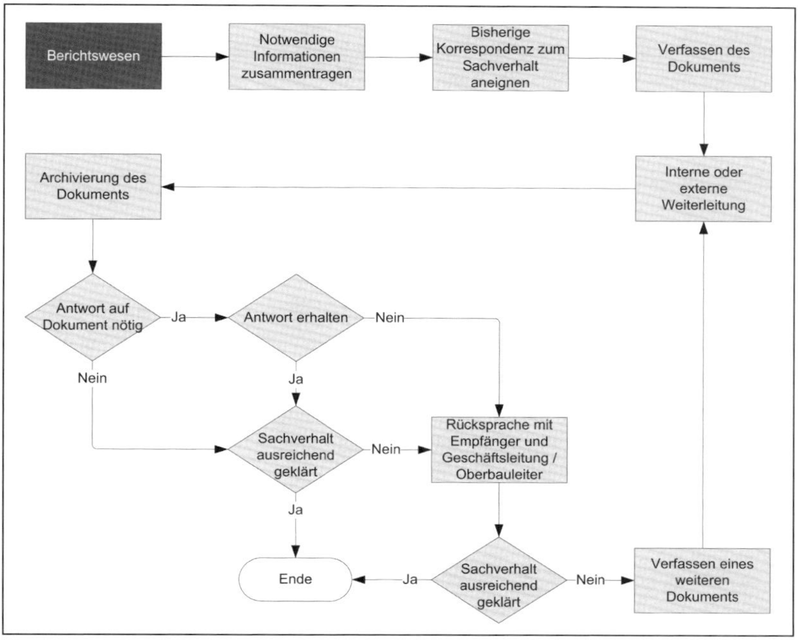

Abbildung 18: Berichtswesen

Unabhängig von der Art des Dokumentes kann man den Vorgang für die Erstellung eines Dokumentes, die weiteren Tätigkeiten bis zur Erledigung der Inhalte und bis zur Archivierung nach dem oben stehenden Ablaufdiagramm **348** allgemein abwickeln. In einem ersten Schritt müssen zum richtigen und sicheren Erstellen eines Dokuments alle notwendigen Informationen zusammengetragen werden. Hierfür muss man sich überlegen, welche weiteren Unterlagen und Informationen notwendig sein können. Im Zweifelsfall sollte man entsprechende Informationen erfragen, wie z.B. das Vorhandensein einschlägiger Normen, Unterlagen anderer Beteiligter etc. Wenn Informationen nicht berücksichtigt werden, wird dieser Fehler durch das erstellte Dokument ersichtlich, welches unvollständig ist. In diesem Fall muss man weitere Dokumente erstellen, um den Fehler zu korrigieren. Es ist daher sinnvoll, Dokumente erst nach einer gründlichen Recherche zu verfassen.

349 Zu den notwendigen Informationen gehört es auch, die in der betreffenden Angelegenheit vorhandene Korrespondenz zu lesen. Neben der Erstellung von Dokumenten erfordert gerade das Lesen eingehender Dokumente der anderen Beteiligten Zeit, die je nach Sachlage einen erheblichen Anteil an der Gesamtarbeitszeit haben kann. So zieht beispielsweise eine Anzeige hindernder Umstände meistens eine Antwort des Auftraggebers nach sich. An diesem Beispiel lässt sich leicht erkennen, dass zur Vermeidung unnötigen Schriftwechsels einer möglichst genauen Formulierung des Anliegens besonderes Augenmerk geschenkt werden muss. Hierzu ist es sinnvoll, dass in einem Brief auch jeweils nur eine Angelegenheit behandelt wird. Damit wird vermieden, dass bei der Bearbeitung der Korrespondenz unerledigte Angelegenheiten ständig in den Briefen wiederholt werden bzw. bei einer Archivierung, die nach bestimmten Vorgängen trennt, ein und derselbe Brief mehrfach abgelegt werden muss. Mit der getrennten Abfassung von Dokumenten wird ebenfalls weitgehend vermieden, dass die anderen Beteiligten bestimmte Anfragen nicht beantworten oder Stellungnahmen nicht abgeben, weil sie durch die Häufung von Sachthemen in einem Brief übersehen worden sind. Es ist für alle Beteiligten verschwendete Zeit, wenn man nach Erhalt des Antwortschreibens erneut bezüglich bestimmter Punkte schreiben muss oder auf Dokumente reagieren muss, die bereits beantwortet wurden.

350 Der Bauleiter achtet in seiner Dokumentation darauf, dass keine Wiederholungen auftreten. Bei der späteren Arbeit mit Baustellenakten stellt man immer wieder fest, dass Dokumente mehrfach den gleichen Inhalt wiedergeben. Diese »Ping-Pong-Briefe« beginnen meist mit der Floskel »der guten Ordnung halber wiederholen wir unseren Standpunkt, dass ...« Hier kann der Bauleiter beruhigt auf diese Wiederholungen verzichten und seine Arbeitszeit dafür verwenden, den Antwortbrief mit den wesentlichen und neuen Inhalten abzufassen.

Bei der Erstellung des Dokumentes muss berücksichtigt werden, dass auch unbeteiligte Dritte den Inhalt erkennen sollen. Daher gehört in jedes Dokument an den Anfang ein Betreff, der den Inhalt des Dokumentes widerspiegelt. Die vorhandene Korrespondenz oder andere Dokumente, auf die Bezug genommen wird, sollten danach konkret benannt werden. Angaben, wie z.B. »Ihr Schreiben von gestern«, sind zu einem späteren Zeitpunkt nicht mehr nachzuvollziehen. Mit dem konkreten Bezug wird auch für Außenstehende klar, in welchem Sachzusammenhang das vorliegende Dokument steht. Auf bereits ausgeführte Sachverhalte kann verwiesen werden. **351**

Das erstellte Dokument kann intern oder extern weitergeleitet werden. Auf dem Dokument muss für alle Adressaten erkennbar sein, wer das Dokument erhält, also ein Verteiler. Weiterhin muss sich zweifelsfrei daraus ergeben, wer nach Erhalt des Dokumentes eine Verpflichtung, eine entsprechende Aufgabe zu erledigen oder nur Kenntnis zu nehmen hat. Auf dem zu archivierenden Exemplar des Dokumentes sollte handschriftlich vermerkt werden, wann, durch wen und auf welchem Weg das Dokument weitergeleitet worden ist. **352**

Die Versendung der Dokumente erfolgt vielfach per E-Mail, Fax und dergleichen. Es ist damit nicht sichergestellt, dass der Empfänger das Dokument erhalten hat. Für einen Zugangsnachweis sollte bei einem Versand immer um eine Bestätigung gebeten werden, dass der Empfänger das Dokument erhalten und zur Kenntnis genommen hat. Damit ist auch gleichzeitig dokumentiert, wann der Empfänger von dem Inhalt des Dokumentes Kenntnis erlangen konnte. Für wichtige Korrespondenz hat in jedem Fall entweder eine unmittelbare Empfangsbestätigung des Empfängers, eine postalische Zustellung mit einem Empfangsnachweis oder bestens eine Übergabe durch einen Boten zu erfolgen, der die Übergabe dokumentiert. Bei allen Dokumenten, mit denen Fristen eingehalten werden, ist das Datum des Empfangs durch die Zustellung zu dokumentieren. **353**

Eine Kopie aller Dokumente wird auf der Baustelle archiviert, um jederzeit, insbesondere bei Streitigkeiten, den wiedergegebenen Sachverhalt vollständig nachvollziehen zu können. Dabei ist darauf zu achten, dass die Kopien den gesamten Inhalt des Dokumentes wiedergeben und dem versendeten Original entsprechen. Ein späterer Ausdruck des Dokumentes für die Ablage trägt möglicherweise ein anderes Datum, in jedem Fall aber nicht die Unterschrif- **354** ten. Es ist daher zu einem späteren Zeitpunkt nicht mehr erkennbar, ob dieses Dokument wirklich versendet worden ist.

355 Ein Großteil der Dokumentation ergibt sich aus dem Baugeschehen und besteht aus dem Schriftverkehr mit dem Auftraggeber und anderen Beteiligten. Bei Versand der Dokumente wird in einer Schriftverkehrsliste vermerkt, ob in dem Schreiben Fristen gesetzt worden sind und eine Antwort auf das Schreiben erwartet wird. Diese Listen sind entsprechend abzuarbeiten, indem die Erledigung vermerkt wird oder vermerkt wird, ob eine Rücksprache mit dem Empfänger oder anderen Personen gehalten wird. Klärt sich der Sachverhalt auch nach der Rücksprache nicht, wird in einem weiteren Dokument die Erledigung oder Erklärung angemahnt.

356 Allgemein kann zwischen internen und externen Dokumenten unterschieden werden. Die internen Dokumente sind nur für den Gebrauch innerhalb des Unternehmens vorgesehen. Für diese Dokumente gelten die innerbetrieblichen Regelungen, Muster und Formulare. Externe Dokumente sind alle Schriftstücke oder Pläne etc., die an Beteiligte versendet werden, die nicht zum Unternehmen gehören. Hierbei ist allerdings zu beachten, dass selbstständige Gesellschaften, wie z.B. eine GmbH, die vollständig als Tochterunternehmen zu einem Mutterunternehmen gehört, innerhalb einer Arbeitsgemeinschaft oder als Nachunternehmer wie ein Externer zu behandeln sind. In aller Regel müssen diese Tochtergesellschaften aus steuerlichen und buchhalterischen Gründen eine vollständig eigene Dokumentation führen.

357 Im Einzelfall bestimmt der Bauvertrag, welche Dokumente intern oder extern sind. Daher können z.B. Materiallieferscheine nicht nur der internen kaufmännischen Bearbeitung dienen, sie können bei einem Einheitspreisvertrag auch Nachweis für die eingebaute Menge des Materials sein. Im Zweifelsfall sind alle internen Dokumente so abzufassen, dass sie wie ein externes Dokument vorgelegt werden können. Bei privaten Auftraggebern findet man vielfach Klauseln, die ein weitgehendes Vorlegen der internen Dokumentation verlangen.

358 Für externe Dokumente ist in jedem Fall zu beachten, dass aus ihnen Rechtsansprüche hergeleitet werden können. Daher ist bei dem Umgang mit externen Dokumenten eine besondere Sorgfalt aufzuwenden. In diesem Zusammenhang wurde bereits auf die Notwendigkeit eines Zugangsnachweises hingewiesen. Während auch einige interne Dokumente nur für eine Archivierung bei dem Unternehmen bestimmt sind, sodass sie auf der Baustelle nicht archiviert werden, müssen externe Dokumente in jedem Fall durch den Bauleiter abgelegt werden. Er darf sich nicht darauf verlassen, dass seine Dokumentation lückenlos rekonstruierbar ist, wenn sie an unterschiedlichen Orten gelagert wird.

Weiterhin kann auch zwischen regelmäßig zu erstellenden Dokumenten und nur je nach aktuellen Gegebenheiten notwendigen Dokumenten unterschieden werden. Die Schwierigkeit dabei liegt im Erkennen der Notwendigkeit eines Dokuments. Dieses muss zudem vertrags- und rechtskonform verfasst werden. Im Zweifelsfall muss der Bauleiter tätig werden. Die Vorgehensweise des Bauleiters bei der Erstellung eines regelmäßig abzufassenden oder eines akut notwendigen Dokuments unterscheidet sich jedoch nicht. **359**

Sinnvollerweise protokolliert der Bauleiter alle Baustellenbesprechungen und mündlichen Absprachen oder hält sie in einem Bericht fest. Dabei muss vor allem das Protokoll gewisse formale Regeln erfüllen, um zur Lösung von Unklarheiten beitragen zu können und keine weiteren Fragen offenzulassen. Form und Inhalt klärt man deshalb für die Abfassung eines Protokolls mit den Beteiligten ab. Berichte sind häufig interne Notizen, die ohne formelle Bedingungen bestimmte Geschehnisse schildern. Sie dienen in diesen Fällen der Information von Personen, die bei dem Ereignis nicht anwesend waren. Allerdings gilt auch für Berichte, dass sie möglicherweise zu einem späteren Zeitpunkt zu Beweiszwecken gebraucht werden. Daher ist es auch bei Berichten für den internen Gebrauch sinnvoll, dass bestimmte Informationen in jedem Fall in den Bericht übernommen werden. Hierzu gehört das Datum, der Anlass, die beteiligten Personen und die Schilderung des Ereignisses. Vertrauliche Informationen müssen in getrennten Notizen abgefasst und dürfen nur gezielt an den Empfänger weitergegeben werden. **360**
In den folgenden Ausführungen wird eine Reihe schriftlicher Ausarbeitungen, die durch einen Bauleiter zu erstellen sind, kurz erläutert.

Zu den sich wiederholenden internen Dokumenten zählt die Leistungsmeldung. Der Bauleiter teilt dem Rechnungswesen des Unternehmens in regelmäßigen Abständen die erbrachte Bauleistung in schriftlicher Form mit. Durch einen Abgleich mit den entstandenen Kosten und dem zu erbringenden, weiteren Bausoll kann die Leistung der Baustelle bewertet werden. Damit lässt sich das voraussichtliche Baustellenergebnis für die Unternehmensbilanzen verwerten. Üblicherweise gibt es für die Leistungsmeldung Formblätter in den Unternehmen. Sie enthalten unter anderem Angaben zur Baustelle, zu dem Bauvertrag und der Auftragssumme, die bereits erbrachte **361**

Bauleistung, unterteilt in vertragliche Leistungen und außervertragliche Leistungen, die beauftragt sind, sowie die nicht beauftragten Leistungen, die ebenfalls nicht vom Bausoll umfasst sind. Das sind die so genannten »streitigen Nachträge« oder, besser formuliert, die nicht beauftragten Mehr- und Minderkosten, die entstandenen Kosten, den Stand der Rechnungsstellung, den Zahlungsstand etc.

362 Diese internen Leistungsmeldungen können durch den Bauleiter genutzt werden, andere, notwendige Dokumente zu erstellen. Aus dem Bautenstand kann man ermitteln, ob weitere Abschlagsrechnungen gestellt werden können. Da die Baukosten durch das Unternehmen vorfinanziert werden, sind eine möglichst schnelle Rechnungsstellung und ein zeitnaher Zahlungsfluss erstrebenswert. Die Möglichkeit zur Stellung von Abschlagsrechnungen kann vertraglich geregelt sein, z.B. in einem Zahlungsplan. Wenn die Geltung der VOB vereinbart ist, finden sich in § 16 Abs. 1 VOB/B Regelungen. Danach ist ein Auftragnehmer berechtigt, in möglichst kurzen Abständen Abschlagszahlungen bei dem Auftraggeber zu beantragen, deren Höhe durch die jeweils erbrachte Bauleistung, den Wert der gelieferten Baustoffe etc. bestimmt wird. Diese Abschlagszahlungen werden binnen 21 Tagen nach § 16 Abs. I Nr. 3 VOB/B fällig, wenn der Bauvertrag hierzu keine andere Regelung vorsieht.

363 Ein Bestandteil der Leistungsmeldung sind die Lohnstundennachweise. Im Allgemeinen stellt der Polier die geleisteten Arbeitsstunden der gewerblichen Arbeitnehmer regelmäßig zusammen und übergibt sie dem Bauleiter zur Kontrolle. Die Zusammenstellung dient neben der Grundlage der Entlohnung der gewerblichen Arbeitnehmer[1] auch als Kontrolle der Leistungen, zur Nachkalkulation und kann die Grundlage für zukünftige, verbesserte Leistungswerte in der Kalkulation neuer Angebote bilden.

364 Werden Leistungen im Stundenlohn mit dem Auftraggeber abgerechnet, können diese mit Hilfe der Lohnstundennachweise dokumentiert werden. Allerdings müssen sie von dem Vertragspartner anerkannt und ihm dazu zeitnah zur Prüfung zur Verfügung gestellt werden. Der Bauleiter muss dafür sorgen, dass die tatsächlich geleisteten Arbeiten schriftlich – beispielsweise durch Quittierung der Stundenlohnzettel – anerkannt werden, um möglichen späte-

1 Gewerbliche Arbeitnehmer erhalten üblicherweise ein festgesetztes Monatsgehalt für die vertragliche Arbeitszeit sowie weitere Lohnanteile und Zulagen für Überstunden. Eine andere Variante ist der sogenannte Akkord, also die Vergütung für erbrachte Leistungsmengen, unabhängig von der aufgewendeten Zeit. In diesen Fällen werden keine Stundenabrechnungen zur Entlohnung benötigt.

ren Konflikten vorzubeugen. Leider sind die Nachweise für Stundenlohnarbeiten trotzdem immer wieder Anlass zu Streitigkeiten. Grund hierfür sind unklare oder fehlende Regelungen in den Verträgen, die Anordnung von Stundenlohnarbeiten durch nicht entsprechend bevollmächtigte Bauleiter des Auftraggebers, eine verspätete oder unvollständige Dokumentation der geleisteten Stunden und die Ausführung gänzlich ohne Anordnung auf Grund baubetrieblicher Notwendigkeiten. Um eine klare Rechtslage zu haben, muss der Bauleiter bereits nach Vertragsschluss die Vorgehensweise der Stundenlohnarbeiten klären. Hierzu kann er dem Auftraggeber eine Verfahrensweise in einem Anschreiben (MS 30) vorschlagen, der dieser zustimmen möchte.

Die Stundenlohn-Tageberichte werden durch den Bauleiter kontrolliert, wenn **365** es sich um seine Nachunternehmer handelt. Arbeitsstunden von Fremdunternehmen sind korrekt regelmäßig zu erfassen und gegenzuzeichnen. Damit vereinfacht sich der Bauleiter bei der späteren Abrechnung des Nachunternehmers die Kontrolle. Mit den Nachunternehmern kann eine ähnliche Regelung über die Vollmacht zur Beauftragung von Stundenlohnarbeiten getroffen werden, wenn der Bauleiter andere Personen in geringerem Umfang mit einer Vollmacht für diese Tätigkeit ausstatten möchte.

Gerätestundennachweise erfassen analog zu den Lohnstundennachweisen **366** die auf der Baustelle eingesetzten Geräte. Die Nachweise werden durch den Geräteführer oder den Polier erstellt. Sie müssen alle Arten der Gerätestunden erfassen, also die Betriebs-, Wartungs- und Stillstandsstunden. Bei den Stillstandsstunden muss die Gesamtdauer zusammenhängender Stillstände im Falle der Anwendung der BGL erkennbar sein, da die BGL unterschiedliche Vergütungssätze vorsieht. Sind die Stunden nicht in einer Pauschale oder den Einheitspreisen der Teilleistungen enthalten, dient ihr Nachweis als Abrechnungsgrundlage. Auch diese Nachweise müssen vom Auftraggeber zur Anerkennung zeitnah geprüft werden. Darüber hinaus kann der Bauleiter daran die Auslastung der Baumaschinen prüfen.

Für die Order eines Gerätes sind Geräteanforderungen an die entsprechende **367** Stelle des Unternehmens zu versenden, z.B. die Baumaschinenabteilung, den Bauhof etc. Bei Bedarf kann der Bauleiter oder auch der Polier in Absprache mit dem Bauleiter Geräte von Drittanbietern anmieten. Anhand der Geräteanforderungsscheine disponiert das Unternehmen die zur Verfügung stehenden Baugeräte für alle Projekte. Frühzeitige Freimeldung nicht mehr benötigter Geräte hilft, den Geräteeinsatz zu optimieren. Die Order und die Freimeldung dienen auch dem Nachweis des geplanten Einsatzes des Gerätes auf der Baustelle für den Fall behinderungsbedingter Störungen.

368 Die Bauleitung muss für einen störungsfreien Bauablauf das richtige Material in ausreichender Menge zum erforderlichen Zeitpunkt disponieren. Bei kleinen Projekten kann der Einkauf der Materialien evtl. günstiger erfolgen, wenn die Materialien für verschiedene Bauvorhaben gesammelt bestellt werden. Den zentralen Einkauf übernehmen die kaufmännischen Abteilungen des Unternehmens. Die Materialanforderungen sind in jedem Fall durch den Bauleiter zu dokumentieren und der Eingang des Materials zu verzeichnen. Dies geschieht üblicherweise mit einem Materialeingangsschein. Materialanforderung und Eingangsschein können in einem Materialbericht gemeinsam festgehalten werden.

369 Planeingangslisten müssen nachvollziehbar darstellen, wann Pläne übergeben wurden und welchen Bearbeitungsstand diese haben. Neben der Plannummer sollten das Datum, der Bearbeiter, der Bearbeitungsstand und eine Kurzbeschreibung der Planänderungen enthalten sein. Die Liste stellt damit den aktuellen Planstand dar. Die üblichen Planeingangslisten, in denen lediglich das Eingangsdatum und die Planbezeichnung vermerkt sind, reichen für eine Dokumentation eines gestörten Bauablaufes auf Grund von verspäteter Planlieferung nicht aus. Meistens stehen dem Auftragnehmer bereits Vorabzüge zur Verfügung, sodass er Bestellungen von Materialien vornehmen kann oder mit den Vorabzügen in der Lage ist, bereits mit den Arbeiten zu beginnen. Es ist daher unabdingbar, dass auch der Eingang von Vorabzügen aufgelistet und ein Kommentar angelegt wird, welche Planangaben fehlen. In den entsprechenden Behinderungsanzeigen (MS 31) muss der fehlende Planinhalt aufgeführt werden, der sich dann auch aus den Planeingangslisten ergibt. Bestehen bei einer Ausführung nach Vorabzügen Zweifel, ob Planangaben in späteren Indizes wieder geändert werden mit der Folge, dass auch bereits nach den Vorabzügen ausgeführte Arbeiten wieder geändert werden müssen, wird der Auftraggeber in der Anzeige hindernder Umstände angefragt, ob die Arbeiten trotzdem ausgeführt werden sollen. Unter dem Hinweis auf einen eventuell notwendigen Rückbau erfolgt auch der Hinweis auf entstehende Mehrkosten.

370 Da oft Fristen für die Planlieferungen vertraglich festgehalten sind, kann neben dem Eingangsdatum auch das spätestens mögliche Planeingangsdatum aufgeführt werden, die sogenannten Planvorlauffristen. So kann eine Terminverzögerung aufgrund einer Überschreitung des Planliefertermins leicht festgestellt und sofort angemahnt werden.

Eines der grundlegenden Elemente der Dokumentation des Baugeschehens ist das Bautagebuch. In der Praxis werden Formulare verwendet, die durch den Auftraggeber gestellt werden oder als Vordrucke in den Unternehmen vorhanden sind. Leider wird es in aller Regel als lästige Pflicht empfunden, das Bautagebuch zu führen. Eintragungen sind häufig ebenso kurz wie inhaltslos. Daher ist es für eine Rekonstruktion des Bauablaufs meistens nicht zu gebrauchen. **371**

Es liegt in der Verantwortung des Bauleiters, die Qualität der Eintragungen in das Bautagebuch sicherzustellen. Das gilt auch, wenn das Bautagebuch vom Polier geführt wird. Prinzipiell wird das Bautagebuch an den Auftraggeber übermittelt. Es dient daher auch als Dokumentationsmittel des Bauablaufs, also als wesentlicher Beleg für Störeinflüsse auf den geplanten Bauablauf. Der Bauleiter kann das Bautagebuch als Hilfe, beispielsweise bei der späteren Abrechnung der Arbeiten, heranziehen. Daher sind Angaben zum Planeingang, von Materiallieferungen, Gerätebereitstellungen, Stundenlohnarbeiten usw., die bereits in andere Dokumentationen eingetragen wurden, auch als Eintragung im Bautagebuch sinnvoll. Es erleichtert daher die Arbeit der Dokumentation, wenn die verschiedenen Eintragungen auf einmal vorgenommen werden. Das hat auch zur Folge, dass in den verschiedenen Dokumentationen keine widersprüchlichen Angaben enthalten sind. **372**

Folgende Angaben sollten in jedem Fall in einem Bautagesbericht aufgeführt werden: **373**

- Datum und Wochentag
- Wetter, Außentemperatur und sonstige äußere Einwirkungen
- Arbeitsbeginn und -ende
- Anzahl des Personals mit Qualifikation und Leistungsgeräteeinsatz
- Durchgeführte Arbeiten
- Außervertraglich erbrachte Leistungen
- Eingang von Stoffen, Bauteilen und Plänen (auch in Planeingangsliste)
- Nachunternehmerleistungen
- Besuche und Anordnungen des Auftraggebers oder seiner Vertreter
- Besondere Vorkommnisse (Unfälle, Behinderungen etc.)
- Angaben zu versendetem Schriftverkehr an den Auftraggeber

374 Liegen Störungen im Bauablauf oder hindernde Umstände vor, reicht diese Dokumentation für den Nachweis eines Schadens allerdings nicht aus. In diesen Fällen muss täglich dokumentiert werden, welche Arbeiten auf Grund welcher hindernden Umstände nicht ausgeführt werden konnten. Dazu gehört auch, dass die beschäftigten gewerblichen Arbeitnehmer mit Namen den jeweiligen Arbeiten zugewiesen werden, sodass man feststellen kann, wer in welcher Zeit nicht ausgelastet war bzw. nicht im Rahmen seiner Qualifikation eingesetzt werden konnte. Vermerkt wird auch, warum bei hindernden Umständen eine Umstellung der Arbeiten in andere Bereiche nicht möglich ist oder welche Zeit die Umstellung in Anspruch genommen hat. Zu beachten ist, dass die Normen der VOB/C teilweise Umstellungen der Einsatzorte als Nebenleistung vorsehen und diese daher durch den Unternehmer ohne Anspruch auf Vergütung vorzunehmen sind.

375 Der Anlass von Mehrkostenforderungen, Behinderungen und Bedenkenanzeigen muss trotz eines Vermerks im Bautagebuch in jedem Fall gesondert in einem Schreiben an den Auftraggeber angezeigt werden. Der Vermerk im Bautagebuch reicht nicht aus. Das gilt auch, wenn dem Auftraggeber ein solcher Umstand bei einem Baustellenbesuch mitgeteilt wird oder das Bautagebuch überreicht wird. Es kann nicht davon ausgegangen werden, dass der Auftraggeber diese Unterlagen im Einzelnen liest. Mündliche Mitteilungen sind ebenfalls nicht ausreichend, da einerseits die VOB/B eine schriftliche Mitteilung verlangt, andererseits das Schreiben einen Nachweis darstellt, während eine mündliche Mitteilung im Streitfall schlecht zu beweisen ist. In jedem Fall muss das Bautagebuch vom Aufsteller abgezeichnet und vom Auftraggeber oder seinem Vertreter zeitnah gegengezeichnet werden, auch um Unklarheiten rechtzeitig vorzubeugen.

376 Für die Dokumentation von weiteren Ereignissen werden Aktennotizen, Gesprächsnotizen und Protokolle verfasst. Aktennotizen sind kurze Berichte über Ereignisse, die sonst nicht protokolliert werden. Sie müssen nicht durch eine andere Person anerkannt werden und dienen oft nur zur Sicherung der eigenen Informationen. Gleichzeitig können sie dem Bauleiter auch helfen, zu erledigende Punkte zu vermerken, angedachte Fragen an andere Beteiligte, Gedanken zu der nächsten Baubesprechung etc. festzuhalten. Es ist hilfreich, für diese Aktennotizen ein eigens für die Baustelle angelegtes Heft zu verwenden. Damit hat man alle Notizen und Vermerke auffindbar an einer Stelle. Eine andere Variante der Aktennotiz ist, Anmerkungen direkt auf den jeweiligen Dokumenten zu machen, also z.B. auf deren Rand.

Ähnliches gilt für Gesprächsnotizen, die zur Sicherung der Inhalte und Ergebnisse eines Gesprächs dienen und ebenfalls keinen offiziellen Charakter haben. Es gibt für Gesprächsnotizen vorgedruckte Blöcke, auf denen bereits Felder für den Namen des Gesprächspartners, dessen Telefonnummer, das Datum und die Uhrzeit, den Grund des Anrufes oder Gespräches und weitere Inhalte vorbereitet sind. Auch bei diesen Zetteln ist der Urheber nachvollziehbar zu vermerken. **377**

Gesprächsnotizen und Aktenvermerke sind immer sinnvoll. In einem Streitfall können sie ebenfalls zu Beweiszwecken vorgelegt werden. Auf der anderen Seite ist es ebenso hilfreich, wenn der Bauleiter Jahre später vor Gericht als Zeuge aussagen muss und sich auf seine Aktennotizen berufen kann. Es sind keine Einzelfälle, wenn sich Zeugen an nichts erinnern, erstaunlicherweise aber gerade an die Äußerung, auf die es ankommt, und diese wörtlich. Das ist weder ein Zeichen für einen glaubwürdigen Zeugen noch stellt dies eine glaubhafte Aussage dar. Ein ganz anderes Bild ergibt sich aber, wenn der Bauleiter als Zeuge die wesentliche Äußerung durch die Erinnerung bestätigen kann und zusätzlich sein Notizbuch aufschlägt und die Aussage mit den übereinstimmenden Eintragungen in seinem Notizbuch belegt. Es ist hierbei durchaus legitim, dass man die Erinnerung durch die Einsicht in seine Notizen bestätigt. **378**

Protokolle geben Verhandlungs- oder Gesprächsinhalte der am Bauobjekt beteiligten Personen wieder. Sie besitzen offiziellen Charakter, wenn sie allen zugestellt worden sind. Gegen falsche Protokollinhalte muss daher durch den Bauleiter unverzüglich Widerspruch eingelegt werden. Auf die Wichtigkeit der Inhalte von Protokollen wurde bereits in dem Kapitel 4.2 hingewiesen, vor allem, wenn durch die Protokolle mündlich abgeschlossene Vereinbarungen wiedergegeben werden. **379**

Durch Vertragsklauseln oder die Regelungen der VOB/B werden dem Auftragnehmer besondere Pflichten auferlegt, bestimmte Ereignisse schriftlich dem Auftraggeber mitzuteilen. Man nennt dies auch den vertraglichen Schriftwechsel. In erster Linie dient er der Information des Auftraggebers. Es handelt sich daher um Schreiben, welche den Auftraggeber in die Lage versetzen sollen, auf Grund der eingetretenen Situation Entscheidungen zu treffen, wie er bei seinem Bauvorhaben verfahren möchte. Leider sieht man heute oftmals den wahren Sinn der von der VOB/B geforderten Schreiben nicht, sondern versteht die Schreiben als »Kampfansage« an den Auftraggeber. Davon darf sich der Bauleiter des Auftragnehmers allerdings nicht abschrecken las- **380** sen. Zur Absicherung und Wahrung seiner Rechte muss ein Bauleiter den Vertragspartner über Missstände schriftlich informieren. Neben der Beweissicherung des Sachverhaltes dient die Schriftform auch der Formulierung des Problems und somit der Verdeutlichung der Konsequenzen daraus, auch für den Bauleiter selbst. Es dient dem kooperativen Umgang mit dem Auftraggeber, wenn man ihm nach Vertragsabschluss und bereits im Vorfeld der Baumaßnahme Musterschriftverkehr zukommen lässt mit einem Begleitschreiben (MS 32), dass diese Schreiben der Information und Entscheidungsfindung des Auftraggebers dienen sowie vertraglich für den Auftragnehmer verpflichtend vorgesehen sind.

381 Bei Bauverträgen, die auf Grundlage der VOB/B geschlossen werden, ist die explizit geforderte Schriftform zwar nur bei bestimmten Sachverhalten zu beachten, zum Beispiel § 4 Abs. 3 VOB/B, »Bedenken gegen die geplante Ausführung« und § 6 Abs. 1 VOB/B, »Behinderung bei der Ausführung«. In anderen Fällen wird die Schriftform zwar nicht ausdrücklich vorgeschrieben, sollte aber zur leichteren Sicherung der Ansprüche eingehalten werden, beispielsweise bei § 2 Abs. 6 VOB/B, »Vergütung« und § 4 Abs. 7 VOB/B, »Mängelrüge an den Subunternehmer vor der Abnahme«. Es erleichtert die Arbeit und verhilft zu einer vollständigen Dokumentation, wenn man alle Vorgänge schriftlich mitteilt. Damit tritt auch eine geschäftliche Abwicklung ein, bei der sich alle Beteiligten daran gewöhnen, dass die Dokumentation nur schriftlich erfolgt.

382 Der Bauleiter muss auftretende Probleme erkennen und so schnell wie möglich Gegenmaßnahmen einleiten. Liegt die Problemlösung nicht alleine in seinem Tätigkeitsbereich, muss er die weiteren Beteiligten vertrags- und rechtskonform darüber informieren. Kommt es dennoch zu Störungen und Verzögerungen in dem von ihm zu überwachenden Bauablauf, zu qualitativen Mängeln oder zu wirtschaftlichen Problemen, zieht dies meist juristische Abläufe nach sich, bei denen die Dokumente des Bauleiters den eigenen Standpunkt untermauern müssen. Die Ausarbeitung dieser rechtlich bedeutenden Dokumente, die er nicht an seinen Polier delegieren darf, erfordert eine gründliche Vorgehensweise des Bauleiters. Sie beansprucht möglicherweise viel Zeit, zumal solche Dokumente oftmals aufwendigen Schriftwechsel nach sich ziehen, der wiederum vom Bauleiter bearbeitet werden muss. Bei sich abzeichnenden Störungen des Vertragsverhältnisses oder des Bauablaufes muss der Bauleiter daher Sorge tragen, dass er den vermehrten Aufwand für die Führung der Baustelle und den gleichzeitig erhöhten Zeitbedarf für die Korrespondenz einplant und organisiert.

Besondere Ereignisse sind Unfälle und Schäden auf der Baustelle. Sie sind **383**
sofort durch den Bauleiter zu dokumentieren. Die Benachrichtigung von Versicherungen ist häufig an Fristen gebunden und durch den Bauleiter in die Wege zu leiten.

Checkliste 15: Dokumentation

Wann:	Vor, während und nach der Baudurchführung
Warum:	Vertraglich geforderte Dokumente anlegen, Beweisfunktion für außenstehende Dritte im Streitfall
Wer:	Bauleiter und Polier
Was:	Routinedokumentation erstellen, z.B. Leistungsmeldung, Bautagebuch Nachweise erstellen, z.B. Stundenlohnnachweise, Aufmaße Protokolle, Berichte, Aktennotizen für Gesprächsdokumentation anlegen Schriftverkehr für Mehrleistungen, Behinderungen, Bedenken führen
Wie:	Täglich die Ereignisse erfassen Die Ereignisse in die zu führenden Dokumente eintragen Schriftverkehr verfassen Dokumente archivieren
Kontrolle:	Alle Dokumentationslisten auf dem Tagesstand? Tägliche Dokumentation erfüllt? Kontrolle der nicht selbst erstellten Dokumentation Alle eingegangenen Dokumente gelesen? Bisherige Korrespondenz berücksichtigt? Dokumente auffindbar archiviert?
Weiteres Vorgehen:	Anstehende Dokumentation vorbereiten Rechtlich und vertraglich korrektes Verfassen, Archivieren und Übergeben von Dokumenten aller Art Beantwortung des eingegangenen Schriftverkehrs Einleiten von Dokumentation für besondere Ereignisse
Eigene Anmerkungen:	

Musterschreiben 30: Vorgehensweise bei Stundenlohnarbeiten

Adressat: *Auftraggeber*

Bauvorhaben: ....

Datum: ....

AS Nr. *12:* **Beauftragung von Stundenlohnarbeiten**

Sehr geehrte Damen und Herren,

wir entnehmen Ihrer letzten Stellungnahme vom *15. Mai 2026*, **dass Ihr bauleitender** *Architekt, Herr Schulz*, **keine Vollmacht zur Beauftragung von vergütungspflichtigen Leistungen hat. Entsprechend der Regelung in** *§ 23* **unseres Bauvertrages ist damit vorgesehen,** *dass bei einem Auftreten von Stundenlohnarbeiten vor der Ausführung durch Sie eine schriftliche Beauftragung zu erfolgen hat.* **Dadurch kann es im Einzelfall zu einem Stillstand oder zu Verzögerungen von Arbeiten kommen.**

Um das zu vermeiden, schlagen wir Ihnen vor, dass *Herr Schulz* **von Ihnen eine Vollmacht bekommt, anfallende Stundenlohnarbeiten bis zu einer Anzahl von** *maximal 100 Stunden* **anzuordnen, die entsprechend der im Anhang beigefügten Liste dokumentiert werden. Der Grund für die Beauftragung der Stundenlohnarbeiten wird von** *Herrn Schulz* **auf der Liste vermerkt, und die geleisteten Stunden sind von ihm durch tägliche Unterschrift zu bestätigen. Diese Aufstellung wird Ihnen umgehend am Abend durch Herrn Schulz übergeben, sodass Sie die Stundenlohnarbeiten gemäß der Liste unmittelbar beauftragen können.**

Nach Beauftragung durch Sie stehen wieder die vollen 100 Stunden zur Beauftragung durch Herrn Schulz zur Verfügung.

Ihr Einverständnis mit dieser Regelung und die entsprechende Vollmachterteilung bestätigen Sie im Falle Ihres Einverständnisses bitte auf dem beigefügten Durchschlag dieses Schreibens und senden es an uns zurück.

Für Rückfragen stehen wir gerne zur Verfügung.

Mit freundlichen Grüßen

....

(Unterschrift)

Anlage: Muster Überstundendokumentation, Durchschlag für Vollmachterteilung

Hinweise zu Musterschreiben 30

Art des Schreibens: Sollte

Zeitpunkt des Schreibens: Das Schreiben sollte vor Baubeginn versendet werden, zumindest aber vor der Ausführung von Stundenlohnarbeiten.

384 **Vorschriften:** § 15 VOB/B; der Auftragnehmer hat dem Auftraggeber vor der Ausführung die Stundenlohnarbeiten anzuzeigen. Sehr häufig gibt es vertragliche Regelungen, welche vorrangig gelten und von den Regelungen der VOB/B abweichen.

Adressat: Auftraggeber; Bevollmächtigter. Der Auftragnehmer sollte sich aber sicher sein, dass eine entsprechende Vollmacht vorliegt.

385 **Nummerierung:** Das Schreiben ist als allgemeines Schreiben zu nummerieren und zur Bauakte zu nehmen. Das Schreiben sollte allerdings neben der Antwort des Auftraggebers auch bei den vertraglichen Unterlagen abgelegt werden, da es sich um eine Bevollmächtigung und Regelungen für Stundenlohnarbeiten handelt, die von den Regelungen der VOB/B abweichen.

386 **Text:** Das Anschreiben muss klar nach den Personen fragen, die Vollmacht besitzen. Wichtig ist weiterhin, dass gefragt wird, in welchem Umfang die Personen Vollmacht haben. In dem Text muss das Verfahren bezüglich der Dokumentation und der Prüfung der Stundenlohnarbeiten beschrieben werden.

387 **Weitere Hinweise:** Wenn der Auftraggeber keine Vollmacht für die Beauftragung von Stundenlohnarbeiten erteilt, ist vor jeder Ausführung zunächst der Auftraggeber anzufragen.

In jedem Fall sind die Lohnstunden zu dokumentieren und die innerhalb der Lohnstunden ausgeführten Arbeiten.

Musterschreiben 31: Behinderungsmeldung wegen unvollständiger bauseitiger Planung

Adressat: *Auftraggeber*

Bauvorhaben: ....

Datum: ....

BM Nr. *5: Behinderung auf Grund unvollständiger Planung*

Sehr geehrte Damen und Herren,

wir sind derzeit nicht in der Lage, die vertragsgemäß vorgesehenen Arbeiten durchzuführen. Das hat folgende Ursachen:

Die von Ihnen bereits vor sechs Wochen zu liefernde Bewehrungsplanung enthält nur die zu verlegenden Bewehrungsmatten, aber keine zu verlegende Bewehrung in Form von Stabstahl oder Bügeln. Die Bewehrungspläne sind daher bis heute trotz unseres Mahnschreibens bei Überschreiten des Planliefertermins unvollständig. **Daher sind wir an der Ausführung folgender Arbeiten gehindert:** *Ausführung der Bewehrungsarbeiten der Bodenplatte.*

Die betroffenen Arbeiten würden ohne die hindernden Umstände *morgen* **ausgeführt.**

Weitere betroffene Arbeiten sind die in unserem Bauzeitenplan ausgewiesene *Herstellung der Bodenplatte und die Betonarbeiten zur Herstellung der Betonbauteile auf der Bodenplatte.* **Eventuell sind weitere Arbeiten betroffen. Dies ist im Moment jedoch noch nicht absehbar.**

Behinderung ab: *Morgen, 07.00 Uhr*

Voraussichtliches Ende: *Nach Lieferung der vollständigen Planung ist ein sofortiger Beginn der Arbeiten möglich.*

Dauer: *Derzeit nicht absehbar*

Hierdurch können Stillstandskosten entstehen, die wir Ihnen hiermit anmelden. Ein Beginn der Bewehrungsarbeiten ist nach den Vorabzügen möglich. Allerdings kann es zu Mehrkosten kommen, wenn die in den Vorabzügen dargestellte Verlegung durch nachfolgende Pläne wieder geändert wird. Bitte teilen Sie uns umgehend mit, ob wir mit den Bewehrungsarbeiten nach den Vorabzügen beginnen sollen.

Die Behinderung wirkt sich zudem voraussichtlich bauzeitverlängernd aus, kann aber eventuell durch kostenverursachende Beschleunigungsmaßnahmen ganz oder teilweise aufgefangen werden.

Für Rückfragen stehen wir Ihnen gerne zur Verfügung.

Mit freundlichen Grüßen

....

(Unterschrift)

Hinweise zu Musterschreiben 31

Art des Schreibens: Muss, Schriftform, Zugangsnachweis

388 **Zeitpunkt des Schreibens:** Das Schreiben muss versendet werden, wenn der Auftragnehmer erkennt, dass es möglicherweise zu hindernden Umständen kommt, welche seine geplante Ausführung erschweren, verschieben oder unmöglich machen. Dies kann bereits sehr früh sein, wenn man erkennt, dass zum Beispiel Vorleistungen nicht fertig werden. Es kann aber auch erst unmittelbar vor der Ausführung erkennbar sein, dass hindernde Umstände vorliegen.
Sollten Pläne zum Planlieferzeitpunkt nicht vorliegen, aber Planvorlaufzeiten vereinbart sein, dann ist bereits zum Zeitpunkt der nicht erfolgten Planlieferung eine Anzeige hindernder Umstände zu versenden, obwohl die konkreten Arbeiten erst zu einem späteren Zeitpunkt nach der Planvorlauffrist begonnen werden sollten. Man meldet also die hindernden Umstände dann an, wenn das Ereignis eintritt. Ein weiteres Schreiben wie das Musterschreiben 31 ist zu versenden, wenn die konkreten Arbeiten wegen der fehlenden Pläne nicht beginnen können.

389 **Vorschriften:** § 6 VOB/B, § 642 BGB; hier ist zwar nicht jeweils ausdrücklich erwähnt, was zu tun ist. Es gelten aber in jedem Fall die von der Rechtsprechung aufgestellten Grundsätze, dass der Auftragnehmer den Auftraggeber vollumfänglich zu informieren hat. Die Pflichten des Auftragnehmers gehen also weiter, als dies der Text der Vorschriften vermuten lässt.

390 **Adressat:** Auftraggeber; es ist nicht anzuraten, andere Beteiligte anzuschreiben. Insbesondere ist es zwecklos, den säumigen Planer anzuschreiben. Dies ersetzt nicht die Anmeldung hindernder Umstände bei dem Auftraggeber.

Nummerierung: Das Schreiben ist als allgemeines Schreiben zu nummerieren und zur Bauakte zu nehmen. Wichtiger ist allerdings die Dokumentation des Vorliegens der hindernden Umstände und der Auswirkungen der hindernden Umstände im weiteren Ablauf. Diese Dokumentation muss unter der gleichen Nummer abgelegt werden, welche die entsprechende Anzeige der hindernden Umstände trägt. Das stellt sicher, dass man im Nachgang auch die entstandenen Kosten für den jeweiligen hindernden Umstand bestimmen kann. **391**

Text: Das Anschreiben muss klar und auch für einen Laien verständlich beschreiben, durch welchen Umstand es zu hindernden Auswirkungen auf den geplanten Bauablauf kommen kann. Es sind detailliert die anstehenden Arbeiten zu nennen, der Beginn der hindernden Umstände, die voraussichtliche Dauer und Auswirkungen auf weitere Arbeiten. Hier müssen also bereits so genau wie möglich das Ereignis, die Auswirkung und die Verursachung beschrieben werden. Es muss erforderlichenfalls ausgeführt werden, dass keine alternativen Arbeiten zur Ausführung anstehen mit der Folge, dass das Personal nicht anderweitig eingesetzt werden kann. **392**

Weitere Hinweise: Wichtig ist, dass man die hindernden Umstände auch wieder abmeldet, wenn diese nicht mehr vorliegen, vgl. Musterschreiben 6. Das wird in den Vorschriften nicht gefordert, die Rechtsprechung verlangt es aber von dem Auftragnehmer. Es stellt auch für den Auftragnehmer sicher, dass er in seiner Dokumentation den abschließenden Brief ablegt und damit dieser Umstand beendet ist. **393**

Musterschreiben 32: Begleitschreiben für Schriftverkehrsmuster

Adressat: *Auftraggeber*

Bauvorhaben: ....

Datum: ....

AS Nr. *13: Information über Schriftverkehr*

Sehr geehrte Damen und Herren,

in unserem Bauvertrag, dem das von Ihnen gestellte Vertragsmuster zu Grunde liegt, wurde die Geltung der VOB/B vorgesehen. Danach sind wir verpflichtet, Sie über das Vorliegen außergewöhnlicher Umstände während der Projektabwicklung jeweils schriftlich zu unterrichten.

Hierzu sind wir auch nach unserer Qualitätszertifizierung verpflichtet, die vorsieht, die entscheidungserheblichen Tatsachen des Bauablaufes schriftlich zur Information an Sie weiterzuleiten.

Wir übersenden Ihnen in der Anlage jeweils ein Muster für von uns verwendete Schreiben für die Anzeige von Mehr- und Minderkosten, Bedenken und das Vorliegen von hindernden Umständen.

Wir sind darüber hinaus bemüht, Ihnen die anstehenden Probleme möglichst bereits im Vorfeld mitzuteilen, damit wir Lösungen finden können. Hierzu gehört z.B. der Hinweis auf ausstehende Planlieferungen. Wir werden Ihnen im Bedarfsfall Vorschläge unterbreiten, die notwendige Dokumentation gemeinsam vorzunehmen.

Die Schreiben dienen vorrangig Ihrer Information und Entscheidungsfindung, bei der wir Sie gerne unterstützen. Wir freuen uns auf eine kooperative Zusammenarbeit.

Für Rückfragen stehen wir Ihnen gerne zur Verfügung.

Mit freundlichen Grüßen

....

(Unterschrift)

Anlage: Schriftverkehrsmuster

Hinweise zu Musterschreiben 32

Art des Schreibens: Kann

Zeitpunkt des Schreibens: Das Schreiben sollte vor Baubeginn versendet werden. Damit wird der Auftraggeber informiert, welche Schreiben der Auftragnehmer nach den vertraglichen Regelungen zu versenden hat. **394**

Vorschriften: Keine

Adressat: Auftraggeber; es ist nicht anzuraten, andere Beteiligte anzuschreiben, von denen man nicht weiß, ob sie eine Vollmacht haben.

Nummerierung: Das Schreiben ist als allgemeines Schreiben zu nummerieren und zur Bauakte zu nehmen.

Text: Das Anschreiben dient der Information des Auftraggebers. Er wird damit ohne bestehenden Anlass darüber informiert, welche Schreiben er nach dem Vertrag zu erwarten hat. Man sollte darauf achten, das Anschreiben so zu gestalten, dass der Auftraggeber die Intention versteht, ihn umfassend zu informieren. **395**

Weitere Hinweise: In vielen Verträgen sind spezielle Regelungen zu einem erforderlichen Schriftverkehr, Fristen für den Schriftverkehr und Mindestinhalte aufgeführt. Diese Regelungen sind bei der Abfassung des Musterschriftverkehrs zu beachten. Wenn man dem Auftraggeber vorab die Muster versendet, vermeidet man spätere Einwände, dass der versendete Schriftverkehr nicht den vertraglichen Anforderungen genügen würde. **396**

4.8 Überwachung kritischer Bauphasen vor Ort

397 Bei der Herstellung eines Bauwerks kann der Einbau von Materialien oder Bauteilen technisch anspruchsvoll sein oder die Arbeiten sind von erheblicher Bedeutung für das Bauwerk. In diesen Fällen muss der Bauleiter vor Ort anwesend sein. Auch während kritischer Bauphasen oder bei Problemen hat der Bauleiter den Einbauort in Augenschein zu nehmen, um sich ein eigenes Bild der Sachlage machen zu können. Dies kann auch außerhalb des routinemäßigen Baustellenrundgangs erforderlich werden. In der Regel ist allerdings die Anwesenheit des Poliers bei gewöhnlicher Bautätigkeit ausreichend.

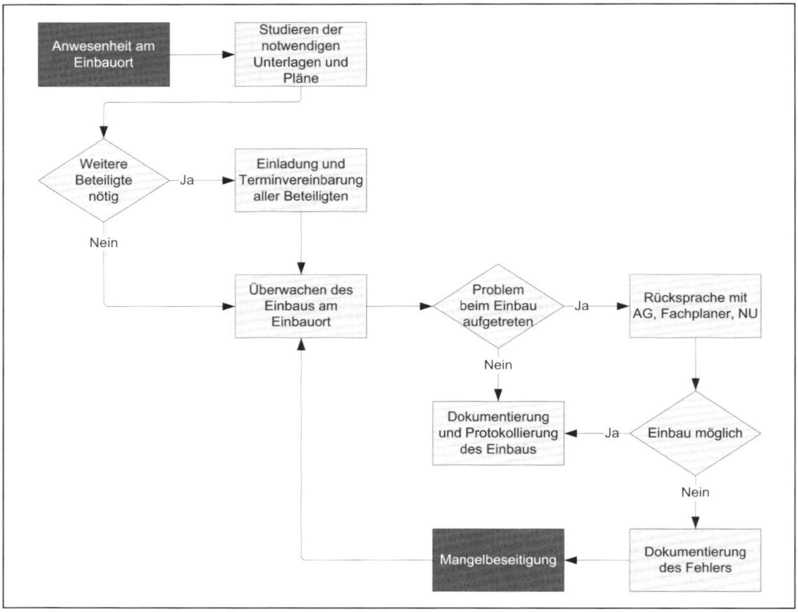

Abbildung 19: Überwachung kritischer Bauphasen vor Ort

398 Die Notwendigkeit einer Anwesenheit am Einbauort kann der Bauleiter aus seinem Bauzeitenplan erkennen. Der Einbau technisch anspruchsvoller Materialien und die Durchführung von wichtigen Arbeiten markiert er sich bereits bei der Vorbereitung der Baumaßnahme in seinem Bauzeitenplan, z.B. das Vorpressen von Brückenteilen. Andererseits ergibt sich auch die erforderliche Anwesenheit am Einbauort, wenn es wider Erwarten zu Schwierigkeiten oder Problemen kommt, beispielsweise ein Wassereinbruch in die Baugrube etc.

In jedem Fall sind vor der Überwachung die Pläne und Unterlagen zu sichten, die sich auf diese Arbeiten beziehen. Dazu gehören allerdings nicht nur die im Vertrag enthaltenen Unterlagen, sondern z.B. auch die Herstellerhinweise und Richtlinien, die den Baustoffen mitgegeben worden sind, einschlägige DIN-Normen für die Ausführung, die Materialien und deren Prüfung sowie gegebenenfalls einschlägige Literatur. Damit kann man sich das notwendige Fachwissen aneignen und vertiefen. **399**

Handelt es sich um spezielle Probleme, bei denen fachlicher Rat hinzugezogen werden muss, ist bei der Vorbereitung der Arbeiten ein Termin mit den Beteiligten zu vereinbaren. Das können nicht nur die entsprechenden Fachplaner sein, sondern auch beauftragte Spezialisten für die entsprechenden Fachgebiete. Dazu wird in aller Regel ein Beratungsvertrag auf Honorarbasis abgeschlossen. In vielen Fällen verfügen die Baustoffhersteller und Lieferanten über besonders fachkundige Mitarbeiter. Eine Unterstützung sollte angefragt werden, da sie zum Kundenservice gehören kann. **400**

Im Idealfall bestehen beim Einbau keine Probleme, sodass nur die Überwachung in einem Bericht dokumentiert wird. Darin hält man fest, welche Arbeiten in welchem Umfang kontrolliert worden sind. Kommt es zu Problemen, ist in Absprache mit den eingeschalteten Dritten eine Lösung zu suchen. Der Bauleiter protokolliert und dokumentiert die Arbeiten des Externen und seine Ausführungen. Die eingeschalteten Berater haften für ihre Arbeit, sodass bei einem Fehler des Externen möglicherweise Schadenersatzansprüche bestehen können. Das gilt auch für die Fehlerhaftigkeit der Baustoffe, bei denen der Hersteller in die Haftung genommen werden kann. Die Probenentnahme etc. muss durch den Bauleiter sorgfältig dokumentiert werden. **401**

Kommen Schadenersatzansprüche gegen Dritte in Frage, ist es ebenfalls sinnvoll, dass durch den Bauleiter die Dokumentation mit Fotos ergänzt wird, die die Situation vor Ort zeigen. Wenn die Umweltbedingungen einen Einfluss auf die Arbeiten haben können, sind die Einbaubedingungen, z.B. Temperatur, Luftfeuchte, Sonneneinstrahlung etc., gesondert festzustellen und zu dokumentieren. Die Messungen und Angaben sollten durch eine zweite Person bestätigt werden. Bei fehlender Fachkenntnis oder der Wahrscheinlichkeit größerer Schäden mit der Folge von Streitigkeiten kann die Einschaltung eines neutralen Gutachters sinnvoll sein. **402**

Wenn der Einbau nicht zu einer mangelfreien Ausführung führt, muss der Mangel ausreichend dokumentiert und die Ursache festgestellt werden. Das hat unbedingt zu erfolgen, bevor der Mangel beseitigt wird und wenn er auf dem Verschulden eines Dritten beruhen kann. Andernfalls hilft die Dokumen- **403** tation zur Vermeidung des gleichen Fehlers. Sie sollte in eine zentrale Datenbank eingestellt werden, in der unternehmensintern Erfahrungsberichte gesammelt werden.

404 Soweit erforderlich, plant der Bauleiter eine Mangelbeseitigung und stellt gegebenenfalls den Bauablauf um. Nach der Mangelbeseitigung muss der Einbau erneut überwacht werden.

Checkliste 16: Überwachung kritischer Bauphasen vor Ort

Wann:	Während der Ausführung
Warum:	Mangelfreiheit der Leistung
Wer:	Bauleiter
Was:	Prüfung der Baustoffe Prüfung der Geräte und deren Sauberkeit Prüfung der Einbaubedingungen Kontrollieren und Überwachen des Einbaus
Wie:	Einsicht in die Leistungsanforderungen Einsicht in technische Unterlagen, Normen etc. Anwesenheit vor Ort bei der Vorbereitung der Arbeiten Anwesenheit vor Ort bei der Ausführung der Arbeiten Vor Ort dokumentieren Fotografien anfertigen
Kontrolle:	Vorgaben für den Einbau eingehalten? Leistung mangelfrei?
Weiteres Vorgehen:	Wenn erforderlich, Fachleute hinzuziehen Problemanalyse vor Ort bei fehlerhafter Leistung Dokumentation des Vorgangs anfertigen Eventuelle Sicherung von Schadenersatzansprüchen Mangelbeseitigung nach Dokumentation der Mangelursache einleiten Erfahrungsbericht in interne Datenbanken einstellen
Eigene Anmerkungen:	

4.9 Mangelbeseitigung

Der Auftragnehmer hat dem Auftraggeber nach § 13 Abs. 1 VOB/B bzw. nach § 633 BGB zum Zeitpunkt der Abnahme eine mangelfreie Leistung zu verschaffen. Das bedeutet, dass die Leistungen **405**

- die vertraglich vereinbarte Beschaffenheit haben,
- und den anerkannten Regeln der Technik entsprechen.

Als anerkannte Regeln der Technik werden im Bauwesen technische und handwerkliche Erfahrungen verstanden, die der Fachwelt bekannt sind und von ihr als richtig und notwendig betrachtet werden. **406**

Sollte keine Beschaffenheit vereinbart sein, müssen die Leistungen **407**

- sich für die im Vertrag vorausgesetzte Verwendung eignen oder
- für die gewöhnliche Verwendung eignen und
- so beschaffen sein, wie es bei solchen Werken üblich ist und
- die der Auftraggeber bei gleichen Werken üblicherweise erwarten kann.

Über diese Voraussetzungen kann man sich im Einzelnen juristisch streiten. In der täglichen Praxis liegt die Masse der Fälle weniger als juristisches Problem vor, sondern als technische Fragestellung. Daher wird auf eine Detaillierung der rechtlichen Streitfragen an dieser Stelle verzichtet. **408**

Einfach ausgedrückt liegt eine mangelfreie Leistung vor, wenn das Bauwerk oder die Leistungen erstens so beschaffen sind, dass sie dem Vertrag entsprechen. Das bedeutet, dass unabhängig von allem anderen zunächst durch den Bauleiter zu prüfen ist, was das vertragliche Bausoll ist. Es kann durchaus sein, dass in dem Vertrag noch weitergehende Voraussetzungen für eine Mangelfreiheit vereinbart worden sind, als sie sich allein aus den Normen und Vorschriften ergeben. Hierzu gehören z.B. Anforderungen, die über dem üblichen Maß und den Vorgaben der Norm liegen. Eine weitere Besonderheit sind Musterflächen oder andere Proben, durch die ein Maßstab für die Qualität der Ausführung festgelegt wird. **409**

Zweitens gehört zu einem mangelfreien Werk, dass die Leistung für den vorgesehenen Zweck tauglich ist. Man spricht auch davon, dass bei einem Werkvertrag der Erfolg geschuldet wird. Für den Bauleiter bedeutet das, dass er nicht nur die im Vertrag oder dem Leistungsverzeichnis vorgesehenen Leistungen ohne weitere Gedanken ausführen darf. Er schuldet auch ein Werk, **410** welches für den Auftraggeber nutzbar ist. Kurz gesagt, es kann sein, dass der Auftragnehmer mehr ausführen muss, als in seinem Vertrag als Leistung angegeben ist, damit sein Werk mangelfrei ist.

411 Ein einfaches Beispiel hierfür ist die Ausschreibung einer Trockenbauwand, bei der in den Positionen sämtliche Materialien aufgeführt sind. Um die vorgeschriebenen Schalldämmwerte zu erreichen, sind jedoch Trennstreifen zwischen der Unterkonstruktion und dem Rohbau erforderlich, die nicht in der Ausschreibung enthalten sind. Der Auftragnehmer würde bei Ausführung der vertraglichen Leistung aus den Positionsbeschreibungen lediglich eine Trockenbauwand errichten, die zwar den vertraglichen Vorgaben entspricht, aber nicht die Vorgaben für den Schallschutz einhält. Im Ergebnis wäre die Trockenbauwand mangelhaft. Der Auftragnehmer hat daher in jedem Fall die Trennstreifen einzubauen. In diesem Beispiel erhält der Auftragnehmer selbstverständlich eine gesonderte Vergütung nach § 2 Abs. 6 VOB/B oder § 2 Abs. 8 VOB/B für den Einbau der Trennstreifen, da diese Leistung in der vertraglichen Vergütung nicht enthalten war.

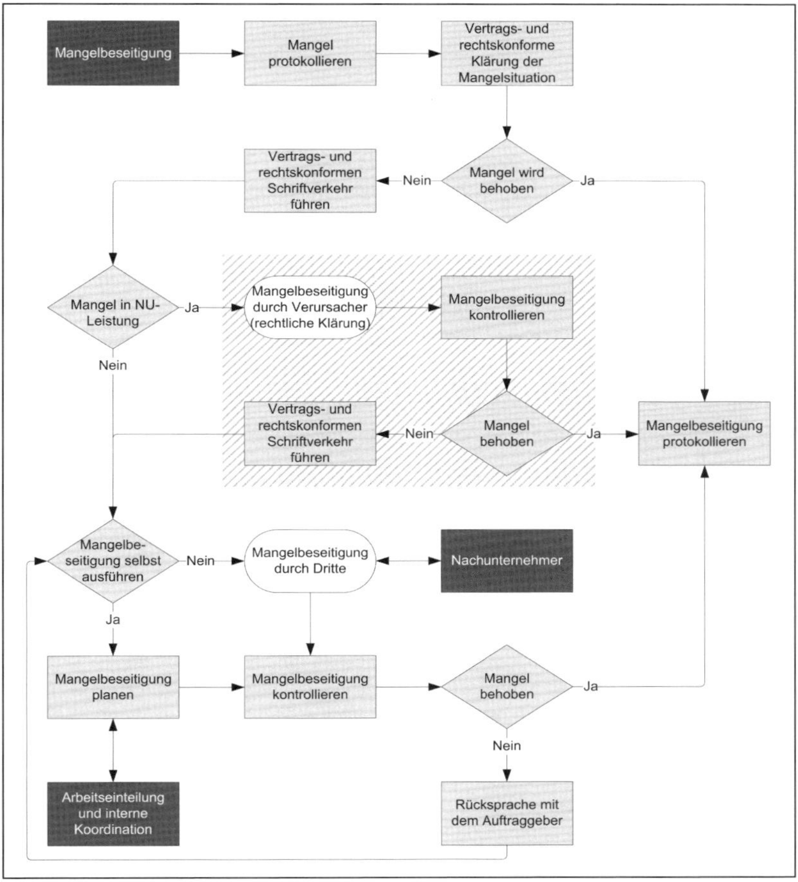

Abbildung 20: Mangelbeseitigung

Das oben stehende Ablaufdiagramm zeigt den Tätigkeitsablauf zur Mangelbeseitigung. Üblicherweise wird der Mangel durch den Polier oder den Bauleiter bei seinem Baustellenrundgang entdeckt. In diesem Fall ist zunächst der Mangel zu protokollieren. Sodann ist durch den Bauleiter zu überlegen, wer für den Mangel verantwortlich ist. Häufig ist bereits ein entsprechender Hinweis an den Verantwortlichen ausreichend, damit der Mangel durch ihn behoben wird. Dieser Hinweis kann zunächst mündlich erfolgen. Sollte der Mangel bereits auf Grund des Hinweises behoben werden, ist die Mangelbeseitigung zu kontrollieren und nach Behebung zu protokollieren. 412

413 Sollte der Hinweis nicht zu einer Mangelbeseitigung führen, muss der Bauleiter umgehend weitere Schritte einleiten. Hierzu gehört zunächst eine entsprechende schriftliche Mangelanzeige an den Verursacher. Handelt es sich dabei um einen Nachunternehmer, finden sich die weiteren Schritte in Kapitel 7. Wenn der Mangel in einer Vorleistung eines anderen Unternehmers vorhanden ist, findet sich der entsprechende Schriftverkehr in Kapitel 3.3.

414 In der Regel sind Mangelbeseitigungen nach Beendigung der Arbeiten aufwendiger und somit teurer als eine sofortige Behebung, wenn Personal und Geräte noch vor Ort sind. Zu einem späteren Zeitpunkt ist es auch wahrscheinlicher, dass durch die Mangelbeseitigung andere Leistungen gehindert werden. Besonders große Auswirkungen entstehen, wenn sich der Mangel bereits in einem weitergehenden Schaden ausgewirkt hat. Daher liegt auch aus wirtschaftlichen Gründen eine Mangelbeseitigung im eigenen Interesse des Bauleiters. Nichts ist ärgerlicher als ein wirtschaftlich gut abgeschlossenes Projekt, welches in der Gewährleistung durch Mangelbeseitigungskosten und Zahlungen für Nutzungsausfall an den Eigentümer den anfänglichen Erfolg zunichtemacht.

415 Bei einem während der Bauphase selbst verursachten Mangel hat der Bauleiter die Pflicht, umgehend die Mangelbeseitigung einzuleiten. Dies ist durch § 4 Abs. 7 VOB/B ausdrücklich vorgeschrieben. Der Auftraggeber hat nach dieser Regelung das Recht, dem Auftragnehmer eine Frist zur Mangelbeseitigung zu setzen. Sollte der Mangel nicht innerhalb der Frist beseitigt werden, kann der Auftraggeber in dringenden Fällen den gesamten Auftrag kündigen. Es sollte daher nicht bis zu einer Mangelanzeige oder Fristsetzung durch den Auftraggeber kommen. Für den Fall der Fristsetzung durch den Auftraggeber kündigt der Auftragnehmer schriftlich (MS 33) den Termin für die Mangelbeseitigung an.

416 Zunächst steht die Überlegung an, ob für die Mangelbeseitigung Nachunternehmerleistungen benötigt werden oder ob die Mangelbeseitigung mit dem eigenen Personal durchgeführt werden kann. In jedem Fall ist die Mangelbeseitigung in den Bauablauf einzuplanen, nach der Durchführung zu kontrollieren und die Mangelbeseitigung entsprechend zu protokollieren. Die erfolgreiche Mangelbeseitigung ist dem Auftraggeber schriftlich (MS 34) mitzuteilen, wenn der Mangel durch den Auftraggeber bereits gerügt wurde.

417 Sollte sich herausstellen, dass die Mangelbeseitigung fehlschlägt und die geplante Ausführung nicht mangelfrei herstellbar ist, muss mit dem Auftragge-

ber Rücksprache gehalten werden, inwieweit eine andere Ausführung vereinbart werden kann. In einem entsprechenden Schreiben (MS 35) sind die Gründe aufzuführen, warum die ausgeschriebene Leistung nicht ausführbar ist. Der Bauleiter muss sich allerdings bewusst sein, dass er zwar einerseits mit einem Vorschlag für eine alternative Ausführung besser eine Einigung erzielen kann, andererseits aber für seinen Vorschlag auch die Verantwortung übernimmt, dass damit eine mangelfreie Leistung erreicht werden kann.

Von einer Mangelhaftung wird der Auftragnehmer befreit, wenn er gegen die **418**
vorgesehene Art der Ausführung oder gegen vom Auftraggeber beigestellte Stoffe und Leistungen Bedenken mitgeteilt hat. Diese Bedenkenanzeige ist nach § 4 Abs. 3 VOB/B immer schriftlich abzufassen. Sie sollte vor der Ausführung der Arbeiten erfolgen. Das bedeutet, dass der Bauleiter die Bedenken auch noch während der Ausführung und sogar danach anmelden kann. Die Anzeige ist in jedem Fall unverzüglich weiterzugeben (MS 36). Unverzüglich bedeutet, dass eine Mitteilung an den Auftraggeber direkt nach Erkennen der Bedenken erfolgt ist.

Häufig ist es so, dass die durch den Auftraggeber geplante Ausführung her- **419**
gestellt wurde, ohne dass vorher Bedenken gegen die Ausführung durch den Auftragnehmer angemeldet worden sind. Damit ist einerseits der Mangel auf die fehlerhafte Planung zurückzuführen, andererseits ist der Auftragnehmer dafür verantwortlich, dass er ein mangelfreies Werk herstellt. Wegen der fehlenden Bedenkenanzeige ist in diesen Fällen nach wie vor der Auftragnehmer für die Mangelfreiheit verantwortlich. Andererseits liegen die Umstände so, dass eine zutreffende Planung dazu geführt hätte, dass durch den Auftragnehmer eine mangelfreie Leistung hergestellt worden wäre. Eine Lösung dieser Fälle besteht darin, dass der Auftraggeber diejenigen Kosten der Mangelbeseitigung trägt, die als Mehrkosten für eine mangelfreie Konstruktion entstanden wären, also eigentlich in der Planung so hätte ausgewiesen sein müssen. Es handelt sich um die sogenannten »Sowieso-Kosten«. Üblicherweise besteht damit eine Kostenteilung dahingehend, dass der Auftraggeber die Materialkosten für das ursprünglich schon notwendige Material und die Einbaukosten trägt, die entstanden wären, wenn man die Leistung im Zuge der ersten Errichtung durchgeführt hätte, während der Auftragnehmer die darüber hinaus anfallenden Mangelbeseitigungskosten trägt.

Ein grundsätzliches Problem besteht auch darin, dass der Auftragnehmer vor **420**
einer Abnahme grundsätzlich nachweisen muss, dass seine Leistung mangelfrei ist. Wenn durch den Auftraggeber vor der Abnahme Mängel gerügt

werden, von denen der Auftragnehmer der Ansicht ist, dass eine mangelfreie Leistung vorliegt, wird häufig durch den Auftraggeber ein Nachweis zur Mangelfreiheit verlangt. Er stellt sich dann die Frage, wie weit die Untersuchungspflicht und die Pflicht zur Kostentragung für den Auftragnehmer reichen.

421 Grundsätzlich hat der Bauleiter in diesen Fällen den angezeigten Mangel zu besichtigen und zu untersuchen. Sollte er der Auffassung sein, dass kein Mangel vorliegt, fasst er hierzu eine Begründung ab und weist die Mangelanzeige des Auftraggebers schriftlich (MS 37) zurück. Besteht der Auftraggeber darauf, dass die Leistung mangelhaft ist und verlangt einen entsprechenden Nachweis, reicht im Grundsatz die Fachkenntnis des Auftragnehmers aus. Der Auftraggeber hat keinen Anspruch darauf, dass der Auftragnehmer für die Überprüfung der Mangelfreiheit bereits während der Bauabwicklung externe Fachleute einsetzt. In diesen Fällen erscheint es sinnvoll, dass man dem Auftraggeber die Bestellung eines Schiedsgutachters vorschlägt, der die Mangelfreiheit der entsprechenden Leistung untersucht. Die Kosten dieses Verfahrens sollte die unterliegende Partei tragen (MS 38).

422 Der Auftraggeber kann bei vorliegenden Mängeln den zweifachen Betrag der Mängelbeseitigungskosten einbehalten. Bei manchen Mängeln ist es so, dass die Mangelbeseitigungskosten im Verhältnis sehr hoch ausfallen würden, während der eigentliche Mangel eher von untergeordneter Bedeutung ist. In diesen Fällen kann man sich auf eine Minderung einigen. In § 13 Abs. 6 VOB/B ist vorgesehen, dass der Auftragnehmer die Beseitigung eines Mangels ablehnen kann, wenn sie unmöglich ist oder wenn sie einen unverhältnismäßig hohen Aufwand erfordern würde. Die Grenze für eine Unverhältnismäßigkeit bestimmt sich allerdings entgegen der allgemeinen vorhandenen Auffassung nicht nur nach den Kosten für die Mangelbeseitigung im Verhältnis zu einem eventuellen Minderungsbetrag. In aller Regel bleibt der Auftragnehmer auch in diesen Fällen zu einer Mangelbeseitigung verpflichtet. Ein Anspruch auf eine Minderung statt einer Mangelbeseitigung ist daher für den Auftragnehmer in der Masse der Fälle nicht gegeben, da der Auftraggeber primär einen Anspruch auf ein mangelfreies Werk hat.

423 Das geschilderte Problem ergibt sich insbesondere dann, wenn bei Bauvorhaben zum Beispiel Oberflächen als Sichtbeton oder aus anderen Materialien ausgeschrieben sind, wobei jeweils extrem hohe Anforderungen an den Endzustand der Oberfläche gestellt werden. Farbabweichungen, kleine Unebenheiten und andere Unregelmäßigkeiten, die sich auf Grund der handwerklichen Herstellung und der Baustellenbedingungen nicht vermeiden lassen, führen dazu, dass durch den Auftraggeber die Oberflächenqualität als Mangel gerügt wird. Meistens lässt sich die hergestellte Oberfläche nicht objektiv beurteilen, selbst nicht gegenüber einer Musterfläche. Daher führen diese Streitigkeiten dazu, dass sie sich nur durch einen Gutachter lösen lassen. Daher ist es auch in diesen Fällen ratsam, dass sich der Auftragnehmer bei dem Auftraggeber um die gemeinsame Benennung eines Gutachters bemüht.

Bereits bei der Vorbereitung der Baustelle können die Leistungsbeschreibung **424**
durchgearbeitet und die Arbeiten analysiert werden, die auf Grund sehr hoher Anforderungen zu Streitigkeiten führen können. Die Durchführung solcher Arbeiten kann darauf spezialisierten Nachunternehmern überlassen werden, die dann gegebenenfalls die Gewährleistung und die Mangelbeseitigungskosten übernehmen müssen. Eine andere Möglichkeit besteht darin, bereits im Vorfeld der Durchführung dieser Arbeiten mit dem Auftraggeber eine Einigung herzustellen, in welcher Art und Weise oder durch welchen Dritten man die Mangelfreiheit der Leistungen gemeinsam beurteilt.

Wenn das Bauwerk oder die Leistung nicht im Wesentlichen mangelfrei sind, **425**
darf der Auftraggeber die Abnahme verweigern. Über die Wesentlichkeit eines Mangels besteht ebenfalls juristischer Streit. Eine Vielzahl von unwesentlichen Mängeln kann dazu führen, dass der Auftraggeber die Abnahme verweigern darf. Daher ist während der gesamten Bauabwicklung und vor dem Abnahmetermin die Mangelfreiheit der Leistung durch den Bauleiter zu prüfen.

Viele Leistungen werden durch andere Leistungen verdeckt, sodass sie zum **426**
Zeitpunkt der Abnahme nicht mehr sichtbar sind. Der Bauleiter sollte sich bei dem Auftraggeber bemühen, dass solche Leistungen gemeinsam aufgenommen werden. Die entsprechende Dokumentation dient bei der Abnahme der gesamten Leistung dazu, den Nachweis zu führen, dass auch die mittlerweile verdeckten Leistungen mangelfrei ausgeführt worden sind.

Checkliste 17: Mangelbeseitigung

Wann:	Vor, während und nach der Ausführung
Warum:	Mangelfreiheit und Abnahmereife sicherstellen
Wer:	Bauleiter mit Polier
Was:	Prüfung des geschuldeten Bausolls Prüfung der Mangelhaftigkeit Prüfung der Verantwortlichkeit Einleitung der Mangelbehebung
Wie:	Inaugenscheinnahme vor Ort Dokumentation des Mangels Ursache des Mangels klären; Vertragsprüfung
Kontrolle:	Mangel behoben? Kostenfragen geregelt? Weitere Auswirkungen auf den Bauablauf?
Weiteres Vorgehen:	Mehrkostenanmeldung an Auftraggeber Dokumentation aktualisieren Schriftverkehr erstellen
Eigene Anmerkungen:	

Musterschreiben 33: Ankündigung des Termins für die Mangelbeseitigung

Adressat: *Auftraggeber*

Bauvorhaben: ....

Datum: ....

AS Nr. *14:* **Mangelbeseitigungstermin**

Sehr geehrte Damen und Herren,

mit Schreiben vom *4. Juli 2025* **haben Sie eine mangelhafte Ausführung** *der Blechabkantungen der Attika* **gerügt. Für die Mangelbeseitigung haben Sie uns Frist bis zum** *20. Juli 2021* **gesetzt.**

Wir möchten Ihnen mitteilen, dass bei der Herstellung der Verblechung ein zu kurzer Überstand realisiert wurde. Wir werden diesen Mangel beheben, indem eine neue Verblechung angebracht wird.

Die neue Verblechung ist bereits in der Disposition und die Montage erfolgt im Zuge der weiteren Verblechungsarbeiten, die am 24. Juli 2025 beginnen.

Wir gehen von Ihrem Einverständnis hinsichtlich der Termine aus, da *durch die verkürzte Verblechung* **kein Schaden droht.**

Für Rückfragen stehen wir gerne zur Verfügung.

Mit freundlichen Grüßen

....

(Unterschrift)

Hinweise zu Musterschreiben 33

Art des Schreibens: Sollte

427 **Zeitpunkt des Schreibens:** Das Schreiben sollte versendet werden, wenn absehbar ist, wann während des Bauablaufes gerügte Mängel behoben werden. Das Schreiben ist unmittelbar nach einer Fristsetzung des Auftraggebers zur Mangelbehebung zu versenden, vor allem, wenn der Auftragnehmer aus Gründen des Bauablaufes diese Frist nicht einhalten möchte.
Vorschriften: § 4 Abs. 7 VOB/B, § 8 Abs. 3 VOB/B.

428 **Adressat:** Auftraggeber; Bevollmächtigter. Es ist möglicherweise nicht ausreichend, denjenigen anzuschreiben, der die Frist gesetzt hat. Die Fristsetzung bedeutet nicht, dass derjenige eine Vollmacht des Auftraggebers hat, über eine Verlängerung von Fristen zu entscheiden und vertragliche Regelungen zu ändern.

429 **Nummerierung:** Das Schreiben ist als allgemeines Schreiben zu nummerieren und zur Bauakte zu nehmen. Wichtiger sind allerdings die Ablage des Antwortschreibens des Auftraggebers und die Dokumentation der Mangelbeseitigung.

430 **Text:** Das Anschreiben sollte den betroffenen Mangel und den Ort, an dem er aufgetreten ist, sowie den vorgesehenen Termin genau benennen. Vorteilhaft ist die Nennung der Gründe, warum man die Mangelbeseitigung an dem vorgesehenen Termin ausführen will. Damit wird vermieden, dass sich der Auftraggeber ohne triftigen Grund auf einen früheren Termin festlegen kann und eine Kündigung droht.

431 **Weitere Hinweise:** Der Auftraggeber ist nach § 4 Abs. 7 VOB/B berechtigt, den Auftragnehmer zu kündigen, wenn dieser eine Mangelbeseitigung nicht innerhalb einer gesetzten Frist ausführt. Diese Frist muss aber angemessen und nicht willkürlich gesetzt sein.
Das vorliegende Schreiben behandelt nur die Fälle, in denen der Auftraggeber Mängel vor der Abnahme rügt.

Musterschreiben 34: Mitteilung der Mangelbeseitigung

Adressat: *Auftraggeber*

Bauvorhaben: ....

Datum: ....

AS Nr. *15:* **Mangelbeseitigung**

Sehr geehrte Damen und Herren,

mit Schreiben vom *4. Juli 2025* **hatten Sie eine mangelhafte Ausführung** *der Blechabkantungen der Attika* **gerügt. Für die Mangelbeseitigung hatten Sie uns Frist bis zum** *20. Juli 2025* **gesetzt.**

Wir teilen Ihnen mit, dass im Zuge der weiteren Verblechungsarbeiten vom 24. Juli 2025 bis zum 29. Juli 2025 die Verblechung ausgetauscht worden ist. Der Überstand der neuen Verblechung entspricht den Normen.

Ihr Bauleiter, Herr Willner, hat die Verblechung in Augenschein genommen und für mangelfrei befunden.

Der gerügte Mangel ist damit behoben.

Für Rückfragen stehen wir gerne zur Verfügung.

Mit freundlichen Grüßen

....

(Unterschrift)

Hinweise zu Musterschreiben 34

Art des Schreibens: Kann

Zeitpunkt des Schreibens: Das Schreiben sollte direkt nach der Beseitigung der gerügten Mängel versendet werden.

Vorschriften: § 4 Abs. 7 VOB/B, § 8 Abs. 3 VOB/B.

432 **Adressat:** Auftraggeber; Bevollmächtigter. Es ist möglicherweise nicht ausreichend, denjenigen anzuschreiben, der die Frist gesetzt hat. Die Fristsetzung bedeutet nicht, dass derjenige eine Vollmacht des Auftraggebers hat. Zudem ist es sinnvoll, dem eigentlichen Kunden die nun mangelfreie Ausführung mitzuteilen.

433 **Nummerierung:** Das Schreiben ist als allgemeines Schreiben zu nummerieren und zur Bauakte zu nehmen. Wichtiger ist allerdings die Ablage der Dokumentation der Mangelbeseitigung.

434 **Text:** Das Anschreiben sollte den betroffenen Mangel und den Ort, an dem er aufgetreten ist, benennen. Eventuelle Besichtigungen durch Personen, die für den Auftraggeber die Bauausführung überwachen, und deren positiven Bescheid sollte man ebenfalls mitteilen.

435 **Weitere Hinweise:** Der Auftraggeber ist nach § 4 Abs. 7 VOB/B berechtigt, den Auftragnehmer zu kündigen, wenn dieser eine Mangelbeseitigung nicht innerhalb einer gesetzten Frist und Nachfrist ausführt. Daher ist es vorteilhaft, den schwebenden Vorgang mit der Mitteilung zu beenden. Damit ist ebenfalls dokumentiert, dass man sich vertragsgerecht verhält.
Das vorliegende Schreiben behandelt zwar nur die Fälle, in denen der Auftraggeber Mängel vor der Abnahme rügt. Man kann das Schreiben aber auch nach der Beseitigung von Mängeln versenden, die innerhalb der Gewährleistungszeit behoben worden sind, also nach der Abnahme.

Musterschreiben 35: Ausführungsänderung bei unmöglicher Mangelbeseitigung

Adressat: *Auftraggeber*

Bauvorhaben: ....

Datum: ....

AS Nr. *16:* **Ausführungsänderung**

Sehr geehrte Damen und Herren,

wir möchten Ihnen mitteilen, dass bei der Herstellung *der Treppengeländer im Treppenhaus A* **Mängel aufgetreten sind, die sich trotz unserer Bemühungen nicht beheben lassen. Dies hat folgende Gründe:**

Laut ihrer Ausschreibung sind die Handläufe der Geländer als Holzprofile auszuführen. In den Treppenaugen sind die Holzprofile in allen drei Ebenen zu biegen. In der Mitte des Treppenauges sollen die Enden der beiden Profile nur stumpf gestoßen werden.

Nach der Ausführung hat sich herausgestellt, dass sich die Holzprofile nach der Montage durch Feuchtigkeitseinwirkung bewegen und dadurch an den stumpfen Stößen Kanten und ein Versatz im Handlauf entstehen.

Dieser Effekt wird sich immer wieder einstellen, wenn man die stumpfen Enden der beiden Profile in den Treppenaugen nicht verbindet. Wir schlagen daher vor, die Enden der Holzprofile mit einem innenliegenden Stahldübel zu verbinden. Durch diese Konstruktion bleibt das Erscheinungsbild des Treppengeländers erhalten.

Wir bitten Sie uns Ihr Einverständnis betreffend die konstruktiven Änderungen mitzuteilen.

Für Rückfragen stehen wir gerne zur Verfügung.

Mit freundlichen Grüßen

....

(Unterschrift)

Anlage: Skizze der geänderten Konstruktion

Hinweise zu Musterschreiben 35

Art des Schreibens: Muss, Schriftform, Zugangsnachweis

436 **Zeitpunkt des Schreibens:** Das Schreiben muss versendet werden, wenn der Auftragnehmer feststellt, dass die durch den Vertrag vorgegebene Konstruktion nach einer Mangelbeseitigung wieder mangelhaft sein wird. Da die Konstruktion geändert werden muss, weicht diese von den vertraglichen Vorgaben ab. Daher bedarf die Abweichung der Erlaubnis des Auftraggebers.
Vorschriften: § 4 Abs. 7 VOB/B, § 4 Abs. 3 VOB/B

437 **Adressat:** Auftraggeber; es ist nicht anzuraten, andere Beteiligte anzuschreiben. Insbesondere ist es zwecklos, den Planer des Auftraggebers oder andere Personen, die für die ausgeschriebene Konstruktion verantwortlich sein können, anzuschreiben. Dies ersetzt nicht die Erlaubnis durch den Auftraggeber.

438 **Nummerierung:** Das Schreiben ist als allgemeines Schreiben zu nummerieren und zur Bauakte zu nehmen. Das Schreiben ist ebenfalls den vertraglichen Unterlagen beizufügen, da sich die vertraglich vorgesehene Ausführung ändert.

439 **Text:** Das Anschreiben muss klar und auch für einen Laien verständlich beschreiben, durch welchen Umstand es erneut nach einer Mangelbeseitigung wieder zu Mängeln kommen wird. Wenn der Auftragnehmer die Mängel durch eine geänderte Ausführung beseitigen möchte, ist diese Ausführung genau zu beschreiben und um Erlaubnis zu fragen.

440 **Weitere Hinweise:** Alternativ kann der Auftragnehmer auch eine Bedenkenanmeldung an den Auftraggeber versenden, vergleiche zum Beispiel Musterschreiben 36. Dies ist sinnvoll, wenn der Auftragnehmer die Planung nicht angefertigt hat und durch einen Vorschlag zu einer geänderten Ausführung auch nicht die Verantwortung für die neue Planung übernehmen will. Insbesondere bei einem größeren Umfang einer konstruktiven Änderung sollte man den Weg der Bedenkenanmeldung wählen und dem Auftraggeber die Planung einer neuen Konstruktion überlassen.
Wenn die Konstruktion geändert werden muss und dadurch Mehrkosten entstehen, sind diese bei dem Auftraggeber anzumelden, vergleiche zum Beispiel Musterschreiben 19, 20, 22.

Musterschreiben 36: Bedenkenanzeige während der Ausführung

Adressat: *Auftraggeber*

Bauvorhaben: ....

Datum: ....

BD Nr. *4: Bedenken gegen die Ausführung der Beschichtungsarbeiten*

Sehr geehrte Damen und Herren,

bei der heutigen Ausführung der Beschichtungsarbeiten ist uns aufgefallen, dass gleichzeitig Fräsarbeiten in dem darüber liegenden Geschoss ausgeführt werden. **Wir haben Bedenken, ob unsere Leistung mangelfrei ausgeführt werden kann.**

Bereich: *Untergeschoss*

Art der Bedenken: *Durch die Fräsarbeiten im dritten OG kann es zum Eintrag von Staub auf unsere bereits ausgeführte Leistung im dritten OG kommen. Die Oberflächenqualität der Beschichtung kann in Mitleidenschaft gezogen werden.*

Gleichzeitig kann von uns nicht sichergestellt werden, dass während des Erhärtens der Beschichtung keine Zugluft entsteht. Hierdurch können ebenfalls die Oberflächenqualität und die Härte der fertigen Beschichtung in Mitleidenschaft gezogen werden.

Aufgrund unserer Bedenken lehnen wir für entsprechende Schäden dieser Ausführung die Haftung und Gewährleistung ab.

Bitte teilen Sie uns mit, ob unsere Bauleistungen trotz unserer Bedenken wie von Ihnen geplant weiter ausgeführt werden sollen.

Sollten Sie unsere Bedenken teilen, bitten wir um die entsprechende Berücksichtigung für die Arbeitseinteilung. Sollte Ihre Entscheidung oder die geänderte Planung nicht bis zum *Dienstag, den 9. April 2025* **bei uns eingegangen sein, werden wir an der Ausführung unserer Arbeiten gehindert sein.**

Für Rückfragen stehen wir Ihnen gerne zur Verfügung.

Mit freundlichen Grüßen

....

(Unterschrift)

Hinweise zu Musterschreiben 36

Art des Schreibens: Muss, Schriftform, Zugangsnachweis; wegen der Eilbedürftigkeit vorab per Fax oder Mail mit Empfangsbestätigung per Rückantwort.

441 **Zeitpunkt des Schreibens:** Das Schreiben ist sofort zu versenden, wenn dem Auftragnehmer seine Bedenken bewusst werden. § 4 Abs. 3 VOB/B sieht die Unverzüglichkeit vor, was ohne schuldhaftes Zögern bedeutet. § 4 Abs. 3 VOB/B sieht zwar vor, dass der Auftragnehmer seine Bedenken vor der Ausführung der Arbeiten anmeldet, allerdings handelt es sich um keine zwingende Formulierung. Der Auftragnehmer kann seine Bedenken also auch noch während der Ausführung anmelden, ohne dass es verspätet wäre.

442 **Vorschriften:** § 4 Abs. 3 VOB/B Diese Vorschrift sieht zwingend vor, dass der Auftragnehmer bei dem Auftraggeber Bedenken anmeldet in den folgenden Fällen:

- Es bestehen Bedenken, dass die durch den Auftraggeber oder seinen Planer vorgesehene Art der Ausführung zu Mängeln führt.
- Es bestehen Bedenken, dass die durch den Auftraggeber oder seinen Planer vorgesehene Art der Ausführung nicht oder nur mit erheblichem Mehraufwand gegen Unfallgefahren gesichert werden kann, sodass große Gefahr besteht.
- Es bestehen Bedenken, dass die durch den Auftraggeber oder seine Lieferanten beigestellten Baustoffe nicht die notwendige Qualität aufweisen.
- Es bestehen Bedenken, dass die durch den Auftraggeber oder seine Lieferanten beigestellten Bauteile nicht die notwendige Qualität aufweisen.
- Es bestehen Bedenken, dass die durch den Auftraggeber oder seine anderen Vorunternehmer ausgeführten Vorgewerke nicht die notwendige Qualität aufweisen.

443 **Adressat:** Auftraggeber; es ist in jedem Fall zwingend, dass die Bedenkenanmeldung an den Auftraggeber gesendet wird. In vielen Fällen ist der planende Architekt auch der für den Bauherren bauleitende Beteiligte. Daher ist es sinnvoll, dass der Bauherr informiert wird.

444 **Nummerierung:** Die Bedenkenanmeldung sollte nummeriert werden und dadurch leicht auffindbar sein. Sie wird üblicherweise erst zu einem späteren

Zeitpunkt erheblich, wenn es um Fragen der Mängelverantwortung und der Gewährleistung geht.

Text: Die Bedenkenanmeldung muss so formuliert sein, dass auch ein Laie erkennen kann, aus welchem Umstand an welchem Bauteil welche Schäden oder Mängel entstehen können. Es sind alle möglichen Folgen genau zu benennen. **445**

Weitere Hinweise: Wenn Bedenken angemeldet werden, muss der Auftraggeber entscheiden, ob er seine vorgegebene Ausführung belässt oder Änderungen vornimmt. Dafür ist eine Frist zu setzen und anzukündigen, dass es im Falle fehlender Entscheidung zu hindernden Umständen kommt. **446**
Sollte der Auftraggeber die Bedenken zurückweisen, so ist dies unschädlich. Es sollte trotzdem ein Schreiben erfolgen, in dem die Bedenken aufrechterhalten werden.

Musterschreiben 37: Zurückweisung der Mangelanzeige des Auftraggebers

Adressat: *Auftraggeber*

Bauvorhaben: ....

Datum: ....

AS Nr. *17:* **Mangelfreiheit der Leistung**

Sehr geehrte Damen und Herren,

mit Schreiben vom *14. Oktober 2026* **haben Sie eine mangelhafte Ausführung** *der Arbeiten für die Entwässerungsleitungen* **gerügt,** *da Undichtigkeiten bestehen würden.*

Wir teilen Ihnen mit, dass wir Ihrer Mangelanzeige nachgegangen sind und eine Besichtigung vor Ort durchgeführt haben. Hierbei konnten wir die von Ihnen gerügten Mängel nicht feststellen.

Die Entwässerungsleitungen wurden von uns ca. eine Stunde durchgespült. Hierbei wurde darauf geachtet, dass insbesondere der von Ihnen gerügte Abschnitt im Bauwerk 3 mit Wasser beaufschlagt wurde. Es haben sich keine Undichtigkeiten gezeigt.

Wir gehen daher davon aus, dass die von uns ausgeführte Leistung *bezüglich der Entwässerungsleitungen* **mangelfrei ist. Wir stehen Ihnen selbstverständlich gerne für einen Termin vor Ort zur Verfügung, um bei Ihnen bestehende Zweifel zu besprechen.**

Für Rückfragen und eine Terminvereinbarung stehen wir gerne zur Verfügung.

Mit freundlichen Grüßen

....

(Unterschrift)

Hinweise zu Musterschreiben 37

Art des Schreibens: Kann

Zeitpunkt des Schreibens: Das Schreiben sollte direkt nach der Besichtigung der gerügten Mängel versendet werden.

Vorschriften: § 4 Abs. 7 VOB/B, § 8 Abs. 3 VOB/B.

Adressat: Auftraggeber; Bevollmächtigter. Es ist möglicherweise nicht ausreichend, denjenigen anzuschreiben, der den Mangel gerügt hat oder hierfür eine Frist gesetzt hat. Das Rügen oder die Fristsetzung bedeuten nicht, dass derjenige eine Empfangsvollmacht des Auftraggebers hat. Zudem ist es sinnvoll, dem eigentlichen Kunden die mangelfreie Ausführung mitzuteilen. **447**

Nummerierung: Das Schreiben ist als allgemeines Schreiben zu nummerieren und zur Bauakte zu nehmen. Wichtiger ist allerdings die Dokumentation der Mangelbesichtigung. **448**

Text: Das Anschreiben sollte den betroffenen Mangel und den Ort, an dem er vorhanden sein soll, benennen. Weiterhin sollten die getroffenen Maßnahmen beschrieben werden, die man zur Untersuchung bezüglich des gerügten Mangels durchgeführt hat. Als Ergebnis ist aufzuführen, dass kein Mangel vorliegt. **449**

Weitere Hinweise: Der Auftraggeber ist nach § 4 Abs. 7 VOB/B berechtigt, dem Auftragnehmer zu kündigen, wenn dieser eine Mangelbeseitigung nicht innerhalb einer gesetzten Frist ausführt. Daher ist es vorteilhaft, den schwebenden Vorgang mit der Mitteilung zu beenden. Damit ist ebenfalls dokumentiert, dass man sich vertragsgerecht verhält. **450**
Das vorliegende Schreiben behandelt zwar nur die Fälle, in denen der Auftraggeber Mängel vor der Abnahme rügt. Man kann das Schreiben aber auch nach der Beseitigung von Mängeln versenden, die innerhalb der Gewährleistungszeit behoben worden sind, also nach der Abnahme.

Musterschreiben 38: Angebot an den Auftraggeber für ein Schiedsgutachten

Adressat: *Auftraggeber*

Bauvorhaben: ....

Datum: ....

AS Nr. *18:* **Begutachtung gerügter Mängel**

Sehr geehrte Damen und Herren,

mit Schreiben vom *16. Oktober 2026* **haben wir Ihre Rüge einer mangelhaften Ausführung** *der Arbeiten für die Entwässerungsleitungen wegen Undichtigkeiten* **begründet zurückgewiesen.**

Mit Schreiben vom 22. Oktober 2026 teilen Sie uns mit, dass Sie auf weiteren Nachweisen für eine Mangelfreiheit bestehen, die in Form eines Gutachtens durch einen öffentlich bestellten und vereidigten Sachverständigen auf unsere Kosten eingeholt werden sollen.

Auf Grund unserer Fachkenntnisse und jahrelangen Erfahrungen bei der Durchführung von Arbeiten zur Herstellung von *Entwässerungsleitungen* **sowie der von uns durchgeführten Untersuchungen aus Anlass Ihrer Mangelanzeige sind wir der Auffassung, dass die Leistung mangelfrei ist. Wir sehen daher keine Veranlassung, unsere Leistungen durch einen Gutachter prüfen zu lassen.**

Sollten Sie trotz des von uns übersendeten Prüfungsberichtes weiterhin der Auffassung sein, dass unsere Leistungen mangelhaft sind, so schlagen wir Ihnen vor, dass wir gemeinsam einen Schiedsgutachter beauftragen, der die entsprechenden Leistungen in Bezug auf Ihre Mangelanzeige untersucht. Die Kosten des Schiedsgutachtens werden entsprechend dem Obsiegen und Verlieren durch den Gutachter verteilt.

Wir bitten Sie für eine schnelle Erledigung der Angelegenheit um ihre Vorschläge für einen Schiedsgutachter.

Für Rückfragen und eine Terminvereinbarung für ein Gespräch stehen wir gerne zur Verfügung.

Mit freundlichen Grüßen

....

(Unterschrift)

Hinweise zu Musterschreiben 38

Art des Schreibens: Muss, Sollte, Schriftform, Zugangsnachweis

Zeitpunkt des Schreibens: Das Schreiben muss versendet werden, wenn der Auftraggeber der Auffassung ist, dass die Ausführung mangelhaft sei und Nachweise für die mangelfreie Ausführung verlangt oder auf einer Mangelbeseitigung besteht, der Auftragnehmer aber weiterhin der Auffassung ist, dass seine Ausführung mangelfrei ist. **451**
Vorschriften: § 4 Abs. 7 VOB/B, § 8 Abs. 3 VOB/B.

Adressat: Auftraggeber; es ist nicht anzuraten, andere Beteiligte anzuschreiben. Vorliegend geht es um einen Vorschlag zur verbindlichen außergerichtlichen Streiterledigung. Über das Verfahren sollte der Auftraggeber selbst entscheiden. **452**

Nummerierung: Das Schreiben ist als allgemeines Schreiben zu nummerieren und zur Bauakte zu nehmen. Das Schreiben ist aber auch bei den Vertragsunterlagen abzulegen, da es sich um rechtliche Fragestellungen handelt. **453**

Text: In dem Schreiben ist auf den geführten Schriftverkehr und den in Streit stehenden Mangel hinzuweisen, sodass klar ist, um welche Angelegenheit es genau geht. Danach schlägt man die Lösung vor, die man für den anstehenden Streit als zielführend ansieht. Bei laufenden Streitigkeiten über eine mangelhafte Ausführung vor der Abnahme kann man mit diesen Vorschlägen einer Kündigung vorbeugen. Man sollte aber bedenken, dass der Auftraggeber nicht zu solchen Lösungen verpflichtet ist. **454**

Weitere Hinweise: Wenn der Auftraggeber auf keine einvernehmliche Lösung eingeht, sollte der Auftragnehmer in jedem Fall den in Frage gestellten Leistungsteil so dokumentieren, dass man auch zu einem späteren Zeitpunkt feststellen kann, dass die Ausführung mangelfrei ist. **455**

4.10 Mehrkostenforderungen

456 Bei geänderten oder zusätzlichen Leistungen gegenüber der vertraglich festgelegten Leistung kann der Auftragnehmer unter bestimmten Voraussetzungen eine geänderte oder zusätzliche Vergütung, andernfalls Schadenersatz fordern. Dabei kann die Bearbeitung der Mehrkostenforderungen den Bauleiter sowohl als Auftraggeber im Verhältnis zum Nachunternehmer betreffen als auch als Auftragnehmer gegenüber dem Auftraggeber. In beiden Fällen ist Sorgfalt geboten, da der wirtschaftliche Erfolg einer Baustelle nicht selten von Mehrkostenforderungen abhängt. Zur Bearbeitung der Mehrkostenforderungen ist in beide Richtungen eine sichere Kenntnis der Verträge und des Baurechts unerlässlich.

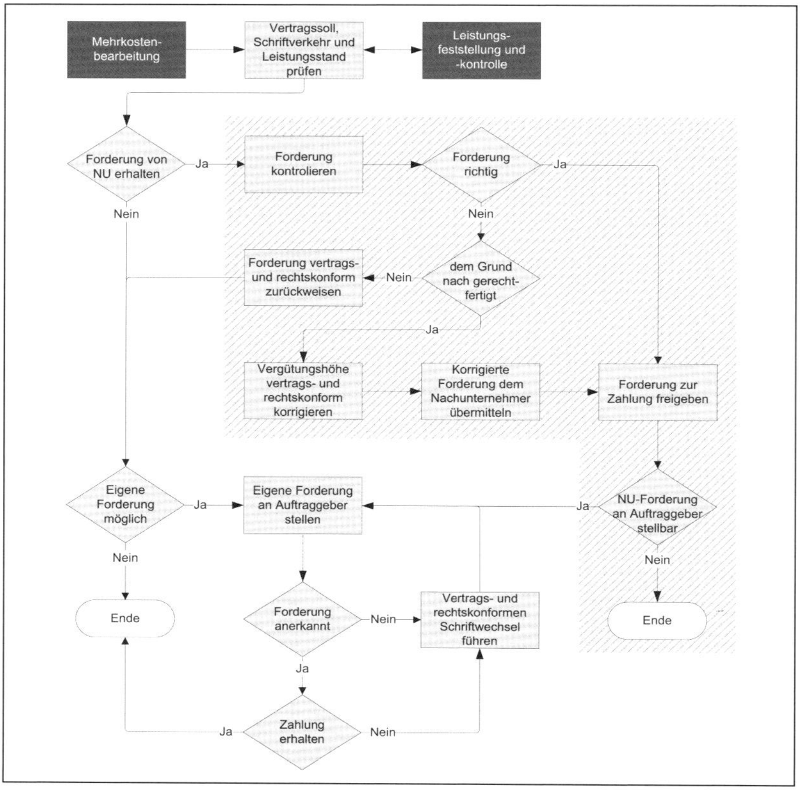

Abbildung 21: Mehrkostenforderungen

In der Praxis werden die Mehrkostenforderungen als Nachträge bezeichnet. Dieser Begriff hat sich durchgesetzt und findet sich auch im Gesetz, in der VOB findet er sich allerdings nicht. Bei vielen Auftraggebern ist dieser Begriff negativ besetzt. Ein »Nachtrag« hat das Image, dass es sich um eine unberechtigte Forderung handeln würde. Allerdings ist auch eine Vergütungsminderung auf Grund von Mindermassen eine nachträgliche Forderung des Auftraggebers, die eigentlich einen »Nachtrag« darstellt. Um eine gewisse Neutralität zu wahren, werden die in der Praxis so genannten Nachträge an dieser Stelle als Mehrkostenforderungen bezeichnet. In der Korrespondenz mit dem Auftraggeber kann man auch den Begriff Mehr-Minderkostenankündigung, -aufstellung etc. benutzen. **457**

Der Auftragnehmer führt auf der Baustelle die Leistungen durch, mit denen er das Bauwerk bis zur Abnahmereife herstellt. Dabei werden häufig nicht nur die Leistungen ausgeführt, die in der Ausschreibung und dem Leistungsverzeichnis benannt sind, sondern durch zahlreiche Abweichungen, Änderungen durch den Auftraggeber und notwendige zusätzliche Leistungen kommt es zu Mehrleistungen, die durch Ihre Herstellung Kosten beim Auftragnehmer verursachen. Eine Vielzahl dieser Leistungen beruht auf einer Verursachung durch den Auftraggeber. Für solche Leistungen kann der Auftragnehmer in aller Regel eine Erhöhung seiner im Vertrag vorgesehenen Vergütung verlangen. Für Leistungen, die der Auftragnehmer zu verantworten hat und die nicht im vertraglichen Leistungsumfang enthalten sind, kann der Auftragnehmer allerdings keine gesonderte Vergütung verlangen. Es ist daher durch den Bauleiter in erster Linie zu prüfen, welche Leistungen im Vertrag vorgesehen sind. Dieses Bausoll muss mit den tatsächlich ausgeführten Leistungen abgeglichen werden. **458**

Sollte der Bauleiter eine Mehrkostenforderung seines Nachunternehmers erhalten, hat er zu prüfen, ob diese Mehrkostenforderungen berechtigt sind. Dies wird im Einzelnen in Kapitel 7.5 ausgeführt. Eine Mehrkostenforderung des Nachunternehmers ist Anlass für den Bauleiter zu überlegen, ob die Mehrkostenforderungen ebenfalls an seinen Auftraggeber zu stellen sind. Dann ist die Mehrkostenforderung des Nachunternehmers so zu bearbeiten, dass sie den Voraussetzungen des Vertrages mit dem Auftraggeber entspricht. Hierzu gehört zum Beispiel die korrekte Bezeichnung der entsprechenden Positionen, der Bezug zu den eigenen Vertragspreisen etc. Durch den Ansatz der eigenen Zuschläge und der eigenen Preise kann es dazu kommen, dass der Betrag der eigenen Mehrkostenforderung von dem Betrag der Mehrkostenforderung des Nachunternehmers abweicht. **459**

460 Unabhängig von einer Mehrkostenforderung eines Nachunternehmers hat der Bauleiter ständig zu überprüfen, ob Mehrleistungen vorliegen. Diese Prüfung schließt auch den Schriftverkehr mit dem Auftraggeber ein, aus dem sich Mehrleistungen ergeben können. Eine weitere Ursache sind vom Auftraggeber gelieferte Pläne, aus denen sich Abweichungen zu dem ursprünglichen Bausoll ergeben. Diese Prüfungen auf Mehrleistungen müssen in jedem Fall vor der Ausführung erfolgen. Festgestellte Mehrleistungen teilt der Bauleiter dem Auftraggeber mit und meldet Mehrkosten an (MS 39). Dabei weist der Bauleiter darauf hin, dass es durch die Mehrleistungen zu einer Verlängerung der Bauzeit kommen kann.

461 Zwar ist nicht für alle Mehrleistungen eine schriftliche Anmeldung der Mehrkostenanzeige bei dem Auftraggeber notwendig. In vielen Fällen ist es allerdings nicht nur für einen Bauleiter, sondern auch für Juristen nicht mit ausreichender Sicherheit möglich zu bestimmen, ob es sich zum Beispiel um eine Mehrkostenforderung nach § 2 Abs. 5 VOB/B oder um eine Mehrkostenforderung nach § 2 Abs. 6 VOB/B handelt. Daher kann man als Bauleiter auf eine Unterscheidung verzichten und sollte bei jeder Mehrkostenforderung eine Nachricht an den Auftraggeber übersenden. Dies ist auch ein Kundenservice gegenüber dem Auftraggeber, da er rechtzeitig davon informiert wird, dass die Ausführung der Bauleistung mehr kosten wird als geplant.

462 In der Praxis wird im Zusammenhang mit Mehrkostenforderungen sehr viel Korrespondenz geführt. Im Grundsatz ist dies aber für einen Bauleiter im Zuge der Bauabwicklung sehr einfach zu handhaben. Der Bauleiter muss seine Mehrkostenforderung anmelden und in dieser Anmeldung die Gründe nennen, die ihm zu diesem Zeitpunkt bekannt sind. Mehr ist zunächst nicht erforderlich, damit die Forderung durchsetzbar ist. Nachdem die Mehrkostenanmeldung bei dem Auftraggeber eingereicht ist, erfolgt häufig eine Ablehnung. Diese Ablehnung ist in den meisten Fällen ohne rechtlichen Belang. Trotzdem sollte der Auftragnehmer in einem kurzen Schreiben (MS 40) seine Mehrkostenanmeldung bestätigen.

463 Nach Ausführung der Leistungen trägt der Bauleiter dafür Sorge, dass umgehend das Aufmaß und die Kalkulation dieser Leistungen erfolgen, damit sie in die nächste Abschlagsrechnung eingestellt werden können. Es ist nicht sinnvoll, dass mit dem Einreichen einer bezifferten Forderung bis zum Ende der Baumaßnahme abgewartet wird. Damit stellt sich nur eine Häufung von Streitigkeiten ein, die vermeidbar ist, wenn man die einzelnen Punkte jeweils zeitnah mit dem Auftraggeber klärt.

Erkennt der Auftraggeber eine Forderung dem Grunde nach an, kann noch die Höhe einer Vergütung zur Diskussion steht. Problematisch sind die Fälle, in denen der Auftraggeber die Mehrkostenanmeldung schon dem Grunde nach ablehnt. Es lassen sich für die Abwicklung der Baumaßnahme zwei Fälle unterscheiden. Weist der Auftraggeber eine Mehrkostenanmeldung zurück mit der Begründung, dass er die auszuführende Leistung als vertragliche Leistung ansehen würde, so zeigt er damit, dass er grundsätzlich die Ausführung der Leistung wünscht. In diesem Fall sollte der Bauleiter ebenfalls die Mehrkostenanmeldung aufrechterhalten und darauf hinweisen, dass er die Mehrkostenforderung einreichen wird. Gleichzeitig bestätigt er die Ausführung der Leistung (MS 41). **464**

Weist der Auftraggeber eine Mehrkostenanmeldung zurück und führt in der Begründung aus, dass er die beschriebene Leistung nicht haben möchte, darf der Bauleiter diese Leistung nicht ohne weitere Prüfung trotzdem ausführen. Er muss unterscheiden, ob die Leistung für die Ausführung eines mangelfreien Bauwerkes erforderlich ist. Wenn eine technische Notwendigkeit für die Leistung gegeben ist, muss der Bauleiter umgehend Bedenken anmelden (MS 42), damit er für diesen Mangel nicht in die Verantwortung genommen werden kann. Sollte die Leistung technisch nicht erforderlich sein, wird sie durch den Auftragnehmer nicht ausgeführt und der Vorgang ist erledigt. **465**

Wenn der Auftraggeber die Mehrkostenanmeldung dem Grunde nach anerkennt, ist es in der Praxis üblich, dass der Auftragnehmer ein Nachtragsangebot einreicht. Das ist im Gesetz, in § 650b BGB, vorgesehen. Ein Angebot bedeutet, dass der Auftragnehmer über den ausgewiesenen Betrag mit dem Auftraggeber verhandeln möchte. Nach den bisher üblichen Regelungen der VOB/B sind für Mehrforderungen die vertraglichen Preise zugrunde zu legen und daher gibt es keinen zwingenden Grund, warum über diese Preise verhandelt werden muss. Es handelt sich also bei den Nachtragsangeboten um einen unnötigen Schriftverkehr. Richtigerweise werden nach Ausführung der Leistungen die entsprechenden Beträge in die nächste Abschlagsrechnung eingestellt. Das hat den weiteren Vorteil, dass der in Rechnung gestellte Betrag zur Zahlung fällig wird, vorausgesetzt, er ist berechtigt, während das Einreichen eines Angebotes keine Fälligkeit auslöst. Zu beachten ist aber, dass die gesetzlichen Regelungen ein Angebot des Auftragnehmers voraussetzen, über das verhandelt werden muss. Die ist in Kapitel 12 ausgeführt und zu beachten. **466**

467 Die Aufforderung eines Auftraggebers an den Auftragnehmer zur Abgabe eines Angebotes geht in den meisten Fällen auch damit einher, dass der Auftraggeber für das Angebot kein Leistungsverzeichnis zur Verfügung stellt, obwohl er dies tun müsste. Der Bauleiter kann daher vor der Bearbeitung des Angebotes ein Schreiben (MS 43) an den Auftraggeber verschicken, in dem er die Mehrkosten für eine Bearbeitung abfragt.

468 Die Abgabe von Angeboten hat weiterhin den Nachteil, dass durch Auftraggeber formelle Anforderungen gestellt werden, die weder im Vertrag noch an anderer Stelle vorgesehen sind. Ein typischer Punkt ist die Nennung einer Anspruchsgrundlage. Hierzu ist der Auftragnehmer nicht verpflichtet, da der Auftraggeber selbst in der Lage ist, die Berechtigung einer Mehrkostenforderung zu prüfen. Um Mehrkostenforderungen in eine Abschlagsrechnung einzustellen, sollten diese entsprechend den Anforderungen nach § 14 Abs. 1 VOB/B begründet werden.

469 Verweigert der Auftraggeber die Zahlung von Mehrkostenforderungen, stellt sich die Frage, ob der Auftragnehmer die Leistung einstellen darf. Im einfachen Fall verweigert der Auftraggeber bereits die Zahlung von Leistungen nach einer Mehrkostenanmeldung. Insoweit gilt, wie bereits oben ausgeführt, dass der Auftragnehmer diese Leistung nicht ausführt und eine Bedenkenanmeldung versendet. Sollte der Auftraggeber die Zahlung nach der Ausführung der Leistungen verweigern, richtet sich die Möglichkeit der Verweigerung der Leistung nach § 16 Abs. 5 Nr. 5 VOB/B. Danach ist eine Einstellung der Arbeiten bis zur Zahlung möglich, wenn der Auftraggeber zuvor eine ihm vom Auftragnehmer gesetzte, angemessene Nachfrist erfolglos hat verstreichen lassen. Man sollte allerdings bedenken, dass auf Grund der Kooperationspflichten die Einstellung der Arbeiten an vielfältige Bedingungen geknüpft sein kann, die sich nach dem jeweiligen Einzelfall bestimmen. Außerdem muss sich der Bauleiter der Berechtigung der Mehrkostenforderung sehr sicher sein, da er ansonsten riskiert, dass der Auftraggeber kündigt und Schadensersatzansprüche geltend macht. Bei Streitigkeiten über die Höhe von Mehrkostenforderungen versucht man daher durch zeitnahe Verhandlungen oder eine Streitregulierung mit Hilfe eines Dritten ein Ergebnis zu finden.

470 Die VOB/B enthält zahlreiche Regelungen für Mehrkosten. In vielen Fällen geben aber Klauseln in den Bauverträgen oder das Gesetz andere Regelungen vor. Im Allgemeinen entsprechen sich die vertraglichen Regelungen im Grundsatz, sodass im Folgenden kurz auf die einzelnen Regelungen in der Reihenfolge der VOB/B eingegangen wird.

§ 2 Abs. 3 VOB/B sieht vor, dass im Falle des Entstehens von Mehr- oder Mindermassen entsprechende Mehr- oder Minderkosten durch die Vertragspartner geltend gemacht werden können. Voraussetzung für eine Anwendung ist aber, dass die Massenänderung nicht auf eine Anordnung oder eine Änderung des Auftraggebers zurückzuführen ist. In der Praxis wird dies in den meisten Fällen völlig übersehen, zumal es schon eine Tradition bei älteren Bauleitern ist, dass man alle Mehr- oder Mindermassen über § 2 Abs. 3 VOB/B abrechnet. Das Vorliegen einer echten Anwendung ist aber äußerst selten. In den meisten Fällen liegt eine Anordnung des Auftraggebers nach § 1 Abs. 3, 2 Abs. 5 VOB/B vor. Wenn beispielsweise 10.000 m² Pflastersteine ausgeschrieben sind, und der Auftraggeber eine weitere Fläche ebenfalls gepflastert haben möchte, dann handelt es sich um eine Anordnung nach § 1 Abs. 3, 2 Abs. 5 VOB/B, aber eben nicht um einen Fall des § 2 Abs. 3 VOB/B. **471**

Ebenfalls in der Praxis verkannt ist die Vorschrift des § 2 Abs. 4 VOB/B. Wenn der Auftraggeber Leistungen selbst übernimmt, ist die Vergütung zu behandeln wie bei einer freien Kündigung. Lässt der Auftraggeber die Leistungen ganz entfallen, handelt es sich in sehr vielen Fällen auch um eine freie Kündigung nach § 8 Abs. 1 VOB/B. Das hat zur Folge, dass der Auftraggeber für die gekündigte Leistung die volle Vergütung an den Auftragnehmer bezahlen muss, abzüglich der ersparten Aufwendungen und anderweitigem Erwerb. In aller Regel sind die ersparten Aufwendungen die Einzelkosten der Teilleistungen für den Fall, dass der Auftragnehmer noch keinerlei Leistung ausgeführt hat. Sollte aber zum Beispiel bereits ein Nachunternehmer beauftragt worden sein, entstehen durch dessen Kündigung ebenfalls Aufwendungen, die nicht durch den Auftragnehmer erspart worden sind, sowie bei getätigtem Materialeinkauf, der Bereitstellung von Geräten etc. Bei der Berechnung der Vergütung ist es in den Fällen der Kündigung für den Bauleiter erheblich leichter, da er lediglich von den Vertragspreisen, also zum Beispiel Vordersatz x Einheitspreis, seine ersparten Aufwendungen abziehen muss. Er berechnet die Vergütung »von oben«, während er bei sonstigen Mehrforderungen »von unten hoch« kalkulieren muss. **472**

Eine gekündigte Leistung kann auch vorliegen, wenn der Auftraggeber stattdessen eine andere Leistung beauftragt. Die Abgrenzung zwischen einer Leistungsänderung und der Kündigung einer Leistung sowie der folgenden Beauftragung einer neuen Leistung ist nicht immer einfach zu finden. Sollten jedoch Positionen ganz entfallen, kann man in der Regel von einer Teilkündigung ausgehen. **473**

474 § 2 Abs. 5 VOB/B trifft für die meisten Anwendungsfälle zu. Sollte der Auftraggeber nach Vertragsabschluss Leistungen ändern, so ändert sich unter Berücksichtigung der Mehr- oder Minderkosten auch die vertragliche Vergütung. Eine gewisse Vorsicht ist bei Anordnungen des Auftraggebers geboten. Der Grundgedanke der VOB/B ist, dass in diesen Fällen eine Mehrkostenanmeldung nicht erfolgen muss, da der Auftraggeber durch die getroffene Änderung in dem Bewusstsein ist, dass dadurch auch eine Änderung der vertraglichen Vergütung erfolgt. Allerdings ist es in vielen Verträgen und besonderen Vertragsbedingungen vorgesehen, dass auch geänderte Leistungen nur ausgeführt werden dürfen, wenn sie durch den Auftraggeber vor der Ausführung schriftlich beauftragt worden sind. Um Unklarheiten in diesen Fällen zu vermeiden, versendet der Bauleiter eine Mehrkostenanmeldung (MS 44), in der die Anordnung des Auftraggebers bestätigt wird.

475 In vielen Fällen wird im Nachhinein darüber gestritten, ob es sich wirklich um eine Anordnung des Auftraggebers gehandelt hat. Dies ist zum Beispiel der Fall, wenn Änderungen in freigegebenen Plänen vorhanden sind, mündliche Anordnungen gegeben werden oder in den Besprechungsprotokollen Leistungsänderungen enthalten sind. Die Versendung des bestätigenden Schreibens sollte daher in jedem Fall auch darauf hinweisen, dass der Auftraggeber unverzüglich widersprechen muss, wenn er die genannte Anordnung nicht erteilt haben will.

476 § 2 Abs. 6 VOB/B sieht ebenfalls eine besondere Vergütung vor, wenn der Auftraggeber Leistungen fordert, die nicht im Vertrag vorgesehen waren. Die besondere Vergütung bestimmt sich in gleicher Art und Weise, wie sie auch bei § 2 Abs. 5 VOB/B berechnet wird. Ein wichtiger Unterschied besteht allerdings darin, dass die Mehrkostenforderungen für im Vertrag nicht vorgesehene Leistungen vor der Ausführung schriftlich dem Auftraggeber mitzuteilen sind. Allerdings kann auf das Ankündigen der Mehrkostenforderungen verzichtet werden, wenn die zusätzliche Leistung in jedem Fall erforderlich ist. Allerdings resultieren die meisten Streitigkeiten aus einer fehlenden Ankündigung, sodass der Bauleiter in jedem Fall ein entsprechendes Schreiben versenden sollte.

477 Ein Weisungsrecht des Auftraggebers zur Anordnung von zusätzlichen Leistungen nach § 2 Abs. 6 VOB/B ist jedoch auf Leistungen beschränkt, die im Zusammenhang mit der Ausführung der vertraglichen Leistung stehen. Nur aus diesem Grunde wird für zusätzliche Leistungen auch nur eine Vergütung bezahlt, die sich an den Vertragspreisen orientiert. Sollte die angeordnete zu-

sätzliche Leistung nicht im Zusammenhang mit der vertraglichen Leistung stehen, so kann der Auftragnehmer einerseits den Preis nach freiem Ermessen anbieten, andererseits aber auch die Ausführung ablehnen. Beispielsweise ist es bei dem Bau eines Einfamilienhauses keine zusätzliche Leistung nach § 2 Abs. 6 VOB/B, wenn der Auftraggeber den Bau eines zweiten Hauses auf dem gleichen Grundstück anordnet. Hierbei kommt es deshalb nicht darauf an, ob der Auftragnehmer überhaupt in der Lage ist, diese Leistung auszuführen. § 1 Abs. 4 VOB/B sieht ausdrücklich vor, dass die vom Auftraggeber geforderte Leistung, die nicht bereits im Bauvertrag vereinbart war, zur Ausführung der vertraglichen Leistung erforderlich sein muss. Das sind in aller Regel nur Leistungen, welche in der Ausschreibung vergessen worden sind, zum Beispiel als Extremfall die Fundamente eines Hauses, eine notwendige Fluchttreppe etc.

Verlangt der Auftraggeber Leistungen, die nicht zur Ausführung der vertraglichen Leistung erforderlich sind, weist der Bauleiter in einem Schreiben (MS 45) darauf hin und bietet dem Auftraggeber an, diese Leistung als zusätzlichen Auftrag auszuführen. Es besteht ebenfalls ein Anspruch des Auftragnehmers darauf, dass der Auftraggeber die zusätzliche Leistung ordnungsgemäß ausschreibt, plant und ein entsprechendes Leistungsverzeichnis aufstellt. Da es sich um einen vollständig neuen Auftrag handelt, können die Modalitäten unabhängig von dem bestehenden Vertrag ebenfalls neu ausgehandelt werden. **478**

§ 2 Abs. 7 VOB/B gilt, wenn für die Leistung oder Teile der Leistung Pauschalsummen vereinbart sind. Von zentraler Bedeutung ist § 2 Abs. 7 Nr. 2 VOB/B, da er auch bei einer vereinbarten Pauschalsumme eine Änderung der Vergütung vorsieht, wenn der Auftraggeber Leistungen kündigt, ändert oder zusätzliche Leistungen fordert. Daher muss der Bauleiter auch bei einer pauschalen Vergütung immer prüfen, ob nicht eine Änderung vorliegt, die der Auftraggeber verursacht hat. Wenn das vorliegt, ist es ebenfalls ratsam, eine entsprechende Mehrkostenankündigung (MS 46) an den Auftraggeber zu versenden. **479**

§ 2 Abs. 7 Nr. 1 VOB/B sieht eine Preisanpassung für die Fälle vor, in denen die Abweichung von der vertraglich vorgesehenen Leistung so erheblich ist, dass ein Festhalten an der Pauschalsumme nicht zumutbar ist. Diese Fälle liegen in aller Regel nicht vor. Es handelt sich dabei meistens um Kalkulationsfehler des Auftragnehmers. Eine Anwendung dieser Regelung bildet daher eine sehr seltene Ausnahme. Man kann bei einer Erhöhung der Leistung ab ca. 25 %, die aus der Ausschreibung nicht ersichtlich war, die Durchset- **480** zung eines Anspruches versuchen. Hierbei kommt es auf die Voraussetzungen und Gegebenheiten des Einzelfalles an.

481 § 2 Abs. 8 VOB/B gilt als »Notnagel« für den Auftragnehmer. Es kommt häufig vor, dass durch die eigenen Mitarbeiter bereits Leistungen ausgeführt werden, die vertraglich nicht vorgesehen waren. Diese Leistungen sind in aller Regel durch den Bauablauf bedingt oder technisch notwendig. In diesem Fall besteht ein Anspruch des Auftragnehmers auf eine zusätzliche Vergütung, wenn die Leistungen zur Erfüllung des Vertrages notwendig waren, dem mutmaßlichen Willen des Auftraggebers entsprachen und ihm unverzüglich schriftlich (MS 47) angezeigt wurden. Eine entsprechende Mehrforderung wird nach dem Vertragspreisgefüge bestimmt, so wie auch bei den Mehrforderungen nach § 2 Abs. 5, Abs. 6 VOB/B.

482 Ist die ausgeführte Leistung nicht erforderlich und durch den Auftraggeber nicht akzeptiert, muss sie durch den Auftragnehmer entfernt werden. Das ist besonders misslich, da für den Auftragnehmer neben den Kosten für die Herstellung auch die Kosten für den Rückbau anfallen. Aus Sicht des Auftraggebers handelt es sich um einen Mangel, sodass er sogar einen größeren Einbehalt vornehmen darf. Im schlimmsten Fall einigt man sich auf ein Belassen der Leistung und einen Minderungsbetrag. Da solche Situationen für den Auftragnehmer wirtschaftlich nicht sinnvoll sind, muss der Bauleiter sie vermeiden.

483 § 2 Abs. 9 VOB/B führt erstaunlicherweise in der Praxis ein Schattendasein. Wenn der Auftraggeber Zeichnungen, Berechnungen oder andere Unterlagen verlangt, die der Auftragnehmer nicht nach den vertraglichen Regelungen schuldet, steht dem Auftragnehmer eine Vergütung dafür zu. Das gleiche gilt, wenn der Auftraggeber den Auftragnehmer anweist, technische Berechnungen, die nicht vom Auftragnehmer stammen, zu prüfen. Zwar sieht § 2 Abs. 9 VOB/B keine Pflicht des Auftragnehmers vor, die entsprechenden Mehrkosten anzumelden, es ist aber ratsam, an den Auftraggeber ein entsprechendes Schreiben (MS 48) zu versenden.

484 Regiearbeiten, die im Stundenlohn abgerechnet werden sollen, müssen vor der Ausführung ausdrücklich zwischen dem Auftraggeber und dem Auftragnehmer vereinbart werden. Vertragliche Regelungen sind zu beachten, andernfalls gilt § 15 VOB/B. Die Anordnung von Regiearbeiten durch nicht bevollmächtigte Vertreter des Auftraggebers führen zu unnötigen Streitigkeiten. Die entsprechende Vollmacht ist im Vorfeld zu klären und eine zeitnahe Doku-

mentation und Abrechnung der Stundenlohnarbeiten anzufertigen und dem Auftraggeber vorzulegen.

Nach der Anmeldung der Mehrkosten ist deren Höhe zeitnah zu bestimmen. **485**
Dabei hat nur das Vertragsverhältnis zwischen dem Auftraggeber und dem Auftragnehmer Bedeutung. Für alle Mehrkostenforderungen, die der Auftragnehmer an den Auftraggeber stellt, sind Regelungen des Vertragsverhältnisses zwischen einem Nachunternehmer und dem Auftragnehmer nicht von Bedeutung. Etwas anderes gilt nur für die Fälle, in denen der Auftragnehmer mit dem Auftraggeber vereinbart hat, dass er als Vergütung die Nachunternehmerpreise zuzüglich eines Zuschlages erhält. Solche Konstellationen findet man in Vertragsformen, bei denen der Auftraggeber und der Auftragnehmer die Leistungen gemeinsam an einen Nachunternehmer vergeben, zum Beispiel bei einem Garantierten Maximalpreisvertrag.

Wenn die Leistungen, für die eine Mehrforderung besteht, durch einen Nach- **486**
unternehmer ausgeführt worden sind, ist es häufig so, dass Auftraggeber die Kalkulation auf Grund der vertraglichen Preise nicht akzeptieren, sondern die Vergütungshöhe des Nachunternehmers sehen wollen. Das führt in aller Regel dazu, dass sich die Auftraggeber jeweils die eigenen Preise des Auftragnehmers und die Preise des Nachunternehmers zeigen lassen, um sodann die günstigeren Preise zu wählen. Es muss daher durch den Bauleiter bereits am Anfang klargestellt werden, dass sämtliche Mehrforderungen nur auf Grundlage der eigenen Preise berechnet werden. Andernfalls vergibt der Bauleiter die Vergabegewinne, handelt sich aber andererseits alle Vergabeverluste ein. Es besteht kein Anspruch des Auftraggebers auf eine Information über die Preise des Nachunternehmers. Zu beachten sind unbedingt die Ausführungen in Kapitel 12, welche Alternativen aufzeigen!

In diesem Zusammenhang besteht die weit verbreitete Meinung, dass ein Ge- **487**
neralunternehmer im Prinzip lediglich die Leistungen seines Bauvertrages in gleicher Art und Weise an verschiedene Nachunternehmer vergeben muss, um durch seine Zuschläge entsprechende Gewinne zu machen. Man muss aber immer bedenken, dass ein so genanntes »Durchstellen der Verträge« in kaum einem Fall funktioniert. In aller Regel ergeben sich auf den Schnittstellen der Vergabe zu den Nachunternehmern Lücken in den einzelnen Leistungsbeschreibungen, die im Hauptvertrag nicht enthalten sind. Bei der Vergabe an Nachunternehmer sind diese Lücken zu beheben. Man muss sich darüber hinaus bemühen, Leistungen an den Nachunternehmer zu vergeben, die im Hauptvertrag fehlen.

488 Eine Auseinandersetzung zwischen dem Auftraggeber und dem Auftragnehmer über die Höhe der Vergütung für Mehrleistungen ist alltäglich. In aller Regel führt der Bauleiter diese Verhandlungen. Wenn der Auftragnehmer seine Kalkulation hinterlegt hat, die so genannte Urkalkulation, sind viele Auftraggeber bemüht, bereits zu einem frühen Zeitpunkt Einblick in die verschlossen hinterlegte Kalkulation zu nehmen. Sie begründen dies mit einer Prüfung der für die Mehrkosten angegebenen Preise, die nur mit einem Einblick in die hinterlegte Kalkulation möglich sei. Das Öffnen der Urkalkulation darf üblicherweise nur bei einer Anwesenheit des Auftragnehmers erfolgen. Der Bauleiter hat in diesen Fällen die Urkalkulation selbst zu öffnen und muss nur die in Frage stehenden Preise vorzeigen. Der Auftraggeber ist nicht berechtigt, bei dieser Gelegenheit alle Preisgrundlagen anzusehen.

489 Für die Prüfung der meisten Mehrleistungen ist ein Einblick in die hinterlegte Kalkulation nicht erforderlich. In aller Regel lassen sich die Preise aus den angegebenen Vertragspreisen, den Angaben zu den Zuschlägen und weiteren Preisbestandteilen bereits herleiten. Oftmals erleichtert es aber die Verhandlung und den Nachweis der Vergütung, wenn der Auftragnehmer eine entsprechende Urkalkulation vorlegen kann, in der sich die bei der Berechnung der Mehrkosten gemachten Angaben wiederfinden. Bei der Bestimmung der Höhe von Mehrforderungen hat der Bauleiter daher immer auch seine eigenen Angaben in der hinterlegten Kalkulation zu beachten.

490 Sollte der Auftraggeber die Forderung kürzen, muss der Bauleiter die Berechtigung der Kürzung prüfen. Gegebenenfalls hat der Bauleiter vertrags- und rechtskonform Einspruch gegen die unrechtmäßige Kürzung zu erheben. In diesem Schreiben (MS 49) ist bereits eine Begründung auszuführen, warum die geforderte Vergütung zutreffend ist.

491 Neben den aufgezählten Ansprüchen auf eine Vergütung gibt es auch Ansprüche auf Schadenersatz. Nach § 6 Abs. 6 VOB/B besteht ein solcher Anspruch, wenn der Auftraggeber hindernde Umstände zu vertreten hat. Das bedeutet, dass der Auftraggeber Ereignisse verschuldet haben muss, die zu Bauzeitverzögerungen geführt haben. Voraussetzung für Ansprüche auf Grund von hindernden Umständen ist eine Anzeige hindernder Umstände. Man versendet immer eine Behinderungsanzeige an den Auftraggeber, auch wenn ihm die Gründe einer Behinderung des Bauablaufs bekannt sind. Zwar kann man nach § 6 Abs. 1 VOB/B auf eine Anzeige verzichten, wenn dem Auftraggeber die Tatsache offenkundig bekannt ist. Allerdings ist weiterhin erforderlich, dass dem Auftraggeber auch die hindernde Wirkung bekannt war. In

vielen Fällen ist es durch den Auftragnehmer schlecht nachweisbar, dass der Auftraggeber Kenntnisse über die Auswirkungen hatte.

Der wesentliche Unterschied für einen Schadensersatzanspruch auf Grund von hindernden Umständen im Gegensatz zu einem Vergütungsanspruch liegt in der Bestimmung der Höhe der Forderung. Bei einem Vergütungsanspruch bestimmt sich die Höhe, so wie bereits ausgeführt, auf Grund der im Vertrag vorgesehenen Preise und Preisbestandteile. Bei einem Schadensersatzanspruch bestimmt sich die Höhe aus der Differenz von zwei Vermögenslagen. Man bildet hierzu die Differenz zwischen der Vermögenslage des Geschädigten, die hypothetisch gegeben wäre, wenn das schädigende Ereignis nicht stattgefunden hätte, zu der Vermögenslage des Geschädigten nach Eintritt des schädigenden Ereignisses. Das bedeutet, der Geschädigte soll durch den Schadenersatz so gestellt werden, als ob das schädigende Ereignis nicht stattgefunden hätte. **492**

Für den Bauleiter bedeutet das, dass die reine Dokumentation im Sinne eines Aufmaßes und der Ansatz der Vertragspreise nicht ausreichend sind. Der Bauleiter muss mit höchster Genauigkeit die täglichen Auswirkungen der hindernden Umstände dokumentieren, die betroffenen Mitarbeiter namentlich aufführen und die tatsächlich entstandenen Schäden beziffern. Das sind zum Beispiel die konkreten Gehälter der Mitarbeiter im Gegensatz zu dem vertraglichen Mittellohn, die tatsächlichen Kosten für Geräte und nicht die Sätze aus der BGL etc. **493**

Eine solche Dokumentation findet man quasi nie. Der Bauleiter muss trotzdem bemüht sein, die Dokumentation so ausführlich wie möglich zu halten. Im Streitfall kann die Höhe des Schadens auch durch einen Gutachter geschätzt werden. Hierfür sind allerdings auch umfangreiche Angaben notwendig, damit der Gutachter eine Grundlage für seine Schätzungen hat. Eine andere Möglichkeit besteht darin, statt eines Schadenersatzanspruches nach § 6 Abs. 6 VOB/B einen Anspruch auf Entschädigung nach § 642 BGB geltend zu machen. Für diesen Anspruch gelten ebenfalls andere Regelungen für den Nachweis zu der Höhe der Forderung. Aber auch bei einem solchen Anspruch auf Entschädigung bleiben die Pflichten des Bauleiters bestehen, nämlich die Anzeige der hindernden Umstände, deren Abmeldung und die Dokumentation zu den Auswirkungen. Daher kann man aus dem Blickwinkel des Bauleiters auf eine Differenzierung der rechtlichen Grundlagen verzichten. **494**

Checkliste 18: Mehrkostenforderungen

Wann:	Vor, während und nach der Ausführung
Warum:	Zustehende Vergütung und Ansprüche sicherstellen
Wer:	Bauleiter mit Polier
Was:	Prüfung des geschuldeten Bausolls Prüfung der auszuführenden Leistungen; Soll-Ist-Abgleich durchführen Prüfung der Verantwortlichkeit für eine Abweichung Mehrkostenforderung anmelden
Wie:	Vertragsprüfung Schriftverkehr prüfen DIN-Normen und andere Unterlagen prüfen; Inaugenscheinnahme vor Ort
Kontrolle:	Können alle auszuführenden Leistungen in Rechnung gestellt werden? Sind Leistungen ausgeführt worden, die nicht vorgesehen waren? Gibt es Verzögerungen oder Störungen im Bauablauf?
Weiteres Vorgehen:	Mehrkostenanmeldung an Auftraggeber versenden Mehrleistungen in den Bauablauf integrieren Mehrkosten beziffern und in die Rechnung einstellen Dokumentation führen Mehrkosten mit dem Auftraggeber verhandeln
Eigene Anmerkungen:	

Musterschreiben 39: Mitteilung von Mehrkosten

Adressat: *Auftraggeber*

Bauvorhaben: ....

Datum: ....

MK Nr. *7:* **Ankündigung von Mehrkosten**

Sehr geehrte Damen und Herren,

bei der Ausführung des Bauvorhabens wird es zu Mehrkosten kommen.

Dies hat folgenden Grund:

Vertraglich vorgesehene Leistung ist die Ausführung *der Trockenbauwände mit einer Oberfläche in der Qualitätsstufe I.*

Tatsächlich auszuführende Leistung ist *nach der von Ihnen nun beabsichtigten Beschichtung der Trockenbauwände und der entsprechenden Planung eine Ausführung der Oberflächen in der Qualitätsstufe IV.*

Damit ergibt sich eine Mehrleistung durch die Ausführung *von Spachtel- und Schleifarbeiten, die durch ein vollflächiges Überarbeiten der Gipsplattenoberflächen zusätzlich erforderlich werden.*

Durch die Mehrleistungen bedingt entsteht eine erhöhte Vergütung. Wir werden Ihnen diese mitteilen, sobald wir die Leistungen ausgeführt haben.

Durch die Mehrleistungen kann es zu einer Verlängerung der Bauzeit kommen. Dies lässt sich allerdings im Moment für uns noch nicht absehen. Wir werden Ihnen unverzüglich Mitteilung machen.

Für Rückfragen stehen wir gerne zur Verfügung.

Mit freundlichen Grüßen

....

(Unterschrift)

Hinweise zu Musterschreiben 39

Art des Schreibens: Muss, Schriftform, Zugangsnachweis

495 **Zeitpunkt des Schreibens:** Das Schreiben muss vor der Ausführung der Leistung versendet werden. Dabei ist möglichst ein zeitlicher Vorlauf einzuhalten, der es dem Auftraggeber ermöglicht zu antworten.

496 **Vorschriften:** § 1 Abs. 3 VOB/B, § 1 Abs. 4 VOB/B, § 2 Abs. 5 VOB/B, § 2 Abs. 6 VOB/B; diese Vorschriften sehen zwar nicht in jedem Fall zwingend vor, dass der Auftragnehmer bei dem Auftraggeber die Ausführung der geänderten oder zusätzlichen Leistungen anmeldet. Dem Auftraggeber ist allerdings in den meisten Fällen nicht bewusst, dass es in Plänen geänderte oder zusätzliche Leistungen gibt. Daher ist es auch ein streitvermeidender Kundenservice, dem Auftraggeber dies mitzuteilen.

497 **Adressat:** Auftraggeber; es ist in jedem Fall anzuraten, dass die Mehrkostenanmeldung an den Auftraggeber gesendet wird, da dieser die Vergütung zu bezahlen hat.

498 **Nummerierung:** Die Mehrkostenanmeldung sollte fortlaufend nummeriert werden und dadurch leicht auffindbar sein. Die Nummer kann bei späteren Rechnungen oder weiterem Schriftverkehr zur Identifikation verwendet werden.

499 **Text:** Die Mehrkostenanmeldung muss so formuliert sein, dass auch ein Laie erkennen kann, für welche Mehrleistungen in welchen Plänen die zusätzliche Vergütung entsteht. Daher ist es sinnvoll, die Pläne mit den markierten Details beizulegen. Wenn die Leistungen zu einer Verlängerung der Bauzeit führen, ist diese Bauzeitverlängerung vorzubehalten.

500 **Weitere Hinweise:** Die Darstellung in freigegebenen Plänen ist üblicherweise als eine Anordnung des Auftraggebers zu qualifizieren, wenn er oder ein von ihm Bevollmächtigter die Pläne freigegeben hat. Sollte allerdings ein nicht zur Beauftragung von Mehrleistungen Bevollmächtigter die Pläne freigegeben haben, ist in jedem Fall vor der Ausführung der Leistung die Mehrkostenanmeldung zu versenden.

Wenn Mehrkosten angemeldet werden, muss der Auftraggeber entscheiden, ob er diese Leistungen haben möchte. Wenn er sie ablehnt, sind diese Leistungen nicht auszuführen.

Sind die Leistungen allerdings erforderlich, damit der Auftragnehmer seine Leistung mangelfrei erbringen kann, dann sind bei einer Ablehnung des Auftraggebers Bedenken anzumelden, vgl. Musterschreiben 42.

Musterschreiben 40: Aufrechterhalten einer Mehrkostenanmeldung

Adressat: *Auftraggeber*

Bauvorhaben: ....

Datum: ....

MK Nr. *7-1:* **Aufrechterhaltung der Mehrkostenanmeldung**

Sehr geehrte Damen und Herren,

mit Schreiben vom *28. September 2025* **haben Sie unsere Mehrkostenanmeldung vom** *12. September 2025*, **betreffend die Mehrleistungen** *durch die erhöhte Qualität der Oberflächen der Gipskartonständerwände ohne die Angabe von Gründen* **abgelehnt.**

Aus den von uns genannten Gründen halten wir die Forderung aufrecht.

Wir bitten Sie Ihre Ablehnung schriftlich zu begründen.

Sollten Sie auf die Ausführung der Mehrleistungen verzichten wollen, bitten wir um sofortige, schriftliche Mitteilung. Andernfalls werden wir die vergütungspflichtige Mehrleistung ausführen.

Nach der Ausführung der Leistungen werden wir auf der Grundlage der Vertragspreise die Höhe der Vergütung berechnen und in die nächste Abschlagsrechnung einstellen. Auf die Folgen der Zahlungsverweigerung weisen wir vorsorglich hin.

Für Rückfragen stehen wir gerne zur Verfügung.

Mit freundlichen Grüßen

....

(Unterschrift)

Hinweise zu Musterschreiben 40

Art des Schreibens: Sollte, Schriftform

501 **Zeitpunkt des Schreibens:** Das Schreiben ist vor der Ausführung der Leistung zu versenden, wenn der Auftraggeber die Mehrkostenanmeldung bereits vor der Ausführung ablehnt. Sollte mit der Leistung, für welche die Mehrkosten angemeldet worden sind, bereits begonnen sein, ist das Schreiben unmittelbar nach Erhalt der Ablehnung zu versenden.

502 **Vorschriften:** § 1 Abs. 3, Abs. 4 VOB/B; § 2 Abs. 5, Abs. 6 VOB/B; § 2 Abs. 6 VOB/B sieht zwingend vor, dass der Auftragnehmer bei dem Auftraggeber die Ausführung der besonderen Leistungen anmeldet, da der Auftraggeber dafür eine zusätzliche Vergütung zahlen muss. Die Anmeldung sollte in jedem Fall erfolgen, auch wenn die Rechtsprechung die Anmeldung als nicht erforderlich ansieht, wenn der Auftraggeber wusste, dass er eine zusätzliche Vergütung zahlen muss, oder wenn die zusätzliche Leistung ohne Alternativen zwingend erforderlich ist. § 2 Abs. 5 VOB/B sieht keine Pflicht des Auftragnehmers vor, bei Leistungsänderungen des Auftraggebers eine Mehrkostenanmeldung zu versenden. Man sollte die Anmeldung der Mehrkosten aber in jedem Fall versenden, damit Klarheit herrscht.
Weiterhin die Abschnitte 4 der Normen der VOB/C, welche die Besonderen Leistungen enthalten, die eine erhöhte Vergütung ermöglichen. Die ebenfalls in den Abschnitten 4 enthaltenen Nebenleistungen sind nicht gesondert zu vergüten.
Es gibt keine Vorschrift, dass nach einer Ablehnung von Mehrkosten eine Aufrechterhaltung durch den Auftragnehmer erforderlich wäre. Dies sollte aber erfolgen, damit der Auftraggeber weiß, dass der Auftragnehmer an seiner Forderung festhält.

503 **Adressat:** Auftraggeber; es ist in jedem Fall anzuraten, dass die Aufrechthaltung der Mehrkostenanmeldung an den Auftraggeber gesendet wird, da dieser die Vergütung zu bezahlen hat.

504 **Nummerierung:** Die Aufrechterhaltung der Mehrkostenanmeldung sollte als Folgenummer der Mehrkostenanmeldung nummeriert werden, bei der Mehrkostenanmeldung abgelegt werden und dadurch leicht auffindbar sein. Die Nummer kann bei späteren Rechnungen oder weiterem Schriftverkehr zur Identifikation verwendet werden.

Text: Die Aufrechthaltung der Mehrkostenanmeldung muss so formuliert sein, dass auch ein Laie erkennen kann, für welche Mehrleistungen der Anspruch auf zusätzliche Vergütung weiterhin verlangt wird. Die Ablehnungsgründe des Auftraggebers sind zu erfragen. **505**
Wenn die Leistungen zu einer Verlängerung der Bauzeit führen, ist diese Bauzeitverlängerung vorzubehalten. Das sollte allerdings schon in der eigentlichen Mehrkostenanmeldung erfolgt sein.

Weitere Hinweise: Wenn Mehrkosten durch den Auftraggeber abgelehnt worden sind, muss der Auftragnehmer nachfragen, ob der Auftraggeber diese Leistungen haben möchte. Wenn er sie ablehnt, sind diese Leistungen nicht auszuführen. **506**
Sind die Leistungen allerdings erforderlich, damit der Auftragnehmer seine Leistung mangelfrei erbringen kann, dann sind bei einer Ablehnung des Auftraggebers Bedenken anzumelden, vgl. Musterschreiben 42.

Musterschreiben 41: Entgegnung auf begründete Ablehnung einer Mehrkostenanmeldung

Adressat: *Auftraggeber*

Bauvorhaben: ....

Datum: ....

MK Nr. *7-2:* **Aufrechterhaltung der Mehrkostenanmeldung**

Sehr geehrte Damen und Herren,

mit Schreiben vom *28. September 2025* **haben Sie unsere Mehrkostenanmeldung vom** *12. September 2025* **betreffend die Mehrleistungen** *durch die erhöhte Qualität der Oberflächen der Gipskartonständerwände mit der Begründung* **abgelehnt, dass diese Leistung im Vertragsumfang enthalten sei.**

Aus den von uns genannten Gründen halten wir die Forderung aufrecht. Wir gehen davon aus, dass Sie die Ausführung der Leistung in Kenntnis unserer Mehrkostenanmeldung wünschen und werden die vergütungspflichtige Mehrleistung ausführen.

Nach der Ausführung der Leistungen werden wir auf der Grundlage der Vertragspreise die Höhe der Vergütung berechnen und in die nächste Abschlagsrechnung einstellen. Auf die Folgen der Zahlungsverweigerung weisen wir vorsorglich hin.

Wir werden Ihnen mit der Rechnungsbegründung die ausgearbeiteten Unterlagen zur Begründung unserer Forderung übersenden.

Für Rückfragen stehen wir gerne zur Verfügung.

Mit freundlichen Grüßen

....

(Unterschrift)

Hinweise zu Musterschreiben 41

Art des Schreibens: Sollte, Schriftform,

Zeitpunkt des Schreibens: Das Schreiben ist vor der Ausführung der Leistung zu versenden, wenn der Auftraggeber die Mehrkostenanmeldung bereits vor der Ausführung ablehnt. Sollte mit der Leistung, für welche die Mehrkosten angemeldet worden sind, bereits begonnen sein, ist das Schreiben unmittelbar nach Erhalt der Ablehnung zu versenden. **507**

Vorschriften: § 1 Abs. 3, Abs. 4 VOB/B; § 2 Abs. 5, Abs. 6 VOB/B; § 2 Abs. 6 VOB/B sieht zwingend vor, dass der Auftragnehmer bei dem Auftraggeber die Ausführung der besonderen Leistungen anmeldet, da der Auftraggeber dafür eine zusätzliche Vergütung zahlen muss. Die Anmeldung sollte in jedem Fall erfolgen, auch wenn die Rechtsprechung die Anmeldung als nicht erforderlich ansieht, wenn der Auftraggeber wusste, dass er eine zusätzliche Vergütung zahlen muss, oder wenn die zusätzliche Leistung ohne Alternativen zwingend erforderlich ist. § 2 Abs. 5 VOB/B sieht keine Pflicht des Auftragnehmers vor, bei Leistungsänderungen des Auftraggebers eine Mehrkostenanmeldung zu versenden. Man sollte die Anmeldung der Mehrkosten aber in jedem Fall versenden, damit Klarheit herrscht. **508**
Weiterhin die Abschnitte 4 der Normen der VOB/C, welche die Besonderen Leistungen enthalten, die eine erhöhte Vergütung ermöglichen. Die ebenfalls in den Abschnitten 4 enthaltenen Nebenleistungen sind nicht gesondert zu vergüten.
Es gibt keine Vorschrift, dass nach einer Ablehnung von Mehrkosten eine Aufrechterhaltung durch den Auftragnehmer erforderlich wäre. Dies sollte aber erfolgen, damit der Auftraggeber weiß, dass der Auftragnehmer an seiner Forderung festhält.

Adressat: Auftraggeber; es ist in jedem Fall anzuraten, dass die Aufrechthaltung der Mehrkostenanmeldung an den Auftraggeber gesendet wird, da dieser die Vergütung zu bezahlen hat. **509**

Nummerierung: Die Aufrechterhaltung der Mehrkostenanmeldung sollte als Folgenummer der Mehrkostenanmeldung nummeriert werden, bei der Mehrkostenanmeldung abgelegt werden und dadurch leicht auffindbar sein. Die Nummer kann bei späteren Rechnungen oder weiterem Schriftverkehr zur Identifikation verwendet werden. **510**

511 **Text:** Die Aufrechthaltung der Mehrkostenanmeldung muss so formuliert sein, dass auch ein Laie erkennen kann, für welche Mehrleistungen der Anspruch auf zusätzliche Vergütung weiterhin verlangt wird.

Wenn die Leistungen zu einer Verlängerung der Bauzeit führen, ist diese Bauzeitverlängerung vorzubehalten. Das sollte allerdings schon in der eigentlichen Mehrkostenanmeldung erfolgt sein.

512 **Weitere Hinweise:** Wenn Mehrkosten durch den Auftraggeber abgelehnt worden sind, muss der Auftragnehmer nachfragen, ob der Auftraggeber diese Leistungen haben möchte. Wenn er sie ablehnt, sind diese Leistungen nicht auszuführen.

Sind die Leistungen allerdings erforderlich, damit der Auftragnehmer seine Leistung mangelfrei erbringen kann, dann sind bei einer Ablehnung des Auftraggebers Bedenken anzumelden, vgl. Musterschreiben 42.

Die Ablehnungsgründe des Auftraggebers sind zu widerlegen.

Musterschreiben 42: Bedenkenanmeldung nach Ablehnung der Leistung einer Mehrkostenanmeldung

Adressat: *Auftraggeber*

Bauvorhaben: ....

Datum: ....

BD Nr. *5:* **Bedenkenanmeldung**

Sehr geehrte Damen und Herren,

wir hatten in unserer Mehrkostenanmeldung vom *23. Juni 2025* **darauf hingewiesen, dass die Ausführung** *von einer zusätzlichen Ankerlage zur Sicherung der Steifigkeit des Baugrubenverbaus* **notwendig erscheint. Sie haben uns mit Ihrem Schreiben vom** *30. Juni 2025* **mitgeteilt, dass Sie die Ausführung nicht wünschen.**

Wir haben Bedenken, ob unsere Leistung mangelfrei ausgeführt werden kann.

Bereich: *Gesamter Baugrubenverbau*

Art der Bedenken: *Die Rückverankerung erscheint uns nicht ausreichend, sodass es zu einer Verformung der Baugrubenwand kommen kann mit der Folge, dass der angrenzende Baugrund nachrutscht. Hierdurch können Setzungen in der Nachbarbebauung entstehen.*

Aufgrund unserer Bedenken lehnen wir für entsprechende Schäden dieser Ausführung die Haftung und Gewährleistung ab.

Sollten Sie unsere Bedenken teilen, bitten wir um die entsprechende Berücksichtigung. Sollten Ihre Entscheidung und die geänderte Planung nicht bis zum *Dienstag, den 28. Juli 2025* **bei uns eingegangen sein, werden wir Ihrer Anordnung Folge leisten und die zusätzliche** *Ankerlage* **nicht ausführen.**

Für Rückfragen stehen wir gerne zur Verfügung.

Mit freundlichen Grüßen

....

(Unterschrift)

Hinweise zu Musterschreiben 42

Art des Schreibens: Muss, Schriftform, Zugangsnachweis

513 **Zeitpunkt des Schreibens:** Das Schreiben ist sofort zu versenden, wenn dem Auftragnehmer seine Bedenken bewusst werden. § 4 Abs. 3 VOB/B sieht die Unverzüglichkeit vor, was ohne schuldhaftes Zögern bedeutet. § 4 Abs. 3 VOB/B sieht zwar vor, dass der Auftragnehmer seine Bedenken vor der Ausführung der Arbeiten anmeldet, allerdings handelt es sich um keine zwingende Formulierung. Der Auftragnehmer kann seine Bedenken also auch noch während der Ausführung anmelden, ohne dass es verspätet wäre.
Hier entstehen die Bedenken, weil der Auftraggeber angemeldete Mehrleistungen mit der Folge von Mehrkosten abgelehnt hat. Hält der Auftragnehmer die Mehrleistungen für erforderlich, so muss er direkt nach Ablehnung der Ausführung der zusätzlichen Leistungen die Bedenken anmelden.

514 **Vorschriften:** § 4 Abs. 3 VOB/B Diese Vorschrift sieht zwingend vor, dass der Auftragnehmer bei dem Auftraggeber Bedenken anmeldet in den folgenden Fällen:

- Es bestehen Bedenken, dass die durch den Auftraggeber oder seinen Planer vorgesehene Art der Ausführung zu Mängeln führt.
- Es bestehen Bedenken, dass die durch den Auftraggeber oder seinen Planer vorgesehene Art der Ausführung nicht oder nur mit erheblichem Mehraufwand gegen Unfallgefahren gesichert werden kann, sodass große Gefahr besteht.
- Es bestehen Bedenken, dass die durch den Auftraggeber oder seine Lieferanten beigestellten Baustoffe nicht die notwendige Qualität aufweisen.
- Es bestehen Bedenken, dass die durch den Auftraggeber oder seine Lieferanten beigestellten Bauteile nicht die notwendige Qualität aufweisen.
- Es bestehen Bedenken, dass die durch den Auftraggeber oder seine anderen Vorunternehmer ausgeführten Vorgewerke nicht die notwendige Qualität aufweisen.

515 **Adressat:** Auftraggeber; es ist in jedem Fall anzuraten, dass die Bedenkenanmeldung an den Auftraggeber gesendet wird. In vielen Fällen ist der planende Architekt auch der für den Bauherren bauleitende Beteiligte. Daher ist es sinnvoll, dass der Bauherr informiert wird.

Nummerierung: Die Bedenkenanmeldung sollte nummeriert werden und dadurch leicht auffindbar sein. Sie wird üblicherweise erst zu einem späteren Zeitpunkt erheblich, wenn es um Fragen der Mängel und der Gewährleistung geht. **516**

Text: Die Bedenkenanmeldung muss so formuliert sein, dass auch ein Laie erkennen kann, aus welchem Umstand an welchem Bauteil welche Schäden oder Mängel entstehen können. Es sind alle möglichen Folgen genau zu benennen. **517**

Weitere Hinweise: Wenn Bedenken angemeldet werden, muss der Auftraggeber entscheiden, ob er seine vorgegebene Ausführung belässt oder Änderungen vornimmt. Dafür ist eine Frist zu setzen und anzukündigen, dass es im Falle fehlender Entscheidung zu hindernden Umständen kommt. **518**
Sollte der Auftraggeber die Bedenken zurückweisen, so ist dies unschädlich. Es sollte trotzdem ein Schreiben erfolgen, in dem die Bedenken aufrechterhalten werden.

Musterschreiben 43: Mitteilung von Mehrkosten für ein Mehrkostenangebot

Adressat: *Auftraggeber*

Bauvorhaben: ....

Datum: ....

MK Nr. *8:* **Ankündigung von Mehrkosten für Planung und Angebotslegung**

Sehr geehrte Damen und Herren,

Sie hatten in Ihrem Schreiben vom *2. Juni 2026* **ein Angebot für eine Leistungsänderung erbeten. Diese betrifft die Änderung der vertraglichen Ausführung** *einer abgehängten Decke mit Gipskartonplatten* **in die geänderte Ausführung** *einer abgehängten Decke als Akustikdecke.*

Gerne erstellen wir Ihnen ein entsprechendes Angebot. Hierfür benötigen wir das von Ihnen aufgestellte Leistungsverzeichnis.

Sollten Sie das Leistungsverzeichnis nicht aufstellen wollen, übernehmen wir gerne auch diese Planungsleistung. Wir bitten Sie um eine entsprechende Mitteilung.

Wir weisen darauf hin, dass wir die Planungsleistung und das von Ihnen gewünschte Angebot für die geänderte Leistung als eine von unserem Hauptauftrag unabhängige Leistung verstehen. Die Vergütung für diese Leistungen sollte vor unserer Planung und Angebotslegung für die Bauleistung vereinbart werden.

Alternativ können Sie die Leistungsänderung nach § 2 Abs. 5 VOB/B anordnen, sodass wir die Leistung nach unseren Vertragspreisen und dem Vorliegen Ihrer Planung ausführen.

Für ein Gespräch stehen wir gerne zur Verfügung.

Mit freundlichen Grüßen

....

(Unterschrift)

Hinweise zu Musterschreiben 43

Art des Schreibens: Muss/Sollte, Schriftform, Zugangsnachweis

Zeitpunkt des Schreibens: Das Schreiben muss vor der Ausführung der Leistung versendet werden. Dabei ist möglichst ein zeitlicher Vorlauf einzuhalten, der es dem Auftraggeber ermöglicht zu antworten. 519

Vorschriften: § 1 Abs. 3 VOB/B, § 1 Abs. 4 VOB/B, § 2 Abs. 5 VOB/B, § 2 Abs. 6 VOB/B; diese Vorschriften sehen zwar nicht in jedem Fall zwingend vor, dass der Auftragnehmer bei dem Auftraggeber die Ausführung der geänderten oder zusätzlichen Leistungen anmeldet. Dem Auftraggeber ist allerdings in den meisten Fällen nicht bewusst, dass es in Plänen geänderte oder zusätzliche Leistungen gibt. Daher ist es auch ein streitvermeidender Kundenservice, dem Auftraggeber dies mitzuteilen. 520
Wenn der Auftraggeber das Leistungsverzeichnis für die vertraglichen Leistungen gestellt hatte, dann bleibt er auch in der Folgezeit verpflichtet, bei geänderten oder zusätzlichen Leistungen das Leistungsverzeichnis zu erstellen. Hierbei handelt es sich um eine Planungsleistung. Wenn der Auftragnehmer nun für Angebote für Mehrkostenforderungen ein Leistungsverzeichnis erstellt, übernimmt er die Planungsleistung. Dafür steht ihm eine zusätzliche Vergütung zu, die er bei dem Auftraggeber anmelden muss. Andernfalls muss der Auftraggeber auch weiterhin diese Leistung selbst erbringen.

Adressat: Auftraggeber; es ist in jedem Fall anzuraten, dass die Mehrkostenanmeldung an den Auftraggeber gesendet wird, da dieser die Vergütung zu bezahlen hat. 521

Nummerierung: Die Mehrkostenanmeldung sollte fortlaufend nummeriert werden und dadurch leicht auffindbar sein. Die Nummer kann bei späteren Rechnungen oder weiterem Schriftverkehr zur Identifikation verwendet werden. 522

Text: Die Mehrkostenanmeldung muss so formuliert sein, dass auch ein Laie erkennen kann, für welche Mehrleistungen die zusätzliche Vergütung entsteht. 523

Weitere Hinweise: Der Auftragnehmer übernimmt das Risiko der Vollständigkeit und Richtigkeit für von ihm erstellte Leistungsverzeichnisse. Daher ist Vorsicht geboten, für Mehrkostenforderungen im Rahmen eines Angebotes die Leistungsbeschreibung vorzunehmen. 524
Wenn Mehrkosten angemeldet werden, muss der Auftraggeber entscheiden, ob er diese Leistungen haben möchte. Wenn er sie ablehnt, sind diese Leistungen nicht auszuführen.

Musterschreiben 44: Anforderungen der schriftlichen Anordnungsbestätigung

Adressat: *Auftraggeber*

Bauvorhaben: ....

Datum: ....

MK Nr. *9:* **Ankündigung von Mehrkosten**

Sehr geehrte Damen und Herren,

bei der Bausitzung am 8. November 2026 **haben Sie die Änderung** *der Stützen im Erdgeschoss* **angeordnet. Vertraglich vorgesehen waren** *eckige Querschnitte,* **nun sollen** *runde Querschnitte* **ausgeführt werden.** *Einzelheiten finden sich in dem Ihnen zugestellten Protokoll der Sitzung.*

Durch die Ausführung der Änderung wird es durch einen Mehraufwand *bei der Bewehrung, der Schalung und die Umstellung der Betonrezeptur* **zu Mehrkosten kommen.**

Vertraglich ist von Ihnen gewünscht, dass wir die geänderte Leistung nur nach schriftlicher Beauftragung von Ihnen durchführen dürfen. Gerne ändern wir die Ausführung. Wir bitten Sie um eine schriftliche Bestätigung Ihrer Änderung durch Unterschrift und Rücksendung dieses Schreibens.

Durch die Mehrleistungen bedingt entsteht eine erhöhte Vergütung. Wir werden Ihnen diese mitteilen, sobald wir die Leistungen ausgeführt haben. Durch die Mehrleistungen kann es zu einer Verlängerung der Bauzeit kommen. Dies lässt sich allerdings im Moment für uns noch nicht absehen. Wir werden Ihnen unverzüglich Mitteilung machen.

Für Rückfragen stehen wir gerne zur Verfügung.

Mit freundlichen Grüßen

....

(Unterschrift)

Die Beauftragung *der Stützenform*, **wie in der Bausitzung protokolliert, wird hiermit bestätigt.**

....	....
Datum	**Unterschrift Auftraggeber**

Hinweise zu Musterschreiben 44

Art des Schreibens: Muss, Schriftform

Zeitpunkt des Schreibens: Das Schreiben muss vor der Ausführung der Leistung versendet werden. Dabei ist möglichst ein zeitlicher Vorlauf einzuhalten, der es dem Auftraggeber ermöglicht zu antworten. 525

Vorschriften: § 1 Abs. 3, Abs. 4 VOB/B; § 2 Abs. 5, Abs. 6 VOB/B; § 2 Abs. 6 VOB/B sieht zwingend vor, dass der Auftragnehmer bei dem Auftraggeber die Ausführung der besonderen Leistungen anmeldet, da der Auftraggeber dafür eine zusätzliche Vergütung zahlen muss. Die Anmeldung sollte in jedem Fall erfolgen, auch wenn die Rechtsprechung die Anmeldung als nicht erforderlich ansieht, wenn der Auftraggeber wusste, dass er eine zusätzliche Vergütung zahlen muss, oder wenn die zusätzliche Leistung ohne Alternativen zwingend erforderlich ist. § 2 Abs. 5 VOB/B sieht keine Pflicht des Auftragnehmers vor, bei Leistungsänderungen des Auftraggebers eine Mehrkostenanmeldung zu versenden. Man sollte die Anmeldung der Mehrkosten aber in jedem Fall versenden, damit Klarheit herrscht. 526
Zwar ist die mündliche Anordnung des Auftraggebers oder seines Bevollmächtigten zu geänderten oder zusätzlichen Leistungen ausreichend und muss nicht zwingend schriftlich erfolgen. Es sollte aber mit der schriftlichen Bestätigung der Anordnung Rechtssicherheit hergestellt werden, dass dem Auftraggeber auch bewusst ist, dass seine Anordnung richtig verstanden worden ist und diese Anordnung Mehrkosten verursacht.
Häufig sehen vertragliche Regelungen vor, dass der Auftragnehmer vor der Ausführung eine schriftliche Anordnung einholen muss.

Adressat: Auftraggeber; es ist in jedem Fall anzuraten, dass die Mehrkostenanmeldung an den Auftraggeber gesendet wird, da dieser die Vergütung zu bezahlen hat. 527

Nummerierung: Die Mehrkostenanmeldung sollte fortlaufend nummeriert werden und dadurch leicht auffindbar sein. Die Nummer kann bei späteren Rechnungen oder weiterem Schriftverkehr zur Identifikation verwendet werden. 528

Text: Die Mehrkostenanmeldung muss so formuliert sein, dass auch ein Laie erkennen kann, für welche Mehrleistungen die zusätzliche Vergütung entsteht. Es ist auszuführen, wann und womit der Auftraggeber die ändernde Anordnung ausgesprochen hat. Wenn die Leistungen zu einer Verlängerung der Bauzeit führen, ist diese Bauzeitverlängerung vorzubehalten. 529

530 **Weitere Hinweise:** Man sollte immer im Vertrag prüfen, ob nicht eine schriftliche Anordnung des Auftraggebers vor der Ausführung von kostenverursachenden Mehrleistungen zwingend vorgeschrieben ist. Wenn Mehrkosten angemeldet werden, muss der Auftraggeber entscheiden, ob er diese Leistungen haben möchte. Wenn er sie ablehnt, sind diese Leistungen nicht auszuführen.

Wenn der Auftraggeber die Entscheidung oder die im Vertrag vorgesehene schriftliche Anordnung vor der Ausführung nicht rechtzeitig erteilt, sind eventuell hindernde Umstände anzumelden, vergleiche Musterschreiben 5 oder 7.

Musterschreiben 45: Ablehnung von zusätzlichen Leistungen und Zusatzangebot

Adressat: *Auftraggeber*

Bauvorhaben: ....

Datum: ....

AS Nr. *19:* **Zusatzauftrag**

Sehr geehrte Damen und Herren,

mit Schreiben vom *13. Oktober 2025* **haben Sie die Ausführung** *einer Waschstraße* **als zusätzliche Leistung gewünscht.**

Diese Leistung ist nicht zur Erbringung unserer vertraglichen Leistung *zur Errichtung des Werkstattbetriebes* **erforderlich. Es handelt sich daher nicht um eine Anordnung im Rahmen des vertraglichen Weisungsrechtes. Wir können diese Leistungen aber gerne für Sie ausführen.**

Gerne erstellen wir Ihnen ein entsprechendes Angebot. Hierfür benötigen wir das von Ihnen aufgestellte Leistungsverzeichnis und die Planungsunterlagen.

Sollten Sie die Planung und das Leistungsverzeichnis nicht aufstellen wollen, übernehmen wir gerne auch diese Planungsleistung. Wir bitten Sie um eine entsprechende Mitteilung.

Wir weisen darauf hin, dass die Planungsleistung und das von Ihnen gewünschte Angebot für einen zusätzlichen Auftrag eine von unserem Hauptauftrag unabhängige Leistung ist. Die Vergütung für diese Leistungen sollte vor unserer Planung und Angebotslegung für die Bauleistung vereinbart werden.

Für ein Gespräch stehen wir Ihnen gerne zur Verfügung.

Mit freundlichen Grüßen

....

(Unterschrift)

Hinweise zu Musterschreiben 45

Art des Schreibens: Muss, Schriftform

Zeitpunkt des Schreibens: Das Schreiben muss nach einer Anfrage und vor der Ausführung der Leistung versendet werden.

531 **Vorschriften:** § 1 Abs. 4 VOB/B, § 2 Abs. 6 VOB/B; diese Vorschriften sehen vor, dass das Weisungsrecht des Auftraggebers nur solche zusätzlichen Leistungen umfasst, die zur Ausführung der vertraglichen Leistung erforderlich sind. Zusätzliche Leistungen, welche nicht zwingend erforderlich sind, können durch den Auftraggeber mit seinem Anordnungsrecht nicht erzwungen werden.

532 Ergänzend § 2 Abs. 6 VOB/B; diese Vorschrift sieht zwingend vor, dass der Auftragnehmer bei dem Auftraggeber die Ausführung der besonderen Leistungen anmeldet, da der Auftraggeber dafür eine zusätzliche Vergütung zahlen muss. Diese Vorschrift gilt allerdings nur in den Fällen, in denen die zusätzliche Leistung durch den Auftraggeber angeordnet werden kann.

533 **Adressat:** Auftraggeber; es ist in jedem Fall anzuraten, dass das Schreiben an den Auftraggeber gesendet wird, da dieser die Entscheidung über einen neuen Vertrag bzw. die Erweiterung des bestehenden Leistungsumfangs zu treffen hat.

534 **Nummerierung:** Das Schreiben ist als allgemeines Schreiben zu nummerieren und zur Bauakte zu nehmen. Wichtiger ist allerdings die Dokumentation und Ablage des Antwortschreibens, in dem der Auftraggeber mitteilt, ob er unabhängig von dem bestehenden Vertrag den erweiterten Leistungsumfang neu beauftragen möchte. Die Nummer kann bei späteren Rechnungen oder weiterem Schriftverkehr zur Identifikation verwendet werden.

535 **Text:** Das Schreiben muss die vom Auftraggeber verlangte zusätzliche Leistung beschreiben und darauf verweisen, dass diese nicht vom Anordnungsrecht umfasst ist. Gleichzeitig ist die Bereitschaft anzuzeigen, die Leistung im Falle einer Beauftragung nach Preisverhandlungen ausführen zu wollen. Andernfalls ist gegebenenfalls darauf hinzuweisen, dass man die Leistung nicht ausführen kann.
Wenn die Leistung im Falle einer Beauftragung zu einer Verlängerung der Bauzeit für den vertraglichen Leistungsumfang führt, ist diese Bauzeitverlängerung vorzubehalten und in das neue Angebot einzupreisen.

Weitere Hinweise: Die Grenze des Anordnungsrechtes des Auftraggebers ist nicht klar definiert. Man sollte also in zweifelhaften Fällen juristischen Rat einholen. 536
Wenn die verlangte Leistung nicht dem Anordnungsrecht des Auftraggebers unterliegt, muss der Auftragnehmer sie einerseits nicht zwingend ausführen. Andererseits ist er bei seinem Angebot auch nicht an die Preisfortschreibungsregelung des § 2 Abs. 6 VOB/B gebunden, sondern kann seine Preise frei von seinen bisherigen Vertragspreisen neu kalkulieren.

Musterschreiben 46: Ankündigung von Mehrkosten bei Pauschalpreis

Adressat: *Auftraggeber*

Bauvorhaben: ....

Datum: ....

MK Nr. *10:* **Ankündigung von Mehrkosten**

Sehr geehrte Damen und Herren,

bei der Ausführung des Bauvorhabens wird es zu Mehrkosten kommen.

Dies hat folgenden Grund:

Vertraglich vorgesehene Leistung ist die Ausführung *der Trockenbauwände in dem Bauvorhaben nach dem vertraglichen Plan XY 654*. **Für diese Leistung ist eine Pauschale vereinbart.**

Tatsächlich auszuführende Leistung ist *nach der von Ihnen nun beabsichtigten Ausführung gegenüber dem vertraglichen Plan XY 654 ebenfalls das Stellen von Wänden in den Achsen 5 und 7, jeweils zwischen den Achsen G und H.*

Damit ergibt sich eine Mehrleistung durch die Ausführung *der zusätzlichen Wände und der entsprechenden Anschlüsse an die vertraglichen Trockenbauwände, die Stützen und den Treppenhauskern.*

Die Mehrleistungen sind nicht in der vertraglichen Vergütungspauschale enthalten, da sie auf Ihren Änderungswünschen beruhen. Daher melden wir eine erhöhte Vergütung an. Nach der Ausführung der Leistungen werden wir auf der Grundlage der Pauschalvergütung die Höhe der zusätzlichen Vergütung berechnen. Durch die Mehrleistungen kann es zu einer Verlängerung der Bauzeit kommen. Dies lässt sich allerdings im Moment für uns noch nicht absehen. Wir werden Ihnen unverzüglich Mitteilung machen.

Für Rückfragen stehen wir gerne zur Verfügung.

Mit freundlichen Grüßen

....

(Unterschrift)

Hinweise zu Musterschreiben 46

Art des Schreibens: Muss, Schriftform, Zugangsnachweis

Zeitpunkt des Schreibens: Das Schreiben muss vor der Ausführung der Leistung versendet werden. Dabei ist möglichst ein zeitlicher Vorlauf einzuhalten, der es dem Auftraggeber ermöglicht zu antworten. **537**

Vorschriften: § 1 Abs. 3 VOB/B, § 1 Abs. 4 VOB/B, § 2 Abs. 5 VOB/B, § 2 Abs. 6 VOB/B; diese Vorschriften sehen zwar nicht in jedem Fall zwingend vor, dass der Auftragnehmer bei dem Auftraggeber die Ausführung der geänderten oder zusätzlichen Leistungen anmeldet. Dem Auftraggeber ist allerdings in den meisten Fällen nicht bewusst, dass es in Plänen geänderte oder zusätzliche Leistungen gibt. Daher ist es auch ein streitvermeidender Kundenservice, dem Auftraggeber dies mitzuteilen. **538**
Häufig wird die Auffassung vertreten, dass bei einer Pauschale als Preis keine Mehrkosten durch den Auftragnehmer geltend gemacht werden können. Dies ist für die Fälle nicht zutreffend, in denen der Auftraggeber nach Vertragsabschluss den Leistungsumfang durch Anordnungen ändert. Gemäß § 2 Abs. 7 Nr. 2 VOB/B bleiben § 2 Abs. 5 und Abs. 6 gültig. Daher ist trotz einer Pauschalsumme als vertragliche Vergütung genauso vorzugehen, wie dies auch bei den Mehrkostenforderungen ohne Pauschalpreisvereinbarung zu tun ist.

Adressat: Auftraggeber; es ist in jedem Fall anzuraten, dass die Mehrkostenanmeldung an den Auftraggeber gesendet wird, da dieser die Vergütung zu bezahlen hat. **539**

Nummerierung: Die Mehrkostenanmeldung sollte fortlaufend nummeriert werden und dadurch leicht auffindbar sein. Die Nummer kann bei späteren Rechnungen oder weiterem Schriftverkehr zur Identifikation verwendet werden. **540**

Text: Die Mehrkostenanmeldung muss so formuliert sein, dass auch ein Laie erkennen kann, für welche Mehrleistungen die zusätzliche Vergütung entsteht. Daher ist es sinnvoll, zum Beispiel die Pläne mit den markierten Details beizulegen. Wenn die Leistungen zu einer Verlängerung der Bauzeit führen, ist diese Bauzeitverlängerung vorzubehalten. **541**

Weitere Hinweise: Die Darstellung in freigegebenen Plänen ist üblicherweise als eine Anordnung des Auftraggebers zu qualifizieren, wenn er oder ein von ihm Bevollmächtigter die Pläne freigegeben hat. Sollte allerdings ein nicht zur Beauftragung von Mehrleistungen Bevollmächtigter die Pläne freigegeben **542**

haben, ist in jedem Fall vor der Ausführung der Leistung die Mehrkostenanmeldung zu versenden.
Wenn Mehrkosten angemeldet werden, muss der Auftraggeber entscheiden, ob er diese Leistungen haben möchte. Wenn er sie ablehnt, sind diese Leistungen nicht auszuführen.
Sind die Leistungen allerdings erforderlich, damit der Auftragnehmer seine Leistung mangelfrei erbringen kann, dann sind bei einer Ablehnung des Auftraggebers Bedenken anzumelden, vgl. Musterschreiben 42.
Der Auftraggeber kann auch durch andere Anordnungen Mehrkosten bei Pauschalpreisabreden auslösen, zum Beispiel durch mündliche oder schriftliche Äußerungen. Auch in diesen Fällen ist so vorzugehen, wie es vorstehend beschrieben worden ist.

Musterschreiben 47: Mitteilung von Mehrkostenforderungen bei bereits ausgeführten Leistungen

Adressat: *Auftraggeber*

Bauvorhaben: ....

Datum: ....

MK Nr. *11:* **Ankündigung von Mehrkosten**

Sehr geehrte Damen und Herren,

bei der Ausführung des Bauvorhabens sind Mehrkosten entstanden. Dies hat folgenden Grund:

Vertraglich vorgesehene Leistung ist die Ausführung *der Auflagerung der Fertigteilträger auf die Konsolen der Stützen, Lagesicherung mit Dollen.*

Tatsächlich ausgeführte Leistung ist *die Auflagerung auf die Konsolen mit elastischen Zwischenlagern und Lagesicherung mit Dollen.*

Damit ergibt sich eine Mehrleistung durch die Ausführung *der eingebrachten Elastomerlager. Die Zwischenlager wurden im Zuge der Fertigteilmontage seit heute morgen durch Auflegen eingebracht.*

Die Ausführung war technisch zwingend erforderlich, da *es bei einer Auflagerung ohne elastische Zwischenlager zu Abplatzungen an den Fertigteilen bei der späteren Nutzung und thermischen Einflüssen kommen kann.*

Durch die Mehrleistungen bedingt entsteht eine erhöhte Vergütung. Wir werden Ihnen diese mitteilen, sobald wir die Leistungen vollständig ausgeführt haben.

Für Rückfragen stehen wir gerne zur Verfügung.

Mit freundlichen Grüßen

....

(Unterschrift)

Hinweise zu Musterschreiben 47

Art des Schreibens: Muss, Schriftform, Zugangsnachweis

Zeitpunkt des Schreibens: Das Schreiben muss sofort nach der Ausführung der Leistung versendet werden.

Vorschriften: § 2 Abs. 8 VOB/B; diese Vorschriften sehen vor, dass der Auftragnehmer bei dem Auftraggeber die Ausführung der geänderten oder zusätzlichen Leistungen anmeldet. Eigentlich müssen zusätzliche Leistungen **543**

nach § 2 Abs. 6 VOB/B schon vor der Ausführung angemeldet werden. Es kommt aber vor, dass man erst bei der Ausführung merkt, dass weitere Leistungen erforderlich sind, die vertraglich nicht vorgesehen waren. Wenn dies durch den Auftragnehmer bemerkt wird, hat er diesen Mehrkosten anzumelden. Er darf mit der Anmeldung der Mehrkosten nicht einfach abwarten und diese in die Rechnung aufnehmen.

544 **Adressat:** Auftraggeber; es ist in jedem Fall anzuraten, dass die Mehrkostenanmeldung an den Auftraggeber gesendet wird, da dieser die Vergütung zu bezahlen hat.

545 **Nummerierung:** Die Mehrkostenanmeldung sollte fortlaufend nummeriert werden und dadurch leicht auffindbar sein. Die Nummer kann bei späteren Rechnungen oder weiterem Schriftverkehr zur Identifikation verwendet werden.

546 **Text:** Die Mehrkostenanmeldung muss so formuliert sein, dass auch ein Laie erkennen kann, für welche Mehrleistungen die zusätzliche Vergütung entsteht. Daher ist es sinnvoll, die Leistung und den Einbauort zu beschreiben. Man sollte ebenfalls mit angeben, aus welchem Grund man die zusätzliche Leistung ausgeführt hat und warum dies technisch erforderlich ist. Wenn die Leistungen zu einer Verlängerung der Bauzeit führen, ist diese Bauzeitverlängerung vorzubehalten.

547 **Weitere Hinweise:** Wenn die zusätzlichen Leistungen nicht technisch zwingend erforderlich sind, ist der Auftragnehmer auf Verlangen des Auftraggebers verpflichtet, diese zusätzlichen Leistungen rückzubauen. Es liegt daher auch im Interesse des Auftragnehmers, die Leistungen dem Auftraggeber sofort mitzuteilen und eine Klärung herbeizuführen.

Sind die zusätzlichen Leistungen allerdings erforderlich, damit der Auftragnehmer seine Leistung mangelfrei erbringen kann, dann sind bei einer Ablehnung des Auftraggebers Bedenken anzumelden, vgl. Musterschreiben 42. Vor einem Rückbau ist also die definitive Klärung mit dem Auftraggeber herbeizuführen.

Wenn die zusätzlichen Leistungen nicht technisch zwingend erforderlich sind, der Auftraggeber diese Leistungen aber nach der Ausführung haben möchte, dann muss er sie anerkennen. In diesem Fall hat er die zusätzlichen Leistungen auch zu vergüten.

Die Vergütung des Auftragnehmers ist nach § 2 Abs. 5 VOB/B zu berechnen, wenn es vergleichbare Kalkulationsansätze oder Leistungen im vertraglichen Leistungsverzeichnis gibt. Andernfalls ist die Vergütung gemäß § 2 Abs. 6 VOB/B zu berechnen.

Musterschreiben 48: Mitteilung von Mehrkosten auf Grund von § 2 Abs. 9 VOB/B

Adressat: *Auftraggeber*

Bauvorhaben: ....

Datum: ....

MK Nr. *12:* **Ankündigung von Mehrkosten**

Sehr geehrte Damen und Herren,

bei der Ausführung des Bauvorhabens wird es zu Mehrkosten kommen.

Dies hat folgenden Grund:

Vertraglich vorgesehene Leistung ist die Ausführung *des Bauvorhabens auf Grund Ihrer Ausführungsplanung und der entsprechenden Baubeschreibung einschließlich des Leistungsverzeichnisses.*

Tatsächlich auszuführende Leistung ist *nach Ihrer Anforderung eine von uns ausgeführte Standsicherheitsberechnung für die Böschung der Baugrube, die von Ihrem Vorunternehmer hergestellt worden ist.*

Damit ergibt sich eine Mehrleistung durch die Ausführung *der Berechnungen, die für unsere Leistung der Betonarbeiten Rohbau nicht erforderlich sind.*

Durch die Mehrleistungen bedingt entsteht eine erhöhte Vergütung. Wir werden Ihnen diese mitteilen, sobald wir die Leistungen ausgeführt haben.

Für Rückfragen stehen wir gerne zur Verfügung.

Mit freundlichen Grüßen

....

(Unterschrift)

Hinweise zu Musterschreiben 48

Art des Schreibens: Muss, Schriftform, Zugangsnachweis

Zeitpunkt des Schreibens: Das Schreiben muss vor der Ausführung der Leistung versendet werden. Dabei ist möglichst ein zeitlicher Vorlauf einzuhalten, der es dem Auftraggeber ermöglicht zu antworten. **548**

Vorschriften: § 1 Abs. 4 VOB/B, § 2 Abs. 9 VOB/B; diese Vorschriften sehen zwar nicht zwingend vor, dass der Auftragnehmer bei dem Auftraggeber die **549**

Ausführung der zusätzlichen Leistungen anmeldet. Dem Auftraggeber ist allerdings in den meisten Fällen nicht bewusst, dass es sich bei Berechnungen um zusätzliche Leistungen handelt. Daher ist es auch ein streitvermeidender Kundenservice, dem Auftraggeber dies mitzuteilen.

550 **Adressat:** Auftraggeber; es ist in jedem Fall anzuraten, dass die Mehrkostenanmeldung an den Auftraggeber gesendet wird, da dieser die Vergütung zu bezahlen hat.

551 **Nummerierung:** Die Mehrkostenanmeldung sollte fortlaufend nummeriert werden und dadurch leicht auffindbar sein. Die Nummer kann bei späteren Rechnungen oder weiterem Schriftverkehr zur Identifikation verwendet werden.

552 **Text:** Die Mehrkostenanmeldung muss so formuliert sein, dass auch ein Laie erkennen kann, für welche Mehrleistungen die zusätzliche Vergütung entsteht. Daher ist es sinnvoll, auf die Leistungen hinzuweisen und diese zu beschreiben. Wenn die Leistungen zu einer Verlängerung der Bauzeit führen, ist diese Bauzeitverlängerung vorzubehalten.

553 **Weitere Hinweise:** Die Durchführung von Berechnungen, deren Prüfung, das Anfertigen von Zeichnungen etc. zieht eine Verantwortlichkeit des Auftragnehmers für die Inhalte nach sich. Dies ist üblicherweise eine Aufgabe des Planers, Statikers etc. Daher handelt es sich um zusätzlich zu vergütende Leistungen für den Auftragnehmer.

Wenn Mehrkosten angemeldet werden, muss der Auftraggeber entscheiden, ob er diese Leistungen haben möchte. Wenn er sie ablehnt, sind diese Leistungen nicht auszuführen.

Sind die Leistungen allerdings erforderlich, damit der Auftragnehmer seine Leistung mangelfrei erbringen kann, dann sind bei einer Ablehnung des Auftraggebers Bedenken anzumelden, vgl. Musterschreiben 42.

Man sollte vor der Versendung der Mehrkostenanmeldung prüfen, ob die geforderten Berechnungen etc. nicht in der VOB/C oder im Vertrag als unentgeltlich durch den Auftragnehmer mit zu erbringende Leistung vorgesehen sind.

Musterschreiben 49: Aufrechterhalten von Mehrkostenforderungen

Adressat: *Auftraggeber*

Bauvorhaben: ....

Datum: ....

MK Nr. *7:* **Einspruch gegen Rechnungskürzung**

Sehr geehrte Damen und Herren,

mit Schreiben vom *14. September 2025* **haben Sie unsere Mehrkostenforderung vom** *1. September 2020* **betreffend die Mehrleistungen** *durch die erhöhte Qualität der Oberflächen der Gipskartonständerwände* **gekürzt.**

Aus den von uns bereits in der Rechnungsbegründung genannten Gründen halten wir die Forderung aufrecht. Entgegen Ihrer Auffassung ist *bei einer Ausführung in der ausgeschriebenen Qualitätsstufe QI keine vollflächige Verspachtelung vorgesehen, sondern nur ein Überspachteln der Verbindungsmittel und Fugen.*

Die von Ihnen angeordnete Ausführung in der Qualitätsstufe Q IV bedeutet ein ganzflächiges Verspachteln. **Daher ist Ihre Kürzung der Rechnung um die Beträge für** *das Material und den Lohnanteil für diese Arbeiten* **nicht gerechtfertigt.**

Zum Nachweis der auszuführenden Arbeiten *bei den unterschiedlichen Qualitätsstufen legen wir Ihnen das entsprechende Merkblatt in der Anlage bei.*

Wir bitten Sie um kurzfristige Prüfung und setzen Ihnen für die Zahlung eine Frist bis

Freitag, den 26. September 2025.

Sollte die Zahlung nicht erfolgen, befinden Sie sich in Verzug. Auf die Folgen der Zahlungsverweigerung weisen wir vorsorglich hin.

Für Rückfragen stehen wir gerne zur Verfügung.

Mit freundlichen Grüßen

....

(Unterschrift)

Anlage: *Merkblatt*

Hinweise zu Musterschreiben 49

Art des Schreibens: Muss, Schriftform, Zugangsnachweis

554 **Zeitpunkt des Schreibens:** Das Schreiben ist unmittelbar nach Erhalt der Streichung in der Rechnung zu versenden.

555 **Vorschriften:** § 16 VOB/B, insbesondere § 16 Abs. 5 Ziffer 3, Ziffer 4 VOB/B; § 650f BGB.

Es gibt keine spezielle Vorschrift, dass nach einer Streichung von Mehrkosten eine Aufrechterhaltung durch den Auftragnehmer erforderlich wäre. Dies sollte aber erfolgen, damit der Auftraggeber weiß, dass der Auftragnehmer an seiner Forderung festhält. Die Aufrechthaltung mit Fristsetzung ist weiterhin erforderlich, damit der Auftraggeber mit der Zahlung in Verzug kommt, die erforderliche Nachfrist gesetzt wird und ein erhöhter Zins für die fällige Forderung zu laufen beginnt.

556 **Adressat:** Auftraggeber; es ist in jedem Fall anzuraten, dass die Aufrechthaltung der Mehrkosten und die Fristsetzung an den Auftraggeber gesendet wird, da dieser die Vergütung zu bezahlen hat.

557 **Nummerierung:** Die Aufrechterhaltung der Mehrkosten sollte mit der gleichen Nummer wie die entsprechende Mehrkostenanmeldung versehen werden, bei der Mehrkostenanmeldung abgelegt werden und dadurch leicht auffindbar sein. Die Nummer kann bei späteren Rechnungen oder weiterem Schriftverkehr zur Identifikation verwendet werden.

558 **Text:** Die Aufrechthaltung der Mehrkosten muss so formuliert sein, dass auch ein Laie erkennen kann, für welche Mehrleistungen der Anspruch auf zusätzliche Vergütung weiterhin verlangt wird. Die Gründe des Auftragnehmers sind darzustellen, warum er der Auffassung ist, dass seine Forderung begründet ist. Hierzu sind die entsprechenden vertraglichen Regelungen heranzuziehen.

Es ist eine Nachfrist für die Zahlung zu setzen, vergleiche Musterschreiben 52. Auf Folgen bei säumiger Zahlung ist hinzuweisen.

559 **Weitere Hinweise:** Der Auftragnehmer darf bei säumiger Zahlung des Auftraggebers die Leistungen einstellen. Hierfür sollte man allerdings hinsichtlich der Berechtigung der geltend gemachten Forderung sehr sicher sein. In jedem Fall ist der Auftraggeber aus Gründen der Kooperationspflicht zumindest zweimal darauf hinzuweisen, dass man die Arbeiten im Falle nicht erfolgender Zahlung einstellen werde.

Alternativ kann der Auftragnehmer gemäß § 650f BGB eine Bürgschaft über offene Werklohnzahlungen vom Auftraggeber verlangen und damit seine offene Forderung sichern.

4.11 Stellen der Abschlagsrechnung

Für Werkverträge ist es typisch, dass der Auftragnehmer zunächst die Bauleistung erbringt, bevor er seine Vergütung erhält. Der Auftragnehmer befindet sich daher immer in der Vorleistung. Das bedeutet betriebswirtschaftlich, dass er für die Herstellung des Bauwerks dem Auftraggeber faktisch einen Kredit gewährt. Um die Kosten für diese Vorfinanzierung und den eigentlichen Betrag gering zu halten, muss der Bauleiter in möglichst kleinen Abständen Abschlagsrechnungen stellen. **560**

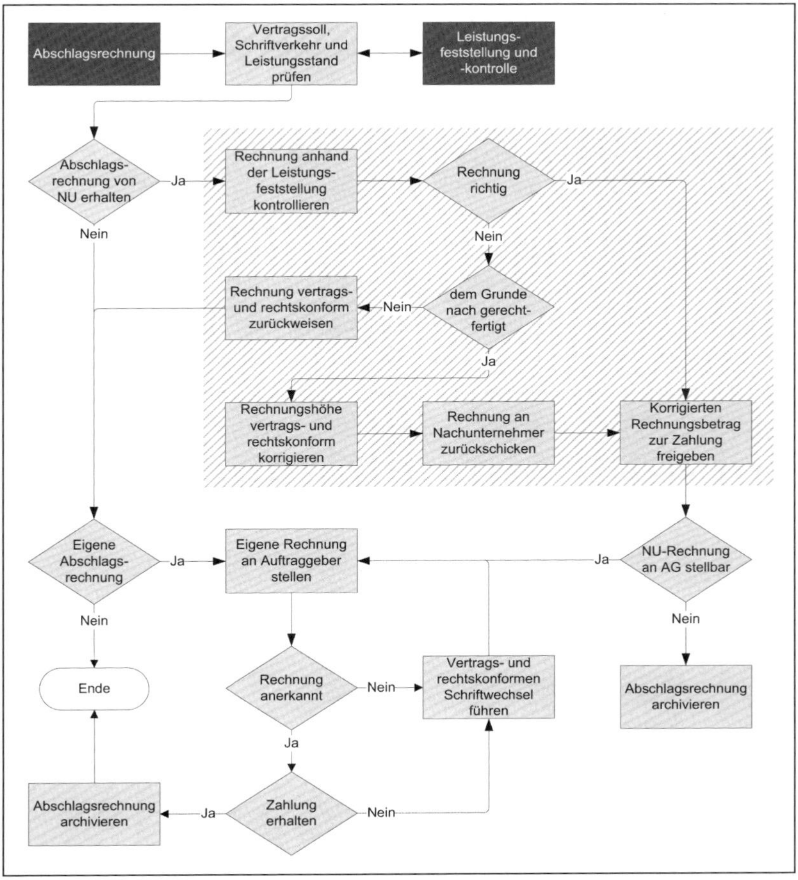

Abbildung 22: Stellen der Abschlagsrechnung

561 Da diese Vorfinanzierung für ein vollständiges Bauvorhaben einen erheblichen Umfang annehmen kann, sehen die Bauverträge üblicherweise eine vertragliche Vereinbarung vor, dass der Auftragnehmer bereits während der Bauphase Rechnungen für erbrachte Leistungen einreichen kann, sogenannte Abschlagsrechnungen. Zahlungsvereinbarungen liegen meistens in Form eines Zahlungsplanes vor. In diesen Zahlungsplänen ist ausgewiesen, bei welchem Leistungsstand der Auftragnehmer berechtigt ist eine Abschlagsrechnung einzureichen.

562 Sollte der Vertrag keine Zahlungsvereinbarungen beinhalten, aber die Gültigkeit der VOB/B vereinbart sein, finden sich in § 16 Abs. 1 VOB/B entsprechende Regelungen. Danach ist der Auftragnehmer berechtigt, in möglichst kurzen Zeitabständen Abschlagszahlungen bei dem Auftraggeber zu beantragen. Die Höhe der Abschlagsrechnung bestimmt sich nach dem jeweils nachgewiesenen Wert der vertragsgemäßen Leistung und eventuell bereits gelieferter Baustoffe. Ähnliches gilt nach § 632a BGB[2] für Abschlagszahlungen, wenn die VOB/B nicht vereinbart ist. Daher muss der Bauleiter zunächst prüfen, welche Bedingungen auf Grund des Bauvertrages für das Stellen einer Abschlagsrechnung erfüllt sein müssen.

563 Im nächsten Schritt stellt man durch eine Kombination der erhobenen Daten aus der Leistungsfeststellung, dem Schriftverkehr über Mehrleistungen und der Überprüfung des tatsächlichen Leistungsstandes auf der Baustelle die Abschlagsrechnung zusammen. Ein weiterer Anlass für das Stellen einer eigenen Abschlagsrechnung ist der Erhalt einer Abschlagsrechnung oder einer Schlussrechnung eines Nachunternehmers. Der Vorgang des Prüfens der Abschlagsrechnung eines Nachunternehmers wird in Kapitel 7.5 behandelt. Sind die Leistungen des Nachunternehmers berechtigt in Rechnung gestellt worden, muss der Bauleiter die zu Grunde liegende Leistung für die Abschlagsrechnung gegenüber seinem Auftraggeber dahingehend ändern, dass sie den Leistungspositionen und den Vertragspreisen aus dem Bauvertrag mit dem Auftraggeber entspricht.

2 »Der Unternehmer kann von dem Besteller für in sich abgeschlossene Teile des Werkes Abschlagszahlungen für die erbrachten vertragsmäßigen Leistungen verlangen. Dies gilt auch für erforderliche Stoffe oder Bauteile, die eigens angefertigt oder angeliefert sind. Der Anspruch besteht nur, wenn dem Besteller Eigentum an den Teilen des Werkes, an den Stoffen oder Bauteilen übertragen oder Sicherheit hierfür geleistet wird.« Der Text des § 632a BGB hat sich im neuen Bauvertragsrecht geändert. Inhaltlich sind die Änderungen aber nicht weitreichend.

In jedem Fall wird die Abschlagsrechnung als eigene Rechnung bei dem Auftraggeber eingereicht. Sie ist nach §14 VOB/B prüfbar aufzustellen. Daher muss die Rechnung übersichtlich sein, mit der Reihenfolge und den Bezeichnungen von Positionen des vertraglichen Leistungsverzeichnisses übereinstimmen und alle Nachweise als Anlage enthalten. Mehrforderungen sind besonders kenntlich zu machen. Im Einzelfall richten sich die Anforderungen an die Prüfbarkeit nach den vertraglichen Regelungen. Liegen für eine Leistung eine pauschale Vergütung und die Abnahme vor, bedarf es keiner weiteren Ausführungen in der Rechnung. Der Zugang der Rechnung bei dem Auftraggeber ist zu dokumentieren, da er für die Zahlungsfristen entscheidend ist. **564**

Der Auftraggeber hat die Abschlagsrechnung zu prüfen und das Prüfungsergebnis mitzuteilen. Fehler in der Rechnung sind durch den Bauleiter zu korrigieren und die geänderte Rechnung ist erneut einzureichen. Wenn unberechtigte Kürzungen vorliegen, wird ein begründeter Widerspruch (MS 50) eingereicht. In diesem Widerspruch ist darauf hinzuweisen, dass der Anspruch auf Abschlagszahlungen nach § 16 Abs. 1 Nr. 3 VOB/B binnen 21 Werktagen fällig wird. **565**

Weist der Auftraggeber die Rechnung wegen fehlender Prüfbarkeit zurück, muss er dafür eine Begründung geben. Eine fehlende Begründung wird durch den Bauleiter angemahnt (MS 51), wobei ebenfalls der Hinweis auf die Fälligkeit der Zahlungen erfolgt. Wenn lediglich Teile der Rechnung beanstandet werden, sind unstreitige Rechnungsbeträge durch den Auftraggeber zu zahlen. Wird die Rechnung durch den Auftraggeber anerkannt, ist der Zahlungseingang zu prüfen. **566**

Erfolgt die Zahlung nicht bzw. nicht in voller Höhe, ist dem Auftraggeber schriftlich (MS 52) eine angemessene Nachfrist zu setzen. In aller Regel kann eine Woche als angemessen betrachtet werden. Wenn der Auftraggeber auch nach Ablauf der Nachfrist nicht gezahlt hat, darf der Auftragnehmer nach §16 Abs. 5 Nr. 5 VOB/B die Arbeiten bis zur Zahlung einstellen. Ein entsprechender Hinweis ist in das Schreiben der Nachfristsetzungen aufzunehmen. Für eine Einstellung der Arbeiten muss man sich sicher sein, dass die angeforderte Zahlung berechtigt ist. Werden die Arbeiten unberechtigt eingestellt, kann für den Auftraggeber ein Kündigungsrecht entstehen. **567**

Wenn die Nachfrist ohne Zahlung verstrichen ist, können weitere Schritte eingeleitet werden. Wegen der möglichen Tragweite und der erheblichen Folgen ist das weitere Vorgehen zumindest mit der Geschäftsleitung abzustimmen. **568**

Checkliste 19: Stellen der Abschlagsrechnung

Wann:	Nach Ausführung entsprechender Leistungsabschnitte oder nach vertraglicher Vorgabe
Warum:	Zahlung der Vergütung
Wer:	Bauleiter, evtl. mit Baukaufmann
Was:	Stellung zeitnaher Abschlagsrechnungen
Wie:	Vertragsprüfung Schriftverkehr prüfen Leistungsfeststellung vor Ort Prüfbare Abschlagsrechnung aufstellen
Kontrolle:	Sind die vertraglichen Kriterien für das Stellen der Abschlagsrechnung erfüllt? Sind alle ausgeführten Leistungen in Rechnung gestellt? Erfüllt die Rechnung die Prüfbarkeitskriterien? Ist der Zugang der Rechnung beim Auftraggeber dokumentiert?
Weiteres Vorgehen:	– Zahlungsfristen notieren und überprüfen – Rechnungskürzungen prüfen und erforderlichenfalls widersprechen – Für nicht erfolgte Zahlungen Nachfrist setzen – Weitere Maßnahmen beschließen
Eigene Anmerkungen:	

Musterschreiben 50: Widerspruch gegen eine Kürzung der Abschlagsrechnung

Adressat: *Auftraggeber*

Bauvorhaben: ....

Datum: ....

AS Nr. *21:* **Widerspruch gegen Rechnungskürzung**

Sehr geehrte Damen und Herren,

mit Schreiben vom *4. September 2025* **haben Sie unsere Abschlagsrechnung Nr.** *12* **gekürzt, da** *sich nach Ihrer Auffassung aus dem Aufmaß lediglich eine ausgeführte Menge in Höhe von 6234 m³ Erdaushub ergibt.*

Die Kürzung ist aus folgenden Gründen nicht gerechtfertigt.

Der Abschlagsrechnung wurden fünf Aufmaßblätter beigelegt. Hiervon haben Sie das Aufmaßblatt vom 7. August 2025 nicht berücksichtigt, auf dem weitere 987 m³ Erdaushub nachgewiesen sind. Diese Masse ist nicht bereits in den anderen Aufmaßblättern berücksichtigt. Die Richtigkeit dieser Aussage ergibt sich aus den Abmessungen der Baugrube, mit deren Hilfe man die gesamte Masse ermitteln kann, sowie aus der Ihnen vorgelegten Dokumentation der Entsorgung.

Daher steht der gesamte Rechnungsbetrag zur Zahlung an.

Wir weisen Sie darauf hin, dass die Abschlagszahlung nach § 16 Abs. 1 Nr. 3 VOB/B binnen 21 Werktagen fällig wird, gerechnet nach Zugang der Rechnung bei Ihnen. Der Zugang erfolgte *durch die Übergabe der Abschlagsrechnung in der Bausitzung* **am** *28. August 2025.*

Für Rückfragen stehen wir gerne zur Verfügung.

Mit freundlichen Grüßen

....

(Unterschrift)

Hinweise zu Musterschreiben 50

Art des Schreibens: Muss, Schriftform

569 **Zeitpunkt des Schreibens:** Das Schreiben ist unmittelbar nach Erhalt der gekürzten Abschlagsrechnung zu versenden.

570 **Vorschriften:** § 14 VOB/B; § 16 VOB/B, insbesondere § 16 Abs. 5 Ziffer 3, Ziffer 4 VOB/B; § 648a BGB alt, § 650f BGB neu
Es gibt keine spezielle Vorschrift, dass nach einer Kürzung einer Abschlagsrechnung ein Widerspruch durch den Auftragnehmer erforderlich wäre. Dies sollte aber erfolgen, damit der Auftraggeber weiß, dass der Auftragnehmer an seiner Forderung festhält. Der Widerspruch mit Fristsetzung ist weiterhin erforderlich, damit der Auftraggeber mit der Zahlung in Verzug kommt, die erforderliche Nachfrist gesetzt wird und ein erhöhter Zins für die fällige Forderung zu laufen beginnt.

571 **Adressat:** Auftraggeber; es ist in jedem Fall anzuraten, dass der Widerspruch an den Auftraggeber gesendet wird, da dieser die Vergütung zu bezahlen hat. Das Schreiben ist auch an den für den Auftraggeber Prüfenden zu übersenden.

572 **Nummerierung:** Der Widerspruch gegen eine Rechnungskürzung ist als allgemeines Schreiben zu nummerieren und zur Bauakte zu nehmen. Es kann auch unter der entsprechenden Rechnungsnummer abgelegt werden und der entsprechenden Ablage des Zahlungsverkehrs der Baustelle. Die Nummer kann bei weiterem Schriftverkehr zur Identifikation verwendet werden.

573 **Text:** Der Widerspruch gegen die Rechnungskürzung muss so formuliert sein, dass auch ein Laie erkennen kann, für welche Leistungen der Anspruch auf Vergütung weiterhin verlangt wird. Die Gründe des Auftragnehmers sind darzustellen, warum er der Auffassung ist, dass seine Forderung begründet ist. Hierzu sind die entsprechenden vertraglichen Regelungen heranzuziehen, Aufmaßblätter anzufügen oder darauf zu verweisen etc.

574 **Weitere Hinweise:** Der Auftragnehmer darf bei säumiger Zahlung des Auftraggebers die Leistungen einstellen. Hierfür sollte man allerdings hinsichtlich der Berechtigung der geltend gemachten Forderung sehr sicher sein. In jedem Fall ist der Auftraggeber aus Gründen der Kooperationspflicht zumindest zweimal darauf hinzuweisen, dass man die Arbeiten im Falle nicht erfolgender Zahlung einstellen werde.
Alternativ kann der Auftragnehmer gemäß § 648a BGB alt, § 650f BGB neu, eine Bürgschaft über offene Werklohnzahlungen vom Auftraggeber verlangen und damit seine offene Forderung sichern.

Musterschreiben 51: Anforderung einer Begründung für eine Rechnungskürzung

Adressat: *Auftraggeber*

Bauvorhaben: ....

Datum: ....

As Nr. *22:* **Begründung der Rechnungskürzung**

Sehr geehrte Damen und Herren,

mit Schreiben vom *4. September 2025* **haben Sie unsere Abschlagsrechnung Nr.** *12* **ohne Angabe von Gründen gekürzt.**

Wir bitten Sie um kurzfristige und genaue Angabe Ihrer Gründe für die Kürzung.

Aus den von uns bereits in der Rechnungsbegründung gemachten Ausführungen halten wir die Forderung in vollem Umfang aufrecht.

Wir weisen Sie darauf hin, dass die Abschlagszahlung nach § 16 Abs. 1 Nr. 3 VOB/B binnen 21 Werktagen fällig wird, gerechnet nach Zugang der Rechnung bei Ihnen. Der Zugang erfolgte *durch die Übergabe der Abschlagsrechnung in der Bausitzung* **am** *28. August 2025.*

Der von Ihnen nicht beanstandete Teil des Rechnungsbetrages ist unabhängig von der Begründetheit Ihrer Beanstandung in jedem Fall zur Zahlung anzuweisen.

Für Rückfragen stehen wir gerne zur Verfügung.

Mit freundlichen Grüßen

....

(Unterschrift)

Hinweise zu Musterschreiben 51

Art des Schreibens: Sollte, Schriftform

575 **Zeitpunkt des Schreibens:** Das Schreiben ist unmittelbar nach Erhalt der gekürzten Abschlagsrechnung zu versenden.

576 **Vorschriften:** § 14 VOB/B; § 16 VOB/B, insbesondere § 16 Abs. 5 Ziffer 3, Ziffer 4 VOB/B; § 648a BGB alt, § 650f BGB neu.
Es gibt keine spezielle Vorschrift, dass nach einer Kürzung einer Abschlagsrechnung ein Widerspruch durch den Auftragnehmer erforderlich wäre. Dies sollte aber erfolgen, damit der Auftraggeber weiß, dass der Auftragnehmer an seiner Forderung festhält. Der Widerspruch mit Fristsetzung ist weiterhin erforderlich, damit der Auftraggeber mit der Zahlung in Verzug kommt, die erforderliche Nachfrist gesetzt wird und ein erhöhter Zins für die fällige Forderung zu laufen beginnt.
Man muss auch nicht eine fehlende Begründung anfordern, warum der Auftraggeber die Abschlagsrechnung gekürzt hat. Man sollte dies aber tun, damit man selbst prüfen kann, ob eventuell berechtigte Einwände vorliegen, nur zu bereinigende Missverständnisse oder ein unberechtigtes Kürzen.

577 **Adressat:** Auftraggeber; es ist in jedem Fall anzuraten, dass die Anforderung von Gründen für Rechnungskürzungen an den Auftraggeber gesendet wird, da dieser die Vergütung zu bezahlen hat. Das Schreiben ist auch an den für den Auftraggeber Prüfenden zu übersenden.

578 **Nummerierung:** Das Anforderungsschreiben ist als allgemeines Schreiben zu nummerieren und zur Bauakte zu nehmen. Es kann auch unter der entsprechenden Rechnungsnummer abgelegt werden und der entsprechenden Ablage des Zahlungsverkehrs der Baustelle. Die Nummer kann bei weiterem Schriftverkehr zur Identifikation verwendet werden.

579 **Text:** Die Anforderung von Gründen für eine Rechnungskürzung muss so formuliert sein, dass auch ein Laie erkennen kann, für welche Leistungen der Anspruch auf Vergütung weiterhin verlangt wird. Hat der Auftraggeber Beträge für bestimmte Positionen oder Leistungsanteile gestrichen, ist die Anfrage darauf hin zu spezifizieren.
Auf den Fälligkeitstermin des Rechnungsbetrages und die in jedem Fall eintretende Fälligkeit des nicht monierten Rechnungsbetrages ist hinzuweisen.

580 **Weitere Hinweise:** Der Auftragnehmer hat seine Abschlagsrechnung entsprechend der Vorschrift des § 14 VOB/B prüfbar aufzustellen. Es sind ergän-

zend vertragliche Regelungen für die Rechnungstellung einzuhalten. Diese formellen Voraussetzungen muss der Auftragnehmer in jedem Fall einhalten. Der Auftragnehmer darf bei säumiger Zahlung des Auftraggebers die Leistungen einstellen. Hierfür sollte man allerdings hinsichtlich der Berechtigung der geltend gemachten Forderung sehr sicher sein. In jedem Fall ist der Auftraggeber aus Gründen der Kooperationspflicht zumindest zweimal darauf hinzuweisen, dass man die Arbeiten im Falle nicht erfolgender Zahlung einstellen werde.

Alternativ kann der Auftragnehmer gemäß § 648a BGB alt, § 650f BGB neu, eine Bürgschaft über offene Werklohnzahlungen vom Auftraggeber verlangen und damit seine offene Forderung sichern.

Musterschreiben 52: Nachfristsetzung wegen Zahlungsverzug

Adressat: *Auftraggeber*

Bauvorhaben: ....

Datum: ....

AS Nr. *23:* **Nachfristsetzung**

Sehr geehrte Damen und Herren,

Ihnen wird entgangen sein, dass unsere Abschlagsrechnung Nr. *11* **zur Zahlung fällig war.**

Die Abschlagszahlung wird nach § 16 Abs. 1 Nr. 3 VOB/B binnen 21 Tagen fällig, gerechnet nach Zugang der Rechnung bei Ihnen.

Die Rechnung war Ihnen am *1. Juli 2025* **übergeben worden. Fälligkeit ist damit am** *22. Juli 2020* **eingetreten.**

Wir konnten bis heute keinen Zahlungseingang auf unserem Konto feststellen. Wir bitten Sie um sofortige Zahlung und setzen Ihnen dafür eine Nachfrist bis

Freitag, den 29. Juli 2025.

Sollte keine Zahlung erfolgen, sind wir nach § 16 Abs. 5 VOB/B zur Einstellung der Arbeiten berechtigt und es fällt ein erhöhter Zins für die Forderung an. Weitergehende Schadenersatzforderungen sind nicht auszuschließen.

Wenn Sie die Zahlung bereits geleistet haben, betrachten Sie dieses Schreiben bitte als gegenstandslos.

Für Rückfragen stehen wir gerne zur Verfügung.

Mit freundlichen Grüßen

....

(Unterschrift)

Hinweise zu Musterschreiben 52

Art des Schreibens: Muss, Schriftform, Zugangsnachweis

Zeitpunkt des Schreibens: Das Schreiben ist unmittelbar nach Ablauf der Zahlfrist von 21 Tagen zu versenden. **581**

Vorschriften: § 16 VOB/B, insbesondere § 16 Abs. 5 Ziffer 3, Ziffer 4 VOB/B; § 648a BGB alt, § 650f BGB neu. **582**
Die erforderliche Nachfrist muss gesetzt werden, damit ein erhöhter Zins für die fällige Forderung zu laufen beginnt.

Adressat: Auftraggeber; die Nachfristsetzung und die Androhung weiterer Schritte ist an den Auftraggeber zu senden. Das Schreiben ist ebenfalls an den für den Auftraggeber Prüfenden zu übersenden. **583**

Nummerierung: Die Nachfristsetzung ist als allgemeines Schreiben zu nummerieren und zur Bauakte zu nehmen. Es kann auch unter der entsprechenden Rechnungsnummer abgelegt werden und der entsprechenden Ablage des Zahlungsverkehrs der Baustelle. Die Nummer kann bei weiterem Schriftverkehr zur Identifikation verwendet werden. **584**

Text: Auf die in Bezug genommene Rechnung und den Fälligkeitstermin des Rechnungsbetrages ist hinzuweisen. Es ist eine Nachfrist zur Zahlung zu setzen. Diese kann eine kurze Dauer aufweisen. **585**
Es ist in jedem Fall auf mögliche weitere Schritte bei nicht erfolgender Zahlung hinzuweisen und diese Schritte sind erforderlichenfalls anzudrohen.

Weitere Hinweise: Der Auftragnehmer darf bei säumiger Zahlung des Auftraggebers die Leistungen einstellen. Hierfür sollte man allerdings hinsichtlich der Berechtigung der geltend gemachten Forderung sehr sicher sein. In jedem Fall ist der Auftraggeber aus Gründen der Kooperationspflicht zumindest zweimal darauf hinzuweisen, dass man die Arbeiten im Falle nicht erfolgender Zahlung einstellen werde. **586**
Alternativ kann der Auftragnehmer gemäß § 648a BGB alt, § 650f BGB neu, eine Bürgschaft über offene Werklohnzahlungen vom Auftraggeber verlangen und damit seine offene Forderung sichern.

4.12 Öffentlichkeitsarbeit

587 Die Öffentlichkeitsarbeit erscheint zunächst nicht als eine Tätigkeit des Bauleiters. Wenn man sich aber vor Augen führt, dass der Bauleiter nicht nur für die Herstellung des Bauwerkes verantwortlich ist, sondern für die Durchführung des gesamten Projektes, dann gibt es auch viele Berührungspunkte mit der Umwelt. Dazu zählen nicht nur die bereits genannten Behörden, der Auftraggeber und andere direkt an der Herstellung des Bauwerkes beteiligte Personen, sondern auch Nachbarn, andere betroffene Anlieger, politische Verbände etc. Daher gibt es auch vielfältige Möglichkeiten für einen Bauleiter, durch Öffentlichkeitsarbeit für die Abwicklung seiner Baustelle, seinen persönlichen Erfolg und für den Erfolg des Unternehmens Vorteile zu erzielen.

588 Die Bautätigkeit ist fast immer mit einer Beeinträchtigung der Nachbarschaft verbunden, zum Beispiel durch Lärm, Verunreinigungen und den Zuliefererverkehr. Hinzu kommt in vielen Fällen auch eine Skepsis gegenüber dem neu errichteten Bauwerk und seinen Einflüssen. Vor allem bei Baustellen im innerstädtischen Bereich kann die Abwicklung der Baumaßnahme dadurch beeinträchtigt werden, dass Anwohner bei den Ordnungsbehörden Beschwerden einreichen. Die Folge können Auflagen für einen verbesserten Lärmschutz, für die Reinigung der Baufahrzeuge vor dem Verlassen der Baustelle oder für die Arbeitszeit sein. Daraus folgt meistens nicht nur eine Erschwernis für die Durchführung der Baumaßnahme, die mit Kosten verbunden ist, sondern möglicherweise auch ein Streit mit dem Auftraggeber, der für diese Kosten eventuell aufzukommen hat. Daher ist es sinnvoll, Auflagen möglichst im Vorfeld zu vermeiden.

589 Für eine Einbindung der Nachbarschaft hat es sich bewährt, rechtzeitig Informationen über das Bauvorhaben und die Abwicklung der Baumaßnahme zu verteilen (MS 53). Dafür bieten sich Briefe an, welche an die Nachbarschaft gerichtet werden und die man in die Hausbriefkästen einwirft. Eine Information über das Bauvorhaben ist mit dem Auftraggeber abzustimmen. Um rechtzeitig über die Probleme der Nachbarschaft informiert zu sein, kann man einen sogenannten »Kummerkasten« am Bauzaun aufhängen. Dadurch wird es möglich, gezielt auf einzelne Beschwerden, die ernst zu nehmen sind, einzugehen.

590 Eine größere Akzeptanz für die Baumaßnahme erreicht man auch durch eine freundliche Gestaltung des Bauzauns. Bei längeren Bauzeiten ist eine Begrünung eine gute Möglichkeit für ein ansprechendes Äußeres. Möglichkeiten

zur Einsichtnahme durch den Bauzaun zur Beobachtung der Bautätigkeit haben ebenfalls positive Resonanz. Vielen Auftraggebern sind solche Möglichkeiten nicht bewusst, die auch einen positiven Einfluss für die weitere Verwertung des Bauvorhabens haben können, zum Beispiel für eine Vermietung von Wohnungen oder Gewerbeflächen. Daher lassen sich auch die Kosten für solche Maßnahmen durchaus als Mehrleistungen bei einem Auftraggeber nach einem entsprechenden Vorschlag realisieren.

Mit Behördenvertretern und anderen Beteiligten der öffentlichen Hand kann **591** eine gute Zusammenarbeit erreicht werden, wenn eine frühe Einbindung erfolgt. Hierfür kann eine Veranstaltung zum ersten Spatenstich genutzt werden, später auch das Richtfest usw. Zu solchen Anlässen kann man auch die örtliche Presse einladen. Eine positive Berichterstattung über die Baumaßnahme ist ebenfalls für alle Beteiligten hilfreich. Hierfür kann der Bauleiter auch eigene Termine für Journalisten vereinbaren, denen er das Projekt erläutert und die Baustelle zeigt. Auch hierbei sollte der Auftraggeber informiert werden, damit er seine Zustimmung erklären kann. Für die Öffentlichkeit werden bereits auf vielen Baustellen Tage der offenen Tür veranstaltet. Diese Maßnahmen geben dem Bauvorhaben eine mediale Wirkung.

Häufig besteht auch ein Interesse von Universitäten und anderen Ausbildern **592** an einer Besichtigung der Baustelle. Für die Unternehmen können solche Termine gleichzeitig dafür genutzt werden, um qualifiziertes Personal anzuwerben. Auch für den Bauleiter haben solche Exkursionen den Vorteil, dass interessierte Praktikanten geworben werden können. Eine anschauliche Bilddokumentation der Baustelle kann zur Veröffentlichung in Fachzeitschriften oder internen Zeitungen des Unternehmens genutzt werden.

In jedem Fall der Öffentlichkeitsarbeit ist der Bauleiter durch sein Wissen über **593** die Baumaßnahme und die Bautätigkeit gefordert, die entsprechenden Informationen weiterzugeben. Daher kann sich der Bauleiter auf diese Tätigkeit vorbereiten, indem er das Anfertigen der Leistungsmeldungen gleichzeitig dafür nutzt, die interessanten Anteile zu einer Präsentation zusammenzustellen. Dadurch vermeidet er, dass er im Falle der Notwendigkeit einer Baustellenführung oder einer anderen Veranstaltung über sein Tagesgeschäft hinaus belastet wird.

Neben den bereits genannten Möglichkeiten, den Auftraggeber in eine Öffent- **594** lichkeitsarbeit einzubeziehen, sollte der Bauleiter auch über Möglichkeiten nachdenken, sein Verhältnis zu dem Auftraggeber von Anfang an auf eine kooperative Basis zu stellen. Es gibt vielfältige Möglichkeiten hierzu. Vorteilhaft ist es, den Auftraggeber in die laufende Bautätigkeit einzubinden und ihm in loser Folge den Baufortschritt zu präsentieren. Das hat den positiven Effekt, dass eine Identifikation mit den vorhandenen Bauleistungen und eine Akzeptanz der Qualität eintreten können. Dies ermöglicht von Anfang an die Sicherstellung der Abnahme und erleichtert die Verhandlung über Mehrkostenforderungen. Häufig ist die Einsicht eines Auftraggebers in die Notwendigkeit von Mehrkostenforderungen gegeben, wenn er vor Ort die Situation selbst gesehen hat und beurteilen kann.

595 Um eine höhere Identifikation zu erreichen, kann man den Auftraggeber auch in die Herstellung von Bauteilen einbinden. Gerade private Bauherren sind durchaus an den technischen Details interessiert, wie zum Beispiel dem Betonieren. Wenn der Auftraggeber selbst an dem Herstellungsprozess teilnimmt, werden Mangeleinreden vermieden. Ein schönes Beispiel ist die Einladung des Auftraggebers zur Herstellung des Estrichs, bei dem man ihm anbieten kann, eine Glättmaschine zu fahren.

596 Ein weiterer Vorteil ist ebenso das Bewirken eines persönlichen Verhältnisses zu der Person des Auftraggebers. Das erleichtert ebenfalls die Lösung von Problemen im Zuge des Bauablaufs. Weitergehend entsteht daraus auch eine Kundenbindung, die Folgeaufträge bewirken kann. In diesem Zusammenhang ist der Bauleiter nicht nur als Ingenieur tätig, sondern eben auch als Unternehmer.

Musterschreiben 53: Rundschreiben an Anwohner

Adressat: *Anwohner*

Bauvorhaben: ....

Datum: ....

RS Nr. *1:* **Information über das neue** *Einkaufszentrum West*

Sehr geehrte Damen und Herren,

wir möchten Ihnen das neue *Einkaufszentrum West*, **das in den nächsten Monaten von uns für Sie errichtet wird, kurz vorstellen.**

Das Einkaufszentrum wird Ende 2026 fertiggestellt und bieten Ihnen die Möglichkeit, in 54 Geschäften auf 2 Etagen überdacht einkaufen zu gehen.

Besuchen Sie unsere Baustelle und informieren Sie sich durch die »Löcher« in unserem Bauzaun über den Stand der Arbeiten selbst. Wir bieten darüber hinaus gemeinsam mit unserem Auftraggeber Präsentationen zum *Einkaufszentrum West* **an, für die Sie sich gerne bei uns anmelden können** *(per Mail an Info@einkaufszentrum-west.com).*

Sicherlich ist eine solche Baumaßnahme nicht ohne Beeinträchtigung Ihres normalen Alltags möglich, dennoch bemühen wir uns, diese Beeinträchtigungen so gering wie möglich für Sie zu halten. Sollten Sie sich dennoch gestört fühlen oder Fragen zum Bau haben, steht Ihnen unser Kummerkasten am Bauzaun *Löfflerstraße (oder per Mail an Info@einkaufszentrum-west.com)* **zur Verfügung.**

Auf eine gute Nachbarschaft.

Mit freundlichen Grüßen

....

(Unterschrift)

Hinweise zu Musterschreiben 53

Art des Schreibens: Kann

597 **Zeitpunkt des Schreibens:** Das Schreiben sollte vor Baubeginn versendet werden. Damit werden die Anwohner informiert und es wird vermieden, dass man die Bautätigkeit als »feindlich« ansieht und unberechtigte Ängste entstehen. Häufig lassen sich so auch Unannehmlichkeiten für die Anwohner vermeiden, indem man ohne besonderen Aufwand Maßnahmen abstimmt.

598 **Vorschriften:** Keine. Ergänzend sieht § 4 Abs. 1 Ziffer 1, Abs. 2 Ziffer 1 VOB/B vor, dass der Auftragnehmer dafür zu sorgen hat, dass er die behördlichen Vorschriften etc. einhält. Hierzu gehören auch die Vorschriften über die zulässige Lärmbelästigung, die Ruhezeiten etc.

599 **Adressat:** Anwohner und andere Betroffene; man schreibt den Personenkreis an, der von der Baumaßnahme betroffen sein kann.

600 **Nummerierung:** Das Schreiben ist als allgemeines Schreiben zu nummerieren und zur Bauakte zu nehmen. Unter dieser Nummer kann man auch Beschwerden und Abhilfen dokumentieren. Diese Dokumentation zeigt, dass man sich nicht nur um die Einhaltung der Vorschriften bemüht hat, sondern auch darüber hinaus.

601 **Text:** Der Text sollte klar und informativ sein. Bewährt hat sich auch die Nennung einer Adresse, an die sich die Anwohner wenden können.

602 **Weitere Hinweise:** Für Anwohner ist häufig nicht die Bautätigkeit an sich störend, sondern die Unkenntnis über die Vorgänge. Man sollte weiterhin bedenken, dass viele Menschen auch ein Interesse an der Bautätigkeit haben. Daher sind Möglichkeiten für Passanten, die Baustelle zu beobachten, ein hilfreiches Mittel. Ein Fenster im Bauzaun mit Blumen und dem Hinweis »Hier baut die Firma Müller für Sie« wirkt sympathischer als eine Abschottung. Man sollte auch den Werbeeffekt nicht unterschätzen.
Wenn man sich die Zeit nimmt, dann werden auch Führungen über die Baustelle gerne in Anspruch genommen. Um größeren Aufwand für die Sicherheitsmaßnahmen zu vermeiden, kann man auch die Besucher nur auf die Einfahrt des Geländes lassen und dort Erläuterungen geben. Der eine Schritt in das Baugelände reicht meist schon symbolisch aus.

5 Pflichten nach Beendigung der Baumaßnahme

5.1 Die Abnahme

Die Abnahme ist aus Sicht des Auftragnehmers das zentrale Ziel der Baudurchführung. Sie bedeutet das Einverständnis des Auftraggebers mit der Gesamtleistung und seine Übernahme. Bevor der Auftraggeber die Abnahme erklärt, prüft er die vertraglich vereinbarte Beschaffenheit des Objekts und die Vollständigkeit der geschuldeten Leistungen. Die Form und Vorgehensweise der Abnahme sind im Allgemeinen vertraglich, sonst durch § 12 VOB/B oder § 640 BGB geregelt. 603

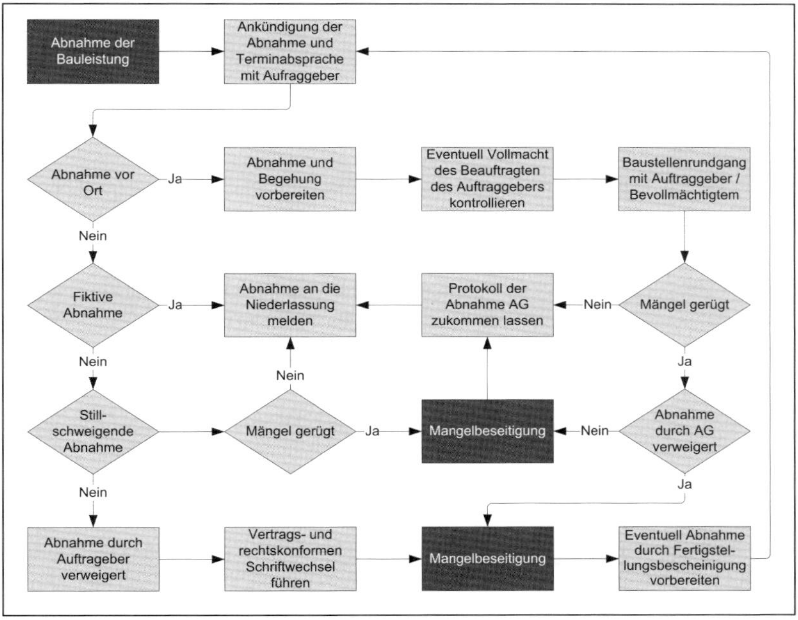

Abbildung 23: Die Abnahme

604 Die Abnahme durch den Auftraggeber hat viele Auswirkungen rechtlicher Art. Dazu gehören unter anderem:

- die Leistung des Auftragnehmers ist erbracht und damit der Bauvertrag erfüllt,
- die Gewährleistungsfrist beginnt,
- der Auftragnehmer muss bei einer Mangelrüge das Bauteil nicht mehr neu herstellen, sondern gegebenenfalls nur noch den Mangel beseitigen,
- bei Mängeln muss der Auftragnehmer nicht mehr beweisen, dass das Werk mangelfrei ist, sondern der Auftraggeber muss dies bei einer Mangelrüge beweisen,
- der Auftraggeber trägt die Gefahr für das Werk, während vor der Abnahme der Auftragnehmer die Gefahr für Beschädigungen etc. trägt,
- der Werklohn wird fällig, also die zu stellende Schlussrechnung,
- der Auftraggeber verliert Ansprüche wegen bekannter Mängel und auf eine vereinbarte Vertragsstrafe, wenn er sich diese nicht bei der Abnahme vorbehält.

605 Der späteste Zeitpunkt für eine Abnahme ist in der Regel das vertraglich vorgesehene Bauzeitende. Dieses kann auch ein Termin sein, der später als der vertraglich vereinbarte Abnahmetermin liegt, wenn durch hindernde Umstände bedingt eine Bauzeitverlängerung eingetreten ist. Der Auftragnehmer kann jedoch seine Bauleistung auch früher fertigstellen. Der Bauleiter schätzt diesen Zeitpunkt ab und kündigt dem Auftraggeber die Fertigstellung an. Gleichzeitig fordert er ihn auf, eine Abnahme durchzuführen (MS 54). Der Beginn der Abnahme kann auch vor der Fertigstellung erfolgen, wenn fertige Leistungsanteile besichtigt werden können. Zu bedenken ist dabei, dass die Abnahme bei größeren Projekten über mehrere Termine gestreckt sein kann und Zeit in Anspruch nimmt, aber zum vertraglichen Bauzeitende abgeschlossen sein muss.
Vor dem vereinbarten Abnahmetermin bereitet der Bauleiter den Abnahmetermin vor.

606 Voraussetzungen für die erfolgreiche Abnahme einer Bauleistung sind die Fertigstellung der geschuldeten Leistung, die Zusammenstellung der erforderlichen Abnahmeunterlagen und die Einhaltung des vertraglich festgelegten Prozedere bei der Abnahme. Zu den erforderlichen Unterlagen, die bereits im Bauvertrag festgelegt werden sollten, zählen im Allgemeinen:

- Bestandspläne,
- Statische Berechnungen,
- Bedienungs- und Wartungsanweisungen der technischen Gebäudeausrüstung inklusive Leistungs- und Ersatzteillisten,
- Pflegeanweisungen für Oberflächenbeläge etc.,
- Zulassungen und Prüfzeugnisse der Baustoffe, Materialien und Einbauteile,
- Besondere technische Abnahmebescheinigungen (z.B. durch TÜV) und Betriebsprotokolle,
- Baubegleitende Dokumentation,
- eventuell vorhandene Sachverständigengutachten.

In Bauverträgen ist fast immer die förmliche Bauabnahme vereinbart. § 12 **607**
Abs. 4 VOB/B sieht dazu ein bestimmtes Abnahmeprozedere vor. Danach werden bei der gemeinsam vorzunehmenden Abnahme der Zustand der Leistung und bekannte Mängel schriftlich in einem Abnahmeprotokoll festgehalten. Das Protokoll wird durch den Bauleiter vorbereitet. Es ist sinnvoll, dass der Bauleiter in jedem Fall ein eigenes Protokoll von dem Abnahmetermin führt. Zu Beginn nimmt er auf, welche Personen an der Abnahme teilnehmen. Es ist freigestellt, weitere Personen für eine Abnahme hinzuzuziehen, z.B. Sachverständige. Für den Auftragnehmer besteht ein Anspruch, dass auch seine Einwendungen gegen Mängel in das Protokoll aufgenommen werden. Es ist erforderlich, das Protokoll direkt nach der Abnahme auszufertigen und durch den Auftraggeber und den Auftragnehmer zu unterzeichnen. Dabei ist darauf zu achten, dass der Auftraggeber oder ein bevollmächtigter Vertreter die Unterschrift leistet.

Das Abnahmeprotokoll hat unmittelbar rechtliche Auswirkungen. Der Auf- **608**
traggeber muss sich in dem Protokoll alle beanstandeten Mängel und eine Vertragsstrafe vorbehalten. Tut er das nicht, hat das für ihn die Folge, dass eine Vertragsstrafe entfällt. Bezüglich nicht vorbehaltener Mängel entfällt zwar nicht zwingend die Pflicht des Auftragnehmers zur Beseitigung dieser Mängel, es handelt sich dann allerdings bereits um die Beseitigung von Mängeln in der Gewährleistungsfrist.

Bei der Abnahme gibt es verschiedene Möglichkeiten für ein Ergebnis. Hat **609**
der Auftraggeber das Bauwerk ohne die Rüge von Mängeln abgenommen,

wird nach der Anfertigung des Protokolls eine Meldung an die Niederlassung abgefasst. Hat der Auftraggeber Mängel gerügt, jedoch die Abnahme erteilt, wird ebenfalls die Abnahme an die Niederlassung gemeldet. Die gerügten Mängel müssen in jedem Fall beseitigt werden. Danach fordert der Bauleiter den Auftraggeber auf, die Mangelbeseitigung abzunehmen (MS 55). Über diese Abnahme wird vom Bauleiter ebenfalls ein Protokoll erstellt. Wenn der Auftraggeber bei dem Termin der Mangelabnahme weitere Mängel rügt, hat der Bauleiter die weiteren Mängel in einem gesonderten Protokoll oder in einem Anhang aufzunehmen. Bei den weiteren Mängeln handelt es sich um Gewährleistungsmängel, die mit der Abnahme nichts zu tun haben. Der Auftraggeber darf die einmal erklärte Abnahme nicht zurücknehmen.

610 Die dritte Möglichkeit ist eine Verweigerung der Abnahme durch den Auftraggeber. Auch in diesem Fall wird nach der Beseitigung der gerügten Mängel ein erneuter Abnahmetermin vereinbart und die Durchführung protokolliert. Da der Auftraggeber noch keine Abnahme erteilt hatte, berechtigen die bei dem zweiten Termin gerügten Mängel zu einer erneuten Verweigerung der Abnahme. Dadurch können weitere Abnahmetermine erforderlich werden. Zu beachten ist im Fall der Abnahmeverweigerung aber § 650 g BGB, siehe hierzu in Kapitel 12.

611 Neben der förmlichen Abnahme gibt es zahlreiche weitere Arten. Es ist zu beachten, dass bei der Vereinbarung einer förmlichen Abnahme die anderen Abnahmearten ausscheiden. Sollte allerdings eine förmliche Abnahme nicht im Bauvertrag vereinbart oder durch den Auftraggeber gefordert worden sein, kann eine Anwendung der anderen Abnahmearten in Frage kommen. Die Abbildung 24 zeigt die verschiedenen Abnahmen in einer Übersicht.

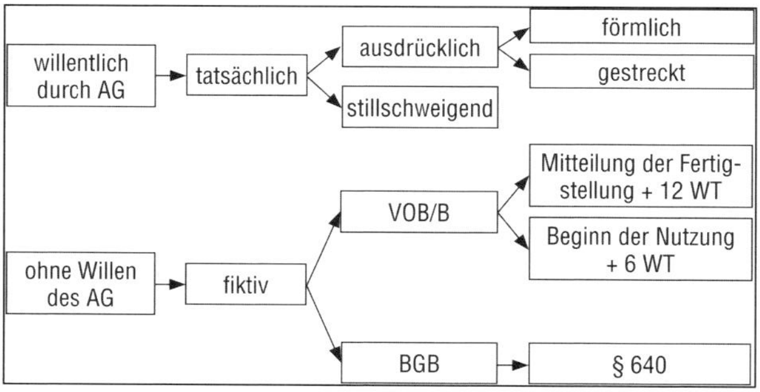

Abbildung 24: Die Abnahmearten

Eine fiktive Abnahme tritt nach § 12 Abs. 5 VOB/B ein, wenn bestimmte Bedingungen vorliegen. Wenn keine der Vertragsparteien eine Abnahme verlangt, gilt 12 Werktage nach schriftlicher Mitteilung der Fertigstellung die Leistung als abgenommen. Bereits nach sechs Werktagen gilt das Bauwerk als abgenommen, wenn es durch den Auftraggeber genutzt wird, allerdings nicht nur zur Weiterführung von Bauarbeiten. Sollte die VOB/B nicht vereinbart sein, treten nach § 640 BGB die Wirkungen einer Abnahme ein, wenn der Auftraggeber trotz einer Fristsetzung des Auftragnehmers das mangelfreie Werk nicht abnimmt ohne Angabe von Mängeln. Daher kommt der schriftlichen Aufforderung zur Abnahme einschließlich dem Zugangsnachweis eine hohe Bedeutung zu. **612**

Eine stillschweigende Abnahme wird auch als konkludente Abnahme bezeichnet. Sie liegt vor, wenn der Auftraggeber durch sein Verhalten gegenüber dem Auftragnehmer vermittelt, dass er mit der Bauleistung zufrieden ist. Das kann vorliegen, wenn er vorbehaltlos die Schlussrechnung bezahlt, die Leistung des Auftragnehmers Folgegewerken übergibt oder zum Beispiel einen Sicherheitseinbehalt vollständig ausbezahlt. Wenn der Auftraggeber die Abnahme vorher jedoch schon verweigert hat, kommt eine stillschweigende Abnahme nicht in Betracht. **613**

Problematisch ist es, wenn der Auftraggeber die Abnahme verweigert. Dazu ist er berechtigt, wenn wesentliche Mängel vorliegen. Über die Frage der Wesentlichkeit eines Mangels kann nur im jeweiligen Einzelfall entschieden werden. Beeinträchtigt der Mangel die Funktion des Bauwerks, berechtigt dies zur Abnahmeverweigerung. Auch eine Vielzahl von kleinen Mängeln kann in der Summe einen erheblichen Mangel darstellen. Sollte das neue Bauvertragsrecht auf den vorliegenden Bauvertrag Anwendung finden, sind die Ausführungen in Kapitel 12 zur Abnahme zu beachten. **614**

Die Rüge von Mängeln, die nach Ansicht des Bauleiters nicht vorliegen, erfordern weitere Schritte zur Lösung der Situation. Wenn eine fachliche Diskussion nicht zu einer Überzeugung des Auftraggebers führt, hilft nur noch eine Beurteilung durch einen sachverständigen Dritten. Hierfür gibt es mehrere Möglichkeiten, die der Bauleiter dem Auftraggeber vorschlagen sollte (MS 56). In jedem Fall ist es sinnvoll, dass möglichst schnell die tatsächlichen Verhältnisse vor Ort dokumentiert werden. Streitigkeiten über Mängel gehören mit zu den langwierigsten Verfahren vor Gericht, sodass eine Alternative zu einem gerichtlichen Verfahren zu bevorzugen ist. **615**

616 Die einfachste Möglichkeit ist die Vereinbarung eines Schiedsgutachtens. Der gemeinsam ausgesuchte Gutachter entscheidet die streitige Frage verbindlich. Dabei können die Kosten für das Verfahren der unterliegenden Seite auferlegt werden. Eine Alternative ist ein Verfahren nach § 18 Abs. 4 VOB/B, welches allerdings nur anwendbar ist, wenn es um die Eigenschaften von Stoffen oder Bauteilen geht, für die allgemein gültige Prüfungsverfahren bestehen, und die Gültigkeit der VOB/B vereinbart ist. Sollte keines dieser Verfahren möglich sein, verbleibt nur noch das gerichtliche Beweisverfahren zur Feststellung der tatsächlichen Verhältnisse und der Beurteilung des Vorliegens eines Mangels.

617 Erhebliche Probleme ergeben sich, wenn der Auftraggeber die Abnahme verweigert und dennoch beginnt, das Bauwerk zu nutzen. Da der Auftraggeber als Eigentümer das Hausrecht hat, kann ihm die Nutzung durch den Auftragnehmer nicht verweigert werden. Allerdings ergeben sich durch die Nutzung häufig Beschädigungen an den nicht abgenommenen Leistungen, die wiederum als Mängel geltend gemacht werden. Hinzu kommt, dass die Beseitigung von Mängeln in einem bereits genutzten Gebäude meistens erheblich aufwendiger ist. Daher muss der Bauleiter zu einem möglichst frühen Zeitpunkt versuchen zu klären, ob eine solche Situation eintreten kann. Da sie durch den Bauleiter nicht verhindert werden kann, muss der Zustand der Leistungen sehr schnell festgestellt werden. Hierfür ist es sinnvoll, dass man einen unabhängigen Dritten einschaltet, der ein Gutachten erstellt. Man sollte in jedem Fall versuchen, den Sachverständigen mit dem Auftraggeber gemeinsam zu beauftragen (MS 57). In diesen Fällen ist § 650 g BGB zu beachten, siehe in Kapitel 12.

618 Neben der Abnahme am Ende der Baumaßnahme können Teilleistungen, die später nicht mehr geprüft werden können und in sich abgeschlossen sind, auch bereits während der Bauphase abgenommen werden. Dabei muss durch den Bauleiter unterschieden werden, ob der Auftraggeber die Teilleistung rechtsverbindlich abnimmt. In diesem Fall beginnt für die abgenommene Leistung die Gewährleistungszeit. Das kommt nur sehr selten vor, da sich für den Auftraggeber bei einem Bauwerk verschiedene Gewährleistungsfristen ergeben würden. Daher finden echte Teilabnahmen nur sehr selten statt.

619 Damit der Auftragnehmer trotzdem bei Teilleistungen, vor allem wenn diese durch weitere Leistungen verdeckt werden, eine verbindliche Feststellung seiner Ausführung bekommt, gibt es die Möglichkeit einer technischen Zustandsfeststellung. Nach § 14 Abs. 2 VOB/B ist die gemeinsame Feststellung durch den Auftragnehmer zu beantragen. Dabei bestätigt der Auftraggeber, dass die Leistung vollständig ausgeführt worden ist. Die Wirkungen einer echten Abnahme treten dadurch nicht ein. Das ist dem Auftraggeber häufig nicht bewusst, sodass er durch den Bauleiter auf diese Möglichkeit hinzuweisen ist (MS 58). Eine technische Zustandsfeststellung mit dem Auftraggeber während der Bautätigkeit hilft, Streitigkeiten bei der Schlussabnahme zu vermeiden.

Checkliste 20: Abnahme

Wann:	Nach der Ausführung
Warum:	Zahlung der Vergütung
Wer:	Bauleiter mit Auftraggeber
Was:	Feststellung der vertragsgerechten, vollständigen Leistung
Wie:	Vertragliche Voraussetzungen zur Abnahme prüfen Einladung zum Abnahmetermin veranlassen; Besichtigung der Leistungen gemeinsam mit dem Auftraggeber Protokollierung der Abnahme Beiderseitige Unterschrift
Kontrolle:	Sind alle Leistungen besichtigt? Sind alle Leistungen im Protokoll aufgeführt? Ist das Protokoll unterschrieben? Ist die Abnahmefiktion nach neuem Bauvertragsrecht eingetreten? (Siehe Kapitel 12)
Weiteres Vorgehen:	Eventuelle Mangelbeseitigung veranlassen; Mangelbeseitigung abnehmen lassen Bei unberechtigter Abnahmeverweigerung weitere Schritte einleiten Abnahme an Verwaltung melden
Eigene Anmerkungen:	

Musterschreiben 54: Aufforderung zur Abnahme

Adressat: *Auftraggeber*

Bauvorhaben: ....

Datum: ....

AS Nr. *24:* **Vereinbarung eines Abnahmetermins**

Sehr geehrte Damen und Herren,

wir führen derzeit *die Restarbeiten für den Bodenbelag in den Obergeschossen* **aus. Diese Arbeiten werden am** *Freitag, den 25. November 2026*, **abgeschlossen sein.** *In der darauf folgenden Woche* **steht das Gebäude zur Abnahme bereit.**

Wir schlagen Ihnen als Termin für die Abnahme

Montag, den 28. November 2026, 09.00 **Uhr vor.**

Die zu übergebenden Unterlagen stellen wir Ihnen derzeit zusammen.

Die Dauer der Abnahme schätzen wir mit *vier Stunden* **ein. Der von uns vorgesehene Ablauf der Abnahme ergibt sich aus der Aufstellung in der Anlage.**

Bitte bestätigen Sie den Termin und teilen Sie uns mit, mit welchen Personen Ihrerseits die Abnahme durchgeführt werden wird oder ob Sie ergänzende Wünsche zu dem vorgesehenen Ablauf haben.

Für Rückfragen stehen wir gerne zur Verfügung.

Mit freundlichen Grüßen

....

(Unterschrift)

Anlage: Ablauf der Abnahme

Hinweise zu Musterschreiben 54

Art des Schreibens: Muss, Sollte, Kann, Schriftform

Zeitpunkt des Schreibens: Das Schreiben sollte so versendet werden, dass eine Abnahme der Leistungen möglichst kurzfristig nach Fertigstellung der Leistungen erfolgen kann. **620**
Bei einer umfangreicheren Baumaßnahme kann die Abnahme bereits vor der Fertigstellung von anderen Leistungen begonnen werden.
Ein entsprechender Vorlauf für eine Termindisposition sollte ebenfalls berücksichtigt werden. In § 12 Abs. 1 VOB/B ist eine Frist von 12 Werktagen ab Fertigstellung vorgesehen.
Vorschriften: § 12 VOB/B; § 640 BGB.

Adressat: Auftraggeber; es ist nicht anzuraten, andere Beteiligte anzuschreiben. Letztlich beurteilen Auftraggeber zumindest die sichtbaren Oberflächen selbst. Sollten Hilfspersonen für den Auftraggeber die Abnahmen durchführen, ist deren Vollmacht zu klären, vgl. Musterschreiben 2. **621**

Nummerierung: Das Schreiben ist als allgemeines Schreiben zu nummerieren und zur Bauakte zu nehmen. Wichtiger ist allerdings die Dokumentation und Ablage des Abnahmeprotokolls, in dem der Auftraggeber bestätigt, dass er mit der Leistung einverstanden ist. **622**

Text: Das Anschreiben muss den Termin für die Abnahme konkret benennen. Ergänzend hat es sich bewährt, wenn man einen Ablauf der Abnahme vorschlägt und einen zeitlichen Rahmen. **623**

Ergänzend sollte man fragen, welche Personen für den Auftraggeber an der Abnahme teilnehmen. Damit kann man sich auf die Abnahme besser vorbereiten oder nach entsprechenden Vollmachten fragen, wenn der Auftraggeber selbst nicht anwesend ist. **624**

Weitere Hinweise: Es ist vor Versendung des Schreibens zu prüfen, welche Regelungen für eine Abnahme im Vertrag vorhanden sind. Wenn eine förmliche Abnahme festgelegt ist, muss das Schreiben versendet werden. **625**
Ist keine förmliche Abnahme vorgesehen, kann auch eine Abnahme durch Zeitablauf oder Nutzung des Gebäudes durch den Auftraggeber eintreten. Dies ist in § 12 Abs. 5 VOB/B geregelt. Es ist allerdings auch in diesen Fällen anzuraten, einen klaren Zeitpunkt für eine Abnahme zu fixieren, indem man die förmliche Abnahme durchführt. Damit sind spätere Streitigkeiten über den Zeitpunkt des Eintritts der Abnahmewirkung zu vermeiden.

Musterschreiben 55: Aufforderung zur Mangelbeseitigungsabnahme

Adressat: *Auftraggeber*

Bauvorhaben: ....

Datum: ....

AS Nr. *25:* **Vereinbarung eines Abnahmetermins**

Sehr geehrte Damen und Herren,

wir haben die von Ihnen bei der Abnahme am *15. August 2026* **gerügten Mängel behoben. Hierbei handelte es sich nach unserem gemeinsamen Abnahmeprotokoll um**

- *den Austausch der fehlerhaften Scheibe in der Küche*
- *die Beseitigung von Verunreinigungen im Sockelbereich durch Mutterboden*
- *das Anbringen zweier Profile im Übergangsbereich der Bodenbeläge im Erdgeschoss*
- *die Beseitigung von Verunreinigungen durch Innenfarbe im Bereich der Fliesen im Badezimmer 1. OG*

Wir schlagen Ihnen als Termin für die Abnahme der Mangelbeseitigung

Montag, den 1. September 2026, 09.00 **Uhr vor.**

Die Dauer der Abnahme schätzen wir mit *einer Stunde* **ein. Der von uns vorgesehene Ablauf der Abnahme ergibt sich aus der Aufstellung in der Anlage.**

Bitte bestätigen Sie den Termin und teilen Sie uns mit, mit welchen Personen Ihrerseits die Abnahme durchgeführt werden wird.

Für Rückfragen stehen wir gerne zur Verfügung.

Mit freundlichen Grüßen

....

(Unterschrift)

Anlage: Ablauf der Abnahme

Hinweise zu Musterschreiben 55

Art des Schreibens: Muss, Schriftform

Zeitpunkt des Schreibens: Das Schreiben sollte so versendet werden, dass eine Abnahme der Leistungen möglichst kurzfristig nach Behebung der bei einer Abnahme gerügten Mängel erfolgen kann. **626**
Bei einer umfangreicheren Baumaßnahme kann die Abnahme beseitigter Mängel bereits vor der Behebung aller Mängel begonnen werden.

Vorschriften: § 12 VOB/B; § 640 BGB. **627**

Adressat: Auftraggeber; es ist nicht anzuraten, andere Beteiligte anzuschreiben. Letztlich beurteilen Auftraggeber zumindest die sichtbaren Oberflächen selbst. Sollten Hilfspersonen für den Auftraggeber die Abnahmen durchführen, ist deren Vollmacht zu klären, vgl. Musterschreiben 2. **628**

Nummerierung: Das Schreiben ist als allgemeines Schreiben zu nummerieren und zur Bauakte zu nehmen. Wichtiger ist allerdings die Dokumentation und Ablage des Abnahmeprotokolls, in dem der Auftraggeber bestätigt, dass er mit der Leistung nach Mangelbehebung einverstanden ist. **629**

Text: Das Anschreiben muss den Termin für die erneute Abnahme konkret benennen und die behobenen Mängel. Ergänzend hat es sich bewährt, wenn man einen Ablauf der Abnahme vorschlägt und einen zeitlichen Rahmen. **630**
Ergänzend sollte man fragen, welche Personen für den Auftraggeber an der Abnahme teilnehmen. Damit kann man sich auf die Abnahme besser vorbereiten oder nach entsprechenden Vollmachten fragen, wenn der Auftraggeber selbst nicht anwesend ist.

Weitere Hinweise: Der Auftraggeber darf nur wegen wesentlicher Mängel eine Abnahme verweigern. Liegen nur unwesentliche Mängel vor, so sind diese zwar auch durch den Auftragnehmer zu beseitigen, allerdings müsste der Auftraggeber die Abnahme erklären. Ob Mängel als wesentlich einzustufen sind, ist ein großes Streitfeld. Daher sollte im Einzelfall eine schnelle Mangelbeseitigung vorgezogen werden. **631**
In Fällen von Erheblichkeit ist ein entsprechender Gutachter beizuziehen und der Zustand zum Abnahmetermin genau zu dokumentieren. Ergänzend vergleiche auch das Musterschreiben 56 zur gemeinsamen Bestellung eines Sachverständigen als Schiedsgutachter.

Musterschreiben 56: Aufforderung zur Mangelbegutachtung

Adressat: *Auftraggeber*

Bauvorhaben: ....

Datum: ....

AS Nr. *26:* **Vereinbarung einer sachverständigen Beurteilung**

Sehr geehrte Damen und Herren,

Sie haben die Abnahme am *15. August 2026* **verweigert, da sie folgende Mängel gerügt haben:**

- *Ausführung der Fliesenarbeiten im Eingangsbereich Erdgeschoss wegen Unebenheiten*
- *Ausführung der Fliesenarbeiten im Badezimmer 2. OG wegen Unebenheiten*
- *Ausführung der Fliesenarbeiten auf der Terrasse wegen Unebenheiten*

Wir sind der Auffassung, wie bereits im Protokoll des Abnahmetermins vermerkt, dass *die vorliegenden Unebenheiten an der von Ihnen beigestellten Fliese liegen. Sie hat eine ungleichförmige Randausbildung, die bei dieser Fliese vom Hersteller vorgesehen ist. Die von uns durchgeführte Verlegung ist fachgerecht und mangelfrei.*

Zur Lösung der Meinungsverschiedenheiten schlagen wir Ihnen vor, dass wir eine Begutachtung durch einen gemeinsam benannten Sachverständigen durchführen lassen, der verbindlich als Schiedsgutachter die Frage des Vorliegens eines Mangels beurteilt. Wir bitten Sie um einen Vorschlag für einen Sachverständigen.

Für Rückfragen stehen wir gerne zur Verfügung.

Mit freundlichen Grüßen

....

(Unterschrift)

Hinweise zu Musterschreiben 56

Art des Schreibens: Sollte, Kann, Schriftform

Zeitpunkt des Schreibens: Das Schreiben muss versendet werden, wenn der Auftraggeber der Auffassung ist, dass die Ausführung mangelhaft sei, auf einer Mangelbeseitigung besteht und die Leistungen nicht abnimmt, der Auftragnehmer aber weiterhin der Auffassung ist, dass seine Ausführung mangelfrei ist. **632**

Vorschriften: § 12 VOB/B **633**

Adressat: Auftraggeber; es ist nicht anzuraten, andere Beteiligte anzuschreiben. Vorliegend geht es um einen Vorschlag zur verbindlichen, außergerichtlichen Streiterledigung. Über das Verfahren sollte der Auftraggeber selbst entscheiden. **634**

Nummerierung: Das Schreiben ist als allgemeines Schreiben zu nummerieren und zur Bauakte zu nehmen. Das Schreiben ist aber auch bei den Vertragsunterlagen abzulegen, da es sich um rechtliche Fragestellungen handelt. **635**

Text: In dem Schreiben ist auf die in Streit stehenden Mängel hinzuweisen, sodass klar ist, um welche Angelegenheit es genau geht. Danach schlägt man die Lösung vor, die man für den anstehenden Streit als zielführend ansieht. Man sollte aber bedenken, dass der Auftraggeber nicht zu solchen Lösungen verpflichtet ist. **636**

Weitere Hinweise: Wenn der Auftraggeber auf keine einvernehmliche Lösung eingeht, sollte der Auftragnehmer in jedem Fall den in Frage gestellten Leistungsteil so dokumentieren, dass man auch zu einem späteren Zeitpunkt feststellen kann, dass die Ausführung mangelfrei ist. Hierfür ist darüber zu befinden, ob man nicht einen Sachverständigen hinzuzieht, der die eigene Auffassung bestätigen kann. **637**

Musterschreiben 57: Aufforderung zur Übergabebegutachtung

Adressat: *Auftraggeber*

Bauvorhaben: ....

Datum: ....

AS Nr. *27:* **Vereinbarung einer sachverständigen Zustandsfeststellung**

Sehr geehrte Damen und Herren,

wir haben am *15. August 2026* **mit der Abnahme des Bauwerks begonnen, geplante Übergabe des Gebäudes ist der** *1. September 2026.* **Dabei haben Sie bereits jetzt zahlreiche Mängel gerügt und angekündigt, die Abnahme zu verweigern.**

Gleichzeitig haben Sie darum gebeten, die Baustelleneinrichtung planmäßig zu räumen, da Sie das Gebäude am *1. September 2026* **beziehen wollen.**

Wir sind der Auffassung, dass viele der von Ihnen gerügten Mängel nicht vorliegen bzw. es sich um übliche und vertragsgerechte Ausführungen handelt. Daher würden wir gerne den Zustand des Gebäudes vor einer Übergabe und dem Beginn der Nutzung feststellen lassen. Damit wird ebenfalls vermieden, dass Unklarheiten über die Verursachung von Beschädigungen und Verunreinigungen entstehen.

Zur Lösung der Angelegenheit schlagen wir Ihnen vor, dass wir eine Begutachtung durch einen gemeinsam benannten Sachverständigen durchführen lassen, der verbindlich als Schiedsgutachter die Frage des Vorliegens von Mängeln beurteilt. Wir bitten Sie um einen Vorschlag für einen Sachverständigen.

Für Rückfragen stehen wir gerne zur Verfügung.

Mit freundlichen Grüßen

....

(Unterschrift)

Hinweise zu Musterschreiben 57

Art des Schreibens: Sollte, Kann, Schriftform

Zeitpunkt des Schreibens: Das Schreiben muss versendet werden, wenn der Auftraggeber der Auffassung ist, dass die Ausführung mangelhaft sei, auf einer Mangelbeseitigung besteht, die Leistungen nicht abnimmt aber die Nutzung kurzfristig beginnen will, der Auftragnehmer aber weiterhin der Auffassung ist, dass seine Ausführung mangelfrei ist. **638**

Vorschriften: § 12 VOB/B, siehe auch § 650 g BGB und Kapitel 12 **639**

Adressat: Auftraggeber; es ist nicht anzuraten, andere Beteiligte anzuschreiben. Vorliegend geht es um einen Vorschlag zur verbindlichen, außergerichtlichen Streiterledigung. Über das Verfahren sollte der Auftraggeber selbst entscheiden. **640**

Nummerierung: Das Schreiben ist als allgemeines Schreiben zu nummerieren und zur Bauakte zu nehmen. Das Schreiben ist aber auch bei den Vertragsunterlagen abzulegen, da es sich um rechtliche Fragestellungen handelt. **641**

Text: In dem Schreiben ist auf die in Streit stehenden Mängel hinzuweisen, wenn diese feststehen, sodass klar ist, um welche Angelegenheit es genau geht. Danach schlägt man die Lösung vor, die man für den anstehenden Streit als zielführend ansieht. Man sollte aber bedenken, dass der Auftraggeber nicht zu solchen Lösungen verpflichtet ist. **642**
In den Fällen, in denen Auftraggeber das Bauwerk nutzen wollen, ohne es vorher abzunehmen, ist es für den Auftragnehmer zwingend notwendig, den Zustand der Leistung zu dokumentieren.

Weitere Hinweise: Wenn der Auftraggeber auf keine einvernehmliche Lösung eingeht, sollte der Auftragnehmer in jedem Fall seine Leistungen insgesamt so dokumentieren, dass man auch zu einem späteren Zeitpunkt feststellen kann, dass die Ausführung mangelfrei ist und wie der genaue Zustand zu diesem Zeitpunkt war. Hierfür ist darüber zu befinden, ob man nicht einen Sachverständigen hinzuzieht. Nur so lassen sich spätere Streitigkeiten vermeiden, ob Beschädigungen etc. auf eine Nutzung durch den Auftraggeber zurückzuführen sind. **643**

Musterschreiben 58: Aufforderung zur technischen Zustandsfeststellung

Adressat: *Auftraggeber*

Bauvorhaben: ....

Datum: ....

AS Nr. *28:* **Besichtigung verdeckter Leistungen**

Sehr geehrte Damen und Herren,

wir werden am *15. August 2026* **folgende Arbeiten abgeschlossen haben:**

- *Installationen für Elektro*
- *Installation Sanitär*

Danach werden die Trockenbauwände durch das Aufbringen der zweiten Beplankung geschlossen.

Diese ausgeführten Leistungen werden durch die nachfolgenden Arbeiten endgültig verdeckt.

Wir schlagen Ihnen daher vor, diese Leistungen gemeinsam zu besichtigen und eine technische Abnahme durchzuführen.

Durch die technische Abnahme wird lediglich gemeinsam die Ausführung der vertraglichen Leistung festgestellt. Die Wirkungen der Endabnahme treten dadurch nicht ein.

Für Rückfragen stehen wir gerne zur Verfügung.

Mit freundlichen Grüßen

....

(Unterschrift)

Hinweise zu Musterschreiben 58

Art des Schreibens: Sollte, Kann, Schriftform

644 **Zeitpunkt des Schreibens:** Das Schreiben sollte so versendet werden, dass eine Besichtigung und Zustandsfeststellung der Leistungen so erfolgt, dass diese Leistung noch nicht durch die nachfolgende Leistung verdeckt wird und möglichst kurzfristig nach Fertigstellung der Leistungen.

Bei einer umfangreicheren Baumaßnahme kann die Zustandsfeststellung bereits vor der Fertigstellung dieses Leistungsteiles begonnen werden. Das ist in jedem Fall sinnvoll, wenn die nachfolgenden Arbeiten die Leistung überdecken, bevor sie vollständig fertiggestellt ist.
Ein entsprechender Vorlauf für eine Termindisposition sollte ebenfalls berücksichtigt werden.

Vorschriften: § 4 Abs. 10 VOB/B **645**

Adressat: Auftraggeber; es ist nicht anzuraten, andere Beteiligte anzuschreiben. Sollten Hilfspersonen für den Auftraggeber die Zustandsfeststellungen durchführen, ist deren Vollmacht zu klären, vgl. Musterschreiben 2. **646**

Nummerierung: Das Schreiben ist als allgemeines Schreiben zu nummerieren und zur Bauakte zu nehmen. Wichtiger ist allerdings die Dokumentation und Ablage des Protokolls über den Zustand der später verdeckten Leistungen, in dem der Auftraggeber bestätigt, dass er mit der Leistung einverstanden ist. **647**

Text: Das Anschreiben muss den Termin für die Zustandsfeststellung konkret benennen. Ergänzend hat es sich bewährt, wenn man einen Ablauf der Zustandsfeststellung vorschlägt und einen zeitlichen Rahmen. **648**
Weiterhin sollte man fragen, welche Personen für den Auftraggeber an dem Termin teilnehmen. Damit kann man sich besser vorbereiten oder nach entsprechenden Vollmachten fragen, wenn der Auftraggeber selbst nicht anwesend ist.
Häufig verweigern Auftraggeber eine Zustandsfeststellung vor einer Abnahme, da sie der Meinung sind, es handele sich bereits um eine rechtlich wirksame Abnahme. Daher hat es sich als hilfreich erwiesen darauf hinzuweisen, dass die Wirkungen der Endabnahme durch die Zustandsfeststellung nicht eintreten.

Weitere Hinweise: Wenn der Auftraggeber die Zustandsfeststellung verweigert, muss der Auftragnehmer den Zustand trotzdem im eigenen Interesse dokumentieren. Hierfür fertigt man ebenfalls ein Protokoll an, dokumentiert die Leistung, zum Beispiel durch zugeordnete Fotografien, und unterschreibt zu zweit. **649**

5.2 Das Aufmaß

650 Die Leistungsfeststellung bildet die Grundlage der Leistungskontrolle und der Abrechnung. Die Leistung wird durch ein Aufmaß ermittelt. Dabei werden alle erbrachten Leistungen vor Ort gemessen oder gezählt. Die Leistung kann jedoch nach den Allgemeinen Regelungen für Bauarbeiten jeder Art, ATV DIN 18299 VOB/C, Abschnitt 5, auch anhand der Bauzeichnungen ermittelt werden, wenn diese mit den erbrachten Leistungen übereinstimmen. Durch Änderungen des Bausolls und zur Kontrolle des erbrachten Leistungsumfangs ist dies in der Praxis eher bei pauschalen Vergütungen, einfacheren Gewerken und der Schlussabrechnung üblich.

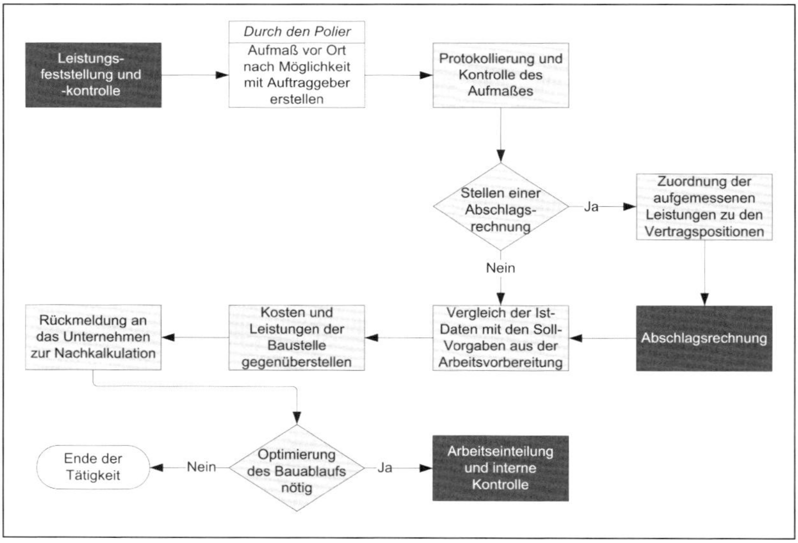

Abbildung 25: Das Aufmaß

651 Die Durchführung der Arbeiten für ein Aufmaß nimmt der Polier vor. Nach § 14 Abs. 2 VOB/B ist das Aufmaß möglichst gemeinsam mit dem Auftraggeber durchzuführen. Die Verabredung zu einem gemeinsamen Termin ist durch den Bauleiter schriftlich bei dem Auftraggeber (MS 59) in die Wege zu leiten. Wenn der Auftraggeber das gemeinsame Aufmaß verweigert oder daran nicht teilnimmt, kann es auch durch den Auftragnehmer alleine ausgeführt werden.

In dem Protokoll zum Aufmaß sind mindestens folgende Punkte aufzuführen: 652

- Datum,
- Teilnehmer,
- aufgemessene Leistung,
- Lage des Leistungsortes,
- Art des Aufmaßes,
- festgestellte Masse oder Anzahl.

Für eine übersichtliche Darstellung kann das Aufmaß in die Pläne eingetragen werden, indem man die entsprechenden Stellen farblich markiert. Die Aufmaßblätter werden den Stellen zugeordnet und enthalten die Vermaßung sowie die Ergebnisse. Das Aufmaß stellt der Polier dem Bauleiter zur Verfügung. 653

Je besser die Leistungsfeststellung vorbereitet ist, desto schneller und sicherer kann die Leistung ermittelt werden. Eine absolute Genauigkeit lässt sich häufig nicht erreichen. Für den Auftragnehmer ist es das Ziel, dass er eine fehlerhafte Feststellung von größerem Umfang ausschließen kann. Ist der Aufwand für die Feststellung der Leistung unverhältnismäßig hoch, kann es im Interesse beider Vertragspartner sein, für die Leistung eine gemeinsame Festlegung zu treffen oder im Nachhinein eine Pauschalsumme zu vereinbaren. 654

Nach der Kontrolle des Aufmaßes entscheidet der Bauleiter aufgrund der vertraglich festgelegten Regelungen, ob eine Abschlagsrechnung an den Auftraggeber gestellt werden kann. Hierfür kann er das ordentlich hergestellte Aufmaß unverändert als Anlage verwenden, sodass lediglich die Rechnungskalkulation einzufügen ist. Bei einer Verweigerung des Auftraggebers zum gemeinsamen Aufmaß ist das Aufmaßprotokoll auch ohne eine Abschlagsrechnung an den Auftraggeber zu übersenden. In einem Begleitschreiben ist der Auftraggeber aufzufordern, Einwände gegen das Aufmaß innerhalb einer bestimmten Frist zu erheben (MS 60). Das ist besonders wichtig, wenn durch einen Fortschritt der Bauarbeiten ein späteres Aufmaß nicht mehr möglich ist, so zum Beispiel für Entwässerungsleitungen unter einer Bodenplatte. 655

Die Daten aus einem Aufmaß werden auch für die Leistungsmeldung verwendet. Eine weitere Funktion erfüllen sie in einem Soll-Ist-Vergleich. Der Ist-Zustand der Baustelle kann mit den Soll-Vorgaben aus der Arbeitsvorbereitung verglichen werden. Damit ergibt sich die Möglichkeit, Abweichungen zu dem 656 geplanten Bauablauf und den geplanten Kosten frühzeitig festzustellen und Gegenmaßnahmen zu ergreifen. Für eine Optimierung des Bauablaufs wird die Arbeitseinteilung überarbeitet.

657 Eine effektive Möglichkeit für einen Bauleiter zur Kontrolle und Archivierung von Aufmaßblättern und Abschlagsrechnungen ist ein Ordner, in den eine Kopie des vollständigen Leistungsverzeichnisses eingeheftet wird. Bei Erhalt der Aufmaßblätter gleicht man die Werte mit den Vordersätzen aus dem Leistungsverzeichnis ab und prüft, ob die Leistung der Position vollständig ausgeführt worden ist. In dem Leistungsverzeichnis wird bei der Position vermerkt, dass das Aufmaß erfolgt ist, sie in eine Abschlagsrechnung eingestellt worden ist, und die Aufmaßblätter und Abschlagsrechnungen werden bei der Position bzw. hinter dem Titel eingeheftet. Durch Streichen der erledigten Positionen und Einfügen der Rechnungsnummer hat man einen schnellen Überblick.

Checkliste 21: Aufmaß

Wann:	Nach der Ausführung einzelner Leistungen
Warum:	Leistungsfeststellung, Rechnungsgrundlage
Wer:	Polier mit Auftraggeber, evtl. Bauleiter
Was:	Feststellung der Leistung
Wie:	Einladung zum Aufmaßtermin veranlassen Leistungsfeststellung gemeinsam mit dem Auftraggeber Protokollierung des Aufmaßes Beiderseitige Unterschrift
Kontrolle:	Sind alle Leistungen vollständig aufgenommen? Ist das Aufmaß verständlich dargestellt? Sind alle Leistungen im Aufmaßprotokoll aufgeführt? Ist das Protokoll beiderseitig unterschrieben?
Weiteres Vorgehen:	Aufmaßprotokoll an Auftraggeber senden Mögliche Abschlagsrechnung stellen Eventuelle Maßnahmen zur Steuerung des Bauablaufs ergreifen
Eigene Anmerkungen:	

Musterschreiben 59: Aufforderung zum gemeinsamen Aufmaß

Adressat: *Auftraggeber*

Bauvorhaben: ....

Datum: ....

AS Nr. *29:* **Aufmaßtermin**

Sehr geehrte Damen und Herren,

wir werden am *1. Februar 2026* **folgende Arbeiten abgeschlossen haben:**

- *Erdarbeiten Grabenaushub*
- *Erdarbeiten Lärmschutzwall*

Diese ausgeführten Leistungen sind in den Positionen

- **Pos.** *2.23 ff. Erdaushub Leitungsgraben*
- **Pos.** *2.37 ff. Bodenauftrag Lärmschutzwall*

u. a.

des Leistungsverzeichnisses beschrieben.

Wir bitten Sie um die Vornahme des gemeinsamen Aufmaßes und schlagen als Termin

Mittwoch, den 2. Februar 2026, 09.00 Uhr **vor.**

Um kurze Terminbestätigung wird gebeten.

Für Rückfragen stehen wir gerne zur Verfügung.

Mit freundlichen Grüßen

....

(Unterschrift)

Hinweise zu Musterschreiben 59

Art des Schreibens: Muss, Schriftform

Zeitpunkt des Schreibens: Das Schreiben sollte so versendet werden, dass eine Besichtigung und das Aufmaß der Leistungen möglichst kurzfristig nach Fertigstellung erfolgen. 658
Bei einer umfangreicheren Baumaßnahme kann das Aufmaß bereits vor der vollständigen Fertigstellung dieses Leistungsteiles vorgenommen werden. Das ist in jedem Fall sinnvoll, wenn für diese Leistungsteile bereits eine Abschlagsrechnung gestellt werden soll.
Ein entsprechender Vorlauf für eine Termindisposition sollte ebenfalls berücksichtigt werden.

Vorschriften: § 14 Abs. 2 VOB/B, Abschnitte 5 der VOB/C 659

Adressat: Auftraggeber; es ist nicht anzuraten, andere Beteiligte anzuschreiben. Sollten Hilfspersonen für den Auftraggeber die Abnahmen durchführen, ist deren Vollmacht zu klären, vgl. Musterschreiben 2. 660

Nummerierung: Das Schreiben ist als allgemeines Schreiben zu nummerieren und zur Bauakte zu nehmen. Wichtiger ist allerdings die Dokumentation und Ablage des Protokolls über das Aufmaß, in dem der Auftraggeber bestätigt, dass die Leistungen in dem protokollierten Umfang ausgeführt worden sind. 661
Das Aufmaß ist ebenfalls der folgenden Rechnung beizulegen, in der diese Leistungen abgerechnet werden.

Text: Das Anschreiben muss den Termin für das Aufmaß konkret benennen. Ergänzend hat es sich bewährt, wenn man die aufzumessenden Leistungen unter Bezug auf die Positionen des Leistungsverzeichnisses aufführt. 662

Weitere Hinweise: Der Auftraggeber soll die Feststellung der Leistungen möglichst gemeinsam mit dem Auftragnehmer durchführen. Verpflichtet ist er dazu allerdings nicht. Wenn der Auftraggeber nicht an einem gemeinsamen Aufmaß teilnimmt, muss der Auftragnehmer das Aufmaß trotzdem im eigenen Interesse durchführen und dokumentieren. Hierfür fertig man ebenfalls ein Protokoll an, dokumentiert die Leistung, zum Beispiel durch zugeordnete Fotografien, Skizzen und Vermaßungen, und unterschreibt zu zweit. 663
In den Abschnitten 5 der VOB/C sind Regelungen für das Aufmaß enthalten. Wenn die VOB/B vereinbart ist, gilt nach § 1 Abs. 1 VOB/B auch die VOB/C als vereinbart. Die Regelungen der Abschnitte 5 sind damit zu beachten.

Musterschreiben 60: Mitteilung von Aufmaßergebnissen

Adressat: *Auftraggeber*

Bauvorhaben: ....

Datum: ....

AS Nr. *30:* **Aufmaßergebnis**

Sehr geehrte Damen und Herren,

wir haben am *2. Februar 2026* **folgende Arbeiten aufgemessen:**

- *Erdarbeiten Grabenaushub*
- *Erdarbeiten Lärmschutzwall*

Diese ausgeführten Leistungen sind den Positionen

- **Pos**. *2.23 ff. Erdaushub Leitungsgraben*
- **Pos**. *2.37 ff. Bodenauftrag Lärmschutzwall*

u.a.

des Leistungsverzeichnisses zugeordnet.

Zu dem Termin für das gemeinsame Aufmaß sind Sie leider trotz der Terminvereinbarung nicht erschienen. In der Anlage befindet sich das Protokoll mit den Ergebnissen.

Sollten sie Einwände gegen das Aufmaß haben, so bitten wir um Mitteilung bis zum

5. Februar 2026.

Wir weisen Sie darauf hin, dass durch die weiteren Bauarbeiten ein späteres Aufmaß nur erschwert oder überhaupt nicht mehr möglich sein wird.

Für Rückfragen stehen wir gerne zur Verfügung.

Mit freundlichen Grüßen

....

(Unterschrift)

Hinweise zu Musterschreiben 60

Art des Schreibens: Sollte, Schriftform

Zeitpunkt des Schreibens: Das Schreiben sollte direkt nach dem Aufmaß der Leistungen versendet werden. Es ist zwar nicht erforderlich, dass man das Aufmaßprotokoll gesondert an den Auftraggeber versendet. Es wäre ausreichend, das entsprechende Aufmaß der Rechnung beizufügen. Allerdings ist es sinnvoll, Einwände des Auftraggebers möglichst frühzeitig durch die Mitteilung der einseitig angefertigten Aufmaßergebnisse abzufragen. **664**

Vorschriften: § 14 Abs. 2 VOB/B **665**

Adressat: Auftraggeber; es ist nicht anzuraten, andere Beteiligte anzuschreiben. Sollten Hilfspersonen für den Auftraggeber vor Ort tätig sein, ist diesen Personen im Bedarfsfall das Aufmaßprotokoll als Durchschlag zur Kenntnis zu geben. **666**

Nummerierung: Das Schreiben ist als allgemeines Schreiben zu nummerieren und zur Bauakte zu nehmen. Wichtiger ist allerdings die Dokumentation und Ablage des Protokolls über das Aufmaß. **667**
Das Aufmaß ist ebenfalls der folgenden Rechnung beizulegen, in der diese Leistungen abgerechnet werden.

Text: Das Anschreiben muss den Termin für das Aufmaß und die aufgemessenen Leistungen unter Bezug auf die Positionen des Leistungsverzeichnisses benennen. **668**
Der Hinweis, dass der Auftraggeber trotz der Einladung nicht zu einem gemeinsamen Aufmaß erschienen ist, ist sinnvoll.
Man sollte weiterhin eine Frist setzen, in der man Einwände des Auftraggebers zu dem Aufmaß erwartet. Wenn Einwände erst nach Stellung der entsprechenden Rechnung erhoben werden, ist der Aufwand zur Prüfung der Einwände erheblich höher.
Gegebenenfalls ist der Hinweis anzufügen, dass durch die weiteren Arbeiten ein späteres Aufmaß nicht mehr möglich ist.

Weitere Hinweise: Der Auftraggeber soll die Feststellung der Leistungen möglichst gemeinsam mit dem Auftragnehmer durchführen. Verpflichtet ist er dazu allerdings nicht. Wenn der Auftraggeber nicht an Aufmaßen teilnimmt, sollte der Auftragnehmer das Aufmaß immer mit zwei Personen durchführen, die das Protokoll auch unterzeichnen. Damit ist der Beweiswert erhöht. **669**

5.3 Die Übergabe des Bauwerks

670 Nach Abschluss aller vertraglich geschuldeten Arbeiten erfolgt die Übergabe des Bauwerks an den Auftraggeber. Diese Übergabe darf nicht mit der Abnahme des Bauwerks verwechselt werden. Wenn vor der Übergabe keine Abnahme erfolgt ist, muss diese spätestens zu diesem Zeitpunkt nachgeholt werden. Ein Prozedere für die Übergabe ist im Allgemeinen nicht geregelt, sondern muss bei Bedarf festgelegt werden.

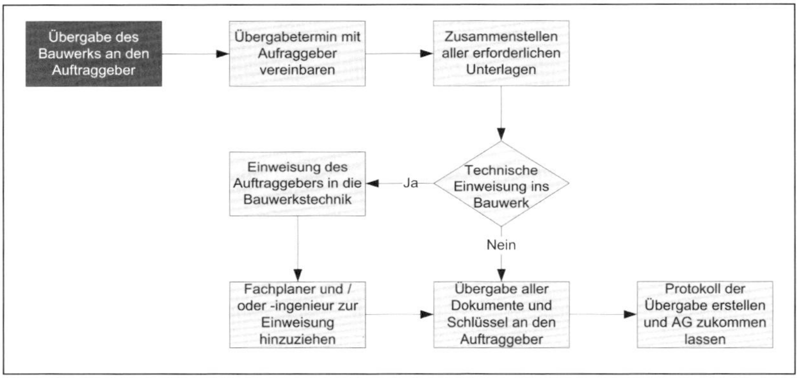

Abbildung 26: Die Übergabe

671 Eine Übergabe ist nicht in jedem Fall erforderlich. Bei einfachen Bauwerken reicht die Abnahme aus, zum Beispiel nach der Herstellung von Bohrpfählen. Die Übergabe kann allerdings von der Abnahme völlig losgelöst sein, wie z.B. bei der schlüsselfertigen Herstellung von Wohn- und Geschäftshäusern. Wenn der Auftraggeber Teile der Leistung bereits vor der Abnahme nutzen will und sie ihm dafür übergeben werden, muss bereits vor der Übergabe zumindest eine technische Zustandsfeststellung stattfinden.

672 Der Bauleiter vereinbart mit dem Auftraggeber einen Termin für die Übergabe des Bauwerks. In dem Schreiben sind die vertraglich geregelten Leistungen für die Übergabe aufzuzählen, damit sich der Auftraggeber entsprechend einrichten kann und nicht mehrere Termine notwendig werden (MS 61). Der Bauleiter stellt alle Unterlagen für den Übergabetermin zusammen, die vertraglich vorgesehen oder technisch notwendig sind. Dabei muss beachtet werden, dass häufig die Art und Anzahl einzelner Dokumente verbindlich geregelt ist.

Die Normen in der VOB/C enthalten hierzu ebenfalls Angaben, falls in dem Bauvertrag keine Regelung vorhanden ist.

Bei dem Übergabetermin werden die Unterlagen und Materialien an den Auftraggeber ausgehändigt. Hierzu zählen insbesondere **673**

- Pläne,
- Zulassungen,
- Prüfzeugnisse und -berichte,
- Wartungsverträge,
- Bedienungs- und Wartungsanleitungen,
- Pflegehinweise,
- Herstellerrichtlinien,
- Schlüssel,
- Zubehör,
- restliche Baumaterialien.

Gleichzeitig mit der Übergabe erfolgt auch die Einweisung in das Bauwerk **674** und in die technische Ausrüstung. Diese kann durch den Bauleiter durchgeführt werden, aber auch durch die entsprechenden Nachunternehmer oder Fachplaner. Die ordnungsgemäße Einweisung ist in einem Protokoll festzuhalten, aus welchem auch der Umfang der Einweisung ersichtlich ist. Nach der Übergabe der Unterlagen und aller Schlüssel wird ein Übergabeprotokoll erstellt und beiden Vertragspartnern übergeben.

Es ist wichtig, dass der Bauleiter bei der Anfertigung des Übergabeprotokolls **675** sorgfältig vorgeht. Mit diesem Protokoll wird dokumentiert, dass der Auftraggeber über notwendig werdende Wartung und Pflege informiert worden ist. Bei unvollständiger Übergabe besteht das Risiko, dass der Auftragnehmer für Schäden haften muss, die auf Grund mangelnder Wartung und Pflege entstehen und für die der Auftragnehmer üblicherweise nicht zu haften hätte. Daher kann der Umfang der zu übergebenden Unterlagen größer sein, als es vertraglich vorgesehen ist, zum Beispiel bei Pflegehinweisen für Bodenbeläge.

Meistens sind zum Zeitpunkt der Übergabe noch nicht alle Planunterlagen **676** vorhanden. Strangschemata, Schaltpläne und andere Bestandspläne werden meist erst gegen Ende der Baumaßnahme angefertigt oder überarbeitet und stehen daher noch nicht zur Verfügung. In dem Übergabeprotokoll werden die fehlenden Unterlagen aufgeführt. Es ist in diesen Fällen allerdings wichtig, dass durch den Auftraggeber bestätigt wird, dass er trotz der fehlenden Unterlagen in der Lage ist, das Gebäude sicher zu betreiben.

677 Streitigkeiten können dadurch entstehen, dass der Betreiber eines Gebäudes besondere Anforderungen an die Form der zu übergebenden Unterlagen stellt. Das gilt vor allem bei der Verwendung von Computerprogrammen für ein nachfolgendes Facility Management, die eine Kompatibilität der elektronisch erfassten Daten benötigen. Eine rechtzeitige Klärung mit dem Auftraggeber hilft, diese Streitigkeiten zu vermeiden.

Checkliste 22: Übergabe des Bauwerks

Wann:	Nach Fertigstellung des Bauwerks
Warum:	Einweisung des Auftraggebers
Wer:	Bauleiter, Auftraggeber und Fachplaner
Was:	Übergabe der Bauwerksunterlagen
Wie:	Einladung zum Übergabetermin veranlassen Übergabe und Erläuterungen der Unterlagen Einweisung des Auftraggebers vor Ort Protokollierung der Übergabe Beiderseitige Unterschrift
Kontrolle:	Sind alle vertraglich festgelegten Unterlagen übergeben? Sind alle Pflege- und Wartungsanleitungen übergeben? Sind alle technischen Einweisungen protokolliert? Ist das Protokoll beiderseitig unterschrieben?
Weiteres Vorgehen:	Fehlende Unterlagen nachreichen Protokoll archivieren
Eigene Anmerkungen:	

Musterschreiben 61: Einladung zum Übergabetermin

Adressat: *Auftraggeber*

Bauvorhaben: ....

Datum: ....

AS Nr. *31:* **Übergabetermin**

Sehr geehrte Damen und Herren,

wir haben gemäß unseren vertraglichen Regelungen für die Übergabe des Bauwerks folgende Leistungen für Sie bereitgestellt:

- *vollständige Planunterlagen*
- *Wartungsanleitungen*
- *sonstige Bauunterlagen*
- *Einweisung in die technische Gebäudeausstattung*

Für die Übergabe der Unterlagen und die Einweisung Ihres technischen Fachpersonals möchten wir Sie zu dem Übergabetermin am
Mittwoch, den 10. Februar 2026, 09.00 Uhr

vor Ort einladen.

Um kurze Terminbestätigung und Mitteilung, welche Personen von Ihrer Seite an der Übergabe teilnehmen werden, wird gebeten. Für die vorgesehenen technischen Einweisungen sollten Sie die eventuell erforderlichen Teilnehmer mitbringen, da unsererseits die erforderlichen Fachleute zu diesem Termin bereitgestellt werden.

Für Rückfragen stehen wir gerne zur Verfügung.

Mit freundlichen Grüßen

....

(Unterschrift)

Hinweise zu Musterschreiben 61

Art des Schreibens: Muss, Sollte, Schriftform

678 **Zeitpunkt des Schreibens:** Das Schreiben sollte so versendet werden, dass eine Übergabe der Leistungen möglichst kurzfristig nach Fertigstellung erfolgt.
Bei einer umfangreicheren Baumaßnahme kann die Übergabe bereits vor der Fertigstellung der Gesamtleistung begonnen werden. Das ist in jedem Fall sinnvoll, wenn Leistungsteile durch den Auftraggeber bereits vorab in Betrieb genommen werden sollen.
Ein entsprechender Vorlauf für eine Termindisposition sollte ebenfalls berücksichtigt werden.

679 **Vorschriften:** Meist vertragliche Regelungen, § 12 VOB/B

680 **Adressat:** Auftraggeber; es ist nicht anzuraten, andere Beteiligte anzuschreiben. Sollten Hilfspersonen für den Auftraggeber die Übergabe durchführen, ist deren Vollmacht zu klären, vgl. Musterschreiben 2.

681 **Nummerierung:** Das Schreiben ist als allgemeines Schreiben zu nummerieren und zur Bauakte zu nehmen. Wichtiger ist allerdings die Dokumentation und Ablage des Protokolls über die Übergabe, in dem der Auftraggeber bestätigt, dass die Leistungen in dem protokollierten Umfang vorgenommen worden sind.

682 **Text:** Das Anschreiben muss den Termin für die Übergabe konkret benennen. Ergänzend hat es sich bewährt, wenn man die Leistungen aufführt, welche man zu dem Termin übergeben möchte.
Um die Übergabe entsprechend vorzubereiten, ist abzufragen, welche Personen von Seiten des Auftraggebers daran teilnehmen.

683 **Weitere Hinweise:** Das Protokoll zur Übergabe ist beiderseitig zu unterschreiben. Sinnvoll ist die Anfertigung einer Anwesenheitsliste.

5.4 Die Schlussrechnung

Die Schlussrechnung ist der Abschluss für den Zahlungsverkehr. Mit der Schlussrechnung drückt der Auftragnehmer aus, dass mit ihrer Bezahlung seine Ansprüche auf den Werklohn vollständig erfüllt sind. Daher müssen alle Forderungen des Auftragnehmers aus dem Bauvorhaben aufgenommen werden. Die Stellung der Schlussrechnung muss daher sorgfältig erfolgen. **684**

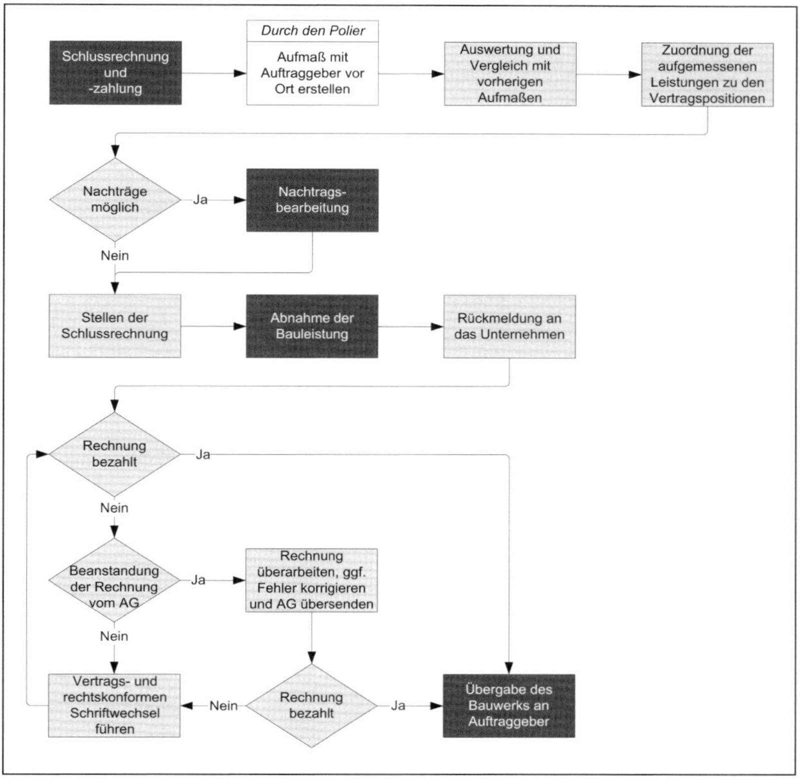

Abbildung 27: Die Schlussrechnung

Sind alle Leistungen des Auftragnehmers fertiggestellt, hat der Bauleiter noch nicht aufgenommene Leistungen aufmessen zu lassen. Durch einen Abgleich der Abschlagsrechnungen und der Restleistungen mit dem Leistungsverzeichnis wird kontrolliert, welche Leistungen noch in Rechnung gestellt wer- **685** den müssen. Dabei ergibt sich auch, ob Leistungen ausgeführt worden sind, die keinen Positionen des Leistungsverzeichnisses zugeordnet werden können. Sind Forderungen für zusätzliche Leistungen offen, müssen sie noch gestellt werden. Die Mehrkostenanmeldungen oder die Mitteilung über notwendige Leistungen, die ohne Beauftragung ausgeführt worden sind, werden der Abrechnung entsprechender Leistungen beigefügt. Ist der notwendige Schriftverkehr nicht geführt worden, wird die Leistung trotzdem mit in die Schlussrechnung aufgenommen. Auch diese Leistungen müssen durch den Auftraggeber bezahlt werden, wenn er sie wissentlich hat ausführen lassen oder diese Leistungen für die Herstellung eines mangelfreien Bauwerks zwingend erforderlich waren.

686 Zu bedenken ist auch, ob durch Minderleistungen oder den Entfall von Positionen eine Unterdeckung der Gemeinkosten und anderer Zuschläge eingetreten ist. In diesem Fall muss eine Ausgleichsrechnung aufgestellt werden, sodass die entgangenen Zuschläge ebenfalls in die Rechnung eingestellt werden können. Bei einer Bauzeitverlängerung müssen zeitabhängige Kostenanteile, die noch nicht in den Positionen berechnet worden sind, gesondert ausgewiesen werden.

687 Bei der Aufstellung der Schlussrechnung ist nach § 14 Abs. 1 VOB/B darauf zu achten, dass sie für den Auftraggeber prüffähig ist. Damit werden unnötige Verzögerungen für den Zahlungslauf vermieden. Für die Prüffähigkeit einer Rechnung sind allgemein folgende Kriterien einzuhalten:

- Übersichtlichkeit der Rechnung
- Verständlichkeit der Rechnung
- Reihenfolge der Positionen wie im Leistungsverzeichnis
- Verwendung der Bezeichnungen für Leistungen wie im Vertrag
- Mengenberechnungen und Aufmaße beilegen
- Lieferscheine, Wiegescheine und andere Belege beifügen
- Mehrleistungen besonders kennzeichnen
- Schriftverkehr anfügen

688 Weitere Voraussetzungen können sich aus dem zugrunde liegenden Vertrag ergeben. Für das Einreichen der Schlussrechnung sieht § 14 Abs. 3 VOB/B eine Frist von 12 Werktagen nach der Fertigstellung vor, wenn die vertragliche Ausführungsfrist höchstens drei Monate beträgt. Für eine längere Bauzeit von jeweils drei Monaten verlängert sich diese Frist jeweils um sechs Werktage. In der Praxis wird diese Frist häufig nicht eingehalten bzw. nicht beachtet. Wenn der Auftraggeber innerhalb dieser Frist keine Schlussrechnung erhält, kann er nach Fristsetzung die Schlussrechnung selbst aufstellen und die Kosten dem Auftragnehmer in Rechnung stellen.

Die Schlussrechnung wird an den Auftraggeber zugestellt. Das Empfangsdatum ist zu dokumentieren, da mit der Zustellung an den Auftraggeber Fristen in Gang gesetzt werden. Der Nachweis der Zustellung kann vom Bauleiter in einem Begleitschreiben angefordert werden (MS 62). **689**

Hat der Auftraggeber Einwände gegen die Prüffähigkeit der gestellten Rechnung, muss er diese innerhalb von zwei Monaten nach Zugang mitteilen. Nach Ablauf der zwei Monate darf der Auftraggeber die Rechnung nicht mehr wegen fehlender Prüfbarkeit zurückweisen. In einer Mitteilung fehlender Prüfbarkeit muss der Auftraggeber ausführen, aus welchen Gründen welche Positionen für ihn nicht prüfbar sind. Diese Punkte sind durch den Bauleiter nachzuarbeiten bzw. zu klären. **690**

Häufig wenden Auftraggeber eine fehlende Prüfbarkeit ein, führen aber gleichzeitig begründet aus, dass bezüglich bestimmter Positionen kein Einverständnis mit der Rechnungstellung besteht. In diesen Fällen handelt es sich bereits um eine inhaltliche Auseinandersetzung mit der Rechnung, die zeigt, dass eine Prüfung stattgefunden hat. Eine falsche Rechnung kann prüfbar, eine im Ergebnis richtige Rechnung kann trotzdem nicht prüfbar sein. Der Bauleiter hat in jedem Fall zu den beanstandeten Punkten Stellung zu nehmen. In diesem Schreiben merkt er gleichzeitig die gegebene Prüfbarkeit an und weist darauf hin, dass unstreitige Beträge auszuzahlen sind (MS 63). **691**

Leistet der Auftraggeber auf die Schlussrechnung hin eine Zahlung, muss der Bauleiter umgehend kontrollieren, ob der Zahlungsbetrag richtig ist. Nach § 16 Abs. 3 Nr. 2 VOB/B führt die vorbehaltlose Annahme der Zahlung dazu, dass Nachforderungen des Auftragnehmers ausgeschlossen werden. Hierfür ist es allerdings erforderlich, dass der Auftraggeber darauf hingewiesen hat, dass die Annahme der Zahlung einen Ausschluss weiterer Forderungen zur Folge hat. Die endgültige Zahlungsverweigerung löst die gleichen Folgen aus. **692**

Um einen Ausschluss weiterer Forderungen zu vermeiden, muss der Bauleiter nach § 16 Abs. 3 Nr. 5 VOB/B innerhalb von 28 Tagen nach Zugang des Hinweises auf den Ausschluss weiterer Forderungen einen Vorbehalt an den Auftraggeber versenden (MS 64). Dieser Vorbehalt muss zunächst für eine Fristwahrung nicht begründet werden. Der Zugang des Vorbehaltes bei dem **693**

Auftraggeber ist zu dokumentieren. Innerhalb weiterer 28 Tage ist der Vorbehalt ausführlich zu begründen bzw. eine prüfbare Rechnung der vorbehaltenen Forderungen einzureichen.

694 Wird die Schlussrechnung nicht bezahlt und liegt keine Beanstandung der Rechnung durch den Auftraggeber mehr vor, muss die Zahlung angemahnt werden (MS 65). In dem Mahnschreiben ist eine Nachfrist für die Zahlung zu setzen, wobei eine Woche üblicherweise ausreichend ist. Sollte auch nach Ablauf der Nachfrist keine Zahlung erfolgt sein, müssen weitere Schritte zur Realisierung der Forderung eingeleitet werden. Hierfür ist die Unterstützung der Zentralverwaltung in Anspruch zu nehmen.

695 Nach § 16 Abs. 4 VOB/B können unabhängig von den Ausschlussfristen auch nachträglich Richtigstellungen in der Schlussrechnung geltend gemacht werden, wenn Aufmaß-, Rechen- und Übertragungsfehler vorgekommen sind.

696 Mit der Schlussrechnung müssen auch die Sicherheitseinbehalte ausgeglichen werden, die der Auftraggeber im Laufe der Abwicklung des Bauvorhabens für die Vertragserfüllung einbehalten hat. Die Herausgabe dieser Sicherheit hängt üblicherweise davon ab, dass der Auftragnehmer eine Sicherheit für die Mängelansprüche des Auftraggebers stellt, z.B. eine Bürgschaft. Der Bauleiter muss entsprechend den vertraglichen Regelungen für eine Abwicklung sorgen, sodass der Schlussrechnungsbetrag ausgezahlt werden kann.

Checkliste 23: Schlussrechnung

Wann:	Nach Fertigstellung der Leistungen
Warum:	Zahlung der restlichen Vergütung
Wer:	Bauleiter, evtl. Baukaufmann
Was:	Einreichen der Schlussrechnung
Wie:	Abschließendes Aufmaß erstellen Zusammenstellen der ausgeführten Leistungen Erstellen der prüfbaren Schlussrechnung Versand der Schlussrechnung an den Auftraggeber Zustellungsdatum dokumentieren
Kontrolle:	Sind alle vertraglichen Leistungen enthalten? Sind alle zusätzlichen Leistungen enthalten? Sind Unterdeckungen der Zuschläge berücksichtigt? Sind Kosten für Bauzeitverlängerungen enthalten? Sind alle Anforderungen an die Prüfbarkeit erfüllt?
Weiteres Vorgehen:	Zustellungsnachweis dokumentieren Vorbehalt gegen Kürzungen erklären Beanstandungen des Auftraggebers bearbeiten Zahlungen kontrollieren
Eigene Anmerkungen:	

Musterschreiben 62: Übersendung der Schlussrechnung

Adressat: *Auftraggeber*

Bauvorhaben: ....

Datum: ....

AS Nr. *32:* **Empfangsbestätigung**

Sehr geehrte Damen und Herren,

wir übersenden Ihnen für das oben genannte Bauvorhaben die Schlussrechnung.

Sie umfasst *32* **Seiten sowie** *17* **Anlagen.**

Bitte überprüfen Sie bei Erhalt die Vollständigkeit der Sendung und bestätigen Sie bitte den Erhalt durch Ihre Unterschrift und Rücksendung des Doppels dieses Anschreibens.

Für Rückfragen stehen wir gerne zur Verfügung.

Mit freundlichen Grüßen

....

(Unterschrift)

Schlussrechnung erhalten:

....	....
Datum	**Unterschrift Auftraggeber**

Hinweise zu Musterschreiben 62

Art des Schreibens: Sollte

Zeitpunkt des Schreibens: Das Schreiben kann direkt mit der Schlussrechnung versendet werden. **697**

Vorschriften: § 14 Abs. 3 VOB/B, § 16 Abs. 3 VOB/B **698**

Adressat: Auftraggeber; es ist nicht anzuraten, andere Beteiligte anzuschreiben. Wenn Dritte für den Auftraggeber die Prüfung der Schlussrechnung vornehmen, kann die Schlussrechnung auch an den Dritten übersendet werden. Die Bestätigung des Erhalts sollte aber durch den Auftraggeber selbst erfolgen. **699**

Nummerierung: Das Schreiben ist als allgemeines Schreiben zu nummerieren und zur Bauakte zu nehmen. Wichtiger ist allerdings die Ablage des Antwortschreibens, in dem der Auftraggeber den Erhalt der Schlussrechnung mit Datum bestätigt. Dieses Schreiben ist für den Fristlauf relevant. **700**

Text: Das Schreiben muss auf die Übersendung der Schlussrechnung hinweisen und die übersendeten Unterlagen benennen. Diesbezüglich ist dazu aufzufordern, die Vollständigkeit der Unterlagen zu prüfen und zu bestätigen. Damit wird späteren Einwänden vorgebeugt, dass die Unterlagen nicht vorgelegen hätten. **701**

Mit der Rücksendung des unterschriebenen Schreibens durch den Auftraggeber wird bestätigt, zu welchem Termin er die Schlussrechnung erhalten hat. Ab diesem Datum läuft seine Prüffrist.

Weitere Hinweise: Wenn keine Zugangsbestätigung erfolgt, ist diese erneut anzufordern. **702**

Der Auftragnehmer ist verpflichtet, innerhalb der Frist des § 14 Abs. 3 VOB/B die Schlussrechnung zu stellen.

Der Auftraggeber hat die Schlussrechnung innerhalb der Fristen des § 16 Abs. 3 VOB/B zu prüfen.

Musterschreiben 63: Korrektur der Schlussrechnung

Adressat: *Auftraggeber*

Bauvorhaben: ....

Datum: ....

AS Nr. *33:* **Schlussrechnungserläuterung**

Sehr geehrte Damen und Herren,

mit Schreiben vom *13. Oktober 2026* **haben sie uns mitgeteilt, dass unsere Schlussrechnung nicht prüfbar sei. In den weiteren Ausführungen begründen sie eine Kürzung in den nachfolgenden Positionen:**

- *Pos. 12 Erdaushub*
- *Pos. 36 Pfahlbeton*

Die Kürzung der Pos. 12 ist unzutreffend, da der Erdaushub für die Pfähle 19 bis 25 nicht in der 3. Abschlagsrechnung enthalten ist. Der darin enthaltene Erdaushub betrifft nur die Herstellung des Arbeitsplanums.

Die Kürzung der Pos. 36 ist unzutreffend, da sich die Menge des eingebauten Betons nicht durch das Volumen der fertigen Pfähle bestimmt, sondern nach unserem Leistungsverzeichnis auch der Überbeton abgerechnet werden kann, der abgespitzt worden ist.

Aus den angeführten Gründen bestehen wir auf unserem ausgewiesenen Rechnungsbetrag.

Aus der von Ihnen gegebenen Begründung ist zu schließen, dass die Schlussrechnung durch Sie geprüft wurde, also prüfbar ist.

Wir weisen Sie darauf hin, dass in jedem Fall die nicht beanstandeten Rechnungsanteile zur Zahlung fällig sind.

Für Rückfragen stehen wir gerne zur Verfügung.

Mit freundlichen Grüßen

....

(Unterschrift)

Hinweise zu Musterschreiben 63

Art des Schreibens: Muss, Schriftform, Zugangsnachweis

Zeitpunkt des Schreibens: Das Schreiben ist nach Durchsicht der Schlussrechnungsprüfung, die der Auftraggeber versendet hat, zu versenden. Es gelten die Fristen des § 16 Abs. 3 VOB/B von jeweils 28 Tagen für den Vorbehalt und die Begründung des Vorbehaltes. **703**

Vorschriften: § 16 Abs. 3 VOB/B **704**

Adressat: Auftraggeber; es ist nicht anzuraten, andere Beteiligte anzuschreiben. Wenn Dritte für den Auftraggeber die Prüfung der Schlussrechnung vorgenommen haben, kann die Begründung der entgegenstehenden Auffassung des Auftragnehmers als Kopie auch an den Dritten übersendet werden. **705**

Nummerierung: Das Schreiben ist als allgemeines Schreiben zu nummerieren und zur Bauakte zu nehmen. Dieses Schreiben ist für den Fristlauf relevant. **706**

Text: Das Schreiben muss den Zugang des Rechnungsprüfungsergebnisses bei dem Auftragnehmer ausweisen. Danach sind die Punkte aufzuführen, bei denen der Auftragnehmer nicht mit dem Prüfergebnis einverstanden ist. Diese Punkte sind zu begründen. Dies muss in einer Form vorgenommen werden, dass auch einem unbeteiligten Dritten aus dem Schreiben klar wird, gegen welche Punkte und aus welchen Gründen der Auftragnehmer Einwände erhebt. **707**
Wenn Auftraggeber darauf hinweisen, dass die Schlussrechnung nicht prüfbar sei, in der Folge aber Gründe nennen, warum sie bestimmte Rechnungsteile nicht akzeptieren, dann ist die Rechnung geprüft worden und somit auch prüfbar. Der Hinweis auf die gegebene Prüfbarkeit sollte aufgenommen werden.
Der Hinweis, dass unbestrittene Beträge der Schlussrechnung auszuzahlen sind, ist sinnvoll.

Weitere Hinweise: Der Auftraggeber hat die Schlussrechnung innerhalb der Fristen des § 16 Abs. 3 VOB/B zu prüfen. Wenn innerhalb dieser Frist kein Ergebnis vorliegt, ist das Prüfergebnis anzumahnen. **708**
Sollte die Begründung des Einwandes bezüglich der Kürzung der Rechnung mehr Zeit in Anspruch nehmen, kann der Vorbehalt zunächst ohne Begründung eingereicht werden, vergleiche Musterschreiben 64. Die Begründung ist dann innerhalb von weiteren 28 Tagen nachzureichen.

Musterschreiben 64: Vorbehalt gegen Schlusszahlung

Adressat: *Auftraggeber*

Bauvorhaben: ....

Datum: ....

AS Nr. *34:* **Vorbehalt gegen Schlusszahlung**

Sehr geehrte Damen und Herren,

mit Schreiben vom *20. Oktober 2026* **haben sie uns mitgeteilt, dass Sie eine Schlusszahlung geleistet haben und mit der Annahme alle weiteren Forderungen von uns ausgeschlossen werden.**

Hiermit erklären wir unseren Vorbehalt gegen Ihre Schlusszahlung und halten unsere Ansprüche, die wir in der Schlussrechnung aufgeführt haben, aufrecht.

Den Vorbehalt werden wir kurzfristig begründen und auf die von Ihnen vorgenommenen Kürzungen eingehen.

Den Empfang dieses Vorbehaltes bitten wir durch Rücksendung der unterschriebenen Kopie zu bestätigen.

Mit freundlichen Grüßen

....

(Unterschrift)

Vorbehalt erhalten:

....	....
Datum	**Unterschrift Auftraggeber**

Hinweise zu Musterschreiben 64

Art des Schreibens: Muss, Schriftform, Zugangsnachweis

Zeitpunkt des Schreibens: Das Schreiben ist nach Durchsicht der Schlussrechnungsprüfung oder der Mitteilung der Schlusszahlung, die der Auftraggeber versendet hat, zu versenden. Es gelten die Fristen des § 16 Abs. 3 VOB/B von 28 Tagen für den Vorbehalt und weiteren 28 Tagen für die Begründung des Vorbehaltes. **709**

Vorschriften: § 16 Abs. 3 VOB/B **710**

Adressat: Auftraggeber; es ist nicht anzuraten, andere Beteiligte anzuschreiben. Wenn Dritte für den Auftraggeber die Prüfung der Schlussrechnung vorgenommen haben, kann die Begründung der entgegenstehenden Auffassung des Auftragnehmers als Kopie auch an den Dritten übersendet werden. **711**

Nummerierung: Das Schreiben ist als allgemeines Schreiben zu nummerieren und zur Bauakte zu nehmen. Dieses Schreiben ist für den Fristlauf relevant. Die Bestätigung des Erhalts durch den Auftraggeber ist ebenfalls dort abzulegen. **712**

Text: Das Schreiben muss den Zugang des Rechnungsprüfungsergebnisses oder der Mitteilung der Schlusszahlung bei dem Auftragnehmer ausweisen. Danach ist der Vorbehalt zu erklären. Dies muss in einer Form vorgenommen werden, dass auch einem unbeteiligten Dritten aus dem Schreiben klar wird, dass weitere Ansprüche aus der Schlussrechnung aufrechterhalten werden. **713**

Weitere Hinweise: Der Auftraggeber hat die Schlussrechnung innerhalb der Fristen des § 16 Abs. 3 VOB/B zu prüfen. Wenn innerhalb dieser Frist kein Ergebnis vorliegt, ist das Prüfergebnis anzumahnen. **714**
Die Begründung des Vorbehaltes ist innerhalb von 28 Tagen nachzureichen. Sollten keine Gründe für die Rechnungskürzungen gegeben worden sein, sind diese nachzufragen.

Musterschreiben 65: Nachfristsetzung wegen Zahlungsverzug

Adressat: *Auftraggeber*

Bauvorhaben: ....

Datum: ....

AS Nr. *35:* **Nachfristsetzung**

Sehr geehrte Damen und Herren,

Ihnen wird entgangen sein, dass unsere Schlussrechnung zur Zahlung fällig war.

Die Schlusszahlung wird gemäß § 16 Abs. 3 VOB/B nach Ihrer Prüfung und Feststellung fällig.

Wir konnten bis heute keinen Zahlungseingang auf unserem Konto feststellen.

Wir bitten Sie um sofortige Zahlung und setzen Ihnen dafür eine Nachfrist bis *Freitag, den 9. September 2026.*

Sollte keine Zahlung erfolgen, sind wir nach § 16 Abs. 5 VOB/B zur Einstellung weiterer Arbeiten berechtigt und es fällt ein erhöhter Zins für die Forderung an. Weitergehende Schadenersatzforderungen sind nicht auszuschließen.

Wenn Sie die Zahlung bereits geleistet haben, betrachten Sie dieses Schreiben bitte als gegenstandslos.

Mit freundlichen Grüßen

....

(Unterschrift)

Hinweise zu Musterschreiben 65

Art des Schreibens: Muss, Schriftform, Zugangsnachweis

Zeitpunkt des Schreibens: Das Schreiben ist unmittelbar nach Ablauf der Frist für die Schlussrechnungsprüfung zu versenden. **715**

Vorschriften: § 16 Abs. 3 VOB/B, insbesondere § 16 Abs. 5 Ziffer 3, Ziffer 4 VOB/B; § 648a BGB alt, § 650f BGB neu **716**
Das Setzen einer Nachfrist ist erforderlich, damit ein erhöhter Zins für die fällige Forderung zu laufen beginnt.

Adressat: Auftraggeber; es ist nicht ausreichend, andere Beteiligte anzuschreiben, da der Auftraggeber die Zahlung vorzunehmen hat. **717**

Nummerierung: Das Schreiben ist als allgemeines Schreiben zu nummerieren und zur Bauakte zu nehmen. Dieses Schreiben ist für den Fristlauf relevant. **718**

Text: Die Nachfristsetzung muss auf einen konkreten Termin erfolgen. Als Dauer für die Nachfrist ist meistens eine Woche ausreichend. Auf Folgen bei säumiger Zahlung ist hinzuweisen. **719**

Weitere Hinweise: Der Auftragnehmer darf bei säumiger Zahlung des Auftraggebers die Leistungen einstellen. Dies können nach Fertigstellung der Leistungen und Schlussrechnung die Mangelbehebungsmaßnahmen innerhalb der Gewährleistung sein. Hierfür sollte man allerdings hinsichtlich der Berechtigung der geltend gemachten Forderung sehr sicher sein. In jedem Fall ist der Auftraggeber aus Gründen der Kooperationspflicht zumindest zweimal darauf hinzuweisen, dass man die Arbeiten im Falle nicht erfolgender Zahlung einstellen werde. **720**
Alternativ kann der Auftragnehmer gemäß § 648a BGB alt, § 650f BGB neu, eine Bürgschaft über offene Werklohnzahlungen vom Auftraggeber verlangen und damit seine offene Forderung sichern.

5.5 Die Nachkalkulation

721 Nach Abschluss der Bauleistungen und der Stellung der Schlussrechnung liegen alle Wertansätze des Bauvorhabens vor, zum Beispiel Stunden, Kosten und Leistungen, die während und nach der Bauausführung aufgezeichnet wurden. Diese Erfahrungswerte können für neue Kalkulationen verwendet werden. Die Ergebnisse der Nachkalkulation dienen damit der Verbesserung der unternehmensinternen Aufwandswerte, die Grundlage der Kalkulation sind. Für den Bauleiter bedeutet die Nachkalkulation eine Analyse der eigenen Leistung.

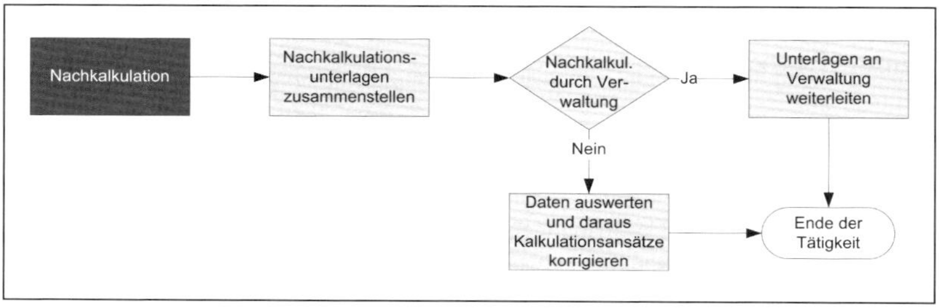

Abbildung 28: Die Nachkalkulation

722 Der Bauleiter stellt alle aufgewendeten Materialien, Arbeitsstunden, Maschinenstunden, Nachunternehmerleistungen etc. sowie die entstandenen Kosten zusammen. Sie werden den Leistungspositionen zugeordnet und daraus die Ist-Leistungswerte bestimmt. Diese können mit den ursprünglichen bei der Kalkulation angesetzten Werten verglichen werden. Durch den Abgleich der angenommenen Soll-Werte mit den Ist-Werten können Fehlerquellen erkannt werden, um sie bei dem nächsten Bauvorhaben zu vermeiden.

723 In aller Regel führt bei größeren Bauunternehmen eine Controllingabteilung die Nachkalkulation durch. Die Ergebnisse der Nachkalkulation sind durch den Bauleiter zu erfragen, damit er seine eigene Tätigkeit verbessern kann. Wird keine Nachkalkulation durch die zentrale Verwaltung durchgeführt, muss der Bauleiter entscheiden, in welchem Umfang er eine Nachkalkulation vornimmt. Durch einen Abgleich der Angebotspreise mit den in Rechnung gestellten Beträgen der einzelnen Titel des Leistungsverzeichnisses erhält man einen schnellen Überblick, in welchem Bereich der ausgeführten Gewerke es größere Abweichungen gegeben hat. Bei der Abwicklung zukünftiger Projekte

oder der Beauftragung von Nachunternehmern ist es hilfreich, zumindest einen groben Überblick über die Abweichungen zu bekommen.

Checkliste 24: Nachkalkulation

Wann:	Nach Fertigstellung der Leistungen und der Schlussrechnung
Warum:	Erkennen von Fehlern und Abweichungen
Wer:	Controllingabteilung, evtl. Bauleiter
Was:	Abgleich der Soll-Werte mit den Ist-Werten
Wie:	Vergleich der Kalkulationswerte mit den tatsächlichen Kosten Vergleich der kalkulierten Leistung mit den tatsächlichen Werten
Kontrolle:	Wurden die angenommenen Kosten eingehalten? Sind in Gewerken größere Abweichungen vorhanden?
Weiteres Vorgehen:	Evtl. Ergebnisanfrage bei der zentralen Controllingabteilung Ergebnisse bei dem nächsten Bauvorhaben verwenden
Eigene Anmerkungen:	

5.6 Die Gewährleistung

724 Nach der Abnahme, der Übergabe des Bauwerks und der Schlussrechnung endet die aktive Tätigkeit des Bauleiters gegenüber dem Auftraggeber. Der Bauvertrag ist erfüllt und der Auftragnehmer hat keine Vorleistungspflichten mehr. Die vertraglich vereinbarte Gewährleistungsfrist[3] beginnt mit der Abnahme. Das bedeutet, dass nun der Auftraggeber verpflichtet ist, auftretende Mängel zu melden und den auslösenden Schriftverkehr zu führen.

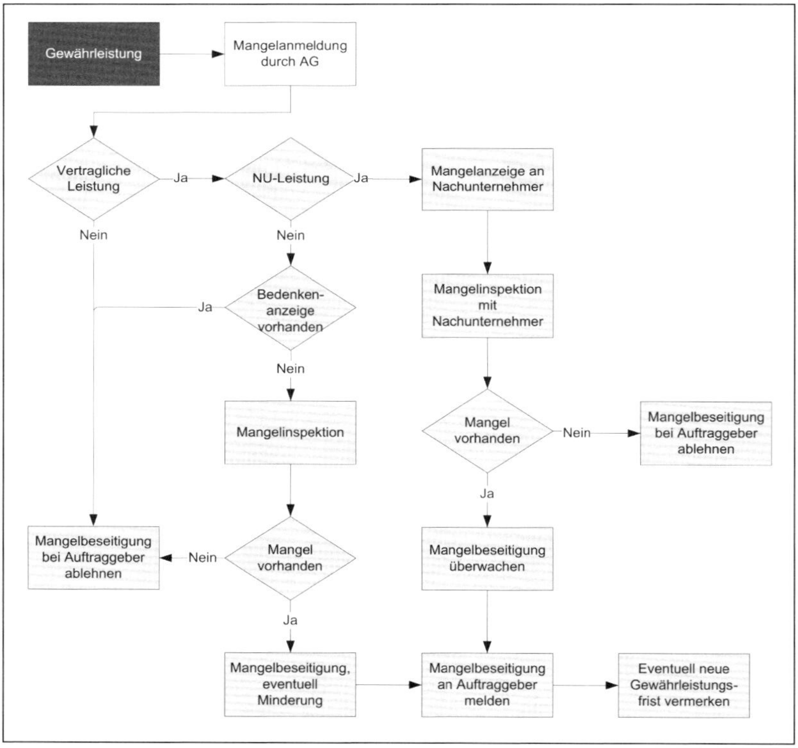

Abbildung 29: Die Gewährleistung

3 Man spricht heute von der Verjährung von Mängelansprüchen. Da sich der Begriff der Gewährleistung aber allgemein durchgesetzt hat, wird er auch hier weiter verwendet.

Bereits bei Beginn der Gewährleistungsfrist legt der Bauleiter zur Überwachung eine geeignete Dokumentation an. Diese muss mindestens die folgenden Punkte enthalten: 725

- Abnahmedatum,
- vorgezogenes Abnahmedatum für einzelne Teilleistungen,
- späteres Abnahmedatum für mangelhafte Teilleistungen,
- voraussichtlicher Ablauf der normalen Gewährleistungszeit,
- voraussichtlicher Ablauf der verlängerten Gewährleistung für einzelne Teilleistungen,
- Nachunternehmerleistungen,
- Gewährleistungszeit der Nachunternehmer.

Gemäß § 13 Abs. 4 Nr. 1 VOB/B beträgt die regelmäßige Gewährleistungsfrist 726
für Bauwerke vier Jahre. Für Leistungen, wie z.B. Feuerungsanlagen, maschinelle Anlagen usw., sind kürzere Gewährleistungsfristen vorgesehen. Bei der Eintragung der Gewährleistungsfristen ist zu beachten, dass vertraglich abweichende Gewährleistungszeiten vereinbart sein können, die zum Beispiel für Dachabdichtungen 10 Jahre betragen können.

Erhält der Bauleiter eine Mangelmeldung des Auftraggebers, prüft er als ers- 727
tes, ob es sich um einen Mangel an seiner vertraglichen Leistung handelt, für welche die Gewährleistungsfrist noch nicht abgelaufen ist. Wenn beides zutrifft, stellt sich die Frage, ob es sich um eine Nachunternehmerleistung handelt. In diesem Fall ist eine Mangelanzeige an den Nachunternehmer zu richten. Weitere Ausführungen dazu finden sich im Kapitel 7.

Handelt es sich bei der mangelhaften Leistung um eine eigene Leistung, 728
muss geprüft werden, ob nicht bezüglich des gerügten Mangels während der Ausführung eine Bedenkenanzeige versendet worden ist. Wenn sich die Bedenken bezüglich der Ausführung auf das Entstehen der gerügten Mängel bezogen haben, lehnt der Bauleiter unter Bezugnahme auf die Bedenkenanmeldung die Mangelbeseitigung ab (MS 66).

Die Mangelrüge des Auftraggebers muss nicht die Ursache des gerügten 729
Mangels beschreiben. Es genügt die Angabe des äußeren Erscheinungsbildes des Mangels, also der Symptome. Wenn die Leistung des Auftragnehmers als Ursache für den Mangel in Frage kommt, muss der Bauleiter vor Ort den Mangel inspizieren. Er entscheidet, ob er eine weitere Untersuchung des

Mangels vornimmt oder die Mangelbeseitigung durchführt. Wenn eine Verantwortung für den Mangel nicht vorliegt, lehnt der Bauleiter die Mangelbeseitigung gegenüber dem Auftraggeber ab (MS 67). In dem Ablehnungsschreiben werden die Gründe aufgeführt.

730 Es kann vorkommen, dass der Auftraggeber einen Mangel wiederholt rügt, obwohl der Bauleiter nach einer durchgeführten Inspektion keinen Mangel feststellen konnte. Grundsätzlich ist der Auftragnehmer auch in diesen Fällen verpflichtet, der Mangelanzeige wiederholt nachzugehen. Ergibt sich aus der Sicht des Bauleiters aber auch nach wiederholter Inspektion kein Mangel, muss er entscheiden, ob er die Mangelbeseitigung ablehnt. In diesem Fall muss er damit rechnen, dass ihm der Auftraggeber für die Mangelbeseitigung eine Nachfrist setzt. Nach Ablauf der Nachfrist darf der Auftraggeber eine andere Firma mit der Mangelbeseitigung beauftragen. Ist der Auftragnehmer für den Mangel verantwortlich, kann ihm der Auftraggeber die Kosten in Rechnung stellen. In den Fällen, in denen der Bauleiter einen Mangel nicht feststellen kann, der wiederholt gerügt worden ist, kann er in einem Schreiben ankündigen, dass eine weitere Untersuchung des Mangels nur gegen eine Kostenerstattung erfolgen wird, da bei einer weiteren Untersuchung ein Sachverständiger hinzugezogen werden wird (MS 68).

731 Liegt ein Mangel vor, veranlasst der Bauleiter umgehend die Mangelbeseitigung. Hierfür kann es erforderlich sein, dass er die Vorgehensweise und einen Termin mit dem Auftraggeber abstimmt. Die durchgeführte Mangelbeseitigung ist dem Auftraggeber schriftlich mitzuteilen. In dieser Mitteilung sind das Datum der abgeschlossenen Mangelbeseitigung und eine eventuelle Abnahme des Auftraggebers zu vermerken (MS 69).

732 Im Falle einer Mangelbeseitigung muss der Bauleiter für die entsprechende Leistung prüfen, ob sich die Gewährleistungsfrist verlängert. Für den behobenen Mangel beträgt die Gewährleistungsfrist nach § 13 Abs. 5 VOB/B zwei Jahre. Sollte die laufende Gewährleistungsfrist noch länger als zwei Jahre dauern, so gilt diese längere Gewährleistungsfrist.

733 Häufig besteht das Problem, dass eine Mangelbeseitigung mit erheblichen Kosten verbunden ist. Das äußere Erscheinungsbild des Mangels ist dagegen untergeordnet und die Funktion nicht eingeschränkt. In diesen Fällen bietet es sich an, dass der Auftragnehmer eine Minderung vorschlägt (MS 70). Es ist gemäß § 13 Abs. 6 VOB/B allerdings nur in wenigen Ausnahmefällen möglich, die Mangelbeseitigung zu verweigern und auf einer Minderung zu bestehen. Diese Fälle liegen vor, wenn die Mangelbeseitigung unmöglich ist oder sie vom Auftragnehmer einen unverhältnismäßig hohen Aufwand erfordern würde gegenüber dem verbesserten Zustand nach der Mangelbeseitigung.

Der Auftragnehmer hat zunächst grundsätzlich einen Anspruch darauf, die Mangelbeseitigung selbst auszuführen. Für den Auftraggeber besteht erst ein Anspruch auf eine Mangelbeseitigung durch einen anderen Unternehmer, wenn die Beseitigung durch den Auftragnehmer unzumutbar ist. Das ist beispielsweise gegeben, wenn der Auftragnehmer durch wiederholte Reparaturversuche den Mangel nicht beseitigen kann. Kündigt der Auftraggeber ungerechtfertigt eine Mangelbeseitigung durch einen Ersatzunternehmer an, muss der Bauleiter auf seinem Recht zur Mangelbeseitigung bestehen und seine Bereitschaft hierzu erklären (MS 71). **734**

Die Abgrenzung von Gewährleistungsmängeln zu Defekten, die durch eine mangelnde Wartung oder einen unsachgemäßen Gebrauch entstanden sind, ist im Einzelfall schwierig. Stellt der Bauleiter bei seiner Inspektion des Mangels fest, dass der Mangel bei einer sachgemäßen Handhabung nicht entstanden wäre, kann er die Mangelbeseitigung ablehnen. In einem Schreiben an den Auftraggeber können die Gründe dargelegt und der Auftraggeber zu einer Stellungnahme aufgefordert werden (MS 72). Nach Eingang der Stellungnahme kann der Bauleiter entscheiden, ob er die Mangelbeseitigung vornimmt oder ablehnt. **735**

Grundsätzlich trägt der Auftragnehmer die Kosten der Mangelbeseitigung. Das gilt auch, wenn er für die Mangelbeseitigung an seiner eigenen Leistung die Leistungen anderer Gewerke entfernen und wieder anbringen muss. Liegt allerdings bereits eine starke Abnutzung des mangelhaften Bauteiles vor, kann eine Kostenbeteiligung des Auftraggebers in Frage kommen. In den Fällen, in denen der Mangel durch den Auftragnehmer beseitigt wird, aber auch eine Verantwortung des Auftraggebers vorliegt, z.B. wegen falscher Planung, kann ebenfalls ein Teil der Mangelbeseitigungskosten durch den Auftraggeber zu tragen sein. Diese sogenannten »Sowieso-Kosten« wären dem Auftraggeber auch entstanden, wenn der Auftragnehmer bei einer zutreffenden Planung oder vollständigen Leistungsbeschreibung für die Ausführung einen Anspruch auf eine erhöhte Vergütung gehabt hätte. Eine Kostenregelung vor Ausführung der Mangelbeseitigungsmaßnahmen ist sinnvoll. **736**

Checkliste 25: Gewährleistung

Wann:	Nach der Abnahme
Warum:	Verantwortung für die Beseitigung von Gewährleistungs-mängeln
Wer:	Bauleiter
Was:	Prüfung von Gewährleistungsmängeln
Wie:	Feststellung der vertraglichen Leistung Feststellung der Verantwortlichkeit Prüfung des Mangels Beseitigung des Mangels
Kontrolle:	Ist der Auftraggeber mitverantwortlich für den Mangel? Ist der gerügte Mangel beseitigt? Ist die Mangelbeseitigung an den Auftraggeber gemeldet?
Weiteres Vorgehen:	Evtl. Mangelbeseitigung ablehnen Evtl. Minderung vorschlagen Neue Gewährleistungsfrist dokumentieren
Eigene Anmerkungen:	

Musterschreiben 66: Ablehnung der Mangelbeseitigung wegen Bedenkenanmeldung

Adressat: *Auftraggeber*

Bauvorhaben: ....

Datum: ....

AS Nr. *36:* **Ablehnung der Mangelbeseitigung**

Sehr geehrte Damen und Herren,

mit Schreiben vom *7. Mai 2026* **haben Sie an unserer Leistung** *Herstellung von Trockenbauwänden* **folgenden Mangel gerügt:**

Im Anschlussbereich der Trockenbauwände zu dem Treppenhauskern bilden sich senkrechte Risse.

Wir weisen Sie darauf hin, dass wir bezüglich *einer Spachtelung der Fugen* **Bedenken angemeldet haben, da es** *bei einer starren Ausbildung des Anschlusses zu Rissbildungen und* **zu Schäden kommen kann.**

Wegen unserer Bedenkenanzeige, die Sie zurückgewiesen haben, sind wir für die Mängel nicht verantwortlich. Daher lehnen wir die Mangelbeseitigung ab. Die Bedenkenanzeige haben wir Ihnen in Kopie beigefügt.

Sollten Sie uns mit der Reparatur der Schäden beauftragen wollen, erstellen wir Ihnen gerne ein Angebot.

Mit freundlichen Grüßen

....

(Unterschrift)

Anlage: Bedenkenanzeige

Hinweise zu Musterschreiben 66

Art des Schreibens: Muss, Schriftform

737 **Zeitpunkt des Schreibens:** Das Schreiben ist als Antwort zu versenden, wenn der Auftraggeber den Mangel rügt.

738 **Vorschriften:** § 4 Abs. 3 VOB/B, § 13 Abs. 3 VOB/B

739 **Adressat:** Auftraggeber

740 **Nummerierung:** Das Schreiben ist als allgemeines Schreiben zu nummerieren und zur Bauakte zu nehmen. Man kann dem Schreiben auch eine Folgenummer der ursprünglichen Bedenkenanmeldung geben.

741 **Text:** Die Ablehnung der Mangelbeseitigung muss so formuliert sein, dass auch ein Laie erkennen kann, an welchem Bauteil welche Schäden oder Mängel nicht behoben werden. Die Bedenkenanzeige ist beizufügen.

742 **Weitere Hinweise:** Man sollte prüfen, ob man in der Bedenkenanzeige genau die aufgetretenen Mängel beschrieben hat und deren Ursache. Nur in diesem Umfang ist man von der Mängelhaftung frei.
Sollte der Auftraggeber die Bedenkenanzeige zurückgewiesen haben, ist dies unschädlich. Der Auftragnehmer ist trotzdem von der Mängelhaftung frei, wenn sich seine Bedenken bewahrheitet haben.

Musterschreiben 67: Ablehnung der Mangelbeseitigung

Adressat: *Auftraggeber*

Bauvorhaben: ....

Datum: ....

AS Nr. *37:* **Ablehnung der Mangelbeseitigung**

Sehr geehrte Damen und Herren,

mit Schreiben vom *9. Mai 2026* **haben Sie an unserer Leistung** *Einbau der Sanitärartikel*

folgenden Mangel gerügt:

Im Anschlussbereich der Sanitärartikel vergilben die verwendeten weißen Fugenmassen.

Wir lehnen eine Mangelbeseitigung aus folgenden Gründen ab:

Die verwendeten Fugenmassen entsprechen dem Stand der Technik. Es ist unvermeidbar, dass die Fugenmasse durch Verschmutzung im Laufe der Zeit vergilbt. Die Verwendung einer weißen Fugenmasse war im Leistungsverzeichnis vorgesehen.

Es handelt sich daher nicht um einen Mangel.

Sollten Sie uns mit der Reparatur der Leistungen beauftragen wollen, erstellen wir Ihnen gerne ein Angebot.

Mit freundlichen Grüßen

....

(Unterschrift)

Hinweise zu Musterschreiben 67

Art des Schreibens: Muss, Schriftform

743 **Zeitpunkt des Schreibens:** Das Schreiben ist als Antwort zu versenden, wenn der Auftraggeber den Mangel rügt.

744 **Vorschriften:** § 13 VOB/B, §§ 633 ff. BGB

745 **Adressat:** Auftraggeber

746 **Nummerierung:** Das Schreiben ist als allgemeines Schreiben zu nummerieren und zur Bauakte zu nehmen.

747 **Text:** Die Ablehnung der Mangelbeseitigung muss so formuliert sein, dass auch ein Laie erkennen kann, an welchem Bauteil welche Schäden oder Mängel nicht behoben werden.

748 **Weitere Hinweise:** Es ist vorteilhaft, wenn man für eine Mangelfreiheit Belege beifügen kann. Bei Verschleißteilen, zeitabhängiger Veränderung des Erscheinungsbildes oder natürlicher Abnutzung ergeben sich häufig aus den Herstellerrichtlinien entsprechende Hinweise.

Musterschreiben 68: Kostenanmeldung für Mangeluntersuchung

Adressat: *Auftraggeber*

Bauvorhaben: ....

Datum: ....

AS Nr. *38:* **Kostenanzeige für Mangeluntersuchung**

Sehr geehrte Damen und Herren,

den von Ihnen gerügten Mangel betreffend *Funktionsstörungen der elektrischen Rollläden*

haben wir am *28. September 2026, am 2. Oktober 2026 und am 12. Oktober 2026*

in Ihrer Anwesenheit **untersucht.**

Es konnten *bei den umfassenden Funktionsprüfungen* **keine Mängel festgestellt werden.**

Bei zukünftigen Mängelanzeigen wegen *Funktionsstörungen der elektrischen Rollläden* **werden wir eine weitere Untersuchung nicht mehr selbst vornehmen, sondern einen Sachverständigen hinzuziehen.**

Wir weisen Sie darauf hin, dass wir Ihnen die Kosten für weitere Mangeluntersuchungen in Rechnung stellen werden, wenn keine Mangelverantwortung von uns festgestellt werden kann.

Mit freundlichen Grüßen

....

(Unterschrift)

Hinweise zu Musterschreiben 68

Art des Schreibens: Kann, Schriftform

749 **Zeitpunkt des Schreibens:** Das Schreiben ist vorbeugend zu versenden, wenn der Auftraggeber mehrfach Mängel rügt, die aber nicht vorhanden sind.

750 **Vorschriften:** Keine, allgemein nur § 13 VOB/B

751 **Adressat:** Auftraggeber

752 **Nummerierung:** Das Schreiben ist als allgemeines Schreiben zu nummerieren und zur Bauakte zu nehmen.

753 **Text:** Das Schreiben muss die Art des gerügten Mangels angeben und die durchgeführten Untersuchungen, bei denen der Mangel jeweils nicht festgestellt werden konnte.
Es ist danach darauf hinzuweisen, dass man zukünftig die Kosten für eine Mangeluntersuchung in Rechnung stellt, wenn abermals kein Mangel ersichtlich ist.

754 **Weitere Hinweise:** Der Auftragnehmer hat grundsätzlich die Pflicht zur Untersuchung der Mangelhaftigkeit, wenn der Auftraggeber Mängel rügt. Die Kosten der Untersuchung trägt üblicherweise der Auftragnehmer.
In Fällen, in denen der Auftraggeber wiederholt Mängel unberechtigt rügt und damit Kosten verursacht, kann man weitere Mangeluntersuchungen von der Kostenübernahme abhängig machen. Dies entbindet aber nicht von der Gewährleistung.

Musterschreiben 69: Mitteilung der Mangelbeseitigung

Adressat: *Auftraggeber*

Bauvorhaben: ....

Datum: ....

AS Nr. *39:* **Mitteilung der Mangelbeseitigung**

Sehr geehrte Damen und Herren,

den von Ihnen gerügten Mangel betreffend *Funktionsstörungen der elektrischen Rollläden* **haben wir am** *28. September 2026* **durch** *den Austausch der Schalter* **beseitigt.**

Die Funktionsfähigkeit wurde von Ihnen nach der Mangelbeseitigung überprüft und es gab keine weiteren Beanstandungen.

Wir bitten die Unannehmlichkeiten zu entschuldigen.

Mit freundlichen Grüßen

....

(Unterschrift)

Hinweise zu Musterschreiben 69

Art des Schreibens: Kann, Schriftform

755 **Zeitpunkt des Schreibens:** Das Schreiben ist direkt nach der Mangelbeseitigung zu versenden.

756 **Vorschriften:** Keine, allgemein nur § 13 VOB/B

757 **Adressat:** Auftraggeber

758 **Nummerierung:** Das Schreiben ist als allgemeines Schreiben zu nummerieren und zur Bauakte zu nehmen.

759 **Text:** Das Schreiben muss die Art des gerügten Mangels angeben und die durchgeführten Maßnahmen, mit denen der Mangel jeweils repariert wurde. Es ist danach darauf hinzuweisen, dass die einwandfreie Funktion gemeinsam geprüft worden ist.

760 **Weitere Hinweise:** Durch die Reparatur der Mängel läuft die Gewährleistungszeit möglicherweise für die reparierten Bauteile länger. Daher ist das Schreiben wichtig, um später festzustellen, an welchen Bauteilen Reparaturen vorgenommen worden sind und wann die verlängerte Gewährleistung abläuft.
Wenn das Schreiben nicht versendet wird, ist in jedem Fall die Dokumentation der durchgeführten Maßnahmen und der Bauteile zu erstellen sowie mit dem Datum der Maßnahmen zu dokumentieren.

Musterschreiben 70: Vorschlag einer Minderung

Adressat: *Auftraggeber*

Bauvorhaben: ....

Datum: ....

AS Nr. *40:* **Vorschlag zur Minderung**

Sehr geehrte Damen und Herren,

den von Ihnen gerügten Mangel betreffend *die Sichtbarkeit von Nahtbereichen bei den Tapeten* **haben wir am** *8. Juli 2026* **besichtigt.**

Eine Mangelbehebung durch den Austausch der betreffenen Tapetenbahn stellt nicht sicher, dass die Nahtbereiche danach nicht mehr sichtbar sein werden.

Wir schlagen Ihnen daher vor, einen Minderungsbetrag in Höhe von

200,– € für die eingeschränkte Sichtqualität **zu erstatten.**

Bitte teilen Sie uns Ihr Einverständnis mit, damit wir umgehend den Betrag überweisen können.

Die Gewährleistung im Übrigen bleibt unverändert bestehen.

Wir bitten die Unannehmlichkeiten zu entschuldigen.

Mit freundlichen Grüßen

....

(Unterschrift)

Hinweise zu Musterschreiben 70

Art des Schreibens: Kann, Schriftform

761 **Zeitpunkt des Schreibens:** Das Schreiben ist zu versenden, wenn der Auftragnehmer statt der Mangelbeseitigung eine Minderung zahlen will.

762 **Vorschriften:** § 13 Abs. 6 VOB/B; § 640 BGB

763 **Adressat:** Auftraggeber

764 **Nummerierung:** Das Schreiben ist als allgemeines Schreiben zu nummerieren und zur Bauakte zu nehmen.

765 **Text:** Das Schreiben muss den Ort und die Art des gerügten Mangels angeben und den Vorschlag einer Minderung. Um dem Auftraggeber die Entscheidung zu ermöglichen, sollte ein Betrag vorgeschlagen werden.

766 **Weitere Hinweise:** Der Auftraggeber hat das Recht, die Mangelbeseitigung zu verlangen. Er muss sich nur in den Fällen auf eine Minderung einlassen, die in § 13 Abs. 6 VOB/B genannt sind. Hierbei handelt es sich um die Fälle, in denen die Mangelbeseitigung unmöglich ist oder einen unverhältnismäßig hohen Aufwand für den Auftragnehmer bedeuten würde.
Die Ermittlung von Minderungsbeträgen ist meist weiterer Anlass zu Streitigkeiten. Die Höhe dieser Beträge sollte daher gütlich mit dem Auftraggeber festgelegt werden. Orientierung ist die Gebrauchseinschränkung oder Wertminderung des Bauwerks durch den Mangel, nicht aber die zu erwartenden Mangelbehebungskosten.

Musterschreiben 71: Ablehnung der Ersatzvornahme

Adressat: *Auftraggeber*

Bauvorhaben: ....

Datum: ....

AS Nr. *41:* **Ablehnung der Ersatzvornahme**

Sehr geehrte Damen und Herren,

Sie haben uns mit Schreiben vom *12. August 2026* **mitgeteilt, dass Sie den von Ihnen gerügten Mangel betreffend** *den Austausch der Verglasung im Terrassenbereich wegen Kondensatbildung* **durch einen Drittunternehmer vornehmen lassen wollen.**

Wir bestehen auf unserem Recht zur Mangelbeseitigung und bitten Sie um eine Terminvereinbarung. Eine Geltendmachung von Ansprüchen an unsere Lieferanten wird im Falle der eigenmächtigen Reparaturarbeiten nicht mehr möglich sein.

Sollten Sie Arbeiten an unseren Leistungen durch Dritte ausführen lassen, lehnen wir die Übernahme der Kosten und eine weitere Gewährleistung ab.

Mit freundlichen Grüßen

....

(Unterschrift)

Hinweise zu Musterschreiben 71

Art des Schreibens: Muss, Schriftform, Zugangsnachweis

767 **Zeitpunkt des Schreibens:** Das Schreiben ist als Antwort zu versenden, wenn der Auftraggeber den Mangel durch einen Drittunternehmer beseitigen lassen will, aber der Auftragnehmer den Mangel selbst beseitigen möchte.

768 **Vorschriften:** § 13 VOB/B, §§ 633 ff. BGB

769 **Adressat:** Auftraggeber

770 **Nummerierung:** Das Schreiben ist als allgemeines Schreiben zu nummerieren und zur Bauakte zu nehmen.

771 **Text:** Das Schreiben muss den Ort und die Art des gerügten Mangels angeben. Danach ist auszuführen, dass man sich bereiterklärt, den Mangel zu beheben und um einen Termin zu bitten. Hinweise auf Verluste eigener Ansprüche gegen Lieferanten sind aufzunehmen.
Der Auftraggeber ist weiterhin darauf hinzuweisen, dass man die Übernahme der Kosten für Leistungen von Dritten und die weitere Gewährleistung ablehnt.

772 **Weitere Hinweise:** Der Auftragnehmer hat nicht nur die Pflicht, auftretende Mängel zu beseitigen. Er hat weiterhin auch das Recht, diese Mängel selbst zu beseitigen. Der Auftraggeber kann zwar Dritte mit der Mangelbeseitigung beauftragen. Er hat dann aber die Kosten selbst zu tragen. Nur in Ausnahmefällen kann der Auftraggeber Dritte mit der Mangelbeseitigung beauftragen und die Kosten bei dem Auftragnehmer geltend machen. Hierbei handelt es sich um Fälle, in denen es für den Auftraggeber unzumutbar ist, den Auftragnehmer die Mängel beseitigen zu lassen.

Musterschreiben 72: Ablehnung der Mangelbeseitigung wegen unsachgemäßer Benutzung

Adressat: *Auftraggeber*

Bauvorhaben: ....

Datum: ....

AS Nr. *42:* **Ablehnung der Mangelbeseitigung**

Sehr geehrte Damen und Herren,

Sie haben uns mit Schreiben vom *1. Mai 2026* **mitgeteilt, dass Sie den Mangel betreffend**

Türscharniere, Türbänder, Verschleiß und Klappern im Bereich Erdgeschoss **rügen.**

Wir haben am *3. Mai 2026* **eine Besichtigung vor Ort vorgenommen.**

Dabei haben wir festgestellt, dass die gerügten Mängel nicht durch uns zu vertreten, sondern auf Grund von unsachgemäßem Gebrauch entstanden sind.

An allen bemängelten Türen sind die Türrahmen gelockert. Daraus lässt sich schließen, dass der Verschleiß an den Türbeschlägen seine Ursache darin hat, dass die Türen unsachgemäß durch starkes Zuwerfen verschlossen werden.

Wir bitten Sie dahingehend um Stellungnahme. Derzeit lehnen wir die Übernahme der Gewährleistung ab.

Mit freundlichen Grüßen

....

(Unterschrift)

Hinweise zu Musterschreiben 72

Art des Schreibens: Muss, Schriftform

773 **Zeitpunkt des Schreibens:** Das Schreiben ist als Antwort zu versenden, wenn der Auftragnehmer die Mängel besichtigt hat und der Auffassung ist, dass die Mangelursache in dem Verantwortungsbereich des Auftraggebers liegt.

774 **Vorschriften:** § 13 VOB/B, §§ 633 ff. BGB

775 **Adressat:** Auftraggeber

776 **Nummerierung:** Das Schreiben ist als allgemeines Schreiben zu nummerieren und zur Bauakte zu nehmen.

777 **Text:** Die Ablehnung der Mangelbeseitigung muss so formuliert sein, dass auch ein Laie erkennen kann, an welchem Bauteil welche Schäden oder Mängel nicht behoben werden. Es sind die Gründe anzugeben, warum der Auftragnehmer der Auffassung ist, dass die Verursachung der Mängel im Verantwortungsbereich des Auftraggebers liegt.
Man sollte die Ansprüche auf eine Mangelbeseitigung nicht sofort ablehnen, sondern den Auftraggeber zu einer Stellungnahme auffordern. Dies lässt noch eine abschließende Beurteilung durch den Auftragnehmer zu, ob er sich nicht doch in der Verantwortung sieht.

778 **Weitere Hinweise:** In vielen Fällen ist es streitig, ob die Verursachung eines Mangels in einer unsachgemäßen Nutzung, der mangelnden Wartung etc. liegt. Bei Fällen erheblichen Umfangs ist es daher sinnvoll, einen Gutachter um Rat zu fragen. Der Gutachter kann auch als gemeinsam mit dem Auftraggeber bestellter Schiedsgutachter eingesetzt werden, vergleiche Musterschreiben 38.

5.7 Nach der Gewährleistung

Nach dem Ablauf der regelmäßigen Gewährleistungszeit muss kontrolliert werden, ob durch eine Mangelbeseitigung, ein gerichtliches Beweisverfahren oder andere Umstände eine Verlängerung der Gewährleistungszeit eingetreten ist. Dies kann auch bereits vertraglich vorgesehen sein. Wenn keine Gewährleistungsverpflichtungen mehr bestehen, kann der Bauleiter die Bauunterlagen abschließen. **779**

Zu beachten ist, dass Gewährleistungssicherheiten vom Auftraggeber zurückgefordert werden müssen, wie z.B. die Gewährleistungsbürgschaft oder Einbehalte. Nach dem Ablauf der Gewährleistung und wenn keine offenen Mangelrügen vorhanden sind, besteht kein Anspruch des Auftraggebers auf einen weiteren Einbehalt. Die Rückforderung der Gewährleistungssicherheit ist mit einer Frist zu versehen, damit eine zügige Abwicklung ermöglicht wird (MS 73). **780**

Wenn der Auftraggeber, z.B. durch die Rückforderung der Gewährleistungssicherheit erinnert, nach dem Ablauf der Gewährleistungszeit eine Mangelbeseitigung verlangt, ist der Anspruch in einem Schreiben zurückzuweisen. Ein solches Schreiben ist allerdings nicht mehr zwingend erforderlich, es dient aber der Vermeidung unnötiger Streitigkeiten (MS 74). Das gilt vor allem, wenn Unsicherheiten über den Ablauf der Gewährleistungszeit bestehen. **781**

Eine verlängerte Verjährungszeit wird vielfach von Auftraggebern eingewendet, da ein Mangel offensichtlich und daher durch den Auftragnehmer arglistig verschwiegen sei. Eine Haftung wegen Arglist muss durch den Auftraggeber bewiesen werden, was mit erheblichen Schwierigkeiten verbunden ist. Eine Haftung aus diesem Grunde ist daher ein extremer Ausnahmefall, wenn durch den Bauleiter oder einen Beschäftigten des Auftragnehmers mit Wissen ein Mangel belassen und verschwiegen wird. Üblicherweise sind entsprechende Ansprüche ebenfalls mit Ablauf der Gewährleistungszeit verjährt. **782**

Die Bauunterlagen sind nach Ablauf der Gewährleistung zu archivieren, da ein Nachweis der Abwicklung des Projekts auch für andere Belange notwendig sein kann. In vielen Unternehmen gibt es entsprechende interne Regelungen zur Archivierungsdauer. **783**

Checkliste 26: Nach der Gewährleistung

Wann:	Nach Ablauf der Gewährleistungszeit
Warum:	Abschluss des Projekts
Wer:	Bauleiter, evtl. kaufmännische Abteilung
Was:	Rückgabe der Gewährleistungssicherheiten
Wie:	Prüfung des Ablaufs der vertraglichen Gewährleistungsfristen Prüfung auf verlängerte Gewährleistungsfristen Anforderung der Gewährleistungssicherheiten beim Auftraggeber
Kontrolle:	Welche Gewährleistungszeiten wurden vereinbart? Gab es Verlängerungen infolge von Mangelrügen? Welche Gewährleistungssicherheiten wurden gegeben?
Weiteres Vorgehen:	Evtl. Mahnung der Herausgabe Evtl. Ablehnung weiterer Mangelbeseitigung Bauunterlagen archivieren
Eigene Anmerkungen:	

Musterschreiben 73: Rückforderung der Gewährleistungssicherheit

Adressat: *Auftraggeber*

Bauvorhaben: ....

Datum: ....

AS Nr. *43:* **Herausgabe der Gewährleistungsbürgschaft**

Sehr geehrte Damen und Herren,

am *1. Mai 2026* **ist unsere Gewährleistung für das oben genannte Bauvorhaben abgelaufen.**

Als Gewährleitungssicherheit haben Sie von uns *eine Bankbürgschaft über € 365.000,00 der Wuppertaler Vereinsbank* **erhalten.**

Wir bitten Sie um Herausgabe der Sicherheitsleistung.

Für die Übermittlung haben wir eine Frist bis *Dienstag, den 10. Mai 2026*

vorgesehen.

Mit freundlichen Grüßen

....

(Unterschrift)

Hinweise zu Musterschreiben 73

Art des Schreibens: Muss, Schriftform

784 **Zeitpunkt des Schreibens:** Das Schreiben ist zu versenden, wenn die Gewährleistungszeit abgelaufen ist. Ein Versand vor Ablauf ist unzweckmäßig, da dies häufig Anlass ist, vermeintliche Mängel noch zu rügen.

785 **Vorschriften:** § 17 VOB/B, insbesondere vertragliche Regelungen

786 **Adressat:** Auftraggeber

787 **Nummerierung:** Das Schreiben ist als allgemeines Schreiben zu nummerieren und zur Bauakte zu nehmen.

788 **Text:** Die Art der Sicherheitsleistung und das entsprechende Bauvorhaben sind zu nennen.
Ergänzend ist das Datum aufzuführen, an dem die Gewährleistungszeit abgelaufen ist.
Das Setzen einer Frist ist sinnvoll, damit man nach Fristablauf die Rückgabe anmahnen kann.

789 **Weitere Hinweise:** Nach Ablauf der Frist zur Rückgabe muss kontrolliert werden, ob die Sicherheitsleistung herausgegeben worden ist. Wenn dies nicht der Fall ist, ist eine Nachfrist zu setzen mit der Inverzugsetzung. Befindet sich der Auftraggeber mit der Rückgabe in Verzug, hat er Schadenersatz zu leisten, hier also zum Beispiel die weiteren Avalgebühren zu tragen.

Musterschreiben 74: Ablehnung der Mangelbeseitigung nach Ablauf der Gewährleistungszeit

Adressat: *Auftraggeber*

Bauvorhaben: ....

Datum: ....

AS Nr. *44:* **Ablehnung der Mangelbeseitigung**

Sehr geehrte Damen und Herren,

mit Schreiben vom *23. Mai 2026* **haben Sie Mängel an unserer Bauleistung gerügt.**

Am *1. Mai 2026* **ist unsere Gewährleistung für das oben genannte Bauvorhaben abgelaufen. Daher sind wir nicht mehr zur Durchführung von Mangelbeseitigungsmaßnahmen verpflichtet.**

Sollten Sie der Ansicht sein, dass eine Verlängerung der Gewährleistungszeit für den von Ihnen gerügten Mangel besteht, bitten wir Sie um Mitteilung der Gründe.

Für die Vornahme der notwendigen Arbeiten erstellen wir Ihnen gerne ein Angebot.

Mit freundlichen Grüßen

....

(Unterschrift)

Hinweise zu Musterschreiben 74

Art des Schreibens: Sollte, Schriftform

790 **Zeitpunkt des Schreibens:** Das Schreiben ist als Antwort zu versenden, wenn der Auftraggeber Mängel nach Ablauf der Gewährleistungszeit rügt.

791 **Vorschriften:** § 13 VOB/B, §§ 633 ff. BGB

792 **Adressat:** Auftraggeber

793 **Nummerierung:** Das Schreiben ist als allgemeines Schreiben zu nummerieren und zur Bauakte zu nehmen.

794 **Text:** Die Ablehnung der Mangelbeseitigung ist mit dem Ablauf der Gewährleistungszeit zu begründen.
Man sollte den Auftraggeber zu einer Stellungnahme auffordern, wenn er der Meinung ist, dass die Gewährleistungszeit noch läuft. Dies dient der Klärung von Missverständnissen und vermeidet unnötigen Streit.
Gleichzeitig kann man ein Angebot unterbreiten, die Reparaturen auszuführen.

795 **Weitere Hinweise:** Es kann zu einer Verlängerung der ursprünglichen Gewährleistungszeit kommen, wenn innerhalb der regulären Gewährleistungszeit Mängel behoben worden sind. Sollte sich der Auftragnehmer nicht sicher sein, hat er dies anhand der Dokumentation vorab zu prüfen.

6 Häufige Fehler

Zuvor wurden die einzelnen Tätigkeiten eines Bauleiters beschrieben, die notwendig sind, um ein Bauprojekt sicher zu leiten. Die Erfahrung zeigt aber, dass einzelne Tätigkeiten zum Teil nicht mit der notwendigen Genauigkeit ausgeführt werden und daraus Mängel und Schäden auch als Spätfolgen resultieren können. Im Folgenden werden dem Bauleiter häufige Fehler auf der Baustelle aufgezeigt, die ihn für mögliche Spätfolgen aus seinen Tätigkeiten sensibilisieren sollen. Die Fallbeispiele spiegeln Erfahrungen wider und sollen dem Bauleiter in seiner praktischen Tätigkeit helfen, Risiken für Spätfolgen frühzeitig zu erkennen. **796**

6.1 Während der Vorbereitung einer Baumaßnahme

Auftragsunterlagen und deren Übernahme

797 Übernimmt ein Bauleiter intern die Dokumente für eine Baumaßnahme nach Vertragsabschluss, ohne diese ausreichend zu prüfen oder ohne ein Gespräch mit dem Kalkulator zu führen, können Dokumente fehlen, die er zur Vorbereitung und Abwicklung einer Baumaßnahme benötigt. Dies kann zu einer falschen Einschätzung der geschuldeten Leistungen und der Kosten führen. Besonders wichtig ist es, den Vertrag zu lesen und sich dessen Inhalte anzueignen, um das Leistungssoll genau zu kennen. Die Erfahrung zeigt leider, dass Bauleiter zum Teil die Vertragsinhalte nicht genau kennen.

Fallbeispiel 1

798 Bestandteil eines Pauschalpreisvertrages mit einem Rohbauunternehmen war es, die Außenwände inklusive aller notwendigen Vor- und Nebenleistungen entsprechend den Vorgaben eines Sachverständigen abzudichten, die anhand eines Schriftsatzes übermittelt wurden. Nach Baugrundgutachten musste lediglich mit Bodenfeuchte gerechnet werden, gegen die abgedichtet wurde. Die Vorgaben des Sachverständigen sahen aber noch zusätzliche Maßnahmen vor, die nicht erbracht wurden, da der Bauleiter den Schriftsatz nicht kannte.

Fallbeispiel 2

799 Zusätzlich zum Vertrag wurde mit dem Auftraggeber vereinbart, dass der Fliesenbelag vor Ausführung zu bemustern ist und nicht wie im Leistungsverzeichnis beschrieben weiße Fliesen im Format 30 x 30 cm ausgeführt werden sollten. Der Bauleiter kannte die zusätzliche Vereinbarung nicht und bestellte das falsche Material.

Fallbeispiel 3

800 Vertraglich vereinbart wurde, dass Stundenlohnzettel innerhalb von 3 Werktagen dem Auftraggeber vorzulegen sind, ansonsten der Anspruch verfallen sollte. Der Bauleiter legte die Stundenlohnzettel verspätet vor, die vom Auftraggeber bei Abrechnung nicht anerkannt wurden.

Die Arbeitsvorbereitung

Zu Beginn der Arbeitsvorbereitung sollte der Bauleiter das Baufeld in Augenschein nehmen, damit Besonderheiten des Baufeldes und der näheren Umgebung möglichst nicht untergehen, die für den Bauablauf wichtig sind. Dabei ist zu klären, wie zum Beispiel die Zufahrt zum Baufeld möglich ist, ob es in der näheren Umgebung Zwangspunkte bei der Zufahrt gibt, zum Beispiel maximale Last bei Brücken, enge Kurven, Hochspannungsleitungen, Halteverbote etc., in welchem Zustand das Baufeld ist und ob ausreichend Platz für eine Baustelleneinrichtung vorhanden ist. Bleibt dies aus, kann es zu Schwierigkeiten bei der Versorgung der Baustelle kommen. **801**

Fallbeispiel 4

Ein Tiefbauunternehmen sollte im rückwärtigen Bereich eines Geschäftshauses ein Regenrückhaltebecken mit Leitungen im Garten einbringen. Dort standen jedoch große Bäume, weswegen nur mit einem kleinen Bagger gearbeitet werden konnte. Eine Besichtigung des Baufeldes wäre also Grundvoraussetzung für die Planung des Baustellenablaufs gewesen. **802**

Fallbeispiel 5

Eine Baustelle sollte über eine Zufahrt angedient werden, die einen kleinen Bachlauf überbrückte. Die kleine Brücke war nicht ausreichend tragfähig für Lieferbetonfahrzeuge und Lkws. Demzufolge musste der Bauablauf umgestellt werden. **803**

Anhand einer Arbeitskalkulation kann der Bauleiter unter anderem die Vorgaben aus der Angebotskalkulation mit den tatsächlichen Werten der Baustelle vergleichen und somit nachvollziehen, ob die Kosten der Baustelle mit den kalkulierten übereinstimmen. Zudem kann er leichter feststellen, ob Leistungen zum vertraglichen Soll gehören oder zusätzliche Leistungen darstellen. **804**

Teil der Arbeitsvorbereitung ist oftmals eine Beweissicherung der umgebenden Bebauung, vor allem im innerstädtischen Bereich. Bleibt diese aus, kann es sehr schwierig werden, Ursachen für Schäden an der nachbarlichen Bebauung zuzuordnen, die nach oder während der Baumaßnahme gerügt werden. Unter Umständen werden damit Schäden, die bereits vor Beginn der Baumaßnahme vorhanden waren, der Baumaßnahme zugeordnet. Daraus können aufwändige Prozesse und Kosten resultieren, die klären sollen, ob die Baumaßnahme schadensursächlich ist. Eine Beweissicherung kann eine sol- **805** che Auseinandersetzung nicht sicher ausschließen, aber ein hilfreiches Instrument bei der Abwehr von Ansprüchen sein.

Fallbeispiel 6

806 Beim Bau eines Wohn- und Geschäftshauses im innerstädtischen Bereich wurde auf die Beweissicherung der umgebenden Bebauung verzichtet. Nach Beendigung der Abrissarbeiten meldete die Eigentümerin der unmittelbaren nachbarlichen Bebauung erhebliche Schäden im Untergeschoss und im Dachgeschoss ihres Bauwerks an, die durch die Abrissarbeiten entstanden sein sollten. Eine Zuordnung der Rissursachen war nicht ohne aufwändige Untersuchungen möglich und hätte einige Zeit in Anspruch genommen. Schlussendlich hat das ausführende Unternehmen die Behebung der Schäden zugesagt.

807 Der Bauleiter muss seine Leistungen und gegebenenfalls notwendige Nachunternehmerleistungen im Bauzeitenplan eintakten. Bleibt dies aus, kann es zu Verzögerungen im Ablauf kommen, da notwendige Kapazitäten nicht zur Verfügung stehen oder zu spät erkannt werden. Besonders bei aufwändigeren Maßnahmen ist es wichtig, die Reihenfolge der Leistungen deutlich vor Augen zu haben, um beispielsweise die Auswirkungen eines zeitlichen Verzuges einer Leistung auf andere Leistungen abschätzen zu können.

Fallbeispiel 7

808 Bei der Sanierung einer Villa wurde kein Bauzeitenplan für die eigenen Leistungen erstellt mit der Folge, dass diese nicht zeitlich aufeinander abgestimmt wurden. Folglich wurden Lieferfristen nicht frühzeitig genug erkannt und Arbeitnehmer mussten immer wieder pausieren, da geplante Leistungen noch nicht ausgeführt werden konnten.

809 Auch sollte der Bauleiter im Vorfeld prüfen, ob notwendige Genehmigungen vorliegen, um nicht gegen öffentlich-rechtliche Vorgaben zu verstoßen und um Verzögerungen aufgrund fehlender Genehmigungen auszuschließen. Zumindest muss der Bauleiter den Auftraggeber darauf hinweisen, dass gegebenenfalls für das Vorhaben eine Baugenehmigung notwendig sein kann.

Fallbeispiel 8

810 Ein fachunkundiger Auftraggeber beauftragte ein Rohbauunternehmen mit der Errichtung einer weiteren Garage neben seinem bestehenden Bauwerk. Eine Baugenehmigung wurde vom Auftraggeber nicht beantragt. Nach Be-

ginn der Arbeiten wurde die Baustelle vom Bauordnungsamt wegen fehlender Genehmigung stillgelegt. Zwischen den Parteien entbrannte ein Streit darüber, ob der fachkundige Bauleiter darauf hätte hinweisen müssen.

Die Prüfung der Vorleistungen

Prüft ein Bauleiter Vorleistungen nicht, auf die er aufbaut, und es kommt zu einem Schaden, trägt der Bauleiter zumindest eine Teilschuld.

Fallbeispiel 9

Der Bauleiter muss die ausreichende Verdichtung des Baugrunds prüfen oder **811** zumindest darauf hinweisen, dass dieser ausreichend zu verdichten ist. Beim Bau einer Logistikhalle wurde die Bodenplatte unbewehrt eingebracht und riss bereits nach kurzer Nutzungsdauer mehrfach über den gesamten Bauteilquerschnitt. Der Baugrund war nicht ausreichend verdichtet worden.

Fallbeispiel 10

Vor dem Belegen des Estrichs muss unter anderem die Restfeuchte und die **812** Haftzugfestigkeit des Estrichs geprüft werden, bevor darauf aufgebaut werden darf. Oftmals entstehen sonst Risse im Belag und die Kanten des Estrichs senken sich deutlich ab (Schüsseln des Estrichs). Ein Fliesenlegerunternehmen hat auf Wunsch des Auftraggebers den Fliesenbelag in einem Ärztezentrum eingebracht, ohne die Restfeuchte zu prüfen. In der Folgezeit schüsselte der Estrich in den meisten Räumen auf und brach oftmals in der Raummitte durch. Anschließend musste der Bodenaufbau in den Praxen aufwändig neu eingebracht werden.

Fallbeispiel 11

Ein Bauleiter hat im Innenbereich bereits Dielenboden einbringen lassen, be- **813** vor in dem darüber liegenden Geschoss die Abdichtungsarbeiten endgültig fertig gestellt worden waren. Der Bauleiter hat nicht geprüft, ob das Dach ausreichend abgedichtet ist, um den Innenausbau beginnen lassen zu können. Über einen noch fehlenden Randanschluss trat Wasser in das Bauwerk ein und schädigte die Böden, die rückgebaut werden mussten.

Die Einrichtung der Baustelle

Die Baustelleneinrichtung muss sorgfältig und mit dem nötigen Weitblick er- **814** folgen. Werden Änderungen in der Baustelleneinrichtung erforderlich, müssen dafür Kapazitäten zur Verfügung gestellt werden. Auch für Nachunternehmer muss ausreichend Platz vorgehalten werden.

815 Besonders bei kleineren Bauvorhaben wird oftmals kein Baustelleneinrichtungsplan erstellt, sondern die Unternehmen suchen sich eine für sie geeignete Lagerstelle.

Fallbeispiel 12

816 Die Schuttcontainer bei der Sanierung eines Geschäftshauses im innerstädtischen Bereich wurden vom Unternehmen und den Nachunternehmern nach Belieben gestellt, ebenso die Materialien nach Belieben gelagert. Zum Teil wurden Materialien auch außerhalb des Grundstücks gelagert. Mieter der nachbarlichen Bauwerke beschwerten sich massiv, da deren Einfahrten und Zugänge zum Teil verstellt waren. Nach Konzipierung einer Baustelleneinrichtung wurden die Platzkapazitäten gut ausgenutzt, keine nachbarlichen Mieter mehr gehindert und der Bauablauf wurde beschleunigt.

6.2 Bei der Abwicklung einer Baumaßnahme

Planprüfung

Fehlen dem Bauleiter Pläne zum weiteren Fortgang des Bauvorhabens, muss er diese umgehend termingerecht anfordern. Ansonsten läuft er Gefahr, dass es zu einem Stillstand kommt. **817**

Fallbeispiel 13

Dem Bauleiter lagen keine tragwerkstechnischen Pläne für einen Teil der Decke über dem 1. Obergeschoss vor, was erst kurz vor Ausführung bemerkt wurde. Die dann angeforderten Pläne wurden vertragskonform innerhalb von 10 Werktagen vom Planer vorgelegt. Anschließend konnte der Bauleiter Halbfertigelemente bestellen. Insgesamt verzögerten sich seine Leistungen um 3 Wochen. **818**

Liegen Pläne vor, muss der Bauleiter deren Eingang dokumentieren, zum einen, um zu wissen, welche Pläne die aktuellsten sind, zum anderen, um spätere Diskussionen zu vermeiden, wann welche Pläne vorgelegen haben. Dies sollte immer schriftlich erfolgen. **819**

Fallbeispiel 14

Während des Baus eines Objekts kam es zu einer Planänderung einer Wasserleitung für den Außenbereich, die jedoch nicht ausgeführt wurde. Der Bauleiter hatte versehentlich den alten falschen Planstand auf der Baustelle zu Grunde gelegt. Der Fehler wurde erst nach dem Einbringen des Estrichs bemerkt, der daraufhin wieder geöffnet werden musste. **820**
Der Bauleiter muss Pläne auf Fehler kontrollieren und gegebenenfalls Bedenken gegen die geplante Ausführung anmelden.

Fallbeispiel 15

Beim Umbau einer Stadtvilla sollte rückwärtig im setzungsempfindlichen Untergrund ein Anbau erfolgen. Nach Planung war die Bodenplatte des Anbaus auch von der des Bestandsbauwerks getrennt, in den darüber liegenden Geschossen waren jedoch nicht alle Bauteile stringent voneinander getrennt worden. So lagen zum Beispiel Träger auf beiden Bauwerksteilen auf. Der Fehler fiel dem Bauleiter nicht auf, sondern wurde erst nach Ausführung von einem Dritten erkannt. Daraufhin musste die tragwerkstechnischen Berech- **821** nungen und die Pläne überarbeitet, Bauteile rückgebaut und wieder neu eingebaut werden, was mit hohen Kosten verbunden war.

Besprechungen und Berichtswesen

822 Besonders während der Bauzeit führt der Bauleiter eine Vielzahl von Besprechungen vor allem mit dem Auftraggeber. Häufig werden in solchen Besprechungen elementare Punkte für die Baumaßnahme festgelegt. Der Bauleiter muss dies so dokumentieren, dass Dritte die Sachverhalte später nachvollziehen können. Abstimmungen, Änderungen etc. mit am Bau Beteiligten müssen dokumentiert werden, um Ansprüche nicht zu verlieren. Bleiben Schriftsätze, Protokolle oder Berichte zu Besprechungen aus, kann der Bauleiter für ihn wichtige Sachverhalte oftmals nicht ausreichend darstellen und verliert gegebenenfalls Ansprüche oder muss die Kosten für die Behebung von Schäden oder Mängeln tragen.

Fallbeispiel 16

823 Ein Dachdeckerunternehmen hat kurz vor Ausführung den Auftraggeber darauf hingewiesen, dass die Dachziegel zurzeit nicht in der gewünschten Farbe lieferbar sind und eine alternative Farbe vorgeschlagen, dem der Auftraggeber mündlich zugestimmt haben soll. Die Änderung wurde jedoch nicht dokumentiert. Der Auftraggeber rügt bei Abnahme die Ziegelfarbe.

Arbeitseinteilung und interne Koordination

824 Anhand der Arbeitseinteilung und der internen Koordination kann der Bauleiter die Baustelle führen, kennt personelle und maschinelle Kapazitäten. Er muss sich dazu auch mit den Polieren abstimmen. Nur wenn der Bauleiter die Kapazitäten kennt, kann er weitere Leistungen zeitlich eintakten, Waren bestellen und feststellen, ob alle Mitarbeiter genügend ausgelastet oder überlastet sind.

Fallbeispiel 17

825 Mit dem Auftraggeber war eine Bauzeit für das Verputzen der Fassade vertraglich vereinbart. Da der Bauleiter nicht frühzeitig genügend Mitarbeiter für diese Tätigkeit abgestellt hat, konnte die Bauzeit nicht eingehalten werden, was zu einer Vertragsstrafe führte.

Kontrollieren und Überwachen der Bauausführung

826 Eine der wichtigsten Aufgaben des Bauleiters ist das Kontrollieren und Überwachen der Bauausführung. Bleibt dieses aus, kommt es in der Regel zu

Mängeln und Abweichungen vom vertraglichen Soll. Besonders schadensträchtige Leistungen müssen intensiv kontrolliert und überwacht werden. Bauteile, die zu einem späteren Zeitpunkt nicht mehr oder nur noch mit hohem Aufwand zugänglich sind, müssen vor dem Fortgang der Arbeiten ebenfalls kontrolliert werden.

Fallbeispiel 18

Der Bauleiter muss beispielsweise Abdichtungsarbeiten an einer Außenwand **827**
vor dem Verfüllen des Arbeitsbereichs kontrollieren. Er hat unter anderem auf eine fachgerechte Verarbeitung und sichere Dokumentation zu achten. Besonders Details wie Leitungseinführungen, Übergänge zwischen Bauteilen, Anschlüsse und Anschlusshöhen müssen vom Bauleiter überprüft werden. Ein Rohbauunternehmen sollte eine Bestands-Außenwand mit einer kunststoffmodifizierten Bitumendickbeschichtung abdichten. Schichtdickenmessung und Austrocknungsdauer wurden dokumentiert sowie Leitungseinführungen fachgerecht ausgeführt, was der Rohbau-Bauleiter auch vor Ort kontrolliert hat. Trotzdem kam es zu deutlichem Wassereintritt in diesem Bereich nach dem Verfüllen. Der Bauleiter hatte nicht die Vorbehandlung der Bauteiloberflächen und den unteren Abschluss der Abdichtung kontrolliert, der nicht dauerhaft sicher auf dem Bauteil aufgebracht worden war. Über den unteren Abschluss konnte Wasser hinter die Abdichtung gelangen und das Bauteil schädigen.

Fallbeispiel 19

Oftmals folgen beispielsweise aus fehlerhaft eingebrachten Dampfbremsen **828**
im Dach unterhalb der Dämmung große Schäden, die erst nach einiger Zeit bemerkt werden. Der Bauleiter muss solche Arbeiten kontrollieren, da die Leistung später nicht mehr sichtbar ist, weil sie zum Beispiel durch eine Trockenbaudecke bekleidet ist. Besonders Anschlüsse an andere Bauteile und Verklebungen innerhalb der Dampfbremsenebene sind vom Bauleiter zu prüfen. Eine Trockenbaufirma hat in einer Dachgeschosswohnung den Innenausbau unterhalb eines Blechdachs erstellt. Die Dampfsperre wurde jedoch nicht fachgerecht an den Wänden verklebt, sondern lediglich lose eingebracht, sodass Feuchtigkeit in die Dachkonstruktion eindringen und diese schädigen konnte. Erst nach einiger Zeit wurde dies bemerkt. Die Dämmung und die Holzsparren waren bis dahin bereits deutlich geschädigt.

Fallbeispiel 20

829 Werden Leitungen unterhalb einer Bodenplatte eingebracht, muss der Bauleiter deren fachgerechten Einbau kontrollieren. Oftmals werden Entwässerungsleitungen unterhalb der Bodenplatte vom Rohbauunternehmen eingebracht. Sie müssen ausreichend Gefälle haben, sicher miteinander verbunden sein und die Arbeitsräume müssen wieder fachgerecht verfüllt werden. Die Erfahrung zeigt aber, dass eingebrachte Leitungen oftmals nicht kontrolliert und Mängel somit nicht erkannt werden. Der Mangel in einer Leitung wird dann häufig erst bei Inbetriebnahme der Leitung festgestellt und kann nur mit hohem Aufwand wieder behoben werden.

Fallbeispiel 21

830 Belagsarbeiten dürfen erst erbracht werden, wenn der Untergrund dafür ausreichend geeignet ist. Der Belag wird in der Regel mit dem Auftraggeber abgestimmt. Auch der spätere Fugenverlauf muss festgelegt werden, um ein optisch ansprechendes Gesamtbild zu erzielen. Stimmt der Bauleiter dieses nicht ab oder lässt es sich nicht vom Auftraggeber freigeben, führt dies häufig im Nachgang zum Streit.

Kontrollieren der Baustoffe

831 Häufig obliegt es dem Polier, Baustoffe zu bestellen und diese zu kontrollieren. Zudem muss die Lagerung von Baustoffen materialgerecht sein, um Folgeschäden möglichst zu vermeiden. Dafür müssen auch Bestände und auf die Baustelle gelieferte Materialien umgehend kontrolliert werden.

832 Fassadenarbeiten sind oftmals aufwändig und damit kostenintensiv. Der Bauleiter muss daher besonders aufmerksam die Leistungen kontrollieren. Bei einem Wärmedämmverbundsystem muss die Dämmung fachgerecht verklebt und/oder gedübelt werden, um eine ausreichende Tragfähigkeit herzustellen. Der Verputz muss auf die Dämmung und die anderen Komponenten abgestimmt sein. Besonders Details wie Sockelhöhen, Ecken an Fenstern und Fensterbankanschlüsse müssen vom Bauleiter kontrolliert werden. Stimmen beispielsweise die Fensterbankanschlüsse nicht, ist dies im Nachgang meist nur mit hohem Aufwand zu beheben.

Fallbeispiel 22

833 Ein Maler- und Verputzerunternehmen sollte nach Leistungsbeschreibung an einem Einfamilienwohnhaus ein Wärmedämmverbundsystem aufbringen.

Nach Abschluss der Arbeiten verlangte der Bauherr eine bauaufsichtliche Zulassung des Wärmedämmverbundsystems, die das Unternehmen nicht vorlegen konnte. Die einzelnen Komponenten waren nicht aufeinander abgestimmt, was dem Bauleiter nicht aufgefallen war.

Fallbeispiel 23

Ein Fassadenbauer bestellte sich Fassadenverglasungen direkt auf die Baustelle, die auf speziellen Fensterböcken angeliefert wurde. Aufgrund von Verzögerungen im Bauablauf konnte diese jedoch erst zwei Wochen später montiert werden. Dabei stellte das Fassadenbauunternehmen fest, dass eine Vielzahl von Gläsern bereits beschädigt war. **834**

Fallbeispiel 24

Ein Unternehmen hatte Fliesen auf die Baustelle geliefert bekommen und diese umgehend in ihren Materialcontainer transportiert, um diese vor Schädigungen zu schützen. Als die Ware verbaut werden sollte, stellte das Unternehmen aber fest, dass ein Großteil der Fliesen die falsche Farbe hatte. **835**

Fallbeispiel 25

Ein Tiefbauunternehmen lagerte Mörtel säckeweise auf eine Palette auf der Baustelle. Die Palette war beschädigt und die unteren Mörtelsäcke lagen zum Teil auf dem feuchten Boden auf. Als diese verwendet werden sollten, war der Mörtel feucht geworden und nicht mehr brauchbar. **836**

Mangelbeseitigung

Werden Mängel vom Auftraggeber gerügt, muss der Bauleiter gegebenenfalls die Mangelbeseitigung koordinieren und überwachen. Dabei ist es wichtig, dass der Bauleiter die Mangelbehebung dokumentiert, sodass sie auch Dritte nachvollziehen können. **837**

Fallbeispiel 26

Der Auftraggeber rügt Undichtigkeiten in der Dachabdichtung einer Halle. Der Auftragnehmer führt daraufhin Arbeiten an der Abdichtung auf dem Dach durch, ohne dies mit dem Auftraggeber abzustimmen und ohne dies zu dokumentieren. Nach einiger Zeit erkundigte sich der Auftraggeber bezüglich der Undichtigkeiten und erfuhr lediglich, dass diese behoben wurden. Ein Nachvollzug dessen, was passiert ist, war nicht mehr genau möglich, sodass Bauteile erneut geöffnet werden mussten. **838**

6.3 Nach Beendigung einer Baumaßnahme

Abnahme

839 Die Abnahme von erbrachten Leistungen ist für den Bauleiter besonders wichtig. Trotzdem zeigt die Erfahrung, dass oftmals eine Abnahme ausbleibt. Besonders kleinere Unternehmen stellen ihre Leistungen fertig und rechnen diese mit der Schlussrechnung ab, jedoch ohne ihre Leistungen abnehmen zu lassen. Häufig ist dann unter anderem unklar, wann die Gewährleistungsfrist beginnt und demzufolge endet.

Fallbeispiel 27

840 Ein Unternehmen sollte die technische Gebäudeinstallation in einem Büro- und Geschäftshaus erbringen. Der Ausbau wurde jedoch vom Auftraggeber nach Fertigstellung des erweiterten Rohbaus zurückgestellt, da dieser die Immobilie nicht vermieten konnte. Das Unternehmen erbrachte Grundleistungen in Abstimmung mit dem Auftraggeber und stellte diese in Rechnung, jedoch nicht in einer Schlussrechnung. Nach Auskunft des Auftraggebers sollten die Arbeiten zeitnah weitergeführt werden, weswegen der Auftragnehmer auch keine Abnahme forderte. Das Bauwerk ging jedoch nicht in Nutzung und erst nach neun Monaten wurden die Leistungen fortgeführt. Endgültig fertig gestellt wurde der Ausbau 2 Jahre später. Erst dann stellte das Unternehmen eine Schlussrechnung und forderte den Auftraggeber zur Abnahme der Leistungen auf. Bei anschließend auftretenden Mängeln kam es zum Streit über das Ende der Gewährleistungsfrist.

Fallbeispiel 28

841 Ein Dachdeckerunternehmen dichtete für einen Auftraggeber verschiedene Dachterrassen an einem Mehrfamilienwohnhaus ab. Anschließend fanden noch Fassaden- und Umwehrungsarbeiten statt. In der Folge kam es zu massiven Wassereintritten unterhalb der Dachterrassenflächen. Bei der Mangelerkundung wurde festgestellt, dass die Abdichtung in der Fläche mehrfach beschädigt war. Zur Abnahme der Abdichtung hatte der Dachdecker nicht aufgefordert, die somit nicht erfolgte. Die Schäden in der Abdichtung gingen zu seinen Lasten.

Aufmaß

Oftmals bildet das Aufmaß die Grundlage für die Abrechnung von Leistungen. Erfasst der Bauleiter nicht alle Leistungen richtig oder erkennt zusätzliche Leistungen nicht, werden diese nicht abgerechnet. Das Aufmaß muss darüber hinaus auch für Dritte nachvollziehbar sein. **842**

Fallbeispiel 29

Ein Tiefbauunternehmen erstellte für eine Fast-Food-Kette die Außenanlage eines Restaurants. Viele Leistungen wurden unter hohem Zeitdruck kurzfristig auf der Baustelle beauftragt und ausgeführt. Für die Schlussrechnungsstellung erfolgte ein gemeinsames Aufmaß. Dabei übersieht der Bauleiter, dass zwei Stellplätze zwischenzeitlich durch ihn auf Anweisung des Auftraggebers rückgebaut und anschließend wieder errichtet wurden, was somit nicht in Rechnung gestellt wurde. **843**

7 Der Nachunternehmer

7.1 Die Möglichkeit des Nachunternehmereinsatzes

844 Immer häufiger setzen Auftragnehmer bei der Abwicklung von Bauaufträgen Nachunternehmer ein. Damit werden fehlende eigene Kapazitäten ausgeglichen oder nicht vorhandenes Knowhow für einzelne Gewerke ergänzt. Als Nachunternehmer werden meist nur die ausführenden Firmen bezeichnet, allerdings sind auch beauftragte Fachplaner Nachunternehmer, da sie einen Teil der vertraglichen Leistung des Auftragnehmers ausführen.

845 Durch den Einsatz von Nachunternehmern wird die Anzahl der eigenen gewerblichen Arbeitnehmer reduziert. Dadurch verschiebt sich die Organisation und Arbeitsbelastung auf der Baustelle. Im Prinzip wird der Einsatz der Nachunternehmer durch den Bauleiter gesteuert. Die Beaufsichtigung der Nachunternehmerleistungen vor Ort kann dem eigenen Polier übertragen werden, der weniger eigenes Personal zu beaufsichtigen hat. Gleichzeitig steigt jedoch auch der organisatorische und administrative Aufwand erheblich an, da der zeitliche und räumliche Einsatz, die Einweisung, die Abnahme und die Abrechnung der Nachunternehmerleistungen aufwendiger sind. In diesen Fällen kann es erforderlich sein, dass der Bauleiter einen weiteren Bauleiter für die Abwicklung hinzuziehen muss. Dafür leitet er im Vorfeld die organisatorischen Schritte ein, dass im Bedarfsfall jemand zur Verfügung gestellt werden kann.

846 Man unterscheidet zwischen Nachunternehmern und Fremdarbeit. Dies ist zwar für den Bauleiter bezüglich der Abrechnung ohne Belang, da es insoweit nicht unterschieden wird. Allerdings übernimmt ein Nachunternehmer in sich abgeschlossene Teile der vertraglichen Leistung, für die er auch die Gewährleistung übernimmt. Fremdarbeit liegt hingegen vor, wenn ein Drittunternehmer Arbeiten ausführt, die nur einen Teilprozess darstellen. Das liegt z.B. vor, wenn Maschinen und Geräte mit dem Bedienpersonal gestellt werden, nur die Montagearbeiten oder andere Transportdienste ausgeführt werden etc. In diesen Fällen übernimmt der Fremdunternehmer keine Gewährleistung für das herzustellende Gesamtwerk, sondern die Gewährleistung verbleibt bei dem Auftragnehmer. Wichtig ist für den Bauleiter, dass im Baugewerbe der Einsatz von Fremdarbeitern vielfachen Regelungen unterliegt. Die Abgrenzung zur unerlaubten Arbeitnehmerüberlassung ist mitunter schwer zu erkennen. Daher ist die Beauftragung von Nachunternehmern vorzuziehen.

Die Beauftragung von Nachunternehmern ist allerdings nicht in das freie Ermessen des Auftragnehmers oder des Bauleiters gestellt. Grundsätzlich muss der Auftragnehmer die Leistungen, zu denen er sich im Vertrag verpflichtet hat, selbst ausführen. Der Einsatz unterliegt ebenfalls vielfachen Beschränkungen. Nach § 4 Abs. 8 VOB/B muss der Auftragnehmer die Leistungen im eigenen Betrieb ausführen. Gründe wie z. B. kapazitative Engpässe berechtigen ihn nicht, die Arbeiten an Nachunternehmer zu vergeben. Der Auftragnehmer darf auf einen Nachunternehmer auch in diesen Fällen nur dann Leistungen übertragen, wenn der Auftraggeber schriftlich zustimmt. Daher muss der Bauleiter rechtzeitig die Zustimmung einholen (MS 75). Andernfalls kann der Auftraggeber nach Aufforderung zur Leistungserbringung durch den Auftragnehmer und Fristsetzung den Auftrag gemäß § 4 Abs. 8 Nr. 1 VOB/B kündigen, wenn weiterhin ein Nachunternehmer die Arbeiten ausführt. **847**

Unabhängig von der Zustimmung des Auftraggebers darf der Auftragnehmer Arbeiten an einen Nachunternehmer vergeben, wenn sein Betrieb nicht auf die Durchführung der Arbeiten eingerichtet ist. In jedem Fall hat der Auftragnehmer aber dem Auftraggeber die Nachunternehmer zu benennen. Bei der Vergabe ist nach § 4 Abs. 8 Nr. 2 VOB/B die Geltung der VOB/B im Nachunternehmervertrag zu vereinbaren. Im Gegensatz zu einem Vertrag mit vereinbarter Geltung der VOB/B benötigt der Generalunternehmer bei einem Vertrag ohne die vereinbarte Geltung der VOB/B nicht die Zustimmung des Auftraggebers für eine Vergabe von Leistungen an Nachunternehmer. Es ist allerdings darauf zu achten, dass in den Bauverträgen vielfach Regelungen enthalten sind, die eine Weitervergabe von der Zustimmung oder besonderen Nachweisen abhängig machen. **848**

Besonderheiten gelten bei der Vergabe öffentlicher Aufträge. Hier kann bereits für die Ausschreibung die Benennung von Nachunternehmern verlangt werden. Der Bauleiter muss bei der Durchführung des Bauvorhabens diese Nachunternehmer einsetzen. Es kann allerdings vorkommen, dass ein Nachunternehmerwechsel notwendig wird. Zwar wird es durch die Gerichte nicht einheitlich beurteilt, ob der Auftragnehmer benannte Nachunternehmer wechseln darf. Dennoch gibt es zwingende Gründe, bei denen man den Wechsel nicht vermeiden kann. In diesen Fällen ist der Wechsel vor dem Einsatz des Nachunternehmers anzukündigen (MS 76). Dabei sind die Gründe zu benennen. **849**

Checkliste 27: Nachunternehmereinsatz

Wann:	Vor Nachunternehmervergabe
Warum:	Vermeidung von Maßnahmen des Auftraggebers
Wer:	Bauleiter
Was:	Zustimmung zum Nachunternehmereinsatz
Wie:	Prüfung der vertraglichen Voraussetzungen eines Nachunternehmereinsatzes Anforderung der Zustimmung des Auftraggebers
Kontrolle:	Vertragliche Regelungen oder VOB/B gültig? Handelt es sich um notwendige Eigenleistungen? Liegen zwingende Gründe für eine Weitervergabe vor? Handelt es sich um unerlaubte Arbeitnehmerüberlassung?
Weiteres Vorgehen:	Evtl. Ankündigung des Nachunternehmerwechsels Mitteilung der Beauftragung des Nachunternehmers an den Auftraggeber
Eigene Anmerkungen:	

Musterschreiben 75: Anforderung der Zustimmung für Nachunternehmer

Adressat: *Auftraggeber*

Bauvorhaben: ....

Datum: ....

AS Nr. *45:* **Zustimmung für Nachunternehmer**

Sehr geehrte Damen und Herren,

bei der Durchführung des Bauvorhabens beabsichtigen wir, die Firma *Malermeister Bunt, Hoffelden* **mit den** *Beschichtungsarbeiten an der Fassade* **zu beauftragen.**

Die Firma ist uns bekannt und leistet hervorragende Arbeit. Mit ihrem Einsatz möchten wir den zügigen und qualitativ hochwertigen Projektfortschritt fördern.

Wir bitten um Ihre Zustimmung zum Einsatz der genannten Firma als Nachunternehmer.

Für Sie ergeben sich keine Unterschiede, da wir selbstverständlich weiterhin Ihr Ansprechpartner in allen Angelegenheiten bleiben und auch die volle Gewährleistung für die Arbeiten übernehmen.

Für Rückfragen stehen wir Ihnen gerne zur Verfügung.

Mit freundlichen Grüßen

....

(Unterschrift)

Hinweise zu Musterschreiben 75

Art des Schreibens: Muss, Schriftform

850 **Zeitpunkt des Schreibens:** Das Schreiben muss vor der Beauftragung des Nachunternehmers und vor der Ausführung der Leistung versendet werden. Dabei ist möglichst ein zeitlicher Vorlauf einzuhalten, um die Antwort des Auftraggebers abzuwarten.

851 **Vorschriften:** § 4 Abs. 8 VOB/B; ergänzend vertragliche Regelungen, insbesondere bei öffentlichen Auftraggebern

852 **Adressat:** Auftraggeber; Bevollmächtigter.

853 **Nummerierung:** Das Schreiben ist als allgemeines Schreiben zu nummerieren und zur Bauakte zu nehmen. Wichtiger ist allerdings die Dokumentation und Ablage des Antwortschreibens, in dem der Auftraggeber sein Einverständnis mitteilt.

854 **Text:** Die Anfrage muss den Nachunternehmer benennen und die durch ihn auszuführenden Arbeiten.
Sinnvoll ist es, dem Auftraggeber mitzuteilen, dass man als Auftragnehmer selbstverständlich in der vollen Gewährleistungspflicht bleibt.

855 **Weitere Hinweise:** Eine Zustimmung des Auftraggebers ist nach § 4 Abs. 8 Ziffer 1 VOB/B nicht erforderlich, wenn der Betrieb des Auftragnehmers nicht für die entsprechenden Leistungen ausgelegt ist.
Wenn der Auftraggeber die Zustimmung verweigert, hat der Auftragnehmer die Arbeiten selbst auszuführen.

Musterschreiben 76: Anforderung der Zustimmung für Nachunternehmerwechsel

Adressat: Auftraggeber

Bauvorhaben: ....

Datum: ....

AS Nr. 46: **Zustimmung für Nachunternehmerwechsel**

Sehr geehrte Damen und Herren,

für die Durchführung des Bauvorhabens haben wir die Firma Malermeister Bunt, Hoffelden

für die*Beschichtungsarbeiten an der Fassade***benannt.**

Die Firma ist leider nicht in der Lage, trotz der gegebenen Zusage die Arbeiten auszuführen.*Durch Kündigungen ist der Personalstand auf zwei Mitarbeiter abgefallen.*

Wir möchten daher die Firma*Fassaden Schnell, Heimsdorf* **beauftragen.**

Die Firma ist uns bekannt und leistet hervorragende Arbeit. Mit ihrem Einsatz werden wir den zügigen und qualitativ hochwertigen Projektfortschritt sicherstellen.

Wir bitten um Ihre Zustimmung zum Einsatz der genannten Firma als Nachunternehmer.

Für Rückfragen stehen wir Ihnen gerne zur Verfügung.

Mit freundlichen Grüßen

....

(Unterschrift)

Hinweise zu Musterschreiben 76

Art des Schreibens: Muss, Schriftform

856 **Zeitpunkt des Schreibens:** Das Schreiben muss vor der neuen Beauftragung eines Nachunternehmers und vor der Ausführung der Leistung versendet werden. Dabei ist möglichst ein zeitlicher Vorlauf einzuhalten, um die Antwort des Auftraggebers abzuwarten.

857 **Vorschriften:** § 4 Abs. 8 VOB/B; ergänzend vertragliche Regelungen, insbesondere bei öffentlichen Auftraggebern

858 **Adressat:** Auftraggeber; Bevollmächtigter.

859 **Nummerierung:** Das Schreiben ist als allgemeines Schreiben zu nummerieren und zur Bauakte zu nehmen. Wichtiger ist allerdings die Dokumentation und Ablage des Antwortschreibens, in dem der Auftraggeber sein Einverständnis mitteilt.

860 **Text:** Die Anfrage muss den Nachunternehmer benennen und die durch ihn auszuführenden Arbeiten.
Ergänzend sind die Gründe mitzuteilen, warum der zunächst benannte Nachunternehmer die Leistungen nicht ausführen kann.
Sinnvoll ist es, dem Auftraggeber mitzuteilen, dass man als Auftragnehmer selbstverständlich in der vollen Gewährleistungspflicht bleibt.

861 **Weitere Hinweise:** Eine Zustimmung des Auftraggebers ist nach § 4 Abs. 8 Ziffer 1 VOB/B nicht erforderlich, wenn der Betrieb des Auftragnehmers nicht für die entsprechenden Leistungen ausgelegt ist.
Wenn der Auftraggeber die Zustimmung verweigert, hat der Auftragnehmer die Arbeiten selbst auszuführen. Das ist in vielen Fällen ein Problem, wenn die Personaldisposition dies nicht zulässt. Man sollte diese Zwänge dem Auftraggeber mitteilen und die Lösung durch die Vergabe der Arbeiten an den neuen Nachunternehmer.

7.2 Die Nachunternehmerbeauftragung

Bei einem möglichen Nachunternehmereinsatz schreibt der Bauleiter die zu vergebende Leistung aus oder vergibt sie unmittelbar an einen Nachunternehmer seiner Wahl. Er ist dabei grundsätzlich nicht an vergaberechtliche Voraussetzungen gebunden. **862**

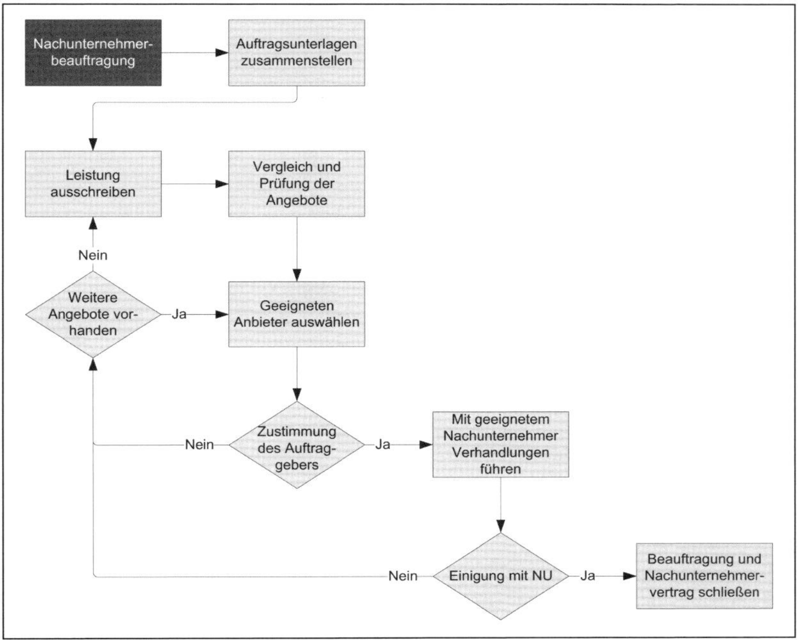

Abbildung 30: Die Nachunternehmerbeauftragung

Für die Beauftragung eines Nachunternehmers stellt der Bauleiter alle Unterlagen zusammen, die für eine Beschreibung der zu vergebenden Leistung notwendig sind. Dabei muss er darauf achten, dass er nicht nur die entsprechenden Positionen des Leistungsverzeichnisses seines Bauvertrages mit dem Auftraggeber für die Beschreibung der Nachunternehmerleistung verwendet. In den Vorbemerkungen, allgemeinen oder besonderen technischen Vertragsbedingungen und anderen Anlagen des Bauvertrages können ebenfalls Leistungen beschrieben sein, die in das zu vergebende Gewerk fallen. Es ist daher erforderlich, dass insbesondere die Schnittstellen zu anderen Ge- **863** werken darauf geprüft werden, ob alle Leistungen in der Leistungsbeschreibung des Nachunternehmers enthalten sind.

864 Mit der fertigen Leistungsbeschreibung werden geeignete Firmen angefragt und gebeten, ein Angebot zu erstellen. Im Gegensatz zu der öffentlichen Ausschreibung ist es einem privaten Auftragnehmer bei der Vergabe von Nachunternehmerleistungen erlaubt, dass er nur bestimmte Bieter auffordert, die Angebote frei bewertet und in Verhandlungen über den Leistungsumfang und den Preis eintritt. Bei der Ausschreibung muss der Bauleiter in einem Begleitschreiben die Bedingungen für das Angebot aufstellen. Es ist sinnvoll, dass vor Versendung der Leistungsbeschreibung eine telefonische oder schriftliche Voranfrage durchgeführt wird, ob der Nachunternehmer bereit ist, ein Angebot abzugeben (MS 77).

865 Gehen mehrere Angebote für die ausgeschriebene Leistung ein, werden sie auf Vollständigkeit und Änderungen geprüft. Auf einer Bieterliste kann der Bauleiter die Angebote werten und die zu verhandelnden Punkte vermerken. Nicht geeignete Bieter werden nicht mehr berücksichtigt. Vor der weiteren Vergabe ist zu prüfen, ob der Auftraggeber zustimmen muss. Der Bauleiter entscheidet, ob er zunächst die Vergabeverhandlungen durchführt, den Nachunternehmer auswählt und dann die Zustimmung einholt oder ob er bereits die Zustimmung für die eingeschränkte Auswahl der Nachunternehmer bei dem Auftraggeber einholt, um danach erst die Vergabeverhandlungen zu führen. Beide Vorgehensweisen haben ihre Vor- und Nachteile, die im Einzelfall abzuwägen sind.

866 Die adäquaten Anbieter werden zu Gesprächen eingeladen, bei denen über den Leistungsinhalt, die Bedingungen der Ausführung und den Preis verhandelt wird. Diese Verhandlungen werden durch den Bauleiter geführt. Durch die vorherige Sichtung der Angebote ist er in der Lage, die für ihn wichtigen Punkte zu klären. Es ist in jedem Fall sinnvoll, dass die Verhandlungen zu Ende geführt werden, sodass der Bauleiter mit einem Verhandlungsergebnis abschließen kann. Dieses verhandelte Angebot trägt er in seine Bieterlisten ein und führt die Gespräche mit weiteren Nachunternehmern. Wichtig ist, dass der Nachunternehmer ein verbindliches Angebot abgibt, welches mit einer Bindefrist versehen wird, sodass der Bauleiter eine spätere Beauftragung vornehmen kann, ohne weitere Verhandlungen aufnehmen zu müssen. Andererseits darf sich der Bauleiter aber auch nicht gegenüber dem Nachunternehmer verpflichten, da er den Auftrag eventuell an einen anderen Nachunternehmer vergeben will. Viele Firmen haben vorgedruckte Nachunternehmerprotokolle, welche die entsprechenden Formulierungen enthalten. Sollte kein Vordruck verfügbar sein, kann auch ein Abschlussprotokoll gefertigt werden (MS 78). Die Unterlagen in der Anlage sollten zur Klarstellung auf jeder Seite paraphiert, also unterschrieben werden und beiden Verhandlungspartnern ausgehändigt werden. Da der Nachunternehmer an sein Angebot gebunden ist, kann er bei einer Annahme durch den Auftragnehmer nicht mehr nachverhandeln. Der Bauleiter ist allerdings frei, durch eine Ablehnung des verhandelten Angebotes zu einem späteren Zeitpunkt erneut in Verhandlungen einzutreten.

Wenn der Bauleiter den Nachunternehmer beauftragen möchte, reicht bei **867**
Vorliegen eines verbindlichen Angebotes die Annahme aus. Sie ist schriftlich zu erklären. Mit der Annahme kommt der Vertrag bereits zustande, einer abermaligen Bestätigung durch den Nachunternehmer bedarf es nicht. Es ist allerdings für die Vermeidung von Unklarheiten sinnvoll, sich den Zugang der Angebotsannahme von dem Nachunternehmer bestätigen zu lassen (MS 79).

Hat der Bauleiter kein verbindliches Angebot vorliegen, reicht die Annahme **868**
allein nicht aus. Er muss einen Vertrag mit dem Nachunternehmer schließen. Daher bietet der Bauleiter dem Nachunternehmer an, den Vertrag zu unterzeichnen, und vereinbart einen Termin oder übersendet die von ihm unterschriebenen Vertragsunterlagen. In dem Begleitschreiben fordert er den Nachunternehmer zur Vertragsunterzeichnung innerhalb einer Frist auf (MS 80).

Kommt es zu keiner Einigung mit dem Anbieter, muss der Bauleiter einen wei- **869**
teren Anbieter auswählen und mit diesem verhandeln oder die Leistung neu ausschreiben.

Checkliste 28: Nachunternehmervergabe

Wann:	Vor Nachunternehmervergabe
Warum:	Weitervergabe von Leistungen an Dritte
Wer:	Bauleiter
Was:	Abschluss eines Nachunternehmervertrages
Wie:	Prüfung der vertraglichen Voraussetzungen eines Nachunternehmereinsatzes Anfertigen der Leistungsbeschreibung und der Vertragsunterlagen Ausschreibung und Einholung von Angeboten Verhandlung mit den Nachunternehmern Vertragsabschluss
Kontrolle:	Vertragliche Regelungen oder VOB/B gültig? Leistungen mit Schnittstellen vollständig enthalten? Liegt ein verbindliches Angebot vor? Ist ein wirksamer Vertrag zustande gekommen?
Weiteres Vorgehen:	Evtl. Mitteilung der Vergabe an Auftraggeber Klärung der Einzelheiten der Durchführung mit dem Nachunternehmer
Eigene Anmerkungen:	

Musterschreiben 77: Anfrage zur Angebotsbereitschaft

Adressat: *Nachunternehmer*

Bauvorhaben: ....

Datum: ....

AS Nr. *47:* **Anfrage zur Abgabe eines Angebotes**

Sehr geehrte Damen und Herren,

bei der Durchführung des Bauvorhabens sind wir als Generalunternehmer tätig und beabsichtigen folgende Leistungen

Beschichtungsarbeiten an der Fassade, ca. 3.000 m^2

Durchführungszeitraum *23. KW 2026*

zu vergeben.

Bitte teilen Sie uns mit, ob sie ein Angebot für die genannten Arbeiten abgeben möchten und in der Lage sind, die Arbeiten in dem Zeitraum durchzuführen.

Sollten Sie uns die Abgabe eines Angebotes zusagen, übersenden wir Ihnen gerne die Leistungsbeschreibung.

Wir gehen davon aus, dass Sie ein verbindliches Angebot stellen, welches für uns kostenfrei ist.

Für Rückfragen stehen wir Ihnen gerne zur Verfügung.

Mit freundlichen Grüßen

....

(Unterschrift)

Hinweise zu Musterschreiben 77

Art des Schreibens: Kann

870 **Zeitpunkt des Schreibens:** Das Schreiben sollte mit entsprechendem zeitlichen Vorlauf zu der geplanten Ausführung der Arbeiten an Nachunternehmer versendet werden, die man beauftragen würde.

871 **Vorschriften:** §§ 145 ff. BGB

872 **Adressat:** Nachunternehmer

873 **Nummerierung:** Das Schreiben ist als allgemeines Schreiben zu nummerieren und zur Bauakte zu nehmen. Wichtiger ist allerdings die Dokumentation und Ablage des Antwortschreibens, in dem der Nachunternehmer seine Bereitschaft zur Abgabe eines verbindlichen Angebotes mitteilt.

874 **Text:** Das Anschreiben muss zumindest die Art, den Umfang und den Ausführungszeitraum der zu vergebenden Arbeiten beschreiben.
Die Bedingungen für das Angebot sind anzugeben. Dabei handelt es sich zunächst um die Anfrage eines verbindlichen Angebotes des Nachunternehmers. Das bedeutet, dass er sich an sein Angebot nach der Abgabe zu halten hat und es nicht zurückziehen kann. Weiterhin sollte klargestellt werden, dass das Anfertigen des Angebotes durch den Nachunternehmer für den anfragenden Unternehmer kostenfrei ist.

875 **Weitere Hinweise:** Die Anfrage zur Einreichung eines Angebotes muss nicht schriftlich erfolgen. Man kann dies auch telefonisch erledigen. Für die umfassende Dokumentation ist es aber sinnvoll, die Anfragen schriftlich auszufertigen. Dritte können dann zu späterer Zeit nachvollziehen, welche Nachunternehmer angefragt worden sind und kein Angebot abgegeben haben.
Man kann den Anfragen gleichzeitig bereits Leistungsbeschreibungen beifügen. Dies ist aber nur sinnvoll, wenn es sich um einen kleineren Umfang von Unterlagen handelt. Bei einem größeren Umfang der Leistungsbeschreibung werden die Unterlagen nur an Nachunternehmer versendet, die Interesse bekundet haben.

Musterschreiben 78: Verhandlungsprotokoll

Verhandlungsprotokoll

Bauvorhaben: ....

Datum: ....

P Nr. 1

Die Unterzeichner haben auf der Grundlage der Ausschreibung und des Angebotes heute verhandelt.

Das Verhandlungsergebnis ergibt sich aus dem anliegenden

Protokoll der Verhandlungen

Ausschreibungsunterlagen

Angebot der Firma Erdbau Fischer vom 23. August 2027

Es schließt ab mit einer Auftragssumme von *pauschal 123.000,– €.*

Das Angebot ist für den Auftraggeber freibleibend.

Der Auftragnehmer erklärt sich an sein Angebot gebunden bis zum *30. Oktober 2027*

und sichert im Falle der Beauftragung zu, die genannten Arbeiten zu den genannten Terminen auszuführen.

Datum

....	....
Unterschrift Auftragnehmer	**Unterschrift Auftraggeber**

Hinweise zu Musterschreiben 78

Art des Schreibens: Muss

Zeitpunkt des Schreibens: Das Protokoll einer Verhandlung über das Nachunternehmerangebot ist während der Verhandlung anzufertigen und direkt danach durch beide Verhandlungspartner zu unterschreiben. Man muss darauf achten, dass der Vertreter des Nachunternehmers auch bevollmächtigt ist. **876**

Vorschriften: §§ 145 ff. BGB **877**

878 **Adressat:** Nachunternehmer; das Protokoll ist in der Verhandlung zweifach zu fertigen und eine Ausfertigung an den Nachunternehmer zu übergeben. Sollte das Protokoll nicht direkt ausgefertigt werden, ist es sofort im Anschluss zu erstellen und zu versenden.

879 **Nummerierung:** Das Protokoll ist als allgemeines Schreiben zu nummerieren und zur Bauakte zu nehmen. Es hat sich bewährt, das Protokoll in einer Ablage für diesen Nachunternehmer oder das Gewerk aufzunehmen. Es handelt sich dabei bereits um eine verbindliche Willenserklärung, die zum Vertragsabschluss notwendig ist.

880 **Text:** Das Protokoll muss zumindest die Art, den Umfang und den Ausführungszeitraum der zu vergebenden Arbeiten beschreiben. Hierfür sind üblicherweise ein Leistungsverzeichnis und Pläne zu verwenden.
Die weiteren Vertragsbedingungen müssen in dem Protokoll eindeutig festgelegt werden. Hierzu zählen die Vereinbarung der Gültigkeit der VOB/B, anderer allgemeiner Geschäftsbedingungen, besondere technische Anforderungen etc.
Der Preis für die Leistung ist eindeutig festzulegen.
Die Bedingungen für das Angebot sind anzugeben. Dabei handelt es sich um die Verbindlichkeit des Angebotes des Nachunternehmers. Das bedeutet, dass er sich an sein Angebot nach der Abgabe zu halten hat und es nicht zurückziehen kann. Weiterhin sollte klargestellt werden, dass die Annahme des Angebotes durch den Auftragnehmer, hier als Auftraggeber des Nachunternehmers, freibleibend ist. Das bedeutet, dass man sich vorbehält, das Angebot nicht anzunehmen.

881 **Weitere Hinweise:** Die Verhandlung muss in dem Protokoll eine abschließende Vereinbarung aufzeigen. Das kann bereits der Vertragsabschluss sein, da auch mündlich geschlossene Verträge, im Protokoll schriftlich fixiert, gültig sind.
Wenn der Vertrag noch nicht abgeschlossen werden soll, ist dies auch klar zum Ausdruck zu bringen.
Gleiches gilt für den hier aufgeführten Fall, dass sich der Nachunternehmer an sein Angebot bindet und den Ausführungszeitraum zusagt, der verhandelnde Unternehmer sich aber seine Entscheidung offenhält.

Musterschreiben 79: Annahme eines Nachunternehmerangebotes

Adressat: *Nachunternehmer*

Bauvorhaben: ....

Datum: ....

AS Nr. *48:* **Annahme Ihres Angebotes**

Sehr geehrte Damen und Herren,

in unserer Verhandlung vom *15. September 2027* **haben Sie ein verbindliches Angebot für die Leistungen** *Beschichtungsarbeiten an der Fassade, ca. 3.000 m²,* **Durchführungszeitraum** *23. KW 2027* **abgegeben.**

Wir nehmen dieses Angebot an und beauftragen Sie entsprechend mit der Durchführung der Leistungen.

Die Einzelheiten der Durchführung werden wir Ihnen umgehend mitteilen.

Für Rückfragen stehen wir Ihnen gerne zur Verfügung.

Den Erhalt der Annahme bitten wir durch Unterschrift auf der anliegenden Kopie und Rücksendung zu bestätigen.

Mit freundlichen Grüßen

Datum

....

Unterschrift Auftragnehmer

Hinweise zu Musterschreiben 79

Art des Schreibens: Muss

882 **Zeitpunkt des Schreibens:** Das Schreiben ist innerhalb der Bindefrist eines verbindlichen Nachunternehmerangebotes zu versenden.

883 **Vorschriften:** §§ 145 ff. BGB

884 **Adressat:** Nachunternehmer

885 **Nummerierung:** Das Protokoll ist als allgemeines Schreiben zu nummerieren und zur Bauakte zu nehmen. Es handelt sich dabei um eine verbindliche Willenserklärung, die zum Vertragsabschluss führt. Das Schreiben ist daher Vertragsbestandteil.

886 **Text:** Das Schreiben muss zumindest die Art, den Umfang und den Ausführungszeitraum der zu vergebenden Arbeiten beschreiben. Hierfür sind üblicherweise ein Leistungsverzeichnis und Pläne zu verwenden. Es ist das Angebot des Nachunternehmers genau zu beschreiben, welches angenommen wird.
Die weiteren Vertragsbedingungen müssen in dem Schreiben eindeutig festgelegt werden. Hierzu zählen die Vereinbarung der Gültigkeit der VOB/B, anderer allgemeiner Geschäftsbedingungen, besondere technische Anforderungen etc.
Der Preis für die Leistung ist eindeutig festzulegen.
Eine Bestätigung der Angebotsannahme ist für den Vertragsabschluss nicht notwendig. Die Zugangsbestätigung durch Unterschrift vermeidet aber spätere Streitigkeiten über das Zustandekommen des Vertrages und seinen Inhalt.

887 **Weitere Hinweise:** Der Abschluss eines Vertrages durch die Annahme eines Angebotes setzt voraus, dass noch ein verbindliches Angebot vorliegt. Wenn das gegeben ist, reicht die Annahme aus.
Liegt kein verbindliches Angebot vor oder ändert man Bedingungen des vorliegenden Angebotes einseitig ab, dann handelt es sich nicht um die Annahme des Angebotes, sondern um ein neues Angebot an den Nachunternehmer. In diesen Fällen muss der Nachunternehmer das Angebot auf Abschluss eines Vertrages annehmen. Dies würde er durch die angeforderte Bestätigung mit seiner Unterschrift tun. Vergleiche hierzu auch Musterschreiben 80.

Musterschreiben 80: Abschluss Nachunternehmervertrag

Adressat: *Nachunternehmer*

Bauvorhaben: ....

Datum: ....

AS Nr. *49:* **Vertragsabschluss**

Sehr geehrte Damen und Herren,

in unserer Verhandlung vom *15. September 2026* **haben Sie ein unverbindliches Angebot für die Leistungen** *Beschichtungsarbeiten an der Fassade, ca. 3.000 m²,* **Durchführungszeitraum** *23. KW 2027,* **abgegeben.**

Wir möchten Ihr Angebot beauftragen.

Daher haben wir in der Anlage die Vertragsunterlagen beigefügt.

Wir bitten um die Rücksendung der von Ihnen unterschriebenen Originale. Wir werden Ihnen eine gegengezeichnete Ausfertigung umgehend zurücksenden.

Ihre Annahme muss bis zum *15. Mai 2027* **erfolgen und bei uns eingegangen sein.**

Ein verspäteter Zugang stellt für uns ein freibleibendes Angebot von Ihnen dar.

Für Rückfragen stehen wir Ihnen gerne zur Verfügung.

Mit freundlichen Grüßen

....

(Unterschrift)

Anlagen: Vertragsunterlagen

Hinweise zu Musterschreiben 80

Art des Schreibens: Muss

Zeitpunkt des Schreibens: Das Schreiben ist an den Nachunternehmer zu versenden. Es sollte ein ausreichender Vorlauf zu dem geplanten Ausführungszeitraum eingehalten werden, falls der Nachunternehmer den Vertrag nicht abschließt. 888

889 **Vorschriften:** §§ 145 ff. BGB

890 **Adressat:** Nachunternehmer

891 **Nummerierung:** Das Schreiben ist als allgemeines Schreiben zu nummerieren und zur Bauakte zu nehmen. Es handelt sich dabei um eine verbindliche Willenserklärung, die zum Vertragsabschluss führen kann. Das Schreiben wird daher Vertragsbestandteil, wenn der Nachunternehmer zustimmt.

892 **Text:** Das Schreiben muss zumindest die Art, den Umfang und den Ausführungszeitraum der zu vergebenden Arbeiten beschreiben. Es ist auf das Angebot des Nachunternehmers Bezug zu nehmen. Dieses ist mit Datum und allen Anlagen sowie sonstigen Vertragsbestandteilen genau zu benennen.

Die weiteren Vertragsbedingungen müssen in dem Schreiben oder den Anlagen eindeutig festgelegt werden. Hierzu zählen die Vereinbarung der Gültigkeit der VOB/B, anderer allgemeiner Geschäftsbedingungen, besondere technische Anforderungen etc.

Eine Bestätigung der Angebotsannahme durch den Nachunternehmer ist für den Vertragsabschluss notwendig. Die Bestätigung erfolgt durch die Unterschrift des Nachunternehmers.

Man sollte eine Frist setzen, bis zu der das Angebot angenommen werden muss. Damit vermeidet man Unklarheiten.

893 **Weitere Hinweise:** Der Abschluss eines Vertrages kommt in diesem Fall zustande, indem der Nachunternehmer das Angebot annimmt.

Ändert der Nachunternehmer die Bedingungen des vorliegenden Angebotes einseitig in seiner Bestätigung ab, dann handelt es sich nicht um die Annahme des Angebotes, sondern um ein neues Angebot durch den Nachunternehmer. In diesen Fällen muss der anfragende Unternehmer das Angebot auf Abschluss eines Vertrages annehmen. Dafür ist es erforderlich, dass der Unternehmer das Angebot des Nachunternehmers mit den geänderten Bedingungen annimmt.

Wenn der Unternehmer die Erklärung des Nachunternehmers, die den angebotenen Vertragsabschluss mit geänderten Bedingungen zusagt, ablehnen möchte, so muss dies schriftlich und sofort erfolgen.

7.3 Der Einsatz des Nachunternehmers

Grundsätzlich hat der Bauleiter alle Leistungen auf der Baustelle gemeinsam mit seinem Polier zu steuern. Dazu zählen folglich auch die Leistungen der Nachunternehmer, die in den Gesamtkontext der Baustelle eingegliedert werden müssen. Zwar obliegen die interne Einteilung und die Organisation der Nachunternehmerleistung weiterhin dem Nachunternehmer selbst. Der Bauleiter übernimmt jedoch gegenüber den Nachunternehmern die Rolle des Auftraggebers mit allen Pflichten und Rechten. 894

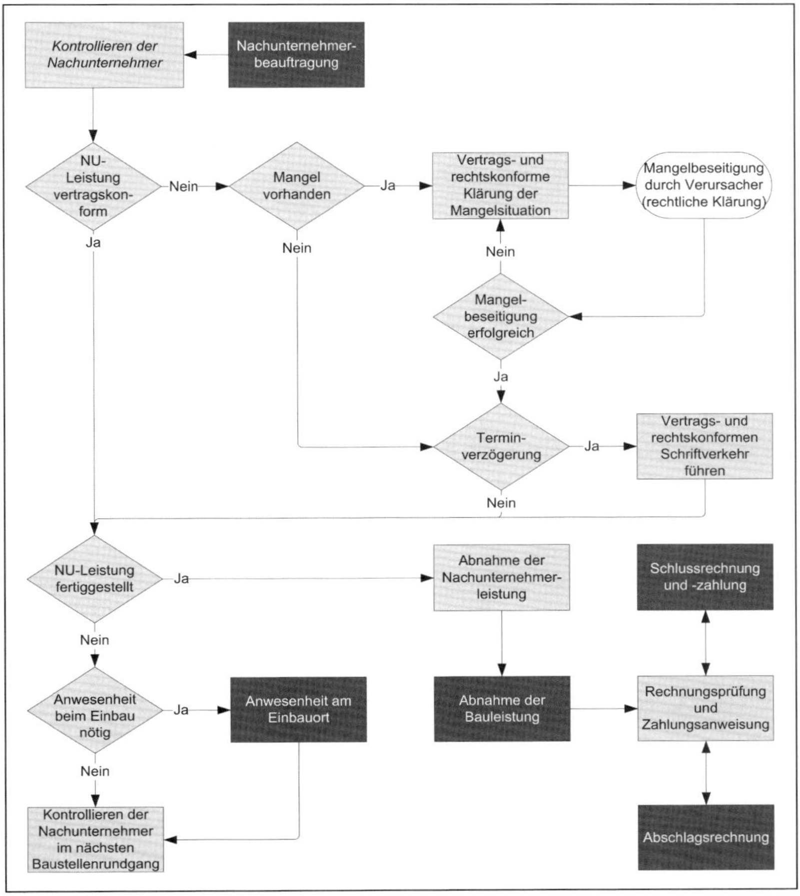

Abbildung 31: Der Einsatz des Nachunternehmers

895 Der Bauleiter muss sich von Anfang an regelmäßig mit seinen Nachunternehmern besprechen, um den Informationsfluss in beide Richtungen sicherzustellen, z.B. über die weitere Vorgehensweise der Nachunternehmer und über Probleme bei der Ausführung. Diese Besprechungen müssen mindestens einmal in der Woche und bei Bedarf stattfinden. Um Vereinbarungen und Absprachen zu fixieren, fertigt der Bauleiter von jeder Besprechung mit Nachunternehmern ein Protokoll oder zumindest eine Aktennotiz an und verteilt sie an die Beteiligten. Dies stellt auch sicher, dass die Aufgaben aus der Besprechung sichtbar und nachvollziehbar für alle Beteiligten einer Person zugewiesen sind, die für die Erfüllung innerhalb der Frist verantwortlich ist. Für die Einladung zur Besprechung und als Protokoll können die Muster in Kapitel 4.2 verwendet werden.

896 Die Nachunternehmerleistungen werden vom Bauleiter während der Ausführung bei seinem Rundgang über die Baustelle kontrolliert, ob sie vertragskonform erbracht werden. Hierzu gehört nicht nur die mangelfreie Herstellung, sondern auch die Terminüberwachung. Wenn die Kontrolle Anlass zu Beanstandungen gibt, muss der Bauleiter unmittelbar Maßnahmen ergreifen. In der täglichen Abwicklung kann das durch einen Hinweis an den Bauleiter des Nachunternehmers erfolgen. Allerdings ergeben sich daraus keine dokumentierten Nachweise, sodass bei Abweichungen von Belang schriftliche Anordnungen zu erfolgen haben.

897 Stellt der Bauleiter Mängel an der ausgeführten Leistung fest, muss er zunächst die Mangelverursachung klären. Liegt die Verantwortung bei dem Nachunternehmer, muss der Bauleiter den Mangel rügen und die Mangelbeseitigung oder Neuherstellung einfordern. In diesem Schreiben ist eine Frist zu setzen (MS 81). Gleichzeitig kann der Bauleiter von Zahlungen an den Nachunternehmer einen Einbehalt vornehmen. Dieser Einbehalt darf als so genannter »Druckzuschlag« das Zweifache der voraussichtlichen Mangelbeseitigungskosten betragen. Eine durch den Nachunternehmer erfolgte Mangelbeseitigung wird durch den Bauleiter überprüft und dokumentiert.

898 Ist die Mangelbeseitigung nicht durchgeführt worden oder der Mangel nicht ausreichend behoben, muss der Bauleiter ein weiteres Schreiben abfassen. In diesem Schreiben setzt er eine angemessene zweite Frist zur Mangelbeseitigung und droht die Kündigung gemäß § 4 Abs. 7 VOB/B an (MS 82). Der Zugang dieses Schreibens bei dem Nachunternehmer ist zu dokumentieren. Das ist am einfachsten, wenn man das Schreiben auf der Baustelle an einen Empfangsberechtigten übergibt und sich den Empfang quittieren lässt. Sollte

der Empfänger die Empfangsbestätigung verweigern, reicht auch ein Zeuge aus, der die Übergabe bestätigt. Das ist zu protokollieren, wobei der Zeuge direkt die Übergabe schriftlich bestätigt.

Wenn der Nachunternehmer eine Behinderungsanzeige einreicht, entwickelt sich in der Praxis häufig ein reger Schriftverkehr mit Argumentation, ob hindernde Umstände vorgelegen haben und wer sie zu vertreten hat. Hierbei handelt es sich um nicht notwendigen Aufwand des Bauleiters. Er muss einer Behinderungsanzeige nicht widersprechen, da der Nachunternehmer daraus abgeleitete Zahlungsansprüche in jedem Fall nachweisen muss. Es ist in dieser Situation die Aufgabe des Bauleiters zu dokumentieren, warum sich der Nachunternehmer in Rückstand befindet bzw. warum hindernde Umstände nicht vorliegen oder sich nicht auf die Arbeiten des Nachunternehmers ausgewirkt haben. Liegen nach Auffassung des Bauleiters keine hindernden Umstände vor, kann er in einem kurzen Schreiben an den Nachunternehmer darauf hinweisen (MS 87). **899**

Die wichtigsten Folgen der Kündigung sind gemäß § 8 VOB/B: **900**

- Die Leistung kann an einen Dritten vergeben werden.
- Baustoffe, Geräte Gerüste etc., die auf der Baustelle sind, muss der gekündigte Nachunternehmer gegen Vergütung zur Verfügung stellen.
- Die Mehrkosten des Drittunternehmens können geltend gemacht werden.
- Weitergehender Schadenersatz, z.B. eigener Mehraufwand, kann geltend gemacht werden.

Der gekündigte Nachunternehmer hat einen Anspruch auf die Bezahlung der von ihm ausgeführten, mangelfreien Leistungen. Die Ansprüche des Auftragnehmers können durch den Bauleiter in Abzug gebracht werden. Zu beachten ist für den Bauleiter die Frist des § 8 Abs. 3 Nr. 4 VOB/B. Danach hat der Bauleiter die Ansprüche an den gekündigten Nachunternehmer spätestens 12 Werktage nach der Abrechnung mit dem Drittunternehmer mitzuteilen. **901**

Nicht nur durch die mangelhafte Herstellung, sondern auch durch andere Verzögerungen kann es zu einem Rückstand der Leistungen des Nachunternehmers kommen. Bei Terminverzögerungen stellt der Bauleiter die Ursache fest. Handelt es sich um eine Ursache im Verantwortungsbereich des Nachunternehmers, hat der Bauleiter schriftlich unter Fristsetzung Maßnahmen zu fordern (MS 84). Diese muss er allerdings nicht konkret benennen, sondern **902** es kann dem Nachunternehmer überlassen werden, wie er den Rückstand aufholt.

903 Für den Bauleiter gibt es zwei Möglichkeiten, wenn der Nachunternehmer die Ausführung der Arbeiten nicht beschleunigt. Er kann gemäß § 5 Abs. 4 VOB/B die Verzögerung hinnehmen, aber Schadenersatz verlangen. Alternativ kann der Bauleiter eine weitere Frist zur Abhilfe setzen, nach der er den Vertrag kündigt, und ebenfalls die Kosten geltend machen. Für den Fall der beabsichtigten Kündigung muss der Bauleiter die Fristsetzung mit einer Kündigungsandrohung versehen (MS 85). Der Zugang ist zu dokumentieren. Die Kündigung ist wie bei der nicht erfolgten Mangelbeseitigung unter Angabe der Gründe vorzunehmen.

904 In der Praxis hat es sich als hilfreich herausgestellt, dass der Bauleiter bei einem Rückstand des Nachunternehmers einen weiteren Unternehmer beistellt, also Teile der vertraglichen Leistung mit dem vorherigen Einverständnis des Nachunternehmers durch ein Drittunternehmen ausführen lässt. Für diesen kooperativen Weg muss allerdings ein beiderseitiges Einverständnis vorliegen. Die Vereinbarung sollte in jedem Fall schriftlich vor der Beauftragung eines Drittunternehmens abgeschlossen werden. In dieser Vereinbarung sind auch die Fragen der Gewährleistung und der Zahlung zu regeln.

905 In sehr vielen Fällen ist die Verursachung des Rückstandes nicht erkennbar. Um eine Eskalation des Konfliktes zu vermeiden, kann der Bauleiter ein Schreiben aufsetzen, in dem er die Beschleunigung der Arbeiten anordnet, die Vergütung aber von der späteren Ermittlung der Verursachung abhängig macht (MS 86). Damit kann meistens zumindest die zeitgerechte Fertigstellung eingehalten werden.

906 Wenn der Nachunternehmer eine Behinderungsanzeige einreicht, entwickelt sich in der Praxis häufig ein reger Schriftverkehr mit Argumentation, ob hindernde Umstände vorgelegen haben und wer sie zu vertreten hat. Hierbei handelt es sich um nicht notwendigen Aufwand des Bauleiters. Er muss einer Behinderungsanzeige nicht widersprechen, da der Nachunternehmer daraus abgeleitete Zahlungsansprüche in jedem Fall nachweisen muss. Es ist in dieser Situation die Aufgabe des Bauleiters zu dokumentieren, warum sich der Nachunternehmer in Rückstand befindet bzw. warum hindernde Umstände nicht vorliegen oder sich nicht auf die Arbeiten des Nachunternehmers ausgewirkt haben. Liegen nach Auffassung des Bauleiters hindernde Umstände nicht vor, kann er in einem kurzen Schreiben an den Nachunternehmer darauf hinweisen (MS 87).

Wenn hindernde Umstände vorliegen, kann der Bauleiter Anordnungen tref- **907**
fen, die einen ungestörten Baufortschritt sicherstellen. Hierzu gehört z.B. die Umstellung der Arbeiten aus einem gestörten Bereich in einen ungestörten Abschnitt. Für mehrere Gewerke sehen die Abschnitte 4 das Umstellen in gewissem Umfang als Nebenleistung vor. Der Nachunternehmer ist außerdem nach § 6 Abs. 3 VOB/B verpflichtet, alles ihm Zumutbare zu unternehmen, die Arbeiten weiterzuführen. Mit einem Schreiben kann der Bauleiter darauf hinweisen und die erforderlichen Schritte zur Weiterführung der Arbeiten in der Verantwortung des Nachunternehmers belassen (MS 88).

Bei der Durchführung von technisch anspruchsvollen Arbeiten oder Arbeiten, **908**
die auf dem kritischen Weg des Bauvorhabens liegen und deren mangelfreie Durchführung wichtig ist, muss vor Ort eine Überwachung durchgeführt werden. Der Bauleiter hat gemäß § 4 Abs. 1 Nr. 3 VOB/B die Befugnis, an den Nachunternehmer bzw. dessen bestellten Vertreter Weisungen zu erteilen. Damit ist er in der Lage, die vertragsgerechte Ausführung der Leistungen sicherzustellen. Die Anordnungen sind durch den Nachunternehmer zu befolgen.

Checkliste 29: Einsatz Nachunternehmer

Wann:	Während der Nachunternehmerleistung
Warum:	Erfüllung des eigenen Bausolls
Wer:	Bauleiter
Was:	Kontrolle und Steuerung des Nachunternehmers
Wie:	Überwachung der Nachunternehmerleistung; Prüfung der Nachunternehmerleistung
Kontrolle:	Ist die Leistung mangelfrei? Sind die Leistungen im Zeitplan? Sind technisch anspruchsvolle Arbeiten zu überwachen?
Weiteres Vorgehen:	Mangelbeseitigung anmahnen Vermehrten Arbeitseinsatz anmahnen Beschleunigung anordnen Schriftverkehr führen
Eigene Anmerkungen:	

Musterschreiben 81: Mangelbeseitigungsaufforderung

Adressat: *Nachunternehmer*

Bauvorhaben: ....

Datum: ....

AS Nr. *50:* **Mangelrüge**

Sehr geehrte Damen und Herren,

bei der Prüfung Ihrer Leistung haben wir folgende Mängel festgestellt:

Wärmedämmung weist an den Stößen Fugen auf, Verdübelung nicht ausreichend.

Wir fordern Sie auf, die Mängel umgehend durch Neuherstellung und Vervollständigung der betroffenen Leistungsteile vertragsgerecht zu beheben.

Für die Mangelbeseitigung setzen wir Ihnen Frist bis *Mittwoch, den 23. Juli 2027.*

Schäden, die aus der mangelhaften Leistung oder eintretenden Verzögerungen im Bauablauf entstehen, werden wir geltend machen.

Für Rückfragen stehen wir Ihnen gerne zur Verfügung.

Mit freundlichen Grüßen

....

(Unterschrift)

Hinweise zu Musterschreiben 81

Art des Schreibens: Muss, Schriftform, Zugangsnachweis

909 **Zeitpunkt des Schreibens:** Das Schreiben muss versendet werden, wenn während des Bauablaufes Mängel an der Leistung des Nachunternehmers festgestellt werden, die behoben werden müssen. Das Schreiben ist unmittelbar nach Feststellung der Mängel zu versenden.

910 **Vorschriften:** § 4 Abs. 7 VOB/B, § 8 Abs. 3 VOB/B.

911 **Adressat:** Ausführender Nachunternehmer; Bevollmächtigter. Auch bei Nachunternehmern ist zu klären, ob der Bauleiter oder Polier des Nachunternehmers eine Vollmacht hat, vertragsrelevanten Schriftverkehr anzunehmen.

912 **Nummerierung:** Das Schreiben ist als allgemeines Schreiben zu nummerieren und zur Bauakte zu nehmen. Wichtiger sind allerdings die Ablage des Antwortschreibens des Nachunternehmers und die Dokumentation der Mangelbeseitigung.

913 **Text:** Das Anschreiben sollte den betroffenen Mangel und den Ort, an dem er aufgetreten ist, genau benennen. Es ist eine Frist mit Datum zu nennen, an dem die Mangelbeseitigung erfolgt sein soll. Vorteilhaft, aber nicht erforderlich, ist die Nennung der geforderten Mangelbeseitigungsmaßnahmen.
Man sollte ebenfalls den Hinweis aufnehmen, dass es zu Schäden durch die Mängel und Bauablaufverzögerungen durch nicht fristgerechte Beseitigung kommen kann.

914 **Weitere Hinweise:** Als Auftraggeber ist man gegenüber dem Nachunternehmer nach § 4 Abs. 7 VOB/B berechtigt, dem Nachunternehmer zu kündigen, wenn dieser eine Mangelbeseitigung nicht innerhalb einer gesetzten Frist ausführt. Diese Frist muss aber angemessen und nicht willkürlich gesetzt sein. Es ist eine Nachfrist zu setzen, vergleiche Musterschreiben 82. Zu beachten ist, dass man nicht wegen kleinster Mängel kündigen darf, da das unangemessen ist.
Das vorliegende Schreiben behandelt nur die Fälle, in denen man gegenüber dem Nachunternehmer Mängel vor der Abnahme rügt.

Musterschreiben 82: Zweite Mangelbeseitigungsaufforderung

Adressat: *Nachunternehmer*

Bauvorhaben: ....

Datum: ....

AS Nr. *51:* **Zweite Mangelrüge**

Sehr geehrte Damen und Herren,

bei der weiteren Prüfung Ihrer Leistung haben wir folgende Mängel festgestellt:

Wärmedämmung weist an den Stößen Fugen auf, Verdübelung nicht ausreichend.

Wir fordern Sie erneut auf, die Mängel umgehend durch Neuherstellung und Vervollständigung der betroffenen Leistungsteile vertragsgerecht zu beheben.

Für die Mangelbeseitigung setzen wir Ihnen letzte Frist bis *Mittwoch, den 30. Juli 2027.*

Wenn Sie nicht innerhalb der Frist die Mängel behoben haben, werden wir den Vertrag kündigen.

Schäden, die aus der mangelhaften Leistung oder eintretenden Verzögerungen im Bauablauf entstehen, sowie Mehrkosten durch die Beauftragung eines Drittunternehmens werden wir geltend machen.

Für Rückfragen stehen wir Ihnen gerne zur Verfügung.

Mit freundlichen Grüßen

....

(Unterschrift)

Hinweise zu Musterschreiben 82

Art des Schreibens: Muss, Schriftform, Zugangsnachweis

915 **Zeitpunkt des Schreibens:** Das Schreiben muss versendet werden, wenn während des Bauablaufes Mängel an der Leistung des Nachunternehmers festgestellt werden, die behoben werden müssen, und hierfür bereits eine erste Frist ohne Behebung der Mängel abgelaufen ist. Das Schreiben ist unmittelbar nach Fristablauf zur Mangelbeseitigung zu versenden.

916 **Vorschriften:** § 4 Abs. 7 VOB/B, § 8 Abs. 3 VOB/B.

917 **Adressat:** Ausführender Nachunternehmer; Bevollmächtigter. Auch bei Nachunternehmern ist zu klären, ob der Bauleiter oder Polier des Nachunternehmers eine Vollmacht hat, vertragsrelevanten Schriftverkehr anzunehmen.

918 **Nummerierung:** Das Schreiben ist als allgemeines Schreiben zu nummerieren und zur Bauakte zu nehmen. Wichtiger sind allerdings die Ablage des Antwortschreibens des Nachunternehmers und die Dokumentation der innerhalb der ersten Frist nicht erfolgten Mangelbeseitigung.

919 **Text:** Das Anschreiben sollte den betroffenen Mangel und den Ort, an dem er aufgetreten ist, genau benennen. Es ist eine Nachfrist mit Datum zu nennen, an dem die Mangelbeseitigung erfolgt sein soll. Vorteilhaft, aber nicht zwingend, ist die Nennung der geforderten Mangelbeseitigungsmaßnahmen. Diese müssen mit den Beschreibungen in der ersten Fristsetzung übereinstimmen, da es sich bei weiteren aufgeführten Mängeln sonst um eine erste Fristsetzung handelt.

Man sollte ebenfalls den Hinweis aufnehmen, dass es zu Schäden durch die Mängel, Mehrkosten durch eine Ersatzvornahme und die Vertragskündigung sowie Schäden durch Bauablaufverzögerungen durch nicht fristgerechte Beseitigung kommen kann.

920 **Weitere Hinweise:** Als Auftraggeber ist man gegenüber dem Nachunternehmer nach § 4 Abs. 7 VOB/B berechtigt, dem Nachunternehmer zu kündigen, wenn dieser eine Mangelbeseitigung nicht innerhalb einer gesetzten Nachfrist ausführt. Diese Frist muss aber angemessen und nicht willkürlich gesetzt sein. Es ist eine erste Frist zu setzen, vergleiche Musterschreiben 81. Eine Kündigung ist aber nur in den Fällen statthaft, in denen es um wesentliche Mängel geht.

Das vorliegende Schreiben behandelt nur die Fälle, in denen man gegenüber dem Nachunternehmer Mängel vor der Abnahme rügt.

Musterschreiben 83: Kündigung des Nachunternehmers

Adressat: *Nachunternehmer*

Bauvorhaben: ....

Datum: ....

AS Nr. *52:* **Kündigung des Auftrages**

Sehr geehrte Damen und Herren,

bei der weiteren Prüfung Ihrer Leistung haben wir folgende Mängel festgestellt:

Wärmedämmung weist an den Stößen Fugen auf, Verdübelung nicht ausreichend.

Wir hatten Sie unter zweiter Fristsetzung bis zum *30. Juli 2027* **aufgefordert, die Mängel umgehend durch Neuherstellung und Vervollständigung der betroffenen Leistungsteile vertragsgerecht zu beheben.**

Sie haben die Mängel nicht innerhalb der Frist behoben.

Hiermit entziehen wir Ihnen den vollständigen Auftrag.

Schäden, die aus der mangelhaften Leistung oder eintretenden Verzögerungen im Bauablauf entstanden sind sowie Mehrkosten durch die Beauftragung eines Drittunternehmens werden wir geltend machen.

Das Aufmaß Ihrer Leistung werden wir morgen ab 09.00 Uhr vornehmen, wozu wir Sie zur Teilnahme auffordern.

Mit freundlichen Grüßen

....

(Unterschrift)

Hinweise zu Musterschreiben 83

Art des Schreibens: Muss, Schriftform, Zugangsnachweis

Zeitpunkt des Schreibens: Das Schreiben muss versendet werden, wenn während des Bauablaufes Mängel an der Leistung des Nachunternehmers festgestellt werden, die behoben werden müssen, und hierfür eine erste Frist und eine Nachfrist ohne Behebung der Mängel abgelaufen ist. Das Schreiben **921**

ist unmittelbar nach Ablauf der Nachfrist zur Mangelbeseitigung zu versenden.

922 **Vorschriften:** § 4 Abs. 7 VOB/B, § 8 Abs. 3 VOB/B.

923 **Adressat:** Ausführender Nachunternehmer; Bevollmächtigter. Auch bei Nachunternehmern ist zu klären, ob der Bauleiter oder Polier des Nachunternehmers eine Vollmacht hat, vertragsrelevanten Schriftverkehr anzunehmen.

924 **Nummerierung:** Das Schreiben ist als allgemeines Schreiben zu nummerieren und zur Bauakte zu nehmen. Wichtiger ist allerdings die Ablage der Dokumentation der innerhalb der Nachfrist nicht erfolgten Mangelbeseitigung.

925 **Text:** Das Anschreiben sollte den betroffenen Mangel und den Ort, an dem er aufgetreten ist, genau benennen. Vorteilhaft ist die Nennung der geforderten Mangelbeseitigungsmaßnahmen. Diese müssen mit den Beschreibungen in der ersten Fristsetzung und der Nachfristsetzung übereinstimmen, da es sich bei weiteren aufgeführten Mängeln sonst um eine erste Fristsetzung handelt. Es ist auf den Ablauf der Nachfrist hinzuweisen.

Es ist klar und unmissverständlich zum Ausdruck zu bringen, dass man den Vertrag vollständig ab dem Zeitpunkt des Schreibens kündigt.

Man sollte ebenfalls den Hinweis aufnehmen, dass man Schäden durch die Mängel, Mehrkosten durch eine Ersatzvornahme und die Vertragskündigung sowie Schäden durch Bauablaufverzögerungen durch nicht fristgerechte Beseitigung geltend machen wird.

926 **Weitere Hinweise:** Als Auftraggeber ist man gegenüber dem Nachunternehmer nach § 4 Abs. 7 VOB/B berechtigt, den Nachunternehmer zu kündigen, wenn dieser eine Mangelbeseitigung nicht innerhalb einer gesetzten Nachfrist ausführt. Diese Nachfrist muss angemessen und nicht willkürlich gesetzt sein.

Das vorliegende Schreiben behandelt nur die Fälle, in denen man gegenüber dem Nachunternehmer Mängel vor der Abnahme gerügt hat.

Man muss nicht den gesamten Leistungsumfang, der noch nicht ausgeführt ist, kündigen. Man ist auch berechtigt, nur Leistungsteile zu kündigen.

Die Rechte des Kündigenden ergeben sich aus § 8 Abs. 3 VOB/B. Hierzu gehört die Nutzung von Geräten, Gerüsten etc.

Die durch den gekündigten Nachunternehmer ausgeführten Leistungen sind aufzumessen und zu dokumentieren.

Durch die Ersatzvornahme entstandene Mehrkosten müssen innerhalb von 12 Werktagen nach Abrechnung mit dem Ersatzunternehmer geltend gemacht werden.

Musterschreiben 84: Aufforderung zur Abhilfe bei Rückstand

Adressat: *Nachunternehmer*

Bauvorhaben: ....

Datum: ....

AS Nr. *53:* **Abhilfeverlangen**

Sehr geehrte Damen und Herren,

bei der Prüfung Ihrer Leistung haben wir festgestellt, dass Sie mit folgender Leistung im Rückstand sind:

Aufbringen von Außenputz

Diese Leistung muss nach unserer vertraglichen Vereinbarung am *Montag, den 3. Juni 2027* **fertig gestellt sein.**

Wir fordern Sie auf, den Rückstand der Arbeiten unverzüglich durch einen verstärkten Einsatz aufzuholen.

Für die Maßnahmen setzen wir Ihnen Frist bis *Mittwoch, den 25. Mai 2027.*

Schäden, die aus der verspäteten Leistung oder eintretenden Verzögerungen im Bauablauf entstehen, werden wir geltend machen.

Für Rückfragen stehen wir Ihnen gerne zur Verfügung.

Mit freundlichen Grüßen

....

(Unterschrift)

Hinweise zu Musterschreiben 84

Art des Schreibens: Muss, Schriftform, Zugangsnachweis

927 **Zeitpunkt des Schreibens:** Das Schreiben muss versendet werden, wenn während des Bauablaufes ein zeitlicher Rückstand an der Leistung des Nachunternehmers festgestellt wird, der aufgeholt werden muss. Das Schreiben ist unmittelbar nach Feststellung des Rückstandes zu versenden.

928 **Vorschriften:** § 5 Abs. 3, Abs. 4 VOB/B, § 8 Abs. 3 VOB/B.

929 **Adressat:** Ausführender Nachunternehmer; Bevollmächtigter. Auch bei Nachunternehmern ist zu klären, ob der Bauleiter oder Polier des Nachunternehmers eine Vollmacht hat, vertragsrelevanten Schriftverkehr anzunehmen.

930 **Nummerierung:** Das Schreiben ist als allgemeines Schreiben zu nummerieren und zur Bauakte zu nehmen. Wichtiger sind allerdings die Ablage des Antwortschreibens des Nachunternehmers und die Dokumentation der Maßnahmen zur Beschleunigung der Ausführung.

931 **Text:** Das Anschreiben sollte die Leistung, die in Rückstand ist, möglicherweise den Einbauort und den vereinbarten Fertigstellungstermin klar bezeichnen. Es ist eine Frist mit Datum zu nennen, an dem Maßnahmen zur Beschleunigung der Ausführungsgeschwindigkeit erfolgt sein sollen. Vorteilhaft ist die Nennung der geforderten Maßnahmen, möglicherweise als Vorschlag. Man sollte ebenfalls den Hinweis aufnehmen, dass es zu Schäden durch den Rückstand der Arbeiten und zu Bauablaufverzögerungen kommen kann.

932 **Weitere Hinweise:** Als Auftraggeber ist man gegenüber dem Nachunternehmer nach § 5 Abs. 3 VOB/B berechtigt, den Nachunternehmer zu kündigen, wenn dieser einem Rückstand nicht innerhalb einer gesetzten Frist mit Maßnahmen begegnet. Diese Frist muss aber angemessen und nicht willkürlich gesetzt sein. Es ist eine Nachfrist zu setzen, vergleiche Musterschreiben 85.

Musterschreiben 85: Zweite Aufforderung zur Abhilfe bei Rückstand

Adressat: *Nachunternehmer*

Bauvorhaben: ....

Datum: ....

AS Nr. *54:* **Zweites Abhilfeverlangen**

Sehr geehrte Damen und Herren,

bei der Prüfung Ihrer Leistung haben wir festgestellt, dass Sie mit folgender Leistung immer noch im Rückstand sind:

Aufbringen von Außenputz

Diese Leistung muss nach unserer vertraglichen Vereinbarung am *Montag, den 3. Juni 2027* **fertig gestellt sein.**

Wir fordern Sie auf, den Rückstand der Arbeiten unverzüglich durch einen verstärkten Einsatz aufzuholen.

Für die Maßnahmen setzen wir Ihnen letzte Frist bis *Freitag, den 27. Mai 2027.*

Sollten Sie keine Maßnahmen ergriffen haben, werden wir den Vertrag kündigen.

Schäden und Mehrkosten, die aus der Beauftragung eines Drittunternehmens, verspäteter Leistung oder eintretenden Verzögerungen im Bauablauf entstehen, werden wir geltend machen.

Mit freundlichen Grüßen

....

(Unterschrift)

Hinweise zu Musterschreiben 85

Art des Schreibens: Muss, Schriftform, Zugangsnachweis

933 **Zeitpunkt des Schreibens:** Das Schreiben muss versendet werden, wenn während des Bauablaufes ein zeitlicher Rückstand an der Leistung des Nachunternehmers festgestellt wird, der aufgeholt werden muss, und hierfür bereits eine erste Frist ohne Einleitung von Maßnahmen abgelaufen ist. Das Schreiben ist unmittelbar nach Fristablauf zur Durchführung von Beschleunigungsmaßnahmen zu versenden.

934 **Vorschriften:** § 5 Abs. 3, Abs. 4 VOB/B, § 8 Abs. 3 VOB/B

935 **Adressat:** Ausführender Nachunternehmer; Bevollmächtigter. Auch bei Nachunternehmern ist zu klären, ob der Bauleiter oder Polier des Nachunternehmers eine Vollmacht hat, vertragsrelevanten Schriftverkehr anzunehmen.

936 **Nummerierung:** Das Schreiben ist als allgemeines Schreiben zu nummerieren und zur Bauakte zu nehmen.
Wichtiger sind allerdings die Ablage des Antwortschreibens des Nachunternehmers und die Dokumentation der innerhalb der ersten Frist nicht erfolgten Maßnahmen zur Beschleunigung der Ausführung.

937 **Text:** Das Anschreiben sollte die Leistung, die in Rückstand ist, möglicherweise den Einbauort und den vereinbarten Fertigstellungstermin klar bezeichnen. Es ist eine Frist mit Datum zu nennen, an dem Maßnahmen zur Beschleunigung der Ausführungsgeschwindigkeit erfolgt sein sollen. Vorteilhaft ist die Nennung der geforderten Maßnahmen, möglicherweise als Vorschlag. Diese müssen mit den Beschreibungen in der ersten Fristsetzung übereinstimmen, da es sich bei weiteren aufgeführten Rückständen bei anderen Leistungen sonst um eine erste Fristsetzung handelt.
Man sollte ebenfalls den Hinweis aufnehmen, dass es zu Schäden durch den Rückstand der Arbeiten, Mehrkosten durch eine Ersatzvornahme und die Vertragskündigung sowie Schäden durch Bauablaufverzögerungen durch nicht fristgerechte Beseitigung kommen kann.

938 **Weitere Hinweise:** Als Auftraggeber ist man gegenüber dem Nachunternehmer nach § 5 Abs. 3 VOB/B berechtigt, den Nachunternehmer zu kündigen, wenn dieser einem Rückstand nicht innerhalb einer gesetzten Frist mit Maßnahmen begegnet. Diese Frist muss aber angemessen und nicht willkürlich gesetzt sein. Es ist eine erste Frist zu setzen, vergleiche Musterschreiben 84.

In den Fällen, in denen der Nachunternehmer auch innerhalb der Nachfrist keine Maßnahmen ergreift, kann man ihm kündigen. Man muss nicht den gesamten Leistungsumfang, der noch nicht ausgeführt ist, kündigen. Man ist auch berechtigt, nur Leistungsteile zu kündigen. Eine Kündigung ist aber nur dann statthaft, wenn der Verzug des Nachunternehmers erheblich ist. Man sollte sich auch bewusst sein, dass man als Kündigender den Kündigungsgrund beweisen muss. Das bedeutet, dass der Bauleiter den Verzug des Nachunternehmers zum Kündigungszeitpunkt dokumentieren muss und auch den Nachweis dokumentiert, dass der Nachunternehmer den Vertragstermin nicht mehr geschafft hätte.

Die Rechte des Kündigenden ergeben sich aus § 8 Abs. 3 VOB/B. Hierzu gehört die Nutzung von Geräten, Gerüsten etc.

Die durch den gekündigten Nachunternehmer ausgeführten Leistungen sind aufzumessen und zu dokumentieren.

Durch die Ersatzvornahme entstandene Mehrkosten müssen innerhalb von 12 Werktagen nach Abrechnung mit dem Ersatzunternehmer geltend gemacht werden.

Zur Kündigung vergleiche Musterschreiben 83.

Musterschreiben 86: Aufforderung zur Beschleunigung

Adressat: *Nachunternehmer*

Bauvorhaben: ....

Datum: ....

AS Nr. *55:* **Anordnung von Beschleunigung der Bautätigkeit**

Sehr geehrte Damen und Herren,

bei der Prüfung Ihrer Leistung haben wir festgestellt, dass bei folgender Leistung ein Rückstand gegeben ist:

Aufbringen von Außenputz

Diese Leistung muss nach unserer vertraglichen Vereinbarung am *Montag, den 3. Juni 2027* **fertiggestellt sein.**

Nach dem vorausgegangenen Schriftverkehr besteht Uneinigkeit über die Verantwortung für den Rückstand.

Wir ordnen hiermit an, den Rückstand der Arbeiten unverzüglich durch einen verstärkten Einsatz und andere geeignete Maßnahmen aufzuholen. Wir fordern Sie auf, den vertraglich vorgesehenen Termin für die Fertigstellung der Arbeiten einzuhalten.

Die Kosten für die Beschleunigungsmaßnahmen und weitere entstehende Folgen werden nach der Ermittlung der Ursachen für den Rückstand durch den Verantwortlichen getragen.

Für Rückfragen stehen wir Ihnen gerne zur Verfügung.

Mit freundlichen Grüßen

....

(Unterschrift)

Hinweise zu Musterschreiben 86

Art des Schreibens: Muss, Schriftform, Zugangsnachweis

939 **Zeitpunkt des Schreibens:** Das Schreiben muss versendet werden, wenn während des Bauablaufes ein zeitlicher Rückstand an der Leistung des Nachunternehmers festgestellt wird, der aufgeholt werden muss. Das Schreiben ist zu versenden, wenn nach vorhergehender Aufforderung zur Durchführung von Beschleunigungsmaßnahmen seitens des Nachunternehmers die Ver-

antwortung für den Rückstand abgestritten wird, man aber die Beschleunigung der Ausführung für zwingend erforderlich hält.

Vorschriften: § 5 Abs. 3, Abs. 4 VOB/B, § 6 Abs. 3 VOB/B, § 8 Abs. 3 VOB/B. **940**

Adressat: Ausführender Nachunternehmer; Bevollmächtigter. Auch bei Nachunternehmern ist zu klären, ob der Bauleiter oder Polier des Nachunternehmers eine Vollmacht hat, vertragsrelevanten Schriftverkehr anzunehmen. **941**

Nummerierung: Das Schreiben ist als allgemeines Schreiben zu nummerieren und zur Bauakte zu nehmen. Wichtiger sind allerdings die Ablage des Antwortschreibens des Nachunternehmers und die Dokumentation der Art und des Umfangs der Maßnahmen zur Beschleunigung der Ausführung. **942**

Text: Das Anschreiben sollte die Leistung, die in Rückstand ist, möglicherweise den Einbauort und den vereinbarten Fertigstellungstermin klar bezeichnen. Es kann eine Frist mit Datum genannt werden, an dem Maßnahmen zur Beschleunigung der Ausführungsgeschwindigkeit erfolgt sein sollen. Vorteilhaft ist die Nennung der geforderten Maßnahmen, möglicherweise als Vorschlag. **943**

Der Hinweis auf die streitige Verantwortung für die Verursachung des Rückstandes und die spätere Klärung der Kostentragungspflicht ist aufzunehmen. Dadurch wird klargestellt, dass man zur Kostentragung bereit ist, wenn man die Verantwortung für den Rückstand trägt.

Weitere Hinweise: Als Auftraggeber ist man gegenüber dem Nachunternehmer nach § 5 Abs. 3 VOB/B berechtigt, den Nachunternehmer zu kündigen, wenn dieser einem Rückstand nicht innerhalb einer gesetzten Frist mit Maßnahmen begegnet. Diese Frist muss aber angemessen und nicht willkürlich gesetzt sein. Es ist eine Nachfrist zu setzen, vergleiche Musterschreiben 85. Allerdings ist Vorsicht geboten, wenn die Verantwortung für den Rückstand unklar ist. Sollte der Nachunternehmer nicht verantwortlich sein, dann ist die Frage, ob man als Auftraggeber Beschleunigungsmaßnahmen anordnen darf, rechtlich umstritten. Daher wäre eine Kündigung ebenfalls nicht rechtssicher. Allerdings darf sich der Nachunternehmer nicht weigern, die geforderten Maßnahmen durchzuführen, wenn dies für ihn ohne weitere Umstände möglich sind. In Zweifelsfällen ist hierzu juristischer Rat einzuholen. **944**

Musterschreiben 87: Stellungnahme zu Behinderungsanzeige

Adressat: *Nachunternehmer*

Bauvorhaben: ....

Datum: ....

AS Nr. *56:* **Ihre Behinderungsanzeige**

Sehr geehrte Damen und Herren,

mit Schreiben vom *14. November 2026* **haben Sie uns hindernde Umstände angezeigt, die Sie in der Ausführung der Leistungen einschränken.**

Wir sind nicht der Auffassung, dass solche Umstände vorliegen, die wir zu vertreten haben und die zu einem Rückstand bei Ihren Leistungen führen.

Sollten Sie sich mit Ihrer Leistung in Rückstand befinden, fordern wir Sie auf, Maßnahmen zu ergreifen, die eine Fertigstellung zum vertraglichen Abnahmetermin sicherstellen.

Mit freundlichen Grüßen

....

(Unterschrift)

Hinweise zu Musterschreiben 87

Art des Schreibens: Kann

Zeitpunkt des Schreibens: Das Schreiben kann versendet werden, wenn ein Nachunternehmer hindernde Umständen anmeldet und man der Auffassung ist, dass diese nicht vorliegen. 945

Vorschriften: § 6 VOB/B, § 642 BGB; hier ist zwar nicht jeweils ausdrücklich erwähnt, was zu tun ist. Es gelten aber in jedem Fall die von der Rechtsprechung aufgestellten Grundsätze, dass der Auftragnehmer den Auftraggeber vollumfänglich zu informieren hat. Die Pflichten des Auftragnehmers gehen also weiter, als dies der Text der Vorschriften vermuten lässt. 946
Es ist nicht vorgesehen, dass man auf die Anzeige hindernder Umstände mit einem Ablehnungsschreiben reagieren muss. Es ist allerdings ratsam, dies mit einem kurzen Schreiben zu tun, da man damit erklärt, die Folgen von hindernden Umständen nicht übernehmen zu wollen.

Adressat: Nachunternehmer 947

Nummerierung: Das Schreiben ist als allgemeines Schreiben zu nummerieren und zur Bauakte zu nehmen. Wichtiger ist allerdings die Dokumentation, dass keine hindernden Umstände vorliegen und es zu keinen Auswirkungen der hindernden Umstände auf den weiteren Ablauf kommt. Diese Dokumentation muss unter der gleichen Nummer abgelegt werden, welche die entsprechende Anzeige der hindernden Umstände trägt. Das stellt sicher, dass man im Nachgang bei Streitigkeiten auf die Dokumentation zurückgreifen kann. 948

Text: Das Schreiben muss Bezug nehmen zu einer Anzeige hindernder Umstände, welche der Nachunternehmer versendet hat. 949
Man sollte angeben, dass man nicht der Auffassung ist, dass hindernde Umstände vorliegen. Sinnvoll ist es, hier schon eine Begründung anzugeben.
Wenn die Arbeiten des Nachunternehmers sich durch einen Rückstand auch auf Folgegewerke auswirken, ist möglicherweise eine Beschleunigung erforderlich. Hierzu ist der Nachunternehmer aufzufordern.

Weitere Hinweise: Sollte eine Beschleunigung erforderlich sein, aber Streit um die Verursachung eines Rückstandes gegeben sein, kann man die Beschleunigung mit Musterschreiben 86 anordnen, vergleiche auch Musterschreiben 88. 950

Musterschreiben 88: Stellungnahme zu Behinderungsanzeige

Adressat: *Nachunternehmer*

Bauvorhaben: ....

Datum: ....

AS Nr. *57:* **Ihre Behinderungsanzeige**

Sehr geehrte Damen und Herren,

mit Schreiben vom *14. November 2026* **haben Sie uns hindernde Umstände angezeigt, die Sie in der Ausführung der Leistungen einschränken.**

Wir können derzeit nicht beurteilen, ob solche Umstände vorliegen und wie sie sich auswirken.

Sollten Sie sich mit Ihrer Leistung in Rückstand befinden, fordern wir Sie auf, Maßnahmen zu ergreifen, die eine Fertigstellung zum vertraglichen Abnahmetermin sicherstellen.

Wir weisen Sie darauf hin, dass Sie alles Zumutbare zu tun haben, um die Weiterführung der Arbeiten zu ermöglichen.

Wir bitten Sie daher, uns mitzuteilen, welche Maßnahmen Sie ergreifen wollen, um die von Ihnen geschilderten Behinderungen zu vermeiden.

Mit freundlichen Grüßen

....

(Unterschrift)

Hinweise zu Musterschreiben 88

Art des Schreibens: Kann

Zeitpunkt des Schreibens: Das Schreiben kann versendet werden, wenn ein Nachunternehmer hindernde Umstände anmeldet und man nicht weiß, ob solche Umstände vorliegen. **951**

Vorschriften: § 6 VOB/B, § 642 BGB; hier ist zwar nicht jeweils ausdrücklich erwähnt, was zu tun ist. Es gelten aber in jedem Fall die von der Rechtsprechung aufgestellten Grundsätze, dass der Auftragnehmer den Auftraggeber vollumfänglich zu informieren hat. Die Pflichten des Auftragnehmers gehen also weiter, als dies der Text der Vorschriften vermuten lässt. **952**
Es ist nicht vorgesehen, dass man auf die Anzeige hindernder Umstände mit einem Schreiben reagieren muss. Es ist allerdings bei unklarer Situation ratsam, den weiteren Bauablauf zu steuern und die Maßnahmen des Nachunternehmers abzufragen bzw. ihn hierzu aufzufordern.

Adressat: Nachunternehmer **953**

Nummerierung: Das Schreiben ist als allgemeines Schreiben zu nummerieren und zur Bauakte zu nehmen. Wichtiger ist allerdings die Dokumentation, ob hindernde Umstände vorliegen und ob es zu Auswirkungen der hindernden Umstände auf den weiteren Ablauf kommt. Diese Dokumentation muss unter der gleichen Nummer abgelegt werden, welche die entsprechende Anzeige der hindernden Umstände trägt. Das stellt sicher, dass man im Nachgang bei Streitigkeiten auf die Dokumentation zurückgreifen kann. **954**

Text: Das Schreiben muss Bezug nehmen zu einer Anzeige hindernder Umstände, welche der Nachunternehmer versendet hat. **955**
Man sollte angeben, dass man derzeit nicht in der Lage ist, die Situation zu beurteilen. Wenn die Arbeiten des Nachunternehmers sich durch einen Rückstand auch auf Folgegewerke auswirken, ist möglicherweise eine Beschleunigung erforderlich. Hierzu ist der Nachunternehmer aufzufordern.
Um die ergriffenen Maßnahmen feststellen zu können, ist der Nachunternehmer aufzufordern, die Maßnahmen zu benennen.

Weitere Hinweise: Sollte eine Beschleunigung erforderlich sein, aber Streit um die Verursachung eines Rückstandes gegeben sein, kann man die Beschleunigung mit Musterschreiben 86 anordnen. **956**

7.4 Die Abnahme der Nachunternehmerleistung

957 Wenn der Nachunternehmer seine Leistung fertiggestellt hat, muss der Bauleiter sie abnehmen. Im Prinzip gelten die gleichen Voraussetzungen, wie sie auch für die Abnahme der Leistung des Auftragnehmers gegenüber dem Auftraggeber gelten. Durch das Nachunternehmerverhältnis ergeben sich allerdings einige Besonderheiten.

958 Wenn im Nachunternehmervertrag keine förmliche Abnahme vereinbart ist, kann es durch das Tagesgeschäft des Baugeschehens dazu kommen, dass eine andere Abnahmeform ungewollt eintritt, z.B. eine konkludente Abnahme. Dadurch kann der Bauleiter wichtige Rechtspositionen verlieren, die ihm durch die Abnahme und die Möglichkeit der Verweigerung erhalten bleiben würden. Daher ist durch den Bauleiter zu prüfen, ob eine förmliche Abnahme vereinbart ist. Wenn diese in dem Nachunternehmervertrag nicht vorgesehen ist, muss der Bauleiter die Durchführung schriftlich von seinem Nachunternehmer verlangen (MS 89). Das kann er nach § 12 Abs. 4 VOB/B zu jedem Zeitpunkt vor der Fertigstellung der Nachunternehmerleistung tun.

959 Grundsätzlich prüft der Bauleiter bei der Abnahme die Leistung auf Vertragskonformität. Hierfür wird ein gesonderter Termin für eine gemeinsame Begehung vereinbart. In dem anzufertigenden Protokoll der Abnahme muss der Bauleiter eine Vertragsstrafe vorbehalten, da sonst bei erklärter Abnahme Ansprüche verfallen können. Wird die Abnahme verweigert, ist das im Protokoll zu vermerken.

960 Stellt der Bauleiter Mängel fest, gibt es zwei Möglichkeiten. Er kann trotz der Mängel die Abnahme erklären, muss sich die Mängel aber im Abnahmeprotokoll vorbehalten. Wenn die Mängel nicht untergeordnet sind, wird die Abnahme nicht ausgesprochen. Damit bleibt der Nachunternehmer noch im vertraglichen Erfüllungsstadium, sodass er für die Mangelfreiheit beweispflichtig ist. Außerdem gilt dann auch seine Verpflichtung zur eventuellen Neuherstellung der Leistung, während er nach der Abnahme nur noch zur Mangelbeseitigung verpflichtet ist. Wenn gewichtige Mängel vorliegen und die Abnahme nicht erteilt wird, muss der Bauleiter die gerügten Mängel auflisten und den Nachunternehmer unter Fristsetzung zur Mangelbeseitigung auffordern (MS 90). Es genügt, wenn das Protokoll der Abnahmebegehung dem Schreiben beigefügt wird.

961 Bekannte, aber nicht im Abnahmeprotokoll vorbehaltene Mängel müssen durch den Nachunternehmer nicht beseitigt werden. Der Bauleiter hat trotz-

dem auch bei dieser Situation noch Ansprüche, die er geltend machen kann. Wenn der Nachunternehmer den Mangel verschuldet hat, was üblicherweise der Fall ist, kann der Auftragnehmer die Kosten der Mangelbeseitigung geltend machen. Es ist in diesen Fällen zur Vermeidung von Streitigkeiten ratsam, vor der Mangelbeseitigung durch den Auftragnehmer den Nachunternehmer zur Mangelbeseitigung aufzufordern (MS 91). Dabei ist auf die Folgen des Schadenersatzes hinzuweisen.

Wird die Abnahme erteilt, beginnt die Gewährleistungszeit für die Nachunter- **962**
nehmerleistungen zu laufen. Das stellt ein Problem dar, wenn der Auftragnehmer gegenüber seinem Auftraggeber einen späteren Abnahmetermin vereinbart hat. Es ergibt sich eine Zeitspanne, in der der Nachunternehmer nicht mehr für Mängel einzustehen hat, während der Auftragnehmer noch zur Mangelbeseitigung verpflichtet ist. Es gibt zwei Möglichkeiten, dieses Problem zu lösen. Der Auftragnehmer kann in dem Nachunternehmervertrag vereinbaren, dass er die Abnahme erst erteilt, wenn auch der Auftraggeber die Abnahme ausspricht. Solche Regelungen sind aber häufig unzulässig. Eine andere Möglichkeit besteht darin, eine längere Gewährleistungszeit mit dem Nachunternehmer zu vereinbaren. In aller Regel lassen sich solche Vereinbarungen wirksam treffen.

Der Bauleiter muss bei einer Vereinbarung der Gewährleistungszeit mit dem **963**
Nachunternehmer auch bedenken, dass Auftraggeber vielfach sehr kurz vor dem Ablauf der Gewährleistungszeit Mängel rügen. Es kann daher durch interne Postlaufzeiten vorkommen, dass der Auftragnehmer die Mangelanzeige des Auftraggebers zwar rechtzeitig zugestellt bekommt, allerdings für den bearbeitenden Bauleiter eine rechtzeitige Mangelanzeige an den Nachunternehmer nicht mehr möglich ist. Daher sollte die Gewährleistungszeit des Nachunternehmers zwei bis vier Wochen länger dauern als die Gewährleistungszeit des Auftragnehmers gegenüber seinem Auftraggeber.

Eine Verbindung zwischen der Abnahme des Gesamtwerkes und der Teilleis- **964**
tung des Nachunternehmers ergibt sich auch bei der Beurteilung von Sichtflächen. Für den Auftragnehmer ist es wichtig, dass der Auftraggeber ihm die Abnahme erteilt, sodass er keine höheren Anforderungen an die Nachunternehmerleistung stellen muss. Andererseits möchte der Auftragnehmer eine Mangelrüge des Auftraggebers wegen der Qualität der Sichtfläche an den Nachunternehmer weitergeben. Es kann in diesen Fällen vorab vereinbart werden, dass der Auftraggeber in die Abnahme der Nachunternehmerleistung einbezogen wird.

Checkliste 30: Abnahme der Nachunternehmerleistung

Wann:	Nach der Nachunternehmerleistung
Warum:	Zustandsfeststellung der Leistung
Wer:	Bauleiter
Was:	Abnahme der Nachunternehmerleistung
Wie:	Prüfung der Nachunternehmerleistung Abnahmeprotokoll anfertigen
Kontrolle:	Ist eine förmliche Abnahme vereinbart oder verlangt? Ist die Leistung mangelfrei? Ist die Leistung zum vertraglichen Termin erbracht? Sind die Vertragsstrafe und bekannte Mängel im Protokoll vorbehalten? Ist das Protokoll von beiden Seiten unterschrieben?
Weiteres Vorgehen:	Förmliche Abnahme verlangen Mangelbeseitigung anmahnen Vertragsstrafe geltend machen Evtl. Abnahmebegehung wiederholen
Eigene Anmerkungen:	

Musterschreiben 89: Verlangen der förmlichen Abnahme

Adressat: *Nachunternehmer*

Bauvorhaben: ....

Datum: ....

AS Nr. *58:* **Förmliche Abnahme**

Sehr geehrte Damen und Herren,

in unserem Bauvertrag ist keine Regelung über eine Abnahme enthalten.

Wir teilen Ihnen mit, dass wir bezüglich der Abnahme Ihrer vertraglichen Leistung die Durchführung einer förmlichen Abnahme verlangen.

Wir bitten Sie, entsprechend zu disponieren und uns Ihre Fertigstellung zu melden.

Die Abnahme soll so ermöglicht werden, dass Sie Ihre Leistung fristgerecht zu dem vertraglichen Fertigstellungstermin übergeben können.

Für eine Terminvereinbarung und die gemeinsame Planung der Abnahmebegehung stehen wir Ihnen gerne zur Verfügung.

Mit freundlichen Grüßen

....

(Unterschrift)

Hinweise zu Musterschreiben 89

Art des Schreibens: Muss, Sollte, Kann, Schriftform

965 **Zeitpunkt des Schreibens:** Das Schreiben sollte so versendet werden, dass eine förmliche Abnahme der Leistungen möglichst kurzfristig nach Fertigstellung der Leistungen erfolgen kann.
Bei einer umfangreichen Baumaßnahme kann die förmliche Abnahme bereits vor der Fertigstellung von anderen Leistungen begonnen werden.
Ein entsprechender Vorlauf für eine Termindisposition sollte ebenfalls berücksichtigt werden.

966 **Vorschriften:** § 12 VOB/B; § 640 BGB.

967 **Adressat:** Nachunternehmer

968 **Nummerierung:** Das Schreiben ist als allgemeines Schreiben zu nummerieren und zur Bauakte zu nehmen. Wichtiger sind allerdings die Dokumentation des Zustandes der Leistung bei der Abnahme und die Ablage des Abnahmeprotokolls.

969 **Text:** Das Anschreiben muss bei fehlender Regelung im Vertrag oder zur Klarstellung angeben, dass man eine förmliche Abnahme durchführen will. Dies kann von beiden Vertragsparteien gemäß § 12 Abs. 4 VOB/B verlangt werden. Ergänzend hat es sich bewährt, wenn man einen Ablauf der Abnahme und einen zeitlichen Rahmen vorschlägt.

970 **Weitere Hinweise:** Es ist vor Versendung des Schreibens zu prüfen, welche Regelungen für eine Abnahme im Vertrag vorhanden sind. Wenn eine förmliche Abnahme festgelegt ist, muss das Schreiben nicht zwingend versendet werden.
Ist keine förmliche Abnahme vorgesehen, kann auch eine Abnahme durch Zeitablauf oder Nutzung des Gebäudes durch den Auftraggeber eintreten. Dies ist in § 12 Abs. 5 VOB/B geregelt. Es ist allerdings auch in diesen Fällen anzuraten, einen klaren Zeitpunkt für eine Abnahme zu fixieren, indem man die förmliche Abnahme durchführt. Damit sind spätere Streitigkeiten über den Zeitpunkt des Eintritts der Abnahmewirkung zu vermeiden.

Musterschreiben 90: Mangelbeseitigungsaufforderung bei gescheiterter Abnahme

Adressat: *Nachunternehmer*

Bauvorhaben: ....

Datum: ....

AS Nr. *59:* **Mangelrüge**

Sehr geehrte Damen und Herren,

bei der Prüfung Ihrer Leistung für die Abnahme haben wir Mängel festgestellt. Die Mängel ergeben sich aus dem Auszug des in der Anlage beigefügten Begehungsprotokolls.

Ihre vertragliche Leistung war heute mangelfrei zu übergeben. Sie befinden sich daher mit Ihrer Leistung in Verzug.

Wir fordern Sie auf, die Mängel umgehend durch Neuherstellung und Vervollständigung der betroffenen Leistungsteile vertragsgerecht zu beheben.

Für die Mangelbeseitigung setzen wir Ihnen eine Frist bis *Mittwoch, den 7. März 2026.*

Schäden, die aus der mangelhaften Leistung oder eintretenden Verzögerungen im Bauablauf entstehen, werden wir geltend machen.

Mit freundlichen Grüßen

....

(Unterschrift)

Anlage: Begehungsprotokoll vom *2. März 2026*

Hinweise zu Musterschreiben 90

Art des Schreibens: Muss, Schriftform, Zugangsnachweis

971 **Zeitpunkt des Schreibens:** Das Schreiben muss direkt nach der Abnahmebegehung versendet werden, wenn klar ist, dass gerügte Mängel die Abnahme nicht zulassen.

972 **Vorschriften:** § 12 Abs. 1 VOB/B, § 8 Abs. 3 VOB/B, § 13 Abs. 1, Abs. 2, Abs. 3 VOB/B.

973 **Adressat:** Nachunternehmer; Bevollmächtigter. Auch bei Nachunternehmern ist zu klären, ob der Bauleiter oder Polier des Nachunternehmers eine Vollmacht hat, vertragsrelevanten Schriftverkehr anzunehmen.

974 **Nummerierung:** Das Schreiben ist als allgemeines Schreiben zu nummerieren und zur Bauakte zu nehmen. Wichtiger ist allerdings die Ablage der Dokumentation der Mängel. Dies erfolgt üblicherweise im Abnahmeprotokoll.

975 **Text:** Das Anschreiben sollte den betroffenen Mangel und den Ort, an dem er aufgetreten ist, genau benennen. Hierfür kann auf das beizufügende Abnahmeprotokoll verwiesen werden.
Es ist eine Frist mit Datum zu nennen, an dem die Mangelbeseitigung erfolgt sein soll. Vorteilhaft ist die Nennung der geforderten Mangelbeseitigungsmaßnahmen.
Man sollte ebenfalls den Hinweis aufnehmen, dass es zu Schäden durch die Mängel und Bauablaufverzögerungen durch nicht fristgerechte Beseitigung kommen kann.

976 **Weitere Hinweise:** Der Auftraggeber ist nach § 4 Abs. 7 VOB/B berechtigt, dem Auftragnehmer zu kündigen, wenn dieser eine Mangelbeseitigung nicht innerhalb einer gesetzten Frist ausführt. Diese Frist muss aber angemessen und nicht willkürlich gesetzt sein. Es ist eine Nachfrist zu setzen, vergleiche Musterschreiben 82.
Das vorliegende Schreiben behandelt nur die Fälle, in denen der Auftraggeber Mängel bei der Abnahme rügt, aber die Abnahme nicht erteilt. Die Abnahme darf aber nur wegen wesentlicher Mängel verweigert werden.
Man sollte daran denken, dass bei der Abnahme Vorbehalte wegen bekannter Mängel und möglicher Vertragsstrafe aufzunehmen sind.
Wenn der Nachunternehmer die gerügten Mängel nicht behebt, kann man den Vertrag kündigen und eine Ersatzvornahme durchführen. Die Kündigung bedarf der Frist- und Nachfristsetzung, vergleiche Musterschreiben 81, 82 und 83.

Musterschreiben 91: Mangelbeseitigungsaufforderung bei vergessenem Abnahmevorbehalt

Adressat: *Nachunternehmer*

Bauvorhaben: ....

Datum: ....

AS Nr. *60:* **Aufforderung zur Mangelbeseitigung**

Sehr geehrte Damen und Herren,

bei der Prüfung Ihrer Leistung für die Abnahme haben wir folgenden Mangel festgestellt, der nicht im Protokoll der Abnahme vorbehalten worden ist:

Defekte Fensterbeschläge im 1. Obergeschoss, Räume 4 bis 11.

Trotz des fehlenden Vorbehaltes müssen Sie wegen des verschuldeten Mangels für die Mangelbeseitigungskosten aufkommen.

Wir bieten Ihnen hiermit an, den Mangel selbst zu beheben.

Für die Mangelbeseitigung setzen wir Ihnen Frist bis *Mittwoch, den 7. März 2026.*

Sollten Sie den Mangel nicht bis zum Fristablauf behoben haben, werden wir den Mangel durch einen anderen Unternehmer beseitigen lassen und Ihnen die Kosten in Rechnung stellen.

Mit freundlichen Grüßen

....

(Unterschrift)

Hinweise zu Musterschreiben 91

Art des Schreibens: Muss, Schriftform, Zugangsnachweis

977 **Zeitpunkt des Schreibens:** Das Schreiben muss direkt nach der Feststellung des Mangels und des fehlenden Vorbehaltes versendet werden.

978 **Vorschriften:** § 12 Abs. 1 VOB/B, § 13 Abs. 1, Abs. 2, Abs. 3 VOB/B.

979 **Adressat:** Nachunternehmer; Bevollmächtigter. Auch bei Nachunternehmern ist zu klären, ob der Bauleiter oder Polier des Nachunternehmers eine Vollmacht hat, vertragsrelevanten Schriftverkehr anzunehmen.

980 **Nummerierung:** Das Schreiben ist als allgemeines Schreiben zu nummerieren und zur Bauakte zu nehmen. Wichtiger ist allerdings die Ablage der Dokumentation der Mängel.

981 **Text:** Das Anschreiben sollte den betroffenen Mangel und den Ort, an dem er aufgetreten ist, genau benennen.
Es ist eine Frist mit Datum zu nennen, an dem die Mangelbeseitigung erfolgt sein soll. Vorteilhaft ist die Nennung der geforderten Mangelbeseitigungsmaßnahmen.
Man sollte ebenfalls den Hinweis aufnehmen, dass man den Mangel in Ersatzvornahme beseitigen lässt, wenn sich der Nachunternehmer nicht bereit erklärt, den Mangel selbst zu beheben.

982 **Weitere Hinweise:** Der Unternehmer ist nach § 4 Abs. 7 VOB/B zu diesem Zeitpunkt nicht mehr veranlasst, den Nachunternehmer zu kündigen, wenn dieser eine Mangelbeseitigung nicht innerhalb einer gesetzten Frist ausführt, da durch die Abnahme das Vertragsverhältnis als beendet gilt. Es ist daher für die Mangelbeseitigung nur eine Frist zu setzen. Diese Frist muss angemessen und nicht willkürlich gesetzt sein. Es ist aus Gründen der Kooperation eine Nachfrist zu setzen.
Das vorliegende Schreiben behandelt nur die Fälle, in denen der Auftraggeber Mängel nach der Abnahme rügt, aber die Abnahme ohne Vorbehalt erteilt hat, obwohl der Mangel bekannt war.
Man sollte daran denken, dass ohne den Vorbehalt bekannter Mängel nur noch eine Einstandspflicht des Nachunternehmers besteht, wenn er den Mangel verschuldet hat. Das bedeutet, dass der Nachunternehmer den Mangel fahrlässig oder vorsätzlich herbeigeführt haben muss.
Wenn der Nachunternehmer die gerügten Mängel nicht behebt, kann man eine Ersatzvornahme durchführen. Die Ersatzvornahme sollte erst nach Ablauf einer Nachfrist durchgeführt werden, vergleiche Musterschreiben 99.

7.5 Die Bezahlung und Mehrleistungen des Nachunternehmers

Der Anspruch des Nachunternehmers auf Zahlung für erbrachte Leistungen richtet sich nach den vertraglichen Regelungen. Bei Gewerken mit größerem Umfang ist die Vereinbarung eines Zahlungsplanes sinnvoll. Er kann in den Bauzeitenplan eingetragen werden. Bestimmte Leistungsstände, die sich aus dem Bauzeitenplan ergeben, werden mit Zahlungsbeträgen verknüpft. Andere Regelungen sind möglich, die von der Art der jeweiligen Nachunternehmerleistungen abhängen. Bei der Vereinbarung muss der Bauleiter darauf bedacht sein, dass er mit der Feststellung der Berechtigung der Zahlungen keinen großen Aufwand hat. Daher bietet es sich an, jeweils fertige Teilleistungen als Termin für Abschlagszahlungen zu vereinbaren, die übersichtlich zu kontrollieren sind. Wenn keine speziellen vertraglichen Regelungen getroffen wurden, sind die Regelungen der VOB/B gültig bzw. können nach § 632a BGB für abgeschlossene Leistungsteile Abschlagsrechnungen gestellt werden. 983

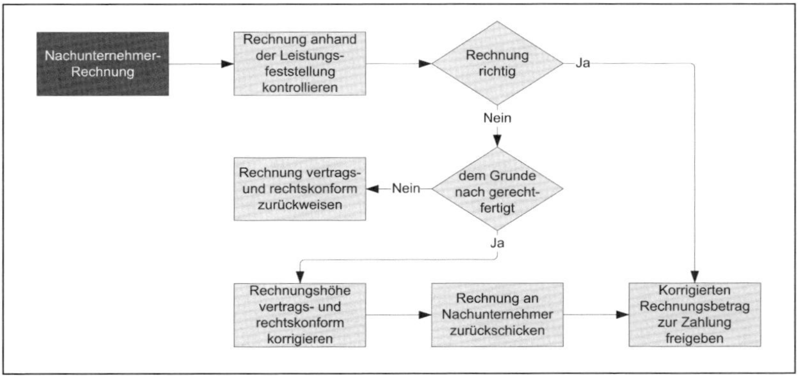

Abbildung 32: Tätigkeitsablauf Prüfung der Nachunternehmerrechnung

Die Stellung der Schlussrechnung des Nachunternehmers setzt voraus, dass er die vertraglichen Leistungen vollständig erbracht hat. Für die Abschlagsrechnungen gelten nach § 16 VOB/B andere Zahlungsfristen als bei der Schlusszahlung. Unabhängig von der Art der Rechnung des Nachunternehmers muss der Bauleiter den Leistungsstand und die Mangelfreiheit der Leistung prüfen. Ist die Rechnung zutreffend, wird sie mit einem Prüfvermerk ver- 984 sehen. Der Betrag ist an den Nachunternehmer zu überweisen. Dabei ist darauf zu achten, ob ein Einbehalt als Sicherheit vereinbart war. Er ist in der entsprechenden Höhe abzuziehen.

985 Sollten Leistungen des Nachunternehmers mangelhaft sein, ist durch den Bauleiter die Höhe der Mangelbeseitigungskosten zu schätzen. Er darf von dem Rechnungsbetrag bis zu dem Zweifachen der voraussichtlichen Mangelbeseitigungskosten einbehalten. Wenn die in der Rechnung angegebenen Leistungen nicht vollständig ausgeführt worden sind, aber trotzdem ein Anspruch auf die Bezahlung besteht, sind die Rechnungen zu kürzen. In diesen Fällen ist dem Nachunternehmer eine Begründung für die Rechnungskürzung zu übermitteln (MS 92). Eine Kopie der geprüften Rechnung ist beizufügen. Die unstreitigen Beträge sind auszuzahlen.

986 Wenn kein Anspruch auf Rechnungsstellung besteht, z.B. weil der erforderliche Leistungsstand nicht erreicht ist oder die vertraglichen Voraussetzungen nicht vorliegen, muss die Rechnung zurückgewiesen werden (MS 93). Das gilt auch, wenn die Rechnung nicht prüfbar aufgestellt ist. Eine falsche Rechnung ist prüfbar. Daher kommt eine mangelnde Prüfbarkeit nur in Frage, wenn der Bauleiter die gestellte Rechnung nicht nachvollziehen kann. Sind nur Teile der Rechnung nicht prüfbar, muss die restliche Rechnung trotzdem geprüft werden. Bei einer Zurückweisung der Rechnung ist die fehlende Prüfbarkeit gegenüber dem Nachunternehmer zu begründen (MS 94).

987 Bei einer Schlusszahlung hat der Bauleiter zwei Aspekte zu beachten. Sollte er ohne weitere Vorbehalte eine Schlussrechnung bezahlen, kann dies als eine konkludente Abnahme angesehen werden. Daher sollte der Bauleiter vor einer Schlusszahlung prüfen, ob er eine förmliche Abnahme durchgeführt hat bzw. ob er sich wegen Mängeln, einer Vertragsstrafe oder anderen Gründen Forderungen vorbehalten möchte. Andererseits kann er die Schlusszahlung an den Nachunternehmer tätigen und mit dem Hinweis versehen, dass die Annahme der Schlusszahlung ohne Vorbehalt des Nachunternehmers zu einem Ausschluss aller Nachforderungen führt (MS 95). Wenn kein Vorbehalt ergeht, kann der Zahlungsverkehr mit dem Nachunternehmer abgeschlossen werden.

988 Reicht der Nachunternehmer die Schlussrechnung nicht oder nicht prüfbar ein, kann der Bauleiter unter Fristsetzung die Rechnung anmahnen (MS 96). Nach Fristablauf nimmt er die notwendigen Aufmaße und die Aufstellung der Schlussrechnung nach § 14 Abs. 4 VOB/B selbst vor. Die Kosten muss der

Nachunternehmer tragen, sodass sie in Abzug gebracht werden können. Mit dieser Möglichkeit kann ebenfalls ein schneller Abschluss des Zahlungsverkehrs mit dem Nachunternehmer erreicht werden.

Der Umgang mit Mehrkostenforderungen führt in der Praxis während der **989**
Bauabwicklung häufig zu Streitigkeiten. Vom Nachunternehmer eingereichte Mehrkostenanmeldungen bedürfen im Grundsatz keiner Erwiderung, da der Nachunternehmer für seine Forderung nachweispflichtig ist. Entsprechende Beträge, die für ungerechtfertigte Mehrkostenforderungen in Rechnungen eingestellt worden sind, müssen durch den Bauleiter gestrichen werden. Die Kürzungen sind zu begründen. Wenn Schreiben des Nachunternehmers falsche Tatsachenbehauptungen enthalten, wie z.B. Anordnungen des Bauleiters, die nicht gemacht wurden etc., sollte der Bauleiter diesen Behauptungen kurz und bündig schriftlich widersprechen.

Bei diesem Ablauf kommt es nicht zu überflüssigem Schriftverkehr. Für eine **990**
kooperative Abwicklung von Mehrkostenforderungen bietet es sich an, zeitnah die verschiedenen Standpunkte zu besprechen und eine Lösung zu suchen. Häufig geht es um Fragen, ob eine ausgeführte Leistung in der vertraglichen Vergütung enthalten ist oder ob ein Anspruch auf eine gesonderte Vergütung besteht. Es ist ratsam, diese Streitigkeiten einer raschen Lösung, evtl. unter Zuhilfenahme Dritter, zuzuführen. Wenn dies nicht möglich ist, kann der Nachunternehmer mit der Einstellung der Arbeiten drohen. Ob er dazu berechtigt ist, hängt von der Frage der Berechtigung seiner Forderung ab. Für den Bauleiter stellt sich die Frage, wie er in dieser Situation reagieren soll, da auch seinerseits evtl. keine Klarheit über die Berechtigung seiner Ablehnung der Forderung des Nachunternehmers besteht.

Ist sich der Bauleiter seiner rechtlichen Position sicher, muss er dem Nachun- **991**
ternehmer eine Kündigung nach § 8 VOB/B androhen für den Fall der Arbeitseinstellung. Wenn man den Konflikt in dieser Art eskalieren lässt, müssen beide Seiten mit langwierigen Streitigkeiten rechnen, da sich die Forderungen erheblich erhöhen, z.B. durch Kosten der Ersatzvornahme, Rückstände im Bauablauf etc. Eine Lösung bietet sich in dieser Situation mit verhärteten Fronten an, indem der Bauleiter die Forderung des Nachunternehmers unter Vorbehalt eines bestehenden Anspruches bezahlt. Sollte er der Auffassung sein oder bei einer nachfolgenden Prüfung festgestellt werden, dass der Anspruch nicht berechtigt ist, ist ein Abzug von der Schlussrechnung möglich. Der Vorbehalt muss gegenüber dem Nachunternehmer vor der Zahlung schriftlich erklärt werden (MS 97).

992 Wenn in den Verhandlungen über Mehrkostenforderungen eine Einigung erzielt wird, ist sie grundsätzlich durch den Bauleiter schriftlich festhalten. In dieser Vereinbarung ist genau zu beschreiben, für welche Leistungen die Vergütung bezahlt wird. Der Bauleiter hat dabei dafür Sorge zu tragen, dass auch alle weiteren Ansprüche aus der Mehrkostenforderung für Leistungen abgegolten sind, so z.B. Ansprüche auf Bauzeitverlängerung, Zuschläge etc.

993 Eine andere Möglichkeit der Einigung besteht darin, die Zahlung davon abhängig zu machen, dass die Mehrkostenforderung durch den Auftraggeber beglichen wird, da die Forderung auch an ihn gestellt werden kann. Dabei ist es hilfreich, den Nachunternehmer in die Verhandlungen mit dem Auftraggeber einzubinden. Es besteht allerdings kein Anspruch des Auftragnehmers, die Zahlung an den Nachunternehmer von einer Zahlung des Auftraggebers abhängig zu machen, da es sich um zwei getrennte Vertragsverhältnisse handelt.

Checkliste 31: Bezahlung des Nachunternehmers

Wann:	Während und nach der Nachunternehmerleistung
Warum:	Vertragliche Pflichterfüllung
Wer:	Bauleiter
Was:	Zahlung des Nachunternehmers
Wie:	Prüfung der Nachunternehmerleistung auf Vertragskonformität Prüfung der Voraussetzungen der Rechnungsstellung Prüfung der Nachunternehmerrechnung Prüfung von Mehrkostenforderungen
Kontrolle:	Sind vertragliche Voraussetzungen für eine Rechnungsstellung erfüllt? Ist die Leistung mangelfrei? Ist die Leistung vollständig? Ist ein Einbehalt vorgesehen? Ist die Mehrkostenforderung berechtigt?
Weiteres Vorgehen:	Zutreffende Rechnungsbeträge anweisen Unzutreffende Rechnungsbeträge begründet ablehnen Mehrkostenforderungen prüfen bzgl. einer Geltendmachung beim Auftraggeber
Eigene Anmerkungen:	

Musterschreiben 92: Begründung für Rechnungskürzung

Adressat: *Nachunternehmer*

Bauvorhaben: ....

Datum: ....

AS Nr. *61:* **Begründung der Kürzung Ihrer AR Nr. 34**

Sehr geehrte Damen und Herren,

mit Schreiben vom *31. Juli 2026* **haben Sie uns Ihre Abschlagsrechnung** *Nr. 34* **übersandt.**

Wir haben Ihre Rechnung geprüft und sind zu folgendem Ergebnis gelangt:

1) Die aufgeführte Leistung Fliesenarbeiten im Eingangsbereich ist nicht ausgeführt.

2) Die Verfugung der Fliesen mit dauerelastischen Massen in den Nasszellen ist mangelhaft, da die Fugen nicht ausgefüllt sind.

Wir kürzen Ihre Rechnung daher um folgende Beträge:

zu 1) Abzug der Vergütung der Position in Höhe von 6.200,– €

zu 2) Abzug der zweifachen Mangelbeseitigungskosten 1.200,– €

Den Restbetrag haben wir auf Ihr Konto überwiesen.

Die einbehaltenen Beträge werden wir überweisen, sobald Sie die mangelfreie und vollständige Leistung ausgeführt haben und bei uns melden.

Mit freundlichen Grüßen

....

(Unterschrift)

Anlage: Geprüfte Rechnung

Hinweise zu Musterschreiben 92

Art des Schreibens: Muss, Schriftform

Zeitpunkt des Schreibens: Das Schreiben ist unmittelbar nach Durchführung der Rechnungsprüfung zu versenden. 994

Vorschriften: § 14 VOB/B, insbesondere § 16 Abs.1 VOB/B 995

Adressat: Nachunternehmer 996

Nummerierung: Das Schreiben ist als allgemeines Schreiben zu nummerieren und zur Bauakte zu nehmen. Die Nummer kann bei späteren Rechnungen oder weiterem Schriftverkehr zur Identifikation verwendet werden. 997

Text: Die Rechnung des Nachunternehmers ist zu bezeichnen, auf die sich das Schreiben bezieht. Die Gründe müssen aufgeführt werden, welche Anlass sind, die Teile der Rechnung nicht zu bezahlen. Danach ist anzugeben, um welche Beträge die Rechnung gekürzt wird. 998
Unbeanstandete Rechnungsbeträge sind innerhalb von 21 Tagen nach Erhalt der Rechnung fällig. Vertragliche Regelungen können andere Fristen vorsehen.
Es sollte angegeben werden, ob die gekürzten Rechnungsbeträge grundsätzlich nicht anerkannt werden oder ob man nach Erfüllung von genannten Voraussetzungen die Zahlung vornimmt.
Die geprüfte Rechnung ist als Anlage beizufügen.

Weitere Hinweise: Gegenforderungen können von einem anerkannten Rechnungsbetrag abgezogen werden. 999
Häufig sind in den Verträgen besondere Bedingungen für Zahlungen vereinbart. Hierzu gehören auch Rabatte und Skonti. Diese Regelungen sind zu beachten.

Musterschreiben 93: Zurückweisung einer Rechnung

Adressat: *Nachunternehmer*

Bauvorhaben: ....

Datum: ....

AS Nr. *62:* **Zurückweisung Ihrer AR Nr. 34**

Sehr geehrte Damen und Herren,

mit Schreiben vom *31. Juli 2026* **haben Sie uns Ihre Abschlagsrechnung** *Nr. 34* **übersandt.**

Wir haben Ihre Rechnung geprüft und sind zu dem Ergebnis gelangt, dass die vertraglichen Voraussetzungen für eine Rechnungsstellung aus folgenden Gründen nicht vorliegen:

Die aufgeführte Leistung der Fliesenarbeiten im Eingangsbereich ist nicht ausgeführt.

Die Fliesenarbeiten in den Flurbereichen sind nicht ausgeführt

Die vollständige Ausführung dieser Leistungen ist Voraussetzung für die Möglichkeit zur Stellung der Abschlagsrechnung.

Da die Voraussetzungen damit nicht erfüllt sind, weisen wir Ihre Rechnung zurück.

Wenn Sie den vertraglichen Leistungsstand erreicht haben, bitten wir Sie, eine neue Rechnung einzureichen.

Mit freundlichen Grüßen

....

(Unterschrift)

Hinweise zu Musterschreiben 93

Art des Schreibens: Muss, Schriftform

Zeitpunkt des Schreibens: Das Schreiben ist unmittelbar nach Durchführung der Rechnungsprüfung zu versenden. 1000

Vorschriften: § 14 VOB/B, insbesondere § 16 Abs.1 VOB/B 1001

Adressat: Nachunternehmer 1002

Nummerierung: Das Schreiben ist als allgemeines Schreiben zu nummerieren und zur Bauakte zu nehmen. Die Nummer kann bei späteren Rechnungen oder weiterem Schriftverkehr zur Identifikation verwendet werden. 1003

Text: Die Rechnung des Nachunternehmers ist zu bezeichnen, auf die sich das Schreiben bezieht. Die Gründe müssen aufgeführt werden, welche Anlass sind, die Rechnung insgesamt nicht zu bezahlen und daher zurückzuweisen. 1004
Es sollte angegeben werden, ob die zurückgewiesene Rechnung grundsätzlich nicht anerkannt wird oder ob man nach Erfüllung von genannten Voraussetzungen die Zahlung vornimmt.

Weitere Hinweise: Vollständig unberechtigte Rechnungen sind so zu behandeln, als ob sie nicht gestellt worden wären. Daher ist über die Frage der Berechtigung Klarheit herzustellen. 1005
Das vollständige Zurückweisen einer Rechnung kommt nicht in Frage, wenn die Rechnung zu zahlende Beträge enthält. Siehe hierzu Musterschreiben 92.
Wenn keine vertraglichen Regelungen vorgesehen sind, ist der Nachunternehmer in möglichst kurzen Abständen zu der Stellung von Abschlagsrechnungen befugt. Es dürfen auch Bauteile und Baustoffe abgerechnet werden, die auf der Baustelle lagern, wenn das Eigentum übergeben worden ist, siehe § 16 Abs. 1 Ziffer 1 VOB/B.

Musterschreiben 94: Begründung für fehlende Prüfbarkeit einer Rechnung

Adressat: *Nachunternehmer*

Bauvorhaben: ....

Datum: ....

AS Nr. *63:* **Begründung der fehlenden Prüfbarkeit Ihrer AR Nr. 34**

Sehr geehrte Damen und Herren,

mit Schreiben vom *31. Juli 2026* **haben Sie uns Ihre Abschlagsrechnung** *Nr. 34* **übersandt. Wir haben Ihre Rechnung durchgesehen und sind zu folgendem Ergebnis gelangt:**

Die Rechnung ist nicht prüfbar.

Begründung:

- *Die Rechnung weist einen Betrag aus, der nicht mit den Rechnungspositionen in Einklang steht.*
- *Die Rechnungspositionen enthalten andere Leistungsbeschreibungen als unser vertragliches Leistungsverzeichnis.*
- *Es fehlen sämtliche Aufmaßberechnungen.*

Eine teilweise Prüfung war aus den angeführten Gründen ebenfalls nicht möglich.

Wir weisen daher Ihre Rechnung zurück.

Bitte reichen Sie uns eine prüfbare Rechnung ein.

Mit freundlichen Grüßen

....

(Unterschrift)

Hinweise zu Musterschreiben 94

Art des Schreibens: Muss, Schriftform

Zeitpunkt des Schreibens: Das Schreiben ist unmittelbar nach Durchführung der Rechnungsprüfung zu versenden. 1006

Vorschriften: § 14 VOB/B, insbesondere § 16 Abs.1 VOB/B. Insbesondere § 14 VOB/B enthält Regelungen, wie eine Rechnung aufzubauen ist. 1007

Adressat: Nachunternehmer 1008

Nummerierung: Das Schreiben ist als allgemeines Schreiben zu nummerieren und zur Bauakte zu nehmen. Die Nummer kann bei späteren Rechnungen oder weiterem Schriftverkehr zur Identifikation verwendet werden. 1009

Text: Die Rechnung des Nachunternehmers ist zu bezeichnen, auf die sich das Schreiben bezieht. Die Gründe müssen aufgeführt werden, welche Anlass sind, die Rechnung nicht prüfen zu können. 1010
Aus den Gründen muss sich ergeben, welche Unterlagen für eine Prüfung notwendig sind, welche Rechnungspositionen nicht verständlich sind oder welche Berechnungen nicht stimmig sind. Nachzureichende Unterlagen sind anzufordern.
Sollte die gesamte Rechnung nicht prüfbar sein, ist dies ebenfalls anzugeben. Andernfalls ist der Hinweis zu geben, dass die übrige Rechnung prüfbar ist. Das Vorliegen der Prüfbarkeit bedeutet nicht, dass die Rechnung richtig ist. Daher ist für prüfbare, aber unzutreffende Rechnungsteile das Prüfergebnis mitzuteilen.

Weitere Hinweise: Nicht prüfbare Rechnungen sind so zu behandeln, als ob sie nicht gestellt worden wären. Eine nicht prüfbare Rechnung wird nicht fällig. Daher ist über die Frage der Prüfbarkeit Klarheit herzustellen. 1011
Das vollständige Zurückweisen einer Rechnung kommt nicht in Frage, wenn die Rechnung prüfbare Anteile enthält.
Häufig sind in den Verträgen besondere Bedingungen für Rechnungen und Zahlungen vereinbart. Hierzu gehören formelle Voraussetzungen einer Rechnung, aber auch Rabatte und Skonti. Diese Regelungen sind zu beachten.

Musterschreiben 95: Schlusszahlungshinweis

Adressat: *Nachunternehmer*

Bauvorhaben: ....

Datum: ....

AS Nr. *64:* **Schlusszahlung**

Sehr geehrte Damen und Herren,

mit Schreiben vom *3. Juli 2027* **haben Sie uns Ihre Schlussrechnung übersandt.**

Wir haben Ihre Rechnung geprüft und sie ist nicht zu beanstanden.

Bei der von uns getätigten Zahlung handelt es sich um unsere Schlusszahlung. Sollten Sie nach § 16 Abs. 3 Ziffer 5 VOB/B keine Vorbehalte gegen die Schlusszahlung innerhalb von 28 Tagen geltend machen und innerhalb weiterer 28 Tage den Vorbehalt begründen, führt dies zu einem Ausschluss von weiteren Nachforderungen.

Den Rechnungsbetrag haben wir Ihnen auf Ihr Konto überwiesen.

Wir bedanken uns für die gute Zusammenarbeit.

Mit freundlichen Grüßen

....

(Unterschrift)

Hinweise zu Musterschreiben 95

Art des Schreibens: Muss, Schriftform, Zugangsnachweis

Zeitpunkt des Schreibens: Das Schreiben ist unmittelbar nach Schlusszahlung zu versenden. 1012

Vorschriften: § 16 Abs. 3 Ziffer 2, Ziffer 5 VOB/B 1013

Adressat: Nachunternehmer 1014

Nummerierung: Das Schreiben ist als allgemeines Schreiben zu nummerieren und zur Bauakte zu nehmen. Die Nummer kann bei weiterem Schriftverkehr zur Identifikation verwendet werden. 1015

Text: Die Rechnung des Nachunternehmers ist zu bezeichnen, auf die sich das Schreiben bezieht. 1016
Das Prüfergebnis ist mitzuteilen. Wenn es Einwände gibt, sind diese begründet aufzuführen, vergleiche sinngemäß Musterschreiben 92.
Es muss der Hinweis erfolgen, dass es sich um die Schlusszahlung handelt und keine weiteren Zahlungen mehr erfolgen werden sowie weitere Forderungen ausgeschlossen sind, wenn kein Vorbehalt erklärt wird.

Weitere Hinweise: Sollte der Nachunternehmer nicht mit der Höhe der Schlusszahlung einverstanden sein, hat er innerhalb von 28 Tagen den Vorbehalt zu erklären. 1017
Häufig sind in den Verträgen besondere Bedingungen für Rechnungen und Zahlungen vereinbart. Hierzu gehören formelle Voraussetzungen einer Rechnung, abweichende Fristen, aber auch Rabatte und Skonti. Diese Regelungen sind zu beachten.

Musterschreiben 96: Fristsetzung für Schlussrechnung

Adressat: *Nachunternehmer*

Bauvorhaben: ....

Datum: ....

AS Nr. *65:* **Schlussrechnung**

Sehr geehrte Damen und Herren,

am *3. Juli 2027* **haben wir Ihre Leistung abgenommen.**

Sie haben uns bis heute noch keine Schlussrechnung übersandt.

Sie sind verpflichtet, innerhalb von 12 Werktagen eine prüfbare Schlussrechnung einzureichen. Diese Frist ist abgelaufen.

Wir setzen Ihnen eine letzte Frist bis zum *25. Juli 2027* **für das Einreichen einer prüffähigen Schlussrechnung.**

Nach Fristablauf werden wir die erforderlichen Aufmaße vornehmen und die Schlussrechnung selbst aufstellen. Die Kosten werden wir Ihnen in Abzug bringen.

Mit freundlichen Grüßen

....

(Unterschrift)

Hinweise zu Musterschreiben 96

Art des Schreibens: Muss, Schriftform, Zugangsnachweis

Zeitpunkt des Schreibens: Das Schreiben ist unmittelbar nach Ablauf der Frist für die Erstellung der Schlussrechnung zu versenden. 1018

Vorschriften: § 14 Abs. 3 VOB/B 1019

Adressat: Nachunternehmer 1020

Nummerierung: Das Schreiben ist als allgemeines Schreiben zu nummerieren und zur Bauakte zu nehmen. Die Nummer kann bei weiterem Schriftverkehr zur Identifikation verwendet werden. 1021

Text: Die Frist für die Stellung der Schlussrechnung des Nachunternehmers läuft ab der Fertigstellung seines Gewerkes. Das ist spätestens das Datum der mangelfreien Abnahme. Das entsprechende Datum ist anzugeben. 1022
Die gültige Frist ist nach § 14 Abs. 3 VOB/B zu bestimmen und anzugeben.
Es muss der Hinweis erfolgen, dass man eine Frist mit Datum setzt, bis zu der man die Schlussrechnung erwartet. Andernfalls werde man die Schlussrechnung selbst erstellen und die Kosten in Abzug bringen wird.

Weitere Hinweise: Sollte der Nachunternehmer die Schlussrechnung nicht erstellen, darf der Auftraggeber diese selbst aufstellen. Die entstehenden Kosten kann er bei dem Nachunternehmer geltend machen, zum Beispiel, indem er den Betrag von der Schlussrechnung in Abzug bringt. 1023
Sollte man die Schlussrechnung in Ersatzvornahme selbst aufstellen, ist der Nachunternehmer darüber in Kenntnis zu setzen.

Musterschreiben 97: Zahlungsvorbehalt

Adressat: *Nachunternehmer*

Bauvorhaben: ....

Datum: ....

AS Nr. *66:* **Zahlungsvorbehalt**

Sehr geehrte Damen und Herren,

Sie haben uns Ihre Mehrkostenforderung *Nr. 54* **betreffend** *Schalungsarbeiten an den Unterzügen Erdgeschoss, Achsen 1 bis 12, wegen Erschwernissen* **eingereicht.**

Die unterschiedlichen Standpunkte ergeben sich aus dem Protokoll unserer Besprechung und dem Schriftverkehr.

Wir werden den von Ihnen geforderten Betrag zur Zahlung anweisen.

Wir weisen darauf hin, dass wir die Zahlung unter dem Vorbehalt leisten, dass Ihre Forderung berechtigt ist. Die Berechtigung können wir derzeit nicht abschließend beurteilen.

Sollte die Forderung nach weiterer Prüfung unberechtigt sein, werden wir den ausgezahlten Betrag rückfordern.

Bezüglich Ihrer Androhung zur Einstellung der Arbeiten wegen der Zahlungsforderung besteht nunmehr kein Anlass mehr und wir fordern Sie auf, die Arbeiten fortzuführen und den vertraglichen Fertigstellungstermin einzuhalten.

Mit freundlichen Grüßen

....

(Unterschrift)

Hinweise zu Musterschreiben 97

Art des Schreibens: Muss, Schriftform, Zugangsnachweis

Zeitpunkt des Schreibens: Das Schreiben ist vor einer Zahlung zu versenden, deren Berechtigung zwischen den Vertragspartnern streitig ist. **1024**

Vorschriften: Keine Besonderen. **1025**

Adressat: Nachunternehmer **1026**

Nummerierung: Das Schreiben ist als allgemeines Schreiben zu nummerieren und zur Bauakte zu nehmen. Die Nummer kann bei weiterem Schriftverkehr zur Identifikation verwendet werden. Wenn eine gesonderte Ablage zum Zahlungsverkehr geführt wird, ist das Schreiben ebenfalls dort abzulegen. **1027**

Text: Das Schreiben muss klar den zu Grunde liegenden Sachverhalt und die darauf basierende Forderung beschreiben. Es kann dafür auf geführten Schriftverkehr Bezug genommen werden. Es sollte sich aber für einen unbeteiligten Dritten aus dem Schreiben ergeben, welche Forderung des Nachunternehmers streitig ist. **1028**
Weiterhin muss das Schreiben eindeutig darauf hinweisen, dass die Zahlung nur unter dem Vorbehalt einer späteren Prüfung erfolgt. Wird der Vorbehalt nicht eindeutig formuliert, können Streitigkeiten entstehen, da die Zahlung nach streitiger Argumentation als Anerkenntnis ausgelegt werden kann.
Es ist ebenfalls anzugeben, dass die Zahlung zur Abwendung der Einstellung der Arbeiten an den Nachunternehmer geleistet wird.

Weitere Hinweise: Sollte die Forderung des Nachunternehmers sich als unberechtigt herausstellen, kann der gezahlte Betrag mit weiteren Forderungen des Nachunternehmers verrechnet werden. Dies muss spätestens mit der Schlusszahlung erfolgen. **1029**

7.6 Gewährleistung des Nachunternehmers

1030 Nach der Abnahme der Nachunternehmerleistung beginnt die Gewährleistungszeit. Das vertragliche Verhältnis mit dem Nachunternehmer ist beendet. Wenn es zu Mängeln an der Leistung des Nachunternehmers kommt, muss der Bauleiter nach einer entsprechenden Mangelmeldung des Auftraggebers zunächst den Mangel selbst begutachten. Er hat zu entscheiden, welcher Nachunternehmer für den Mangel in der Verantwortung steht.

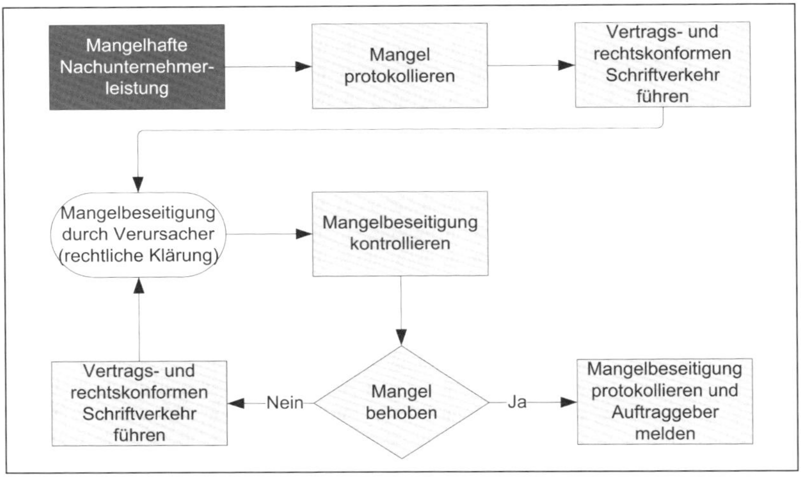

Abbildung 33: Tätigkeitsablauf Mangelbeseitigung durch den Nachunternehmer

1031 In der Folge hat er diesen Nachunternehmer zur Mangelbeseitigung aufzufordern. Dabei muss der Bauleiter nur das äußere Erscheinungsbild des Mangels beschreiben, aber nicht die Ursachen. Die Aufforderung muss mit einer Frist versehen werden. Hilfreich ist auch das Verlangen, dass der Nachunternehmer ein Protokoll seiner Mangelbegutachtung übersendet, wenn der Bauleiter nicht persönlich mit anwesend ist (MS 98). Das ist erforderlich, damit der Bauleiter die Mangelbeseitigung an den Auftraggeber melden kann.

1032 Kommt der Nachunternehmer der Mangelbeseitigungsaufforderung innerhalb der Frist nicht nach, kann der Bauleiter die Mängel durch eine andere Firma beseitigen lassen. Es ist aber ratsam, dass vor diesem Schritt eine weitere Mahnung zur Mangelbeseitigung versendet wird, die nochmals die Ersatzvornahme androht. Wenn bereits ein Ersatzunternehmen zur Verfügung steht, sollte es dem säumigen Nachunternehmer genannt werden. Damit kann man Streitigkeiten über die Höhe der Ersatzkosten vermeiden (MS 99).

Kann der Bauleiter die Ursache des Mangels bei seiner Inspektion nicht feststellen, sodass mehrere Nachunternehmer als Verursacher in Frage kommen, muss er allen evtl. betroffenen Nachunternehmern eine Mangelanzeige zustellen. Der Termin für eine gemeinsame Mangelbesichtigung ist zu vereinbaren, bei dem das weitere Vorgehen festgelegt wird. **1033**

Wenn die Ursache des Mangels streitig bleibt oder bereits die Frage besteht, ob überhaupt ein Mangel vorliegt, muss zunächst eine sachverständige Begutachtung erfolgen. Dafür sollte eine Einigung mit allen Beteiligten hergestellt werden, sodass der gemeinsam festgelegte Gutachter eine verbindliche Aussage zu dem Vorliegen des Mangels und den erforderlichen Beseitigungsmaßnahmen treffen kann. **1034**

Im Falle einer notwendigen Ersatzvornahme ist es ratsam, vor einer Mangelbeseitigung durch ein drittes Unternehmen den Zustand vor Beginn der Arbeiten durch einen unabhängigen Gutachter feststellen zu lassen. Die Beauftragung des Gutachters ist dem säumigen Nachunternehmer mitzuteilen, damit er Gelegenheit hat, an dem Termin teilzunehmen (MS 100). Die Kosten des Gutachters sind dem Nachunternehmer in Rechnung zu stellen. **1035**

Nach einer Mangelbeseitigung ist dem Auftraggeber die Mangelbeseitigung anzuzeigen. Ein Termin für die Abnahme der Arbeiten ist zu vereinbaren. Die Abnahme der Mangelbehebung ist in der gleichen Art zu protokollieren, wie es bei der Endabnahme erforderlich ist. Nach der Mangelbeseitigung trägt der Bauleiter in seinen Unterlagen eine möglicherweise verlängerte Gewährleistungsfrist bei der reparierten Leistung ein. Dies gilt sowohl für die Verlängerung seiner eigenen Gewährleistungszeit wie auch für die des betroffenen Nachunternehmers. **1036**

Checkliste 32: Gewährleistung des Nachunternehmers

Wann:	Nach der Abnahme der Nachunternehmerleistung
Warum:	Aufforderung des Nachunternehmers
Wer:	Bauleiter
Was:	Durchführung der Mangelbeseitigung
Wie:	Prüfung der Mangelhaftigkeit der Leistung Prüfung der Verantwortlichkeit Mangelanzeige an verantwortlichen Nachunternehmer Mangelbehebung kontrollieren Mangelbeseitigung durch den Auftraggeber abnehmen lassen
Kontrolle:	Ist der Mangel beseitigt? Ist die Mangelbeseitigung durch den Auftraggeber abgenommen und protokolliert?
Weiteres Vorgehen:	Mangelbeseitigung anmahnen Ersatzvornahme androhen Evtl. Zustandsfeststellung durch Gutachter veranlassen
Eigene Anmerkungen:	

Musterschreiben 98: Mangelanzeige an Nachunternehmer

Adressat: *Nachunternehmer*

Bauvorhaben: ....

Datum: ....

AS Nr. *67:* **Mangelanzeige**

Sehr geehrte Damen und Herren,

bei oben genanntem Bauvorhaben ist folgender Mangel an Ihrer Leistung aufgetreten:

Abplatzungen im Sockelbereich am Außenputz.

Wir fordern Sie auf, den Mangel bis zum *Freitag, den 14. Mai 2027* **zu beseitigen.**

Wenn Sie den Mangel nicht innerhalb der Frist beseitigen, werden wir die Arbeiten von einer anderen Firma ausführen lassen. Die Kosten werden wir Ihnen in Rechnung stellen.

Bitte teilen Sie uns die Ergebnisse Ihrer Mangelbesichtigung und deren Behebung mit. Die von Ihnen durchgeführten Mangelbeseitigungsmaßnahmen sind dem Bericht anzufügen.

Für eine Terminvereinbarung für eine gemeinsame Mangelbesichtigung stehen wir Ihnen gerne zur Verfügung.

Mit freundlichen Grüßen

....

(Unterschrift)

Hinweise zu Musterschreiben 98

Art des Schreibens: Muss, Schriftform, Zugangsnachweis

1037 **Zeitpunkt des Schreibens:** Das Schreiben muss versendet werden, wenn innerhalb der Gewährleistungszeit Mängel an der Leistung des Nachunternehmers festgestellt werden, die behoben werden müssen. Das Schreiben ist unmittelbar nach Feststellung der Mängel zu versenden.

1038 **Vorschriften:** § 13 Abs. 5 VOB/B

1039 **Adressat:** Ausführender Nachunternehmer; Bevollmächtigter. Auch bei Nachunternehmern ist zu klären, ob der Bauleiter oder Polier des Nachunternehmers eine Vollmacht hat, vertragsrelevanten Schriftverkehr anzunehmen.

1040 **Nummerierung:** Das Schreiben ist als allgemeines Schreiben zu nummerieren und zur Bauakte zu nehmen. Wichtiger sind allerdings die Ablage des Antwortschreibens des Nachunternehmers und die Dokumentation der Mangelbeseitigung.

1041 **Text:** Das Anschreiben sollte den betroffenen Mangel und den Ort, an dem er aufgetreten ist, genau benennen. Es ist eine Frist mit Datum zu nennen, an dem die Mangelbeseitigung erfolgt sein soll. Vorteilhaft ist die Nennung der geforderten Mangelbeseitigungsmaßnahmen.
Man sollte ebenfalls den Hinweis aufnehmen, dass man bei nicht fristgerechter Erledigung den Mangel durch einen Ersatzunternehmer beheben lassen wird.
Der Nachunternehmer ist aufzufordern, die Behebung des Mangels zu melden einschließlich der Beschreibung der ausgeführten Reparaturmaßnahmen.

1042 **Weitere Hinweise:** Als Auftraggeber ist man gegenüber dem Nachunternehmer nach § 13 Abs. 5 Ziffer 2 VOB/B berechtigt, die Ersatzvornahme durchzuführen, wenn dieser eine Mangelbeseitigung nicht innerhalb einer gesetzten Frist ausführt. Diese Frist muss aber angemessen und nicht willkürlich gesetzt sein. Es ist zwar nicht zwingend vorgeschrieben, eine Nachfrist zu setzen, man sollte dies aber aus Gründen der Kooperation tun, vergleiche Musterschreiben 99.
Das vorliegende Schreiben behandelt nur die Fälle, in denen man gegenüber dem Nachunternehmer Mängel nach der Abnahme rügt.

Musterschreiben 99: Zweite Aufforderung zur Mangelbeseitigung

Adressat: *Nachunternehmer*

Bauvorhaben: ....

Datum: ....

AS Nr. *68:* **Letzte Aufforderung zur Mangelbeseitigung**

Sehr geehrte Damen und Herren,

bei oben genanntem Bauvorhaben ist folgender Mangel an Ihrer Leistung aufgetreten:

Abplatzungen im Sockelbereich am Außenputz.

Wir fordern Sie hiermit letztmalig auf, den Mangel bis zum *Freitag, den 21. Mai 2027*

zu beseitigen.

Wenn Sie den Mangel nicht innerhalb der Nachfrist beseitigen, werden wir die Arbeiten von der *Firma Putzblitz, Nauhausen* **ausführen lassen.**

Die Kosten werden wir Ihnen in Rechnung stellen.

Mit freundlichen Grüßen

....

(Unterschrift)

Hinweise zu Musterschreiben 99

Art des Schreibens: Muss, Schriftform, Zugangsnachweis

1043 **Zeitpunkt des Schreibens:** Das Schreiben muss versendet werden, wenn innerhalb der Gewährleistungszeit Mängel an der Leistung des Nachunternehmers festgestellt werden, die behoben werden müssen und hierfür bereits eine erste Frist ohne Behebung der Mängel abgelaufen ist. Das Schreiben ist unmittelbar nach Fristablauf zur Mangelbeseitigung zu versenden.

1044 **Vorschriften:** § 13 Abs. 5 VOB/B

1045 **Adressat:** Ausführender Nachunternehmer; Bevollmächtigter. Auch bei Nachunternehmern ist zu klären, ob der Bauleiter oder Polier des Nachunternehmers eine Vollmacht hat, vertragsrelevanten Schriftverkehr anzunehmen.

1046 **Nummerierung:** Das Schreiben ist als allgemeines Schreiben zu nummerieren und zur Bauakte zu nehmen. Wichtiger sind allerdings die Ablage des Antwortschreibens des Nachunternehmers und die Dokumentation der innerhalb der ersten Frist nicht erfolgten Mangelbeseitigung.

1047 **Text:** Das Anschreiben sollte den betroffenen Mangel und den Ort, an dem er aufgetreten ist, genau benennen. Es ist eine Nachfrist mit Datum zu nennen, an dem die Mangelbeseitigung erfolgt sein soll. Vorteilhaft ist die Nennung der geforderten Mangelbeseitigungsmaßnahmen.
Diese aufgeführten Mängel müssen mit den Beschreibungen in der ersten Fristsetzung übereinstimmen, da es sich bei weiteren aufgeführten Mängeln sonst um eine erste Fristsetzung handelt.
Man sollte ebenfalls den Hinweis aufnehmen, dass man bei nicht fristgerechter Erledigung den Mangel durch einen Ersatzunternehmer beheben lassen wird.

1048 **Weitere Hinweise:** Als Auftraggeber ist man gegenüber dem Nachunternehmer nach § 13 Abs. 5 Ziffer 2 VOB/B berechtigt, die Ersatzvornahme durchzuführen, wenn dieser eine Mangelbeseitigung nicht innerhalb einer gesetzten Frist ausführt. Eine Nachfrist ist nicht vorgeschrieben und kann daher kurz sein.
Zum weiteren Vorgehen vergleiche Musterschreiben 100.
Das vorliegende Schreiben behandelt nur die Fälle, in denen man gegenüber dem Nachunternehmer Mängel nach der Abnahme rügt.

Musterschreiben 100: Mitteilung der Mangelbegutachtung

Adressat: *Nachunternehmer*

Bauvorhaben: ....

Datum: ....

AS Nr. *69:* **Mitteilung der sachverständigen Mangelbegutachtung**

Sehr geehrte Damen und Herren,

bei oben genanntem Bauvorhaben ist folgender Mangel an Ihrer Leistung aufgetreten:

Abplatzungen im Sockelbereich am Außenputz.

Sie sind unserer Aufforderung zur Mangelbeseitigung nicht innerhalb der gesetzten Fristen nachgekommen.

Wir werden die Mangelbeseitigung durch die *Firma Putzblitz, Nauhausen* **ausführen lassen.**

Um den Zustand vor der Mangelbeseitigung und die Verursachung feststellen zu lassen, haben wir den öffentlich bestellten und vereidigten Sachverständigen *Dipl. Ing. Horst Anschau, Wollberg* **beauftragt.**

Der Termin der Begutachtung ist am *Montag, dem 27. Juni 2027* **angesetzt.**

Wir fordern Sie zur Teilnahme an diesem Termin auf.

Die Kosten für die Mangelbeseitigung und die Begutachtung werden wir Ihnen in Rechnung stellen.

Mit freundlichen Grüßen

....

(Unterschrift)

Hinweise zu Musterschreiben 100

Art des Schreibens: Kann, Schriftform

Zeitpunkt des Schreibens: Das Schreiben kann versendet werden, wenn innerhalb der Gewährleistungszeit Mängel an der Leistung des Nachunternehmers festgestellt werden, die behoben werden müssen und hierfür bereits **1049**

eine erste Frist und eine Nachfrist ohne Behebung der Mängel abgelaufen ist. Das Schreiben ist unmittelbar nach Ablauf der Nachfrist zur Mangelbeseitigung zu versenden.

1050 **Vorschriften:** § 13 Abs. 5 VOB/B

1051 **Adressat:** Ausführender Nachunternehmer; Bevollmächtigter. Auch bei Nachunternehmern ist zu klären, ob der Bauleiter oder Polier des Nachunternehmers eine Vollmacht hat, vertragsrelevanten Schriftverkehr anzunehmen.

1052 **Nummerierung:** Das Schreiben ist als allgemeines Schreiben zu nummerieren und zur Bauakte zu nehmen. Wichtiger ist allerdings die Dokumentation des immer noch vorliegenden Mangels.

1053 **Text:** Das Anschreiben sollte den betroffenen Mangel und den Ort, an dem er aufgetreten ist, genau benennen. Diese aufgeführten Mängel müssen mit den Beschreibungen in der ersten Fristsetzung und der Nachfristsetzung übereinstimmen, da es sich bei weiteren aufgeführten Mängeln sonst um eine erste Fristsetzung handelt. Auf den entsprechenden Schriftverkehr ist hinzuweisen.

Man sollte ebenfalls den Hinweis auf den Ersatzunternehmer einfügen. Damit wird vermieden, dass es im Nachhinein zu Streitigkeiten über günstigere Ersatzunternehmer kommt.

Wichtig ist es, den Mangel zu dokumentieren und eine mögliche Verursachung durch den Nachunternehmer festzustellen. Es hat sich bewährt, hierfür einen öffentlich bestellten und vereidigten Sachverständigen hinzuzuziehen. Dieser gewährleistet eine neutrale Beurteilung und dies wirkt sich ebenfalls streitvermeidend aus.

1054 **Weitere Hinweise:** Als Auftraggeber ist man gegenüber dem Nachunternehmer nach § 13 Abs. 5 Ziffer 2 VOB/B berechtigt, die Ersatzvornahme durchzuführen, wenn dieser eine Mangelbeseitigung nicht innerhalb einer gesetzten Frist ausführt. Eine Nachfrist ist nicht vorgeschrieben und kann daher kurz sein.

Das vorliegende Schreiben behandelt nur die Fälle, in denen man gegenüber dem Nachunternehmer Mängel nach der Abnahme rügt.

Es ist vorteilhaft, den säumigen Nachunternehmer zu dem Termin hinzuzuziehen, da er dann seine Standpunkte einbringen kann. Der Gutachter ist damit in der Lage, die Einwände direkt in seiner Stellungnahme zu berücksichtigen. Es besteht allerdings keine Verpflichtung, den säumigen Nachunternehmer hinzuzuziehen.

8 Besonderheiten bei der Beschäftigung von Nachunternehmern

Es ist nicht unüblich, dass der komplette Rohbau oder Teilgewerke an Nachunternehmer vergeben werden. Dies geschieht unter anderem aus Kapazitätsengpässen oder aus Kostengründen. Dabei können Nachunternehmer aus dem Inland oder aus dem Ausland zum Einsatz kommen. Die Beauftragung von Nachunternehmern birgt etliche Risiken für den weitervergebenden Auftragnehmer, die vor deren Einsatz zu minimieren sind. Es handelt sich um eine Vielzahl von Bescheinigungen und Bestätigungen, welche zur Absicherung eingeholt werden müssen. Wenn der Bauleiter diese Nachweise nicht einholt, dokumentiert und für den Fall einer Prüfung der Baustelle unmittelbar vorhält, besteht die Gefahr erheblicher Geldforderungen gegen das eigene Unternehmen und hoher Ordnungsgelder. Die folgenden Ausführungen geben einen Überblick, welche Unterlagen einzuholen sind. Es handelt sich um ein wahres Dickicht von Vorschriften und Regelungen, die sich in kurzen Zeitabständen ändern. Daher müssen in jedem Fall ergänzende Erkundigungen eingeholt werden, ob sich Vorschriften oder Verfahren geändert haben. Informationen darüber geben die Fachverbände oder sie finden sich in den im Folgenden genannte Quellenangaben. 1055

Im Gegensatz zu anderen Branchen unterliegt der Einsatz von Nachunternehmern im Baugewerbe zahlreichen Einschränkungen. Geschützt werden die allgemeinverbindlichen Tarifverträge und damit die Arbeitsbedingungen der Bauarbeitnehmer im Inland. Zum Beispiel wird das Urlaubskassenverfahren, das es im Ausland in dieser Form nicht gibt, geschützt. Flankiert wird dieser Schutz durch zahlreiche bußgeldbewehrte Vorschriften und Haftungsregelungen, die nachträglich zu erheblichen finanziellen Belastungen des Generalunternehmers oder auch zum Ausschluss von öffentlichen Wettbewerben führen können. 1056

Beim Einsatz von Nachunternehmern sind mindestens folgende Punkte zu beachten und zu prüfen: 1057

- Entlohnung der Arbeitnehmer einschließlich Urlaub, Urlaubsentgelt (Teilnahme am Urlaubskassenverfahren), Gesamtsozialversicherungsbeiträge einschließlich der Beiträge für die Unfallversicherung der Berufsgenossenschaft;
- Einhaltung der Pflichten der ausländischen Nachunternehmer;
- Erforderlichkeit einer Arbeitserlaubnis der vom Nachunternehmer eingesetzten Mitarbeiter.

8.1 Entlohnung der Arbeitnehmer

1058 Aufgrund des Arbeitnehmer-Entsendegesetzes müssen die in Deutschland eingesetzten Arbeitnehmer zwingend in Höhe des jeweils geltenden Mindestlohnes einschließlich der Überstundensätze entlohnt werden. Dies gilt nicht nur für den grenzüberschreitenden Einsatz von gewerblichem Personal im Baugewerbe, sondern auch für die Beschäftigung von Arbeitnehmern durch inländische Arbeitgeber in diesen Wirtschaftsbereichen. Die jeweilige Lohnhöhe ergibt sich aus dem allgemeinverbindlichen Tarifvertrag zur Regelung eines Mindestlohnes im Baugewerbe. Dort werden zwei Lohngruppen unterschieden. Sofern der Arbeitnehmer Überstunden leistet, sind diese mit einem Aufschlag von 25 % zu vergüten. Wenn keine Arbeitszeitflexibilisierung vereinbart worden ist, ist jede Stunde über die Normalarbeitszeit von 8 Stunden hinaus mit diesem Überstundenzuschlag zu zahlen.

1059 Neben dem allgemeinverbindlichen Mindestlohntarifvertrag im Baugewerbe gibt es auch in anderen Bereichen Mindestlohnvorschriften, zum Beispiel im Elektrohandwerk, Steinmetz- und Steinbildhauerhandwerk, Dachdeckerhandwerk, Gebäudereinigerhandwerk, Maler- und Lackiererhandwerk. Das Bundesministerium für Arbeit und Soziales veröffentlicht vierteljährlich im Tarifregister eine aktualisierte Liste der allgemeinverbindlichen Tarifverträge.

1060 Neben dem Mindestlohn ist bei Betrieben des Baugewerbes auch die Dauer des Urlaubs, das Urlaubsentgelt und ein zusätzliches Urlaubsgeld entsprechend dem allgemeinverbindlichen Bundesrahmentarifvertrag zu zahlen. Die Arbeitnehmer haben einen jährlichen Urlaubsanspruch gemäß § 8 Nr. 1.1 BRTV in Höhe von 30 Urlaubstagen. Der Urlaubskassenbeitrag, der an die Urlaubskasse abgeführt werden muss, ist für nach Deutschland entsandte Arbeitnehmer derzeit auf 15,4 % der Bruttolohnsumme gemäß § 15 Abs. 1 VTV, dem allgemeinverbindlichen Tarifvertrag über das Sozialkassenverfahren im Baugewerbe, festgelegt.

1061 Mit vergleichbaren Urlaubskassen in einigen Ländern der EU hat die SOKA-Bau (Urlaubskasse für das Baugewerbe in Deutschland) bilaterale Verträge abgeschlossen, welches die Befreiung der ausländischen Nachunternehmer von der Beitragspflicht im Urlaubskassenverfahren in Deutschland ermöglicht, sofern der ausländische Nachunternehmer nachweist, dass er vergleichbare Beiträge in seinem Heimatland leistet. Möglich ist diese Befreiung derzeit bei einem Einsatz von Nachunternehmern im Baugewerbe aus den

EU-Staaten Belgien, Dänemark, Frankreich, Italien, Niederlande und Österreich.

Werden die Arbeitnehmer des Nachunternehmers nicht in Höhe des Mindestlohnes einschließlich des Überstundensatzes vergütet bzw. die Urlaubskassenbeiträge nicht abgeführt, haftet der Hauptunternehmer »wie ein selbstschuldnerischer Bürge« gemäß § 14 AEntG. Das bedeutet, dass sowohl die Urlaubskasse als auch der einzelne Arbeitnehmer seine Ansprüche, soweit der ausländische Nachunternehmer diese nicht erfüllt hat, gegenüber dem Hauptunternehmer geltend machen können. Diese Haftung ist verschuldensunabhängig. Daher muss der Hauptunternehmer zum Beispiel auch bei Insolvenz des Nachunternehmers die Lohnansprüche an dessen Arbeitnehmer bezahlen bzw. den Urlaubskassenbeitrag an die SOKA-Bau entrichten. In § 15 AEntG ist eigens für diese Fälle eine entsprechende Klagemöglichkeit der Arbeitnehmer und der Urlaubskasse geregelt. Die Haftung des Hauptunternehmers gegenüber dem einzelnen Arbeitnehmer ist dabei jeweils auf den Nettobetrag beschränkt (§ 14 Abs. 2 AEntG). **1062**

Um eine spätere Inanspruchnahme zu verhindern, muss sich der Auftragnehmer vom Nachunternehmer eine entsprechende Bürgschaft geben lassen. Gelingt das nicht, verlangt man von den einzelnen eingesetzten Arbeitnehmern sogenannte Mindestlohnerklärungen. In diesen Erklärungen bestätigen die Arbeitnehmer jeweils monatlich zum 15. des Folgemonats, dass sie ihr Entgelt entsprechend den Vorgaben des Mindestlohntarifvertrages erhalten haben. Das ist allerdings aufwendig. Es erfordert die Kenntnis des Bauleiters, welche Arbeitnehmer der Nachunternehmer einsetzt. Entsprechende Formulare sind über die Fachverbände der Bauwirtschaft erhältlich. **1063**

Um eine Inanspruchnahme der Urlaubskasse zu vermeiden, bietet die SOKA-Bau ein sogenanntes Bürgenfrühwarnsystem an. Hierzu bevollmächtigt der Nachunternehmer seinen Auftraggeber zur Einholung von Auskünften über geleistete Urlaubskassenbeiträge. Ein entsprechendes Vollmachtsformular kann man von der Homepage der SOKA-Bau herunterladen. Ferner gibt es die Möglichkeit, sich von der Bürgenhaftung befreien zu lassen. Dies gelingt allerdings nur, wenn man ausschließlich präqualifizierte Nachunternehmer einsetzt. In der Praxis wird das nur in wenigen Ausnahmefällen vorkommen. Weitere Informationen zum Präqualifikationsverfahren findet man unter www.pq-verein.de. **1064**

1065 Ferner kann sich der Auftraggeber auch dadurch von der Bürgenhaftung befreien, indem er nach Vollmachterteilung durch seinen Nachunternehmer eine entsprechende SOKA-BAU-Enthaftungsbescheinigung direkt bei der SOKA-BAU beantragt. Diese Möglichkeit ist allerdings mit einem erheblichen Arbeitsaufwand verbunden, da die Enthaftungsbescheinigungen ständig aktualisiert werden müssen.

1066 Möglich ist weiterhin, dass sich der Bauleiter die arbeitnehmerbezogenen monatlichen Meldungen des Nachunternehmers an die SOKA-Bau geben lässt. Das setzt allerdings lohnabrechnungstechnische Kenntnisse voraus, ohne die nicht überprüft werden kann, ob die gemeldeten Beträge richtig sind.

1067 Die Ansprüche der einzelnen ausländischen Arbeitnehmer verfallen gemäß § 2 Abs. 5 Mindestlohn Tarifvertrag sechs Monate nach deren Fälligkeit. Die kürzere zweimonatige tarifliche Ausschlussfrist gem. § 15 BRTV gilt hier nicht. Hinsichtlich der Ansprüche der Sozialkassen gelten die tariflichen Verfallsfristen. Für das Bauhauptgewerbe beträgt die Frist derzeit vier Jahre seit Fälligkeit.

1068 Neben der Haftung für nicht entrichtete Urlaubskassenbeiträge und die Nichteinhaltung des Mindestlohntarifvertrages droht dem Auftraggeber des Nachunternehmers ein Bußgeld bis zu 500.000,– € gemäß § 23 Abs. 3 AEntG, sofern er einen Nachunternehmer einsetzt, von dem er weiß oder hätte wissen können, dass dieser die zwingend vorgeschriebenen Arbeitsbedingungen gemäß § 8 AEntG, wie zum Beispiel die Zahlung des Mindestlohnes, von Überstundensätzen, Urlaub, Urlaubsentgelt etc., nicht einhält. Gerade auch aus diesem Grund ist es wichtig, die vorgenannten Kontrollen durchzuführen und diese zu dokumentieren. Weitere Folge ist, dass Unternehmen von der Vergabe öffentlicher Aufträge ausgeschlossen werden, wenn sie wegen eines Verstoßes nach § 23 AEntG mit einer Geldbuße von wenigstens 2.500,– € belegt worden sind.

1069 Der Bauleiter muss sowohl bei einem ausländischen, aber auch bei einem inländischen Nachunternehmer, der Bauleistungen erbringt, sicherstellen, dass der Nachunternehmer neben den bereits genannten Verpflichtungen auch die Sozialversicherungsbeiträge für seine Arbeitnehmer entrichtet. Der Auftraggeber haftet gemäß § 28 e Abs. 3 a SGB IV wie ein selbstschuldnerischer Bürge, sofern der Nachunternehmer diese Beiträge nicht bezahlt. Das gilt für Baumaßnahmen mit einem Gesamtauftragswert ab 275.000,– €. Der Gesamtwert bezieht sich dabei auf den Bauvertrag mit dem Bauherrn, nicht allein auf den geringeren Auftragswert des Bauvertrages mit dem Nachunternehmer.

Die Haftung entfällt, wenn man als Auftraggeber nachweist, dass man ohne eigenes Verschulden davon ausgehen konnte, dass der Nachunternehmer seine Zahlungspflicht erfüllt. Ein Verschulden des Unternehmers ist ausgeschlossen, soweit und solange er Fachkunde, Zuverlässigkeit und Leistungsfähigkeit des Nachunternehmers oder des von diesem beauftragten Verleihers durch eine Präqualifikation nachweist, welche die Eignungsvoraussetzungen nach § 6 VOB/A erfüllt. An Stelle der Präqualifikation kann der Auftraggeber den Nachweis durch Vorlage von Unbedenklichkeitsbescheinigungen der zuständigen Krankenkasse führen. Da es durchaus vorkommen kann, dass die Arbeitnehmer bei unterschiedlichen Krankenkassen versichert sind, wird es als ausreichend angesehen, wenn die Krankenkasse eine Unbedenklichkeitsbescheinigung ausstellt und dabei eine Anzahl von versicherten Arbeitnehmern angibt, die derjenigen Anzahl der beschäftigten Arbeitnehmer des Nachunternehmers auf dem Bauvorhaben entspricht. Die Unbedenklichkeitsbescheinigungen werden jeweils für 3 Monate ausgestellt. **1070**

Die Haftung des Auftraggebers kann sich unter Umständen auch auf eine Haftung des vom Nachunternehmer beauftragten Nachunternehmers erstrecken. Dies ist dann der Fall, wenn die Beauftragung des unmittelbaren Nachunternehmers bei verständiger Würdigung der Gesamtumstände als ein Rechtsgeschäft anzusehen ist, dessen Ziel vor allem die Umgehung der Haftung nach diesem Gesetz ist. Ein solcher Umgehungstatbestand ist in der Regel gegeben, wenn der unmittelbare Nachunternehmer weder selbst eigene Bauleistungen noch planerische oder kaufmännische Leistungen erbringt oder wenn der unmittelbare Nachunternehmer weder technisches noch planerisches oder kaufmännisches Fachpersonal in nennenswertem Umfang beschäftigt. Ferner gilt dies, wenn der unmittelbare Nachunternehmer in einem gesellschaftsrechtlichen Abhängigkeitsverhältnis zum Hauptunternehmer steht. **1071**

Problematisch ist dieser Nachweis bei ausländischen Nachunternehmen zu führen, da der ausländische Nachunternehmer seine Mitarbeiter aus dem Ausland nach Deutschland entsendet. Aufgrund der Entsendung unterliegen diese Arbeitnehmer nicht der deutschen Sozialversicherungspflicht, sondern derjenigen des jeweiligen Heimatlandes. Nach § 28e SGB IV haftet der Unternehmer allerdings auch für die ausländischen Sozialversicherungsbeiträge. Hier ist es für den Bauleiter nahezu unmöglich, vom jeweiligen Sozialversi- **1072** cherungsträger eine Unbedenklichkeitsbescheinigung einzuholen. Das kann bereits daran scheitern, dass das jeweilige Sozialversicherungssystem im Ausland nicht bekannt ist.

1073 Der Bauleiter hat daher nur die Möglichkeit, sich von den eingesetzten Mitarbeitern eine sogenannte Entsendebescheinigung vorlegen zu lassen. Er kann dann zumindest davon ausgehen, dass eine entsprechende Krankenversicherung für den eingesetzten Mitarbeiter im Ausland besteht. Ob der Nachunternehmer allerdings die Krankenversicherungsbeiträge bezahlt hat, lässt sich damit nicht nachweisen.

1074 Neben der Haftung für die Krankenversicherungsbeiträge haftet der Auftraggeber auch für die vom Nachunternehmer nicht entrichteten Unfallversicherungsbeiträge gemäß § 150 Abs. 3 SGB VII.

1075 Auch hier kann sich der Unternehmer durch Vorlage einer qualifizierten Unbedenklichkeitsbescheinigung des zuständigen Unfallversicherungsträgers von der Haftung befreien. Diese Unbedenklichkeitsbescheinigung muss insbesondere Angaben über die bei dem Unfallversicherungsträger eingetragenen Unternehmensteile des Nachunternehmers, die diesen Unternehmensteilen zugehörigen Lohnsummen des Nachunternehmers sowie die ordnungsgemäße Zahlung der Beiträge enthalten. Unbedenklichkeitsbescheinigungen für die Berufsunfallversicherung können mittlerweile auch elektronisch bei der BG Bau abgerufen werden.

8.2 Einhaltung der Pflichten der Nachunternehmer

Zur Vermeidung von Schwarzarbeit und illegaler Beschäftigung wurde das sogenannte Gesetz zur Bekämpfung der Schwarzarbeit eingeführt. Nach § 2 SchwarzArbG sind die Zollbehörden zur Prüfung verpflichtet, z.B. 1076

- ob der Nachunternehmer seine Melde-, Beitrags-, Aufzeichnungs- und steuerlichen Pflichten erfüllt,
- sein Gewerbe anmeldet hat
- bei Vorliegen eines Handwerks in die Handwerksrolle eingetragen ist etc.

Bei der Erbringung von Dienst- oder Werkleistungen sind die im Baugewerbe tätigen Personen, also angestelltes und gewerbliches Personal, gemäß § 2a SchwarzArbG verpflichtet, ihren Personalausweis, Pass, Passersatz oder Ausweisersatz mitzuführen und den Behörden der Zollverwaltung auf Verlangen vorzulegen. Der Arbeitgeber hat jeden und jede seiner Arbeitnehmer und Arbeitnehmerinnen nachweislich und schriftlich auf diese Pflichten hinzuweisen. Der Hinweis ist zu dokumentieren und für die Dauer der Erbringung der Dienst- oder Werkleistungen aufzubewahren und auf Verlangen bei den Prüfungen nach § 2 Abs. 1 SchwarzArbG vorzulegen. Ein Verstoß gegen diese Verpflichtungen ist auch bereits bußgeldpflichtig gemäß § 8 SchwarzArbG. Der Bauleiter muss daher auf der Baustelle jederzeit die entsprechenden Nachweise über die schriftliche Belehrung seiner auf der Baustelle eingesetzten Mitarbeiter vorhalten. 1077

Der Auftraggeber, der einen Nachunternehmer beauftragt, welcher vorsätzlich kein Gewerbe anmeldet oder ein zulassungspflichtiges Handwerk betreibt, ohne in die Handwerksrolle eingetragen zu sein, handelt ordnungswidrig gemäß § 8 Abs. 1 SchwarzArbG. Hieraus resultiert die Pflicht des Bauleiters zu prüfen, ob der Nachunternehmer sein Gewerbe angemeldet hat. Er hat sich daher die Gewerbeanmeldung vorlegen zu lassen. Eine Kopie ist in die Dokumentation zu übernehmen. 1078

Ferner muss sich der Bauleiter von der jeweiligen Handwerkskammer eine Bestätigung geben lassen, dass der Nachunternehmer in die Handwerksrolle eingetragen ist. Letzteres ist für den Bauleiter nicht einfach zu beurteilen. Oft wird man dem Einwand des Nachunternehmers begegnen, er sei nicht eintragungspflichtig. Es ist daher in diesen Fällen anzuraten, sich zumindest eine Bescheinigung von der Handwerkskammer vorlegen zu lassen, dass keine Eintragung erforderlich ist. 1079

1080 Jeder Auftraggeber von Bauleistungen hat auch die Verpflichtung, bei Beschäftigung von inländischen und ausländischen Nachunternehmern einen pauschalen Steuerabzug in Höhe von 15 % des Werklohns einzubehalten und an das Finanzamt abzuführen. Dies ergibt sich aus §§ 48 bis 48d EStG. Der Nachunternehmer kann den pauschalen Abzug dadurch vermeiden, dass er seinem Auftraggeber eine von seinem Finanzamt ausgestellte Freistellungsbescheinigung vorlegt. Sofern der Bauleiter diesen Einbehalt nicht macht und sich auch keine Freistellungsbescheinigung geben lässt, haftet das Unternehmen im Falle der Uneinbringlichkeit gegenüber dem Finanzamt in Höhe des vorgeschriebenen Abzugsbetrages.

8.3 Erforderlichkeit einer Arbeitserlaubnis der vom Nachunternehmer eingesetzten Mitarbeiter

Sofern ein ausländischer Nachunternehmer eingesetzt wird, ist als erstes zu prüfen, ob die Arbeitnehmer eine Arbeitserlaubnis benötigen. Dies ist grundsätzlich der Fall, wenn es sich um Ausländer handelt. Ausländer ist gem. § 1 Abs. 2 AusLG[4] jeder, der nicht Deutscher im Sinne des Art. 116 Abs. 1 GG ist. Danach ist derjenige Deutscher, der die deutsche Staatsangehörigkeit besitzt. Entsendet zum Beispiel ein serbischer Nachunternehmer Mitarbeiter, die neben ihrer serbischen Staatsangehörigkeit auch eine deutsche Staatsangehörigkeit besitzen, bedürfen diese Mitarbeiter keiner Arbeitserlaubnis. 1081

Staatsangehörige der EU und Angehörige der Staaten des Europäischen Wirtschaftsraumes, also Norwegen, Island und Lichtenstein, benötigen keine Arbeitserlaubnis. Schweizer Bürger gehören zwar nicht dem EWR an, sind aber nach dem Freizügigkeitsabkommen EU-Schweiz EWR-Staatsangehörigen gleichgestellt. Das bedeutet bei einem Werkvertrag mit einem Unternehmen aus diesen Ländern, dass der Nachunternehmer seine Arbeitnehmer in Deutschland ohne Arbeitserlaubnis einsetzen kann, also zum Beispiel ein norwegischer Nachunternehmer seine Arbeitnehmer mit norwegischer Staatsangehörigkeit. 1082

Zum Schutz des inländischen Baugewerbes sowie verwandter Wirtschaftszweige galten jedoch Übergangsregelungen für die so genannte Arbeitnehmerfreizügigkeit. Arbeitnehmer im Baugewerbe aus Kroatien genießen seit 01.07.2015 die Arbeitnehmerfreizügigkeit, benötigen also keine Arbeitserlaubnis mehr. 1083

Arbeitnehmer außerhalb der EU, wie zum Beispiel Bosnien und Herzegowina, Mazedonien, Serbien, Montenegro und Türkei, können nicht ohne entsprechende Arbeitserlaubnis in Deutschland tätig werden. Die Nachunternehmer müssen daher für ihre Arbeitnehmer vor Aufnahme der Tätigkeit eine Arbeitserlaubnis beantragen. Die Arbeitserlaubnis wird aufgrund sogenannter zwischenstaatlicher Vereinbarungen speziell für Arbeitnehmer, die im Rahmen eines Werkvertrages nach Deutschland entsandt werden, erteilt. Über die Voraussetzungen und das Zulassungsverfahren im Einzelnen informiert das Merkblatt 16 und das Merkblatt 16 a, welches über die Homepage der Bundesagentur für Arbeit bezogen werden kann. 1084

4 Ausländergesetz

1085 Werkvertragsarbeitnehmer sind Arbeitnehmer, die im Rahmen eines zwischen dem ausländischen Nachunternehmen und dem inländischen Bauunternehmen abgeschlossenen Werkvertrages zur Erbringung der Arbeitsleistung nach Deutschland entsandt werden. In den Regierungsvereinbarungen ist unter anderem festgelegt, zu welchen Bedingungen, wann und für welche Zeit die ausländischen Unternehmen zur Durchführung der Werkverträge ihre Arbeitnehmer in Deutschland beschäftigen können. Ferner sind dort bestimmte Kontingente festgeschrieben.

1086 Zuständig für die Durchführung dieser zwischenstaatlichen Regierungsvereinbarungen ist die Bundesagentur für Arbeit.

1087 Die Arbeitserlaubnis beantragt der ausländische Nachunternehmer. Die Arbeitserlaubnis wird erteilt, wenn nachstehende Voraussetzungen erfüllt sind. Es muss

- ein Werkvertrag zwischen dem ausländischen Nachunternehmen und seinem Auftraggeber vorliegen
- der Nachunternehmer muss ein konkretes Werk schulden
- die Vergütung muss ergebnisbezogen und es darf keine Abrechnung nach Zeiteinheiten vereinbart sein
- die Arbeitnehmer des Nachunternehmers unterliegen allein dem Weisungsrecht des Nachunternehmers
- der Nachunternehmer erstellt das Werk mit eigenverantwortlicher Organisation
- der Nachunternehmer trägt das Unternehmerrisiko und die Gewährleistung für Mängel des Werkes.

1088 Ob ein Werkvertrag vorliegt, wird deshalb von der Bundesagentur für Arbeit überprüft, da eine Arbeitnehmerüberlassung von ausländischen Arbeitnehmern verboten ist. Bei der Arbeitnehmerüberlassung werden Arbeitnehmer eines Arbeitgebers, des Verleihers, an einen Dritten, den Entleiher, zur Arbeitsleistung überlassen. Die Arbeitnehmer werden dabei in die Organisation des Entleihers eingegliedert, erhalten ihre Anweisungen vom Entleiher und werden letztlich wie eigene Arbeitnehmer eingesetzt. Es liegt zum Beispiel kein Werkvertrag vor, wenn Arbeitnehmer eines ausländischen Nachunternehmers damit beschäftigt werden, innerhalb einer Arbeitskolonne des Hauptunternehmers mitzuarbeiten. Die einzelnen Arbeitnehmer eines Nachunternehmers dürfen daher nicht direkt vom Polier oder Bauleiter des Hauptunternehmers angewiesen werden. Anweisungen an den Nachunternehmer dürfen nur im Sinne der VOB/B in Bezug auf die allgemeine Durchführung der vertraglichen Leistungen erfolgen.

Für die Beschäftigung von Werkvertragsarbeitnehmern sind zum Schutz des inländischen Baumarktes Obergrenzen, die Quotierung genannt werden, festgelegt. Die Quotierung ist abhängig von der eigenen Mitarbeiterstärke im gewerblichen Bereich. Angestellte, wie Poliere, Bauleiter oder Büropersonal, zählen also nicht mit. **1089**

Für Werkverträge mit in Deutschland ansässigen Unternehmen, die **1090**

- bis zu 50 gewerbliche Arbeitnehmer beschäftigen, darf die Arbeitserlaubnis für bis zu 15 Werkvertragsarbeitnehmer erteilt werden.
- mehr als 50 gewerbliche Arbeitnehmer beschäftigen, darf die Arbeitserlaubnis für bis zu 30 % der gewerblichen Arbeitnehmer des deutschen Betriebs, höchstens jedoch 300 Werkvertragsarbeitnehmer erteilt werden.

Die Arbeitnehmer des Nachunternehmers erhalten bei Vorliegen der genannten Kriterien eine Arbeitserlaubnis. Diese Erlaubnis wird in der Regel im jeweiligen Reisepass des einzelnen Arbeitnehmers oder in einer Urkunde erteilt. In der Erlaubnis wird vermerkt, für welche Tätigkeit die Arbeitserlaubnis erteilt wird. Der Arbeitnehmer darf dann nur zur Erstellung des bestimmten Werkes eingesetzt werden. Es ist daher nicht zulässig, einen Arbeitnehmer, auch nur vorübergehend, bei einer anderen Baumaßnahme einzusetzen. **1091**

Der Bauleiter hat die Pflicht, die Arbeitserlaubnisse der vom Nachunternehmer eingesetzten Arbeitnehmer zu prüfen. Sofern ein Auftragnehmer Werkleistungen in erheblichem Umfang von einem anderen Unternehmer ausführen lässt, von dem er weiß oder fahrlässig nicht weiß, dass dieser zur Durchführung des Auftrages ausländische Arbeitnehmer, die nicht die erforderliche Arbeitserlaubnis besitzen, einsetzt, handelt er ordnungswidrig. Die Ordnungswidrigkeit kann nach § 404 SGB III mit einer Geldbuße bis zu 500.000,– € geahndet werden. **1092**

Checkliste 33: Mindestens vorzulegende Unterlagen und Nachweise von Nachunternehmern

•	Gewerbeanmeldung	
•	Eintragung in die Handwerksrolle bzw. Bescheinigung der zuständigen Handwerkskammer, dass eine Eintragung nicht erforderlich ist	
•	Vollmacht für die Einholung von Auskünften bei der SOKA-Bau	
•	Freistellungsbescheinigung des Finanzamts gem. § 48 b EStG	
•	Liste der vom Nachunternehmer eingesetzten Mitarbeiter	
•	Arbeitserlaubnisse der ausländischen Arbeitnehmer bzw. Vorlage des jeweiligen Reisepasses	
•	Unbedenklichkeitsbescheinigungen der Krankenkassen oder gleichwertiger Nachweis des ausländischen Sozialversicherungsträgers	
•	Unbedenklichkeitsbescheinigung des Unfallversicherungsträgers (Berufsgenossenschaft)	
•	Vollmacht des Nachunternehmers für Auskunftserteilung bei der SOKA-Bau bzw. Bescheinigung der SOKA-Bau, dass eine Teilnahme am Urlaubskassenverfahren nicht erforderlich ist	
•	Mindestlohnbestätigungen, möglichst monatlich, der eingesetzten Mitarbeiter	
Abfrage zu Änderungen oder Ergänzungen der zu dokumentierenden Unterlagen durchführen!		
Eigene Anmerkungen:		

9 Dokumentation

Mit Abschluss der handwerklichen Leistungen beziehungsweise mit Übergabe des Bauwerks werden auch Dokumente vom Auftragnehmer an den Auftraggeber ausgehändigt. Oftmals ist jedoch dem Auftragnehmer nicht klar und in seinen Verträgen auch nicht erschöpfend geregelt, welche Dokumente zu übergeben sind und in welcher Form. Der Bauleiter des Auftragnehmers muss dann entscheiden, welche Dokumente er übergeben muss, zum Beispiel nach vertraglich vereinbartem Soll oder nach anerkannten Regeln der Technik, welche er übergeben sollte, zum Beispiel zur Wahrung seiner Ansprüche, zur Abwehr von Forderungen oder zur Reduzierung seines späteren Aufwandes, und welche er übergeben kann, zum Beispiel als Service und Mehrwert für den Auftraggeber. Das folgende Kapitel soll dem Bauleiter helfen, Dokumente zu identifizieren, die für die Dokumentation seiner Leistungen notwendig sind. Dazu werden Dokumente grundsätzlich beschrieben und gegliedert. **1093**

Die häufig vereinbarte VOB regelt allgemein, dass Zeichnungen, Berechnungen, Nachprüfungen von Berechnungen oder andere Dokumente, die der Auftragnehmer nach dem Vertrag, der gewerblichen Verkehrssitte oder auf besonderes Verlangen des Auftraggebers zu beschaffen hat, dem Auftraggeber nach Aufforderung rechtzeitig vorzulegen sind. **1094**

Mit der Neuregelung des Bauvertragsrechts sind wesentliche Informationspflichten des Unternehmers und damit des Bauleiters hinzugekommen, die einen direkten Bezug zu den Dokumentationspflichten haben. Diese gelten in den Fällen, in denen der Bauherr ein Verbraucher ist. Dem Bauherrn ist eine Baubeschreibung als vorvertragliche Informationspflicht zur Verfügung zu stellen, deren Mindestinhalt gesetzlich geregelt ist. Darüber hinaus hat der Auftragnehmer vor Beginn der Ausführung Planungsunterlagen zu erstellen und dem Bauherrn zur Verfügung zu stellen. Den Umfang definiert das Gesetz als Planungsunterlagen, die der Bauherr benötigt, um gegenüber Behörden den Nachweis führen zu können, dass die Leistung unter Einhaltung der einschlägigen öffentlich-rechtlichen Vorschriften ausgeführt werden wird. Nach Fertigstellung des Bauwerks muss der Unternehmer Dokumente zur Verfügung stellen, die den Bauherrn in die Lage versetzen, gegenüber den Behörden den Nachweis führen zu können, dass die Leistung unter Einhaltung der einschlägigen öffentlich-rechtlichen Vorschriften ausgeführt wurde. Insoweit sind also gerade dokumentarische Pflichten des Auftragnehmers gere- **1095** gelt worden, aber ohne, dass dabei ein konkreter Inhalt definiert wird. Daraus folgt, dass der Bauleiter schon vor Beginn der Baumaßnahme eine strukturierte Dokumentation anlegen sollte, um diesen Regelungen nachweissicher entsprechen zu können.

Generell bietet es sich an, einen digitalen Dokumentationsraum zu schaffen. Die Vorteile liegen auf der Hand. So kann schon vor der Baumaßnahme eine bestimmte Struktur (z.B. Ordnerstruktur) vorgegeben werden. Der Bauleiter kann über Zugriffs- und Zugangsrechte kontrollieren, welche Dokumente welchem Personenkreis zur Verfügung gestellt werden. Es verringert die Gefahr, dass Dokumente „verloren" gehen bzw. keinen Eingang in die Dokumentation finden. Es spart dem Bauleiter sicherlich Zeit und Ressourcen, die anfallen, um eine Dokumentation am Ende der Maßnahme aufzubauen und in mehrfacher Ausfertigung vorzuhalten. Zumal er dann eventuell die Dokumente nochmals bei Nachunternehmern anfordern muss. In Anbetracht der Tatsache, dass gerade bei großen komplexen Bauvorhaben die Dokumentation mitunter einen Umfang annimmt, der „papiergebunden" kaum zu bewältigen ist, bietet sich eine digitale Dokumentation an. Dazu wird mittlerweile eine Vielzahl von Softwarelösungen angeboten, die nicht nur die Dokumentation von Bauvorhaben umfassen, sondern teilweise einen ganzheitlichen Ansatz bieten. Neben der Dokumentation können auch die Einhaltung von Terminplänen und Arbeitszeitnachweisen, Bedenken- und Mangelanmeldung und deren Verfolgung und Behebung dokumentiert werden. Meist können direkt mit digitalen Geräten Fotos von Sachverhalten in die Dokumentation integriert werden. Besonders in diesem Bereich ist die Entwicklung derzeit rasant.

1096 Die Dokumentation sollte zudem so aufgebaut werden, dass sie auch in Teilbereiche untergliedert werden kann. Dies ist vor allem bei großen Bauvorhaben sinnvoll, wenn beispielsweise die Dokumentation zum Betrieb des Bauwerks an das Facility Management weitergeleitet werden soll oder bei späteren Umbaumaßnahmen die Dokumentation zur Fortführung der Planung und/oder Baugenehmigung benötigt wird. Damit kann auch eine Steuerungs- und Nachweisfunktion verbunden sein, die auch datenschutzrechtlichen Belangen genügen muss. Ebenso kann einfach gesteuert werden, welcher Personenkreis auf welchen Teilbereich einer Dokumentation Zugriff hat. So können beispielsweise Nachunternehmer Zugang zu Plänen und Berechnungen haben, aber nicht zu Verträgen mit Dritten o.ä.

Bei Dokumenten zu Bauwerken, die für mehrere Bauherren, die zum Beispiel zu einer Wohnungseigentümergemeinschaft zusammengeschlossen sind, erstellt werden, ist es häufig darüber hinaus unklar, wem die Dokumente gegeben werden sollen. Zwar sollte dies in der Regel zumindest der Verwalter sein, allerdings zeigt die Praxis, dass mitunter Dokumente überhaupt nicht übergeben werden oder übergeben wurden und niemand mehr genau weiß, wem was übergeben wurde. **1097**

Wie bereits im Kapitel »Die Übergabe des Bauwerks« erwähnt, zählen zu den Dokumenten unter anderem **1098**

- Pläne,
- Zulassungen,
- Prüfzeugnisse und -berichte,
- Wartungsverträge,
- Bedienungs- und Wartungsanleitungen und
- Pflegehinweise,

allerdings können je nach Vertrag unterschiedliche Dokumente notwendig werden. Es ist auch zu klären, welche Berechnungen übergeben werden müssen, welche sinnvollerweise übergeben werden sollten und welche beim Auftragnehmer verbleiben.

Selbstverständlich ist der Bauleiter des Auftragnehmers selten für alle Dokumente zuständig. Der Umfang ergibt sich vielmehr aus seinem Leistungssoll, weswegen die folgenden Ausführungen zu Dokumenten allgemein gefasst sind. So muss der Bauleiter eines Rohbauunternehmens andere Dokumente übergeben als der eines Trockenbauunternehmens, eines Tiefbauunternehmens oder eines Fassadenbauunternehmens. Den Bauleitern soll aber die Entscheidung erleichtert werden, welche Dokumente sie übergeben müssen, sollen oder können. **1099**

Das Konvolut der vom Bauleiter jeweils zu übergebenden Dokumente wird im Folgenden allgemeingültig Dokumentation genannt. Am Ende der einzelnen Kapitel befindet sich jeweils eine Checkliste, in der Dokumente zusammenfassend aufgelistet sind. Die Checklisten sollen als Gedankenstützen dienen und haben keinen Anspruch auf Vollständigkeit. **1100**

9.1 Dokumente zur Planung

1101 Wie bereits erwähnt, sind zumindest nach VOB oftmals Zeichnungen und Berechnungen vom Auftragnehmer an den Auftraggeber zu übergeben. Die Praxis zeigt aber, dass häufig wichtige Dokumente wie Zeichnungen, statische oder gebäudetechnische Berechnungen, aber auch Nachweise zu Änderungen während der Bauphase, bei der Übergabe einer Dokumentation nicht mitgeliefert werden. Demzufolge kann zu einem späteren Zeitpunkt unter Umständen nicht mehr nachvollzogen werden, wie und ob eine Leistung tatsächlich ausgeführt wurde.

1102 Es sollten daher grundsätzlich alle Dokumente, die aus der Planung des Auftragnehmers zur Ausführung herangezogen wurden, der Dokumentation beigefügt werden. Dazu gehören alle Zeichnungen und Berechnungen zur Ausführungs- und Montageplanung, zur technischen Gebäudeausrüstung, statische Berechnungen, energetische Berechnungen und das Brandschutzkonzept.

Ausführungs- und Montageplanung zur Konstruktion

1103 Da mit der Baugenehmigung lediglich die Übereinstimmung mit öffentlich-rechtlichen Vorschriften geprüft wird, kommt der Ausführungs- und Montageplanung eine besondere Bedeutung zu. Denn hier werden Einzelheiten und technische Details geplant, die im Einklang mit den Regeln der Technik stehen müssen. Ist die Baugenehmigung öffentlich-rechtliche Grundlage für ein Bauvorhaben, so ist die Ausführungsplanung die technische Grundlage für ein Bauvorhaben, die auf den anerkannten Regeln der Technik gründet. Sie wird oftmals in Teilen vom Auftragnehmer erbracht.

1104 Während des Bauvorhabens wird die Planung immer wieder auf Wünsche des Auftraggebers und geänderte Randbedingungen angepasst. Selten wird ein Bauvorhaben nach seiner originären Planung fertiggestellt, und es liegen nach Abschluss der Leistungen oftmals Pläne mit einer Vielzahl unterschiedlicher Indizes vor. Gehört die Planung zum Leistungsumfang des Auftragnehmers, muss er zumindest die Ausführungs- und Montagepläne dem Auftraggeber übergeben. Auch hier sei nochmals auf die Vorteile eines digitalen Datenraums hingewiesen, in dem leicht nachvollziehbar auch unterschiedliche Planstände abgelegt werden können.

1105 Aber auch zum Nachweis über Änderungen, die Eingang in die Planung gefunden haben, ist es sinnvoll, Pläne mit niedrigeren Indizes zumindest digital zu übergeben. So können Änderungen in der Planung und der Ausführung auch von Dritten nachvollzogen werden.

Sollte nichts anderes vertraglich vereinbart sein, ist es zumindest üblich, folgende Pläne zur Konstruktion zu übergeben, die vom Auftragnehmer erstellt wurden: **1106**

- Ansichten,
- Grundrisse,
- Schnitte,
- Werkstattzeichnungen,
- Details handwerklich schwierig herzustellender Bauteile oder Planungen zu schadensträchtigen Bauteilen sollten übergeben werden. Wenn von allgemein anerkannten Regeln der Technik abgewichen wird, muss dokumentiert werden, warum.

Darüber hinaus sollten

- Positionspläne und
- Bewehrungspläne

übergeben werden. Zur Vervollständigung einer Dokumentation können auch

- Schalpläne

zusätzlich übergeben werden.

Die VOB/C schreibt unter anderem bei **1107**
Zimmermann- und Holzbauarbeiten,
Stahlbauarbeiten,
Fassadenarbeiten und
Metallbauarbeiten
vor, dass zumindest Montagepläne und/oder Werkstattzeichnungen an den Auftraggeber übergeben werden. Die Dokumente müssen Aufschluss über Konstruktion, Maße, Einbau, Befestigung und Bauanschlüsse geben.

Montage und Werkstattplanung TGA

Analog zur Konstruktion müssen auch für die technische Gebäudeausrüstung unter anderem Zeichnungen und Berechnungen vom Auftragnehmer an den Auftraggeber ausgehändigt werden. Dazu zählen zumindest Grundrisse, Strangschemata, Anschlusspläne, Anlagenschemata, Aggregatanschlüsse und Schaltpläne aus dem Leistungssoll des Auftragnehmers. **1108**

1109 Nach den Regelungen der VOB/C müssen bei
Gas-, Wasser- und Entwässerungsanlagen,
Wärmeversorgungsanlagen und
raumlufttechnischen Anlagen
zumindest

- Ausführungspläne,
- Montagepläne,
- Werkstattzeichnungen,
- Stromlaufpläne,
- Fundamentpläne,
- Anlagenschemata,
- elektrische Übersichtspläne und Anschlusspläne,
- eine Zusammenstellung der wichtigsten technischen Daten,
- Kopien der vorgeschriebenen Prüf- und Herstellerbescheinigungen,
- die für die behördlich vorgeschriebenen Anzeigen oder Anträge notwendigen zeichnerischen und sonstigen Dokumente

vom Auftragnehmer dem Auftraggeber zur Verfügung gestellt werden.

1110 Analog dazu müssen bei **elektrischen Anlagen** (Nieder- und Mittelspannungsanlagen)

- Stromlaufpläne,
- Adressierungspläne,
- Aufbauzeichnungen,
- Stücklisten,
- Klemmpläne und Belegungen und
- Funktionsbeschreibungen

übergeben werden. Für elektrisch betriebene Rollläden muss der Auftragnehmer nach VOB/C auch einen verbindlichen Geräteplan, ein Schaltbild oder einen Stromlaufplan mit Klemmplan vorlegen.

1111 Bei **Förderanlagen** hat üblicherweise der Auftragnehmer die Montage- und Werkstattplanung zu erbringen, die er spätestens nach Abschluss seiner Leistungen dem Auftraggeber zur Verfügung stellen muss. Dazu zählen unter anderem auch Anlagenschemata, Übersichtsschalt- und Anschlusspläne sowie das Prüfbuch.

Auch bei der **Gebäudeautomation** hat der Auftragnehmer dem Auftraggeber Montage- und Werkstattzeichnungen zu liefern, zu denen unter anderem das Automationsschemata, Stromlaufpläne, Automationsstations- und Belegungspläne, Verbindungsschaltpläne, Übersichtspläne, Stücklisten und Funktionsbeschreibungen gehören. **1112**

Bei weiteren sonstigen **technischen Anlagen** empfiehlt sich die Aushändigung der Planungsdokumente analog zu denen bei der Gebäudeautomation. **1113**

Sind zum Beispiel Wasserhaltungsarbeiten notwendig, muss der Auftragnehmer nach VOB/C die technischen Dokumente liefern, die zur Einhaltung der Auflagen aus den Genehmigungen für den Betrieb der Anlage und das Abführen des geförderten Wassers erforderlich sind. Darüber hinaus muss der Auftragnehmer die Anlage bemessen und dafür den Nachweis führen. Auf Verlangen des Auftraggebers muss er Informationen zur Anlage, unter anderem Anordnung, Art, Lage, Höhe, Tiefe, Sicherheitsmaßnahmen, aber auch Energiebedarf angeben. **1114**

Baugrundgutachten

Ein Baugrund- oder Bodengutachten wird im Vorfeld der Planung und Ausführung in der Regel vom Auftraggeber eingeholt, um über den Baugrund wichtige Informationen zu erhalten. Neben Erkenntnissen zur Belastbarkeit des Baugrunds können Erkenntnisse über den Grundwasserstand und gegebenenfalls zu Kontaminationen beziehungsweise Altlasten gewonnen werden. Ein Baugrundgutachten kann aber auch durch den Auftragnehmer veranlasst werden und ist dann ein Dokument, das Eingang in die Dokumentation finden sollte. **1115**

Sonstige Gutachten

Neben dem Baugrundgutachten können weitere Gutachten im Vorfeld der Ausführung wichtig sein, die ähnlich zum Baugrundgutachten in der Regel vom Auftraggeber zur Verfügung gestellt werden, jedoch auch Leistung des Auftragnehmers sein können. Je nach vertraglicher Gestaltung müssen diese dem Auftraggeber übergeben werden. Oftmals ist der Umfang der erforderlichen Gutachten vom Standort und der geplanten Nutzung des Bauwerks abhängig. So ist beispielsweise in unmittelbarer Nähe zu einem Flughafen eventuell ein Radargutachten notwendig, bei Bauwerken aus den 1960er und **1116**

1970er Jahren ein Asbest- oder Altlastengutachten oder bei innerstädtischer Bebauung in Großstädten ein Gutachten zur Kampfmittelbeseitigung.

Statische Berechnungen

1117 Standsicherheitsnachweise müssen im Allgemeinen von einem Prüfstatiker erstellt sein, der die Einhaltung seiner statischen Vorgaben während des Bauablaufs fortlaufend prüft. Die Nachweise dieser Überprüfungen gehören ebenfalls in die Dokumentation, siehe dazu Kapitel Dokumente zu Abnahmen. Die Berechnungen zur Standsicherheit des Tragwerks werden allerdings in der Regel vom Auftraggeber beauftragt, können aber auch Teil der Leistung des Auftragnehmers sein und müssen dann auch übergeben werden. Es ist darauf zu achten, dass die Berechnungen vom Prüfstatiker freigegeben wurden und diese vollständig vorliegen.

1118 Bei Schlitzwandarbeiten mit stützenden Flüssigkeiten ist es zum Beispiel üblich, dass der rechnerische Standsicherheitsnachweis für die mit der stützenden Flüssigkeit gefüllten Schlitze vom Auftragnehmer zu erbringen und zu übergeben ist.
Ebenso ist es bei Stahlbauarbeiten üblich, dass der Auftragnehmer Festigkeitsberechnungen und Schweißpläne liefert.

Energiebedarfsberechnung

1119 Mit Einführung der EnEV und dem daraus resultierenden Gebäudeenergiegesetz (GEG) sowie weiterer gesetzlicher Regelungen spielt der Energiebedarf eines Bauwerks eine immer bedeutendere Rolle. Teilweise sind Finanzierungen mit energetischen Vorgaben verknüpft. Die Berechnung wird allerdings im Allgemeinen vom Auftraggeber zur Verfügung gestellt.

Schallschutzberechnung

1120 Eine Schallschutzberechnung ist gerade bei größeren Objekten Standard und wird häufig auch von der Bauaufsicht gefordert. In der Regel wird das Schallschutzgutachten vom Auftraggeber bereits vorgelegt.

Brandschutzkonzept

1121 Der Brandschutz spielt eine bedeutende Rolle, da es hier direkt um »Leib und Leben« geht. Allerdings wird auch das Brandschutzkonzept in der Regel vom Auftraggeber vorgegeben. Aber durch Änderungen in der Planung muss mitunter auch das Brandschutzkonzept überarbeitet werden, was vom Bauleiter nachverfolgt werden sollte.

Checkliste 34: Dokumente zur Planung

Dokument	**Erfor-der-lich**	**Vor-han-den**	**Über-geben**
Ausführungs- und Montageplanung			
Ansichten			
Grundrisse			
Schnitte			
Werkstattzeichnungen			
Details			
Positionspläne			
Bewehrungspläne			
Schalpläne			
Pläne zur technischen Gebäudeausrüstung			
Gas-, Wasser- und Entwässerungsanlagen			
Ausführungspläne			
Montagepläne			
Werkstattzeichnungen			
Stromlaufpläne			
Fundamentpläne			
Anlagenschemata			
elektrische Übersichts- und Anschlusspläne			
eine Zusammenstellung der wichtigsten technischen Daten			
Kopien der vorgeschriebenen Prüf- und Herstellerbescheinigungen Grundleitungsplan			

Wärmeversorgungsanlagen			
Ausführungspläne			
Montagepläne			
Werkstattzeichnungen			
Stromlaufpläne			
Fundamentpläne			
Anlagenschemata			
elektrische Übersichts- und Anschlusspläne			
eine Zusammenstellung der wichtigsten technischen Daten			
Kopien der vorgeschriebenen Prüf- und Herstellerbescheinigungen Grundleitungsplan			
Raumlufttechnische Anlagen			
Ausführungspläne			
Montagepläne			
Werkstattzeichnungen			
Stromlaufpläne			
Fundamentpläne			
Anlagenschemata			
elektrische Übersichts- und Anschlusspläne			
eine Zusammenstellung der wichtigsten technischen Daten			
Kopien der vorgeschriebenen Prüf- und Herstellerbescheinigungen Grundleitungsplan			
Elektrische Anlagen			
Stromlaufpläne			
Adressierungspläne			
Aufbauzeichnungen			

Stücklisten			
Klemmpläne und Belegungen			
Funktionsbeschreibungen			
Förderanlagen			
Montage- und Werkstattplanung			
Anlagenschemata			
Übersichtsschaltpläne			
Anschlusspläne			
Prüfbuch			
Gebäudeautomation			
Montage- und Werkstattplanung			
Automationsschemata			
Stromlaufpläne			
Automations- und Belegungspläne			
Verbindungsschaltpläne			
Montage- und Werkstattplanung			
Anlagenschemata			
Übersichtspläne			
Stücklisten			
Funktionsbeschreibungen			
Sonstige technische Anlagen			
Baugrundgutachten			
Sonstige Baugutachten			
Statische Berechnungen			
Energiebedarfsberechnung			
Schallschutzberechnung			
Brandschutzkonzept			

9.2 Dokumente zur Baugenehmigung

Bauanträge

1122 Der Bauantrag wird im Allgemeinen durch den Aufraggeber bei der zuständigen Bauaufsichtsbehörde eingereicht, ebenso wie alle Nachträge und Änderungen zum Bauantrag. Ist ein Teil oder der gesamte Bauantrag vertragliche Leistung des Auftragnehmers, müssen die Antragsdokumente dem Auftraggeber übergeben werden.

1123 Nach den Bauvorlagenverordnungen der jeweiligen Bundesländer sind üblicherweise mit dem Bauantrag alle für die Beurteilung des Bauvorhabens und die Bearbeitung des Bauantrags erforderlichen Dokumente (Bauvorlagen) einzureichen.

1124 Neben dem eigentlichen Bauantragsformular gehören zusätzlich Dokumente wie folgt dazu:

- Lageplan, Grundrisse, Schnitte und Ansichten des Bauwerks,
- Massenberechnungen wie zum Beispiel GRZ, GFZ, Wohn- oder Nutzflächenberechnung,
- Technische Berechnungen wie zum Beispiel Energiebedarfsberechnung, Standsicherheitsnachweis, Schallschutznachweis und Brandschutzkonzept,
- Stellplatznachweis,
- Kostenberechnung,
- Abstandsflächennachweis,
- Freiflächenplan und
- Baugrundgutachten.

1125 Daneben kann die Bauaufsichtsbehörde weitere Berechnungen oder Nachweise fordern, so beispielsweise Details zur technischen Ausführung, die oftmals von Auftragnehmern vorgelegt werden müssen.
Üblicherweise liefert zum Beispiel ein Stahlbauunternehmen die für den Bauantrag erforderlichen Zeichnungen.

Weitere Anträge können unter anderem sein: 1126

- Antrag auf Entwässerungsgenehmigung beziehungsweise Antrag auf Einleitgenehmigung,
- Antrag auf Abbruchgenehmigung,
- Antrag auf Nutzungsänderung.

Baugenehmigungen

Die Genehmigung muss dem späteren Eigentümer vorliegen. Hat der Auftragnehmer sie, muss er sie aushändigen.

Änderungen in der Planung müssen mitunter neu genehmigt werden, sodass 1127
auch alle Nachtragsgenehmigungen einer Dokumentation beizufügen sind.

Sind mit der Baugenehmigung Auflagen erteilt worden, kann es Aufgabe des 1128
Auftragnehmers sein, sie einzuhalten und dies nachzuweisen, weswegen er die Baugenehmigung kennen sollte. Besonders im innerstädtischen Bereich kann eine Untersuchung des Baufeldes auf Kampfmittel Auflage der Baugenehmigung sein.

Checkliste 35: Dokumente zur Baugenehmigung

Dokument	**Erforderlich**	**Vorhanden**	**Übergeben**
Bauantrag			
Anschreiben mit Bauantrag			
Pläne			
Massenberechnungen			
Technische Berechnungen			
Brandschutzkonzept			
Stellplatznachweis			
Kostenberechnung			
Abstandsflächennachweis			
Freiflächenplan			
Baugrundgutachten			
Antrag auf Entwässerungs- bzw. Einleitgenehmigung			
Antrag auf Abbruchgenehmigung			
Antrag auf Nutzungsänderung			
Nachträge zum Bauantrag			
Baugenehmigung			
Entwässerungsgenehmigung			
Abbruchgenehmigung			
Nutzungsänderungsgenehmigung			
Nachträge zu Genehmigungen			

9.3 Dokumente zu gewerblichen Leistungen

Vertragliche Vereinbarungen

Alle vertraglichen Regelungen zwischen den am Bau Beteiligten sind zivilrechtliche Beziehungen. Welche vertraglichen Vereinbarungen der Auftragnehmer dem Auftraggeber offenlegen muss, hängt von deren Vereinbarungen ab. 1129

Oftmals ist ein Auftragnehmer nicht verpflichtet, seine vertraglichen Vereinbarungen mit seinen Nachunternehmern offenzulegen. Es gibt jedoch Gründe, die eine Offenlegung sinnvoll erscheinen lassen, und zwar unter anderem zur Klärung von Verantwortlichkeiten, von Haftungen bei Schäden oder mangelhafter Ausführung oder von Gewährleistungsdauern. 1130

Üblicherweise ist das vertragliche Bausoll zwischen Auftragnehmer und dessen Nachunternehmern mittels einer funktionalen Baubeschreibung oder eines Leistungsverzeichnisses beschrieben. Darin sind wichtige Informationen über Eigenschaften des Projekts und die einzusetzenden Produkte enthalten wie Farbe, Form und Art von Bodenbelägen oder Sanitärobjekten bis hin zu detaillierten Beschreibungen von Brandschutztüren und Wand- und Deckenaufbauten. 1131

Bürgschaften und Erklärungen

Besonders für den Auftraggeber sind Bürgschaften und Erklärungen der Auftragnehmer wichtig. Unter anderem ist vom Auftragnehmer eine Fachbauleitererklärung abzugeben. Darin erklärt das Fachunternehmen, dass seine Leistung die vertraglich vereinbarten Eigenschaften besitzt, den anerkannten Regeln der Technik entspricht und frei von Fehlern ist. Sie muss unterschrieben sein, es muss erkenntlich sein, wer das ausführende Unternehmen ist und welche Leistungen an dem Objekt ausgeführt worden sind. 1132

Fachunternehmererklärungen und Fachbauleitererklärungen der einzelnen Nachunternehmer müssen üblicherweise ebenfalls ausgehändigt werden. Zumindest der Generalunternehmer sollte auch die Einhaltung der Baugenehmigung versichern. 1133

Eine Vertragserfüllungsbürgschaft wird in der Regel vom Auftraggeber gefordert und soll die Verpflichtungen des Auftragnehmers aus dem geschlossenen Vertrag gegenüber dem Auftraggeber absichern. Sie gilt in der Ausführungsphase und muss dem Auftraggeber ausgehändigt werden. Bei 1134 öffentlichen Auftraggebern sollen nach VOB/A die geforderten Vertragserfüllungsbürgschaften 5 % der Auftragssumme nicht überschreiten. Allgemein üblich ist eine Vertragserfüllungsbürgschaft in Höhe von 10 % der Auftragssumme.

1135 Die Gewährleistungsbürgschaft soll die Gewährleistungsansprüche des Auftraggebers gegenüber dem Auftragnehmer schützen, zum Beispiel, wenn dieser insolvent werden sollte. Die Bürgschaft wirkt zwischen Abnahme und Ende der Gewährleistungsphase. Allgemein üblich ist eine Gewährleistungsbürgschaft in Höhe von 5 % der Abrechnungssumme, was aber vertraglich zu regeln ist.

Bauversicherungen

1136 Bauversicherungen werden daher meist schon in den vertraglichen Vereinbarungen verankert. Es wird zumeist zwischen einer Bauleistungsversicherung, einer Bau-Betriebs-Haftpflicht- und einer Baugewährleistungsversicherung unterschieden.

1137 Die Bauleistungsversicherung kann vom Auftragnehmer oder vom Auftraggeber abgeschlossen werden. Schließt der Auftragnehmer die Versicherung ab, kann der Versicherungsschein als Nachweis Eingang in die Dokumentation finden.

1138 Die Bau-Betriebs-Haftpflichtversicherung wird vom Unternehmen abgeschlossen und wird oftmals bereits zu Ausführungsbeginn vom Auftraggeber beim Auftragnehmer angefordert.
Die Baugewährleistungsversicherung wird ebenfalls vom Auftraggeber gefordert und muss dann vom Auftragnehmer übergeben werden.

Ablauf der Ausführung

1139 In den meisten Fällen ändert sich der ursprünglich geplante Ablauf der Baumaßnahme während der Ausführung, sei es aufgrund technischer Erfordernisse, behördlicher Vorgaben oder aufgrund von Auftraggeberwünschen. Die Gründe sind vielfältig und Änderungen werden vor Ort oder sogar nur telefonisch besprochen, ohne dass dies schriftlich festgehalten wird. Es ist aber nahezu unerlässlich für den Auftragnehmer, die Ergebnisse von Besprechungen und Änderungen schriftlich zu dokumentieren. Sie können als Nachweis gegenüber dem Auftraggeber gelten, weshalb eine Leistung gegenüber dem ursprünglichen Soll geändert wurde und auf wessen Veranlassung.

Zudem können Leistungsänderungen zu Folgekosten führen, zum Beispiel für teureres Material, höheren Leistungsaufwand oder die Überprüfung von Berechnungen, die oftmals dem Verursacher zugeordnet werden. Daher ist es für den Auftragnehmer wichtig zu dokumentieren, warum Leistungen geändert wurden. Dabei sind die Änderungen schriftlich so festzuhalten, dass Dritte dies nach der Baumaßnahme noch nachvollziehen können. **1140**

Sind entsprechende Nachweise, Testate, Sitzungsberichte und Stellungnahmen vorhanden, kann eine Änderung strukturiert nachvollzogen und die Einbindung der Fachplaner und des Bauherrn nachgewiesen werden, was für den Auftragnehmer häufig von Vorteil ist. **1141**

Sicherlich sollten unterschriebene Änderungstestate, Entscheidungsvorlagen, fachplanerische oder gutachterliche Stellungnahmen des Auftragnehmers, fortführende Prüfberichte, Bedenken- und Behinderungsanzeigen und alle schriftlichen Änderungswünsche des Bauherrn zu der Dokumentation gehören. **1142**

Für einige gewerbliche Tätigkeiten gibt die VOB/C darüber hinaus vor, welche Dokumente aus dem Ablauf vom Auftragnehmer an den Auftraggeber zu liefern sind. **1143**
So ist bei Ramm-, Rüttel- und Pressarbeiten die Lage der Elemente zu dokumentieren, die nicht oder nur teilweise beseitigt werden konnten.

Wurden im Rahmen der Baumaßnahme Kampfmittelräumarbeiten notwendig, müssen nach Abschluss der Arbeiten zumindest nach VOB/C folgende Dokumente vom Auftragnehmer übergeben werden: **1144**

- Benennung der zur Sondierung und Räumung genutzten Methoden und Geräte,
- Lage- und Parzellenpläne mit eingetragenen Fundstellen,
- Kampfmittelfundliste und
- Lage- und Parzellenpläne mit verbliebenen Störpunkten.

Dokumentation des zeitlichen Ablaufs

Die Dokumentation des zeitlichen Ablaufs ist eine chronologische Zusammenfassung des Baufortschritts. Dafür gibt es in der Regel zwei Bausteine: **1145**

- das Bautagebuch und
- den Bauzeitenplan.

1146 Es ist gerade in der Retrospektive manchmal durchaus auch für den Auftragnehmer wichtig, dass chronologische Abläufe nachvollzogen werden können. Im Bauwesen greifen viele Teilgewerke ineinander, die koordiniert und strukturiert werden müssen. Daher ist eine chronologische Dokumentation hilfreich und dient oftmals auch dem Auftragnehmer als Nachweis.

1147 Das Bautagebuch beinhaltet eine Vielzahl von Angaben, die jedoch nicht allgemeingültig geregelt sind. So können sachliche Angaben vorhanden sein, wie Wetter, welche Arbeitnehmer vor Ort sind, welche Geräte eingesetzt werden sowie Besprechungsergebnisse, Übersicht des Baufortschritts mit technischen Angaben oder auch Bedenken- und Behinderungsanmeldungen. Es sollte sorgfältig geführt sein, denn es ist mitunter der umfassendste Nachweis der Ausführungsphase. Besonders bei größeren Baumaßnahmen ist es üblich, dass das Bautagebuch vom Auftragnehmer an den Auftraggeber ausgehändigt wird.

1148 Der grobe Bauzeitenplan ist oftmals vom Auftraggeber vorgegeben. Ein detaillierter Bauzeitenplan kann zu den Leistungen des Auftragnehmers gehören. Er sollte permanent den Begebenheiten und dem Stand der Ausführung angepasst werden. Er dient während der Ausführungsphase als Planungs- und Kontrollinstrument und nach Abschluss der Baumaßnahme häufig als Nachweis. Es kann für den Auftragnehmer durchaus hilfreich sein, den tatsächlichen Bauablauf anhand eines Bauzeitenplans dem Auftraggeber zu dokumentieren. Eine Verpflichtung zur Übergabe des Bauzeitenplans gibt es jedoch häufig nicht.

Liste der am Bau Beteiligten

1149 Die Liste der am Bau Beteiligten ist eine Zusammenfassung aller am Bau Beteiligten. Damit hat der Bauleiter einen schnellen Zugriff auf seine Ansprechpartner und die am Bau tätigen Unternehmen. Die Liste führt meist neben den Unternehmensdaten und Ansprechpartnern auch den Zeitpunkt des Gewährleistungsablaufs auf. Es ist für den Auftragnehmer hilfreich, eine solche Liste zu führen, die er nach Abschluss der Leistungen dem Auftraggeber aushändigen kann.

Checkliste 36: Dokumente zu gewerblichen Leistungen

Dokument	**Erforderlich**	**Vorhanden**	**Übergeben**
Vertragliche Vereinbarungen			
Bürgschaften und Erklärungen			
Fachbauleitererklärung			
Fachunternehmererklärung			
Vertragserfüllungsbürgschaft			
Gewährleistungsbürgschaft			
Bauversicherung			
Bauleistungsversicherung			
Bau-Betriebs-Haftpflichtversicherung			
Baugewährleistungsversicherung			
Dokumente zum Bauablauf			
Änderungstestate			
Entscheidungsvorlagen			
Sitzungsberichte, -protokolle			
Stellungnahmen			
Prüfberichte			
Bedenken-/Behinderungsanzeigen			
Bautagebuch			
Bauzeitenplan			
Liste der am Bau Beteiligten			

9.4 Dokumente zu Abnahmen

Behördliche Abnahmen und Nachweise

1150 Bei den obligatorischen Abnahmen der Bauaufsichtsbehörde wird unter anderem die Einhaltung von Bauvorschriften und der Baugenehmigung überprüft. Dabei geht es überwiegend um öffentlich-rechtliche Belange und nicht um privatrechtliche. Diese Abnahmen dürfen durch die Bauaufsichtsbehörde durchgeführt werden, was jedoch nicht zwingend ist und im Ermessen der Bauaufsichtsbehörde liegt. Welche Abnahmen erforderlich sind, wird üblicherweise mit der Baugenehmigung mitgeteilt.

1151 Die Bauherrschaft hat zu den Abnahmen aufzufordern. Die Praxis zeigt aber, dass die Auftragnehmer die Auftraggeber bei diesen Abnahmen unterstützen und sogar häufig entscheidend mitwirken müssen. Auch liegen die zugehörigen Dokumente zum Teil den Bauleitern vor, die dann an die Bauherrschaft zu übergeben sind. Daher sollen behördliche Abnahmen nachfolgend kurz dargestellt werden.

- **Schnurgerüstabnahme**

Die gekennzeichnete Lage des späteren Bauwerks auf dem Baugrundstück wird überprüft. Der Schnurgerüstabnahme ist in der Regel auch eine Einmessbescheinigung eines anerkannten Sachverständigen gleichgestellt.

- **Rohbauabnahme**

Prüfung nach Fertigstellung der tragenden Konstruktion, der Dachkonstruktion und der Kaminanlage auf Übereinstimmung mit der Baugenehmigung und baurechtlichen Vorschriften, unter anderem der Standsicherheit, gegebenenfalls des Brand-, Schall- und Wärmeschutzes (Nachweise durch Prüfingenieure).

- **Schlussabnahme**

Prüfung nach Fertigstellung der Baumaßnahme auf Übereinstimmung mit der Baugenehmigung und baurechtlichen Vorschriften, hierzu zählen Prüfung der Standsicherheit, des Brand-, Schall- und Wärmeschutzes (Nachweise durch Prüfingenieure).

- **Abnahme der Entwässerungsanlage**

Nach Fertigstellung der Entwässerungsanlage kann diese durch die Baubehörde geprüft werden. In Einzelfällen können vor Ort Leitungen und weitere

Anlagenbestandteile geprüft werden. Dabei werden zumindest Leitungen in offener Bauweise kontrolliert. Für nicht mehr frei zugängliche Entwässerungsleitungen muss eine Dichtheitsprüfung vorgelegt werden. Nach Abnahme muss die Bauherrschaft einen Bestandsplan mit Darstellung aller anlagenrelevanten Teile einreichen, der vom Fachunternehmen kommen kann.

- **Abnahme von wiederhergestellten Verkehrsflächen**

Nach Fertigstellung der Wiederherstellung muss in der Regel das Tiefbauamt aufgefordert werden, die Maßnahmen abzunehmen.

- **Abnahmen durch die Feuerwehr**

Brandmeldeanlagen werden durch die Feuerwehr nach deren Fertigstellung und nach Aufforderung zur Abnahme durch die Bauherrschaft abgenommen. Hierzu sind in der Regel auch der Nachweis der Weiterleitung einer Störung an eine ständig besetzte Stelle, die Abnahmebescheinigung der Anlage durch einen Sachverständigen, Nachweise der Errichterfirma, der Nachweis eines Feuerwehr-Schlüsseldepots (FSD), die Feuerwehrlaufkarten und auch der Schlüssel zu übergeben, was in der Regel durch den Fachbauleiter zumindest vorbereitet wird.

Darüber hinaus kann je nach Baumaßnahme und geplanter Nutzung des Bau- **1152**
werks eine Abnahme durch das

- Denkmalschutzamt,
- Arbeitsschutzamt,
- Gesundheitsamt oder
- Gewerbeaufsichtsamt

erforderlich werden.

Neben den Dokumenten zu den behördlichen Abnahmen gibt es eine Reihe **1153**
weiterer Dokumente zu Abnahmen, die durch den Bauleiter vorzubereiten und zu dokumentieren sind.

Dazu zählen auch die nach Bauordnung geforderten bautechnischen Nach- **1154**
weise. Diese Nachweise werden in der Regel nicht durch die Bauaufsicht selbst ausgestellt, die die Prüfung auf Nachweisberechtigte übertragen hat. Die Nachweisberechtigten müssen dazu bereits während der Bauphase zumindest stichprobenhafte Kontrollen vor Ort durchführen, wozu in der Praxis zum Beispiel auch Bauleiter des Rohbauunternehmens einladen.

- **Nachweis der Standsicherheit einschließlich der Feuerwiderstandsdauer tragender Bauteile**

Der Nachweis wird durch einen Prüfingenieur erstellt, der schon während der Erstellungsphase des Bauwerks die Übereinstimmung der Vorgaben aus der geprüften Statik mit dem tatsächlich Vorhandenen prüft und diese entsprechend bestätigt. Hierzu sollte der Bauleiter entsprechend dem Baufortschritt auffordern, zum Beispiel vor dem Betonieren der Bodenplatte zur Abnahme der Bewehrung. Neben der Abnahmebescheinigung ist es sinnvoll, die einzelnen Prüfberichte der Dokumentation beizufügen.

- **Nachweis des vorbeugenden Brandschutzes**

Analog zum Nachweis der Standsicherheit gilt es auch beim Nachweis des vorbeugenden Brandschutzes eine Übereinstimmung des geplanten und genehmigten mit dem tatsächlich vorhandenen Brandschutz zu bestätigen. Der Brandschutzplaner kontrolliert während der Ausführung die Einhaltung seiner Vorgaben und bestätigt am Ende die Übereinstimmung mit dem Brandschutzkonzept.

- **Nachweis des Schallschutzes**

Beim Wohnungsbau, aber auch bei gewerblichen Objekten, ist die Einhaltung der schallschutztechnischen Vorgaben nach Schallschutzkonzept nachzuweisen, was üblicherweise von der Bauherrschaft veranlasst wird. Der Nachweis erfolgt zumeist über einen Sachverständigen, der die Erreichung des Schallschutzziels durch Prüfungen vor Ort nachweisen kann.

- **Nachweis des Wärmeschutzes**

Der Nachweis des Wärmeschutzes erfolgt ebenfalls durch Überprüfungen vor Ort während der Bauphase, zum Beispiel durch einen zertifizierten Energieberater. Gerade bei energetischen Sanierungen, die mit öffentlichen Geldern gefördert werden, oder Krediten, die durch öffentliche Gelder subventioniert werden, ist der Nachweis Voraussetzung für die Finanzierung.

1155 Darüber hinaus ist eine ganze Reihe weiterer Abnahmen notwendig, die ebenfalls häufig durch den Auftragnehmer zumindest vorzubereiten sind, auch wenn es sich in der Regel um Leistungen des Auftraggebers handelt.

- **Gebäudeeinmessung**

Nach Fertigstellung der tragenden Teile und der Dachkonstruktion (Fertigstellung des Rohbaus) muss der Bauherr die zur Fortführung des Liegenschaftskatasters erforderliche Gebäudeeinmessung und die anschließende Fortführung des Liegenschaftskatasters veranlassen. In der Regel wird das Bauwerk durch öffentlich bestellte und vereidigte Vermesser vermessen, was aber auch durch die Kataster- und Vermessungsbehörden erfolgen kann.

Abnahmen zur technischen Gebäudeausrüstung 1156
Im Gegensatz zu den behördlichen Abnahmen werden die Abnahmen zur technischen Gebäudeausrüstung in der Regel durch den Auftragnehmer herbeigeführt.

- **Gas-, Wasser und Entwässerungsanlagen** 1157

Die Anlagen sind auf Dichtheit zu prüfen, was nachzuweisen ist (Druckprüfungen). Darüber hinaus werden in der Regel Abwasserleitungen vor Inbetriebnahme gespült, was anhand von Spülprotokollen zu dokumentieren ist. Diese Prüfungen werden üblicherweise durch das ausführende Fachunternehmen erbracht und Dokumente dazu dem Auftraggeber ausgehändigt.

Der Auftragnehmer erklärt gewöhnlich dem Auftraggeber gegenüber, dass 1158
die errichtete Trinkwasseranlage mit den öffentlich-rechtlichen Vorschriften nach Bauordnung übereinstimmt, auch den Anforderungen der Trinkwasserverordnung und den technischen Regeln für Trinkwasserinstallationen entspricht (Abnahmebescheinigung für Trinkwasseranlage).

- **Wärmeversorgungsanlagen** 1159

Wärmeversorgungsanlagen bestehen im Allgemeinen aus Feuerungsanlage beziehungsweise Feuerungsstätte und Abgasanlage, unter anderem Schornsteinanlage und Abgasleitungen. Vor der ersten Inbetriebnahme müssen sie durch einen Schornsteinfeger überprüft werden, um die Gebrauchsfähigkeit sicherzustellen, was vom Auftragnehmer vorbereitet und in der Regel zumindest mit veranlasst wird.

Die VOB/C fordert auch die Übergabe von Protokollen zu Druckprüfungen und 1160
zur Abgasmessung vom Auftragnehmer an den Auftraggeber, aus denen unter anderem auch Anlagendaten, Prüfdruck und die Bestätigung hervorgeht, dass die Anlage dicht ist.

- **Raumlufttechnische Anlagen** 1161

Lüftungsanlagen müssen abhängig von der Gebäudeklasse durch einen bauaufsichtlich anerkannten Prüfsachverständigen abgenommen werden (unter anderem TPrüfVO Technische Prüfverordnung, Verordnung über die Prüfung technischer Anlagen und Einrichtungen in Gebäuden), was in der Regel vom ausführenden Fachunternehmen veranlasst und gegenüber dem Auftraggeber nachgewiesen wird.

1162 Nach VOB/C sind Abnahmeprüfungen üblicherweise Bestandteil des Vertrages über die Errichtung einer raumlufttechnischen Anlage. Dazu sollte auch ein Dichtheitstest von Leitungen gehören. Grundsätzlich wird die Anlage auf Vollständigkeit und Funktion geprüft. Hierüber wird ein Abnahmebericht zur Prüfung der raumlufttechnischen Anlage erstellt, der zur Verfügung gestellt wird.

1163 • **CO-Warnanlagen**
Für CO-Warnanlagen, die zum Beispiel in Garagen nach Garagen-Verordnung notwendig werden können, muss eine Abnahme durch das ausführende Fachunternehmen herbeigeführt werden. Die Prüfung erfolgt durch bauaufsichtlich anerkannte Prüfsachverständige (nach TPrüfVO).

1164 • **Elektrische Anlagen, Sicherheitsbeleuchtung und Sicherheitsstromversorgung**
Die Abnahme der elektrischen Anlagen, vor allem des Elektrozählers, muss durch einen zertifizierten Elektromeister oder durch einen Prüfsachverständigen erfolgen, was gewöhnlich vom ausführenden Fachunternehmen veranlasst und gegenüber dem Auftraggeber nachgewiesen wird (Abnahme elektrischer Anlagen). Elektrische Anlagen müssen den zum Zeitpunkt der Errichtung gültigen Vorschriften und den Forderungen und Auflagen, im Allgemeinen in den technischen Anschlussbedingungen geregelt, des Netzbetreibers beziehungsweise des Versorgers genügen.

1165 Sicherheitsbeleuchtung (Abnahme Sicherheitsbeleuchtung) und Sicherheitsstromversorgung (Abnahme Sicherheitsstromversorgung) müssen von einem bauaufsichtlich anerkannten Prüfsachverständigen vor Inbetriebnahme abgenommen werden, was ebenfalls vom ausführenden Fachunternehmen veranlasst und dokumentiert wird.

1166 Fernmelde- und Informationstechnische Anlagen sollten vor Inbetriebnahme durch einen zertifizierten Elektromeister oder durch einen Prüfsachverständigen geprüft werden.

1167 • **Blitzschutzanlage**
Bei Neuerstellung, Erweiterungen oder Änderungen einer Blitzschutzanlage wird diese grundsätzlich einer Abnahmeprüfung unterzogen, die von einer Blitzschutz-Fachkraft durchgeführt werden muss. In der Regel erfolgt die Prüfung durch das ausführende Fachunternehmen selbst und die Prüfergeb-

nisse werden dem Auftraggeber nachgewiesen (Abnahmebescheinigung Blitzschutz). Der Errichter erstellt auch eine Dokumentation über die Anlage für den Auftraggeber.
Nach VOB/C muss der Auftragnehmer dem Auftraggeber einen schriftlichen Bericht über das Prüfergebnis zukommen lassen.

• **Brandschutztechnische Anlagen und Alarmierungsanlagen** **1168**
Brandmeldeanlagen, Sprinkleranlagen sowie Rauch- und Wärmeabzugsanlagen sind sicherheitstechnische Anlagen und daher vor Inbetriebnahme durch bauaufsichtlich anerkannte Prüfsachverständige zu prüfen (auch hier TPrüfVO), was vom ausführenden Unternehmen herbeigeführt wird. Ebenso sind Alarmierungsanlagen zu prüfen.

Tragbare Feuerlöscher, automatische Schiebetüren in Rettungswegen, Ein- **1169**
richtungen zum selbsttätigen Schließen von Feuerschutzabschlüssen, Schutzvorhänge etc. müssen oftmals nicht durch einen Prüfsachverständigen, zumindest aber durch einen Sachkundigen geprüft werden. Die Prüfung ist durch den Errichter dem Auftraggeber nachzuweisen.

• **Förderanlagen** **1170**
Feuerwehraufzüge, Personenaufzüge, Lastenaufzüge, Fahrtreppen und sonstige Förderanlagen müssen nach der Betriebssicherheitsverordnung (BetrSichV) vor der Inbetriebnahme durch eine zugelassene Überwachungsstelle auf ihren ordnungsgemäßen Zustand hinsichtlich der Montage, der Installation, der Aufstellungsbedingungen und der sicheren Funktion geprüft werden, was vom Errichter zu dokumentieren ist.

• **Sonstige technische Anlagen** **1171**
Je nach Bauwerk können weitere technische Anlagen zum Einsatz kommen, die vor Inbetriebnahme zumindest von einem Sachkundigen geprüft werden. Die Ergebnisse sollten dem Auftraggeber ausgehändigt werden.

• **Abnahmen mit dem Auftraggeber** **1172**
Der Auftraggeber prüft bei Abnahme die Beschaffenheit des Objekts und die Vollständigkeit des Bausolls. Üblicherweise wird ein Protokoll der Abnahme angefertigt, das erkannte Mängel, mögliche Vertragsstrafen etc. beinhaltet und vom Auftraggeber unterschrieben wird. Das Abnahmeprotokoll liegt dem Auftraggeber vor, kann aber nochmals in der Dokumentation ausgehändigt werden.

Checkliste 37: Dokumente zu Abnahmen

Dokument	**Erforderlich**	**Vorhanden**	**Übergeben**
Behördliche Abnahmen			
Schnurgerüstabnahme			
Einmessbescheinigung			
Rohbaufertigstellungsanzeige			
Rohbauabnahme			
Schlussabnahme			
Abnahme Entwässerungsanlage			
Abnahme öffentliche Verkehrsfläche			
Abnahme Feuerwehr			
Abnahme Denkmalschutzamt			
Abnahme Arbeitsschutzamt			
Abnahme Gesundheitsamt			
Abnahme Gewerbeaufsicht			
Nachweise			
Standsicherheitsnachweis			
Brandschutznachweis			
Wärmeschutznachweis			
Schallschutznachweis			
Gebäudeeinmessung			
Abnahmen TGA			
Abwasserleitung Dichtheitsprüfung			
Wasserleitung Druckprüfung			
Gasleitung Druckprüfung			

Abwasserleitung Spülprotokolle			
Abnahmebescheinigung Trinkwasseranlage			
Legionellenuntersuchung			
Abnahme Bezirksschornsteinfeger			
Abnahme RLT-Anlage			
Abnahme CO-Warnanlage			
Abnahme elektrische Anlagen			
Abnahme Sicherheitsbeleuchtung			
Abnahme Sicherheitsstromversorgung			
Abnahme Blitzschutzanlage			
Abnahme Brandmeldeanlage			
Abnahme Sprinkleranlage			
Abnahme RWA-Anlage			
Abnahme sonstige brandschutztechnische Anlagen			
Abnahme Förderanlagen			
Abnahme sonstige technische Anlagen			
Abnahme Bauherrschaft			

9.5 Dokumente zu verwendeten Materialien

1173 Das Sammeln und Archivieren von Dokumenten verwendeter Materialien ist für den Auftragnehmer sehr aufwändig und wird deshalb oftmals im Baustellenalltag vernachlässigt. Eine sinnvolle Gliederung und Anordnung ist schwierig und das Zusammenstellen der Dokumente eine beachtliche Fleißarbeit. Auch hier kann die Nutzung eines digitalen Datenraums erheblichen Aufwand einsparen.

1174 Der Bauleiter sollte sich schon zu Beginn der Ausführungsphase ein standardisiertes Vorgehen aneignen und in dieser frühen Phase Dokumente zu den verwendeten Materialien sammeln, strukturieren und archivieren. Eine Zusammenstellung aller Dokumente erst mit Beendigung der Maßnahme gleicht einer Herkulesaufgabe. Eine gute Vorbereitung in diesem Bereich kann dem Auftragnehmer große Zeitersparnis bringen. Bereits während der Bauphase können auch Nachunternehmer Dokumente in einen digitalen Datenraum einstellen, die vom Bauleiter geprüft und ggf. in einen weiteren Ordner verschoben werden können, auf den der Auftraggeber Zugriff hat.

1175 Zumindest sollten Produktdatenblätter, Prüfzeugnisse, Zulassungen, Zustimmungen und Übereinstimmungs- und Konformitätserklärungen von Bauteilen und sichtbaren Oberflächen übergeben werden. Diese Dokumente sichern auf der einen Seite den Auftragnehmer, da er leichter nachweisen kann, welche Materialien er verwendet hat und ob diese für den Einsatz geeignet und zugelassen sind; auf der anderen Seite ist es für den Auftraggeber beziehungsweise Eigentümer einfacher, Reparaturen, Ersatzmaßnahmen oder einen einfachen Austausch vorzunehmen.

1176 Zudem können die im Rahmen einer Abnahme immer wieder auftauchenden Streitfragen über die Tauglichkeit und Zulässigkeit bestimmter Materialien leichter entkräftet werden. So können Bauteilöffnungen und oftmals aufwändige Beweisverfahren vermieden werden.

1177 Der Gesetzgeber regelt Bauprodukte, die nicht die CE-Kennzeichnung nach Bauproduktenverordnung tragen in der Muster-Verwaltungsvorschrift Technische Baubestimmungen (MVV TB) Teil C. Darin sind auch Festlegungen zu Bauprodukten beschrieben, für die ein allgemeines bauaufsichtliches Prüfzeugnis (abP) vorgesehen ist (entspricht weitgehend der ehemaligen Bauregelliste A Teile 1 bis 3).

Gibt es für Bauprodukte keine Technische Baubestimmung und keine allgemein anerkannte Regel der Technik oder weicht das Bauprodukt von einer Technischen Baubestimmung wesentlich ab, dann ist eine allgemeine bauaufsichtliche Zulassung oder eine Zustimmung im Einzelfall erforderlich. 1178

- Allgemeine bauaufsichtliche Zulassung (§§ 18 MBO)
- Zustimmung im Einzelfall (§§ 20 MBO)

Produkte dürfen verwendet werden, wenn ihre Verwendbarkeit in dem für sie geforderten Übereinstimmungsnachweis bestätigt ist (sie also den technischen Regeln für Bauprodukte entsprechen). Der Hersteller hat die Übereinstimmung mit den technischen Regeln zu bestätigen und zwar durch eine Übereinstimmungserklärung, die durch Kennzeichnung der Bauprodukte mit dem Übereinstimmungszeichen (Ü-Zeichen) erfolgt. 1179

In Teil D MVV TB sind Bauprodukte aufgelistet, für die kein bauaufsichtlicher Verwendbarkeitsnachweis erforderlich ist (keinen Anspruch auf Vollständigkeit und nur klarstellenden Charakter). 1180

Produktdatenblätter, Bauteildatenblatt

Produktdatenblätter benennen ein Produkt eindeutig und beschreiben die Eigenschaften des Produkts. Hinzu kommt oftmals eine Montage-, Wartungs- und/oder Reinigungsanleitung, die ohnehin zum technischen Betrieb notwendig ist und somit ein notwendiger Bestandteil der Dokumentation ist. Mit dem Produktdatenblatt stellt der Hersteller dar, wie das Produkt zu verwenden ist, und weist auf mögliche Gefahren bei der Verwendung hin. Die Produktdatenblätter werden von den Herstellern der Produkte zur Verfügung gestellt und können meist digital vorgelegt oder von der Internetseite des Herstellers heruntergeladen werden. Mit der Übergabe der Produktdatenblätter beziehungsweise Bauteildatenblätter schafft der Auftragnehmer die Grundlage für den richtigen Umgang mit Materialien während der Nutzung (siehe auch Dokumente zum Betrieb des Bauwerks). 1181

Allgemeine bauaufsichtliche Zulassungen 1182

Allgemeine bauaufsichtliche Zulassungen werden ausschließlich vom Deutschen Institut für Bautechnik (DIBt) auf Antrag vergeben und gelten für nicht geregelte Bauprodukte. Nach Prüfung durch das Institut wird die Zulassung zeitlich begrenzt und jederzeit widerrufbar erteilt. In der Regel beträgt die Zulassungsdauer 5 Jahre und kann verlängert werden. Sollen für verwendete Materialien Zulassungen vorgelegt werden, so muss unter anderem auch die

Geltungsdauer geprüft werden. Ist die Geltungsdauer abgelaufen, muss eine gültige Zulassung vorgelegt werden. Allgemeine bauaufsichtliche Zulassungen gibt es unter anderem für

- Betonstähle und Spannstähle,
- Feuerschutzabschlüsse,
- Abgasanlagen,
- Kabelabschottungen,
- Feuerungsanlagen und
- Lüftungstechnik.

1183 Verwendet der Auftragnehmer ein Produkt mit einer allgemeinen bauaufsichtlichen Zulassung, muss er diese üblicherweise auch dem Auftraggeber vorlegen.

1184 • **Allgemeine bauaufsichtliche Prüfzeugnisse**
Allgemeine bauaufsichtliche Prüfzeugnisse werden für Bauprodukte, deren Verwendung nicht der Erfüllung erheblicher Anforderungen an die Sicherheit baulicher Anlagen dient oder die nach allgemein anerkannten Prüfverfahren beurteilt werden, vergeben. Das Deutsche Institut für Bautechnik gibt dies bekannt. Allgemeine bauaufsichtliche Prüfzeugnisse werden von anerkannten Prüfstellen, beispielsweise Materialprüfanstalten, erteilt. Die Prüfzeugnisse können eine Geltungsdauer haben.

1185 Allgemeine bauaufsichtliche Prüfzeugnisse sollten vom Auftragnehmer an den Auftraggeber übergeben werden, auch um seinen späteren Aufwand möglichst zu reduzieren.
• **Zustimmung im Einzelfall**
Zustimmungen werden im Einzelfall erteilt und sind nicht allgemeingültig. Die Zustimmung erteilt die oberste Bauaufsichtsbehörde.

1186 Zustimmungen im Einzelfall muss der Auftragnehmer dem Auftraggeber vorlegen, auch um zu dokumentieren, dass das Produkt verwendet werden darf.

1187 • **Übereinstimmungserklärung**
Sie bestätigen das Übereinstimmen des Produkts mit den relevanten technischen Regeln, einer allgemeinen bauaufsichtlichen Zulassung, einem allgemeinen bauaufsichtlichem Prüfzeugnis oder mit einer Zustimmung im Einzelfall. Ein Hersteller darf eine Übereinstimmungserklärung nur abgeben, wenn das Bauprodukt den maßgebenden technischen Regeln, der allgemei-

nen bauaufsichtlichen Zulassung, dem allgemeinen bauaufsichtlichen Prüfzeugnis oder der Zustimmung im Einzelfall entspricht.
Wurden Produkte verbaut, die eine Übereinstimmungserklärung besitzen, wird diese vom Auftragnehmer an den Auftraggeber ausgehändigt.

Checkliste 38: Dokumente zu verwendeten Materialien

Dokument	**Erforderlich**	**Vorhanden**	**Übergeben**
Produkt- / Bauteildatenblätter			
Allgemeine bauaufsichtliche Zulassungen			
Allgemeine bauaufsichtliche Prüfzeugnisse			
Zustimmungen im Einzelfall			
Übereinstimmungserklärungen			

9.6 Dokumente zum Betrieb des Bauwerks

1188 Dokumente zum späteren Betrieb des Bauwerks müssen vom Auftragnehmer an den Auftraggeber übergeben werden, damit der Eigentümer oder Nutzer das Bauwerk seinen Wünschen entsprechend nutzen kann.

1189 Neben gebäudetechnischen Dokumenten wie

- Bedienungsanleitungen,
- Wartungsanleitungen und Ersatzteillisten,
- technische Einweisungen sowie
- Nachweisen der Einstellwerte

sind auch

- Pflegehinweise und Pflegeanleitungen

1190 wichtig. Nur mit ihnen kann der Nutzer das Bauwerk und seine Einbauten dauerhaft sinnvoll nutzen, pflegen und reinigen. Diese Dokumente muss der Auftragnehmer dem Auftraggeber zur Verfügung stellen, auch um Schäden aus falscher Nutzung, Wartung und Pflege möglichst zu vermeiden.
Hierzu sind auch die Grundeinstellungen der Aggregate zu übermitteln und deren Wartungseinstellungen.

Bedienungs- und Wartungsanleitungen

1191 Üblicherweise müssen für alle Bauteile, die zu reinigen oder zu warten sind, vom Auftragnehmer an den Auftraggeber Bedienungs- und Wartungsanleitungen übergeben werden. Hierzu zählen unter anderem Bedienungs- und Wartungsanleitungen für

- Fenster,
- Türen,
- Boden-, Wand- und Deckenbekleidungen,
- Sanitäreinrichtungen,
- technische Gebäudeausrüstung.

1192 Die VOB/C fordert zum Beispiel für

- **Gas-, Wasser- und Entwässerungsanlagen,**
- **Wärmeversorgungsanlagen,**
- **raumlufttechnische Anlagen,**

- **Förderanlagen und**
- **Gebäudeautomation**

die Übergabe von allen für einen sicheren und wirtschaftlichen Betrieb erforderlichen Bedienungs- und Wartungsanleitungen.

Bei **Gebäudeautomationen** sind Protokolle der Inbetriebnahme und der Einre- **1193**
gulierung der Dokumentation vom Auftragnehmer an den Auftraggeber beizufügen.

Der Auftragnehmer muss für **elektrische Anlagen** nach VOB/C dem Auftrag- **1194**
geber alle Angaben machen, die für einen ordnungsgemäßen Betrieb notwendig sind, und er muss die Funktionsbeschreibungen liefern.

Technische Einweisungen

Spätere Nutzer müssen in die technische Gebäudeausrüstung vom Errichter **1195**
eingewiesen werden, sodass diese fachgerecht betrieben und gewartet werden kann. Zumindest muss der Auftragnehmer den Auftraggeber einweisen. Der Nachweis der Einweisung in die technische Gebäudeausrüstung muss Eingang in die Dokumentation finden.

Nach VOB/C sind unter anderem für **1196**

- **Gas-, Wasser- und Entwässerungsanlagen,**
- **Wärmeversorgungsanlagen,**
- **raumlufttechnische Anlagen und**
- **Gebäudeautomation**

Einweisungen vorgeschrieben. Üblich sind zumindest darüber hinaus Einweisungen in

- **Förderanlagen,**
- **Sprinkleranlagen,**
- **Brandmeldeanlagen und**
- **Alarmeinrichtungen.**

Wartungsangebote/-verträge **1197**

Sinnvollerweise werden unmittelbar nach der Übergabe des Bauwerks Wartungsverträge vom Eigentümer unter anderem für Teile der technischen Gebäudeausrüstungen abgeschlossen. Zumindest Förder-, Hebe- und Lüftungsanlagen müssen regelmäßig gewartet werden.

1198 Aber auch für Bauteile kann ein Wartungsvertrag sehr sinnvoll und je nach vertraglicher Vereinbarung auch gewährleistungsverlängernd sein. Für Dächer bieten Errichter oftmals bei Abschluss eines Wartungsvertrags eine Gewährleistungsverlängerung an. Andere Bauteile, wie beispielsweise Brandschutztüren und Brandschutzklappen, müssen regelmäßig gewartet werden. Dies liegt in der Verantwortung des Eigentümers, weswegen oftmals Wartungsverträge mit den Errichtern geschlossen werden.

1199 Die Erfahrung zeigt, dass Errichter häufig Wartungsangebote für die von ihnen errichteten Bauteile vorlegen, die an den Auftraggeber übergeben werden sollten.

Checkliste 39: Dokumente zum Betrieb des Bauwerks

Dokument	**Erforderlich**	**Vorhanden**	**Übergeben**
Bedienungsanleitungen			
Wartungsanleitungen und Ersatzteillisten			
Pflegehinweise und -anleitungen			
Technische Einweisungen			
Wartungsangebote/-verträge			

10 Zeitmanagement des Bauleiters

In den vorherigen Kapiteln wurden die Aufgaben zur sicheren Erbringung des geschuldeten vertraglichen Leistungsumfangs beschrieben. Im folgenden Kapitel werden für die elementaren Tätigkeiten während der Bauausführung Richtzeitwerte angegeben. Sie stellen durchschnittliche Aufwendungen von Bauleitern auf Baustellen dar, können aber im Einzelfall davon abweichen, z.B. mit steigender Erfahrung des Bauleiters, mit geänderten Projektbedingungen etc. **1200**

Besonders jungen Bauleitern fällt es oftmals schwer, die ihnen zur Verfügung stehende Zeit angemessen für die anstehenden Tätigkeiten einzuteilen. Aufgrund der mangelnden Erfahrung fehlt das Wissen, für welche Tätigkeiten mehr Sorgfalt und Zeit aufgewendet werden müssen bzw. bei welchen Tätigkeiten Zeit eingespart werden kann und muss. Auch erfahrene Bauleiter können mit Hilfe der Werte ihre persönlichen Aufwendungen überprüfen und ihr Zeitmanagement verbessern. Oftmals schleichen sich im Laufe der Zeit Gewohnheiten ein, die sich bei genauerer Betrachtung als zu zeitaufwendig herausstellen und somit wieder abgelegt werden. **1201**

Bei dem Zeitmanagement ist vor allem zu beachten, dass Tätigkeiten, die ein Polier aufgrund seiner Ausbildung übernehmen kann und sollte, auch von diesem ausgeführt werden und nicht unnötigerweise vom Bauleiter, dem dann diese Zeit für seine eigentlichen Aufgaben fehlt. Besonders Leistungen, bei denen Fehler zu hohen Kosten führen, müssen sorgfältiger ausgeführt und auch überwacht werden als andere. Allgemein bekannt ist, dass ein Bauleiter z. B. Abdichtungsarbeiten sicher und gewissenhaft prüfen muss. **1202**

Prüfung der Vorleistungen

Baut der Unternehmer auf die Vorleistungen anderer Unternehmen auf, so muss der Bauleiter deren Vorleistungen überprüfen. Die Überprüfung der Vorleistungen anderer Unternehmen findet zu Beginn der eigenen Bauphase statt. Für die Prüfung benötigt der Bauleiter circa ein bis zwei Stunden pro Bauvorhaben. Allerdings kann sich dieser Wert stark erhöhen, wenn außergewöhnliche viele Vorleistungen – beispielsweise im Bestandsbau – zu prüfen sind. **1203**

Beweissicherung vor Baubeginn und Dokumentation

1204 Die Beweissicherung des Zustandes des Geländes sollte ausführlich und gewissenhaft durchgeführt werden, um späteren Streitigkeiten möglichst vorzubeugen. Der zeitliche Aufwand ist dabei von dem Umfang und der Art der Bebauung um das Gelände abhängig. In schwierigen Fällen ist ein externer Sachverständiger zur Beweissicherung hinzuziehen.

1205 Die händische Dokumentation des Baustellenfortgangs wird wöchentlich und in besonderen Fällen nach Beendigung eines Bauabschnitts oder einer besonderen Leistung durchgeführt. Eine ständige oder tägliche Dokumentation ist in der Regel zu aufwendig. Im Gegensatz dazu ist eine monatliche Dokumentation später evtl. nicht mehr lückenlos in wesentlichen Einzelheiten nachvollziehbar. Die Bautagebücher sind darüber hinaus täglich zu führen. Eine Dokumentation, zu der neben dem Aufnehmen auch das Archivieren gehört, dauert zwischen 10 und 30 Minuten.

Planprüfung

1206 Grundsätzlich sind alle Baupläne vom Bauleiter zu kontrollieren und zu prüfen. Der Bauleiter muss Grundriss-, Ansichts- und Detailpläne ansehen, die sich durch ihren Detaillierungsgrad unterscheiden. Grundriss- und Ansichtspläne, in der Regel im Format DIN A0, geben dem Betrachter eine Übersicht über die zu erbringenden Leistungen und die Möglichkeit der Zuordnung der Detailpläne. Detailpläne, meist im DIN A3 Format, stellen Ausschnitte aus den Grundriss- oder Ansichtsplänen dar, die dem Betrachter Einblicke in die Einzelheiten ermöglichen.

1207 Ein Bauleiter prüft insgesamt zwischen 10 und 15 Pläne in einer Woche, wobei er für Detailpläne zwischen 5 und 15 Minuten und für Grundriss- und Ansichtspläne zwischen 10 und 15 Minuten braucht.

1208 Bei circa einem Drittel der zu prüfenden Pläne wird für den Bauleiter eine Rücksprache mit dem Fachplaner oder dem Planersteller notwendig, die zwischen 10 und 20 Minuten dauert. Darüber hinaus muss der Bauablauf durchschnittlich zweimal im Monat aufgrund einer Planänderung umgeplant werden, was circa eine Stunde dauert. Die Umplanung des Bauablaufs aufgrund einer Planänderung ist nicht im kalkulierten Angebotspreis enthalten, weil ihr ein Fehler der Planung oder ein Änderungswunsch des Auftraggebers zugrunde liegt; sie ist zusätzlich zu vergüten.

Besprechungen

Für einen reibungslosen Ablauf der Baustelle ist die Kommunikation mit dem Polier wichtig. Bauleiter und Polier müssen ihre täglichen Aufgaben besprechen und diese eng aufeinander abstimmen. In der Regel kann der komplette Tagesablauf der Baustelle auf eine Besprechung konzentriert werden, die somit einmal am Tag stattfindet. Übermäßig häufige Besprechungen mit dem Polier beanspruchen das Zeitbudget des Bauleiters unnötig und sind daher nur in besonderen, unplanmäßigen Situationen sinnvoll. Die tägliche Besprechung mit dem Polier sollte maximal 30 Minuten dauern. **1209**

Besprechungen mit gewerblichen Arbeitnehmern gehören nicht zum Aufgabengebiet eines Bauleiters, sondern zu dem des Poliers. Es ist daher im Allgemeinen nicht richtig, wenn der Bauleiter sie führt. In gewissen Situationen ist der Bauleiter allerdings auch Ansprechpartner für seine gewerblichen Arbeitnehmer. **1210**

Anzahl und Dauer der notwendigen Besprechungen mit einem Fachplaner, einem Nachunternehmer oder weiteren Beteiligten hängen auch von den Randbedingungen der Baustelle und dem Baustellenfortgang ab. Im Regelfall genügt während der Rohbauphase eine Besprechung in der Woche, bei der alle auftretenden Fragen und Schwierigkeiten geklärt werden. Gegebenenfalls können weitere kurze Besprechungen zur Klärung noch offener Punkte stattfinden, was jedoch nicht zur Regel werden sollte. Zusätzlich wird wöchentlich eine weitere Besprechung (Jour Fixe) mit allen Beteiligten gemeinsam abgehalten, zu dem auch der Auftraggeber eingeladen wird. Dieser sollte wöchentlich über den Stand der Baustelle informiert werden. Die Ergebnisse aus den Besprechungen müssen noch schriftlich dokumentiert werden. **1211**

Grundsätzlich hängt die Dauer der Besprechung in sehr hohem Maß von den Beteiligten ab. In Besprechungen besteht die Gefahr, dass Themen unnötig ausgeweitet werden. Zudem erfordern lange Besprechungen ein hohes Maß an Aufmerksamkeit der Beteiligten, die nachlässt, womit die Besprechung ineffizient wird. Daher sollte eine maximale Besprechungsdauer von circa 90 Minuten festgelegt und nicht überschritten werden. In der Regel dauern die meisten Besprechungen 30 bis 60 Minuten, Besprechungen mit dem Auftraggeber etwas länger. Hinzu kommen kurze Rücksprachen von 5 bis 15 Minuten Länge. **1212**

Arbeitseinteilung und interne Koordination

1213 Die Einteilung der gewerblichen Arbeitnehmer, der Geräte und ihre ständige Optimierung vor Ort ist Aufgabe des Poliers, der lediglich vom Bauleiter überprüft wird, ebenso wie die Erstellung des Aufmaßes, das als Grundlage für die Soll-Ist-Vergleiche dient.

1214 Ändert sich das Bausoll und ist eine Änderung des Bauverfahrens oder des Bauablaufs notwendig, muss der Bauleiter gemeinsam mit dem Polier die Belegschaft und den Gerätepark an die neuen Erfordernisse anpassen. Eine solche Notwendigkeit zur Anpassung ist nicht im Voraus planbar.

1215 Die Kontrolle der Poliereinteilungen sollte durch den Bauleiter wöchentlich stattfinden, die dann zwischen einer halben und einer Stunde dauert. Eine tägliche Kontrolle ist nicht notwendig, eine monatliche hingegen nicht ausreichend, da so Fehler oftmals zu spät erkannt werden.

1216 Um frühzeitig auf Terminverzug reagieren zu können, empfiehlt sich darüber hinaus eine kurze tägliche Kontrolle des Terminplans. Der Bauleiter führt mindestens wöchentlich einen Soll-Ist-Vergleich des Terminplans durch, wozu er eine halbe bis eine Stunde benötigt.

1217 Dauer und Häufigkeit der Neueinteilung aufgrund eines Terminverzuges hängen stark vom Baustellenfortgang und dem Ausmaß des Verzuges ab und sind schwer einzugrenzen. Ein geringer Verzug kann öfters eintreten, erfordert aber einen geringeren zeitlichen Aufwand des Bauleiters.

1218 Eine Kostenkontrolle und ein Soll-Ist-Vergleich werden wöchentlich durch den Bauleiter vorgenommen und dauern zwischen 30 und 60 Minuten, können aber bei großem Leistungsumfang deutlich darüber liegen.

Kontrollieren und Überwachen der Bauausführung

1219 Der Bauleiter nimmt täglich seine Baustelle in Augenschein, um innerhalb seines Rundgangs die Bauwerkserstellung und alles dafür Notwendige kontrollieren zu können. Dabei überwacht er hauptsächlich die Qualität der erbrachten Leistung, den Bauablauf und damit das Bauverfahren, aber auch die Arbeitssicherheitsmaßnahmen.

1220 Die Dauer eines Rundgangs hängt in hohem Maß vom Baustellenfortschritt, der Anzahl der Nachunternehmer, der Baustellengröße und weiteren Faktoren ab, jedoch sollte der Bauleiter sich innerhalb von 30 bis 90 Minuten einen hinreichenden Einblick verschafft haben.

Die Kontrolle und die Bestellung der Baustoffe obliegen dem Polier. Der Bauleiter muss lediglich den Polier kontrollieren und ihn gegebenenfalls unterstützen. Eine wöchentliche Kontrolle der Baustoffbestellungen und eine kurze Inaugenscheinnahme der vorhandenen Baustoffe bei seinem täglichen Rundgang genügen hierfür. **1221**

Berichtswesen

Das Erkennen der Notwendigkeit eines Dokuments ist stark von der persönlichen Qualifikation und Erfahrung des Bauleiters abhängig und die dafür notwendige Dauer nicht quantifizierbar. **1222**

Die Dauer der Erstellung hingegen hängt von der Art des Dokuments, dem darzustellenden Sachverhalt und der Qualifikation des Verfassers ab, bewegt sich allerdings im Allgemeinen in einer bestimmten zeitlichen Bandbreite. Hinzu kommt, dass der Umfang selten große Ausmaße annimmt, sondern oftmals Dokumente gleicher Art auch ähnlichen Umfang besitzen. **1223**

Vom Bauleiter werden intern als Dokumente Leistungsmeldungen, Protokolle und Aktennotizen erstellt sowie extern der Schriftwechsel auf Grundlage der VOB und Protokolle von Besprechungen. **1224**

Für das Abfassen der Leistungsmeldungen benötigt ein Bauleiter circa 240 Minuten pro Monat. Für die Erstellung interner und externer Protokolle oder Aktennotizen sollten Bauleiter nicht mehr als eine halbe Stunde benötigen. Ein Schriftsatz, der auf Grundlage der VOB erstellt wird, wie beispielsweise eine Behinderungsanzeige, bedarf circa 20 Minuten und muss durchschnittlich etwa 5- bis 10-mal in der Woche verfasst werden. **1225**

Zusammengefasst müssen Bauleiter in der Woche circa 15 bis 25 Dokumente verfassen und benötigen dafür jeweils zwischen 15 und 30 Minuten. **1226**

Das Führen des Bautagebuchs und der Arbeitsstundenberichte sind Aufgabe des Poliers, die der Bauleiter nur kontrollieren muss, wozu er täglich maximal 10 Minuten benötigen sollte. **1227**

Neben dem Abfassen von Dokumenten muss der Bauleiter eingegangene Dokumente lesen. Interne Dokumente dienen meist nur der Verteilung und Weiterleitung von Informationen und ziehen selten Antwortschreiben nach sich. Daher muss der Bauleiter vermehrt externe als interne Dokumente lesen. Das Lesen dauert jedoch annähernd gleich lang. Insgesamt werden auf einer Baustelle zwischen 20 und 30 Dokumente in einer Woche eingehen, die **1228** der Bauleiter lesen muss. Für das Lesen eines Dokuments sollte ein Bauleiter im Mittel circa 10 Minuten benötigen.

Überwachung kritischer Bauphasen vor Ort

1229 Zusätzlich zum täglichen Baustellenrundgang kann es notwendig werden, dass der Bauleiter bei kritischen beziehungsweise schwierigen Bauphasen vor Ort anwesend sein muss. Die Häufigkeit und ebenso der zeitliche Aufwand richten sich allerdings nach dem Schwierigkeitsgrad der Baustelle, dem Umfang der Maßnahme, der Qualifikation der gewerblichen Mitarbeiter usw. Eine Quantifizierung des Aufwands ist daher nicht möglich.

Mangelbeseitigung

Der Bauleiter muss in der Regel die Mangelbeseitigung planen und überwachen.

1230 Der Umfang der Planung der Mangelbeseitigung richtet sich nach der Bedeutung des Mangels. Handelt es sich um einen Mangel, der mit relativ wenig Aufwand behoben werden kann, teilt der Bauleiter gemeinsam mit dem Polier die notwendige Baustellenbelegschaft dafür ein und bestellt mit ihm die nötigen Baustoffe und Geräte. Anderenfalls entscheidet der Bauleiter gemeinsam mit dem Unternehmen über das weitere Vorgehen. Eine Besprechung und ein Ortstermin mit Vertretern des Unternehmens und gegebenenfalls des Auftraggebers werden notwendig. Die Planung der Mangelbeseitigung hat aufgrund ihrer Größe evtl. Einfluss auf den gesamten Baustellenablauf, der dann angepasst werden muss. Die Überwachung der Mangelbeseitigung erfolgt entweder während des Baustellenrundgangs oder separat. Es genügt, wenn der Bauleiter nach Mangelbeseitigungen diese einmalig prüft. Bedeutende Mangelbeseitigungen werden bereits während der Beseitigung kontrolliert.

1231 In der Regel müssen Bauleiter 2 bis 5 Mängel innerhalb eines Monats beseitigen lassen. Für die Planung benötigen Bauleiter eine knappe halbe Stunde je Mangelbeseitigung. Dieser Wert verändert sich je nach Umfang der Mangelbeseitigung von 10 Minuten bis zu mehreren Stunden.

1232 Die Überwachung der Mangelbeseitigung erfolgt häufig während des täglichen Baustellenrundgangs. Der zeitliche Aufwand für die Überwachung und Prüfung beträgt dabei zwischen 20 und 40 Minuten.

Mehrkostenforderungen

Zur Durchsetzung einer Mehrkostenforderung führt der Bauleiter mindestens eine Verhandlung mit dem Auftraggeber. Es fallen circa 3 bis 5 Mehrkostenforderungen in einem Monat an und benötigen circa eine dreiviertel Stunde für eine Mehrkostenverhandlung. Für das Einpflegen der Leistungen der Mehrkostenforderung in den Bauablauf benötigen die Bauleiter circa 30 Minuten. **1233**

Die Anzahl der Verhandlungen mit Nachunternehmern bezüglich gestellter Mehrkostenforderungen variiert sehr stark und ist von der Qualität der Ausschreibung, der Leistung und der Planung abhängig. Die Dauer und Anzahl der notwendigen Verhandlungen unterscheiden sich aber nicht von denen mit dem Auftraggeber. **1234**

Stellen der Abschlagsrechnung

In Abhängigkeit zu den vertraglichen Regelungen stellt der Bauleiter die erbrachten Leistungen dem Auftraggeber in Rechnung. Die Dauer für die Rechnungsstellung richtet sich nach dem Umfang der erbrachten Leistung im Abrechnungszeitraum. Werden Abschlagsrechnungen monatlich gestellt, benötigen Bauleiter circa eine dreiviertel Stunde für die Erstellung. Werden Abschlagsrechnungen häufiger erstellt, sinkt der Aufwandswert geringfügig. **1235**

Die Rechnungen der Nachunternehmer werden vom Bauleiter geprüft. Die Dauer der Rechnungsprüfung hängt vom Umfang der Rechnung ab, ist allerdings in etwa ebenso hoch wie für die Erstellung der Rechnung. **1236**

Öffentlichkeitsarbeit

Bei Objekten, die im Interesse der Öffentlichkeit stehen, muss der Bauleiter auch Öffentlichkeitsarbeit leisten. Ebenso repräsentiert der Bauleiter die Baustelle und das Unternehmen bei verschiedenen Anlässen. Der zeitliche Aufwand wird allerdings im allgemeinen Baustellenablauf vernachlässigbar klein sein und muss nur in seltenen Ausnahmefällen beachtet werden. In der Regel sind zwei- bis dreimal während des gesamten Projekts Öffentlichkeitsarbeiten im Umfang von 2 bis 3 Stunden zu leisten. **1237**

Übersicht Aufwandswerte

Prüfung der Vorleistung **Vorleistungsprüfung**	**Dauer** **[Minuten]** **60–120**	**Anzahl** **1/Projekt**
Baustellenfortgang dokumentieren		
Photographische Dokumentation	10–30	1–2/Woche
Planprüfung		
Planprüfung Rücksprache Umplanung Bauablauf	10–15 10–20 30–60	10–15/Woche 3–5/Woche 1–3/Monat
Besprechungen		
Polier Fachplaner Nachunternehmer mit weiteren Beteiligten Auftraggeber gewerbl. Arbeitnehmer Rücksprachen aller Art	15–30 30–60 30–60 30–60 60–120 Polier 5–15	5/Woche 1/Woche 1/Woche 1/Woche 1/Woche nach Bedarf
Arbeitseinteilung und interne Koordination		
Kontrolle Arbeitseinteilung Kontrolle Terminplan Soll-Ist-Vergleich Terminplan Aufmaßerstellung Kostenkontrolle Soll-Ist-Vergleich Kosten	30–60 5–15 30–60 Polier 30–60 30–60	1/Woche 5/Woche 1/Woche 1/Woche 1–2/Woche

Kontrollieren und Überwachen der Bauausführung		
Baustellenrundgang Kontrolle der Arbeitssicher- heit Kontrolle Baustoffe Bestellung Baustoffe	30–90 10–20 10–20 Polier	5/Woche 5/Woche 1–3/Woche
Berichtswesen		
Lesen von Dokumenten Verfassen von Dokumenten Leistungsmeldung VOB Schriftsatz Protokoll und Aktennotiz Kontrolle Bautagebuch Kontrolle Arbeitsstundenbe- richte	10 15–30 180–300 15–30 15–30 10 10	20–30/Woche 15–25/Woche 1/Monat 5–10/Woche 5–10/Woche 5/Woche 5/Woche
Überwachung kritischer Bauphasen vor Ort		
Anwesenheit am Einbauort	20–60	
Mangelbeseitigung		
Planen Überwachen und prüfen	10–90 20–40	2–5/Monat 2–5/Monat
Mehrkostenforderung		
Forderungen pro Monat Verhandlungen Forderung einarbeiten	30–60 20–40	2–5/Monat 1–2/Nachtrag 2–5/Monat
Abschlagsrechnung		
Rechnungserstellung Prüfen einer NU-Rechnung	30–60 30–60	1/Monat nach Bedarf
Öffentlichkeitsarbeit		
Öffentlichkeitsarbeit	120–180	2–3/Projekt

11 Versicherungen

1238 Grundsätzlich ist das Bauen eine gefahrgeneigte Tätigkeit. Daher kann es durch viele Ursachen zu Schäden kommen. Für diese Schäden haftet ein Verursacher, wenn dieser schuldhaft seine Pflichten verletzt hat. Die Ansprüche auf Schadenersatz sind allgemein in § 823 BGB geregelt. Als Bauleiter des Auftragnehmers sind zwei Konstellationen besonders zu beachten. Es kann erstens durch die eigene Bautätigkeit ein Schaden bei Dritten oder an deren Sachen entstehen oder zweitens kann es zu Schäden an der eigenen Bauleistung, den Geräten oder anderem kommen.

1239 Für den ausführenden Unternehmer gibt es im Rahmen des § 823 BGB viele Gründe für eine Haftung, so zum Beispiel aus Verletzung von Verkehrssicherungspflichten, wegen eines Verstoßes gegen die Vorschriften der Baustellenverordnung, wenn der Bauleiter als Sicherheits- und Gesundheitskoordinator tätig ist, bei Verschmutzung der Umwelt etc. Der Auftragnehmer haftet aber nicht nur für sein eigenes Verschulden, sondern auch für das seiner Erfüllungs- und Verrichtungsgehilfen. Darunter fallen nicht nur die eigenen Angestellten und Arbeiter, sondern auch die Nachunternehmer und die von ihnen eingesetzten Arbeitskräfte.

1240 In der VOB/B sind ergänzende Regelungen enthalten, welche die Haftung des Auftragnehmers weiter ausdehnen. Diese sind in § 10 VOB/B (Haftung der Vertragspartner) aufgeführt. Gemäß § 10 Abs. 2 Nr. 2 VOB/B trägt der Auftragnehmer den Schaden auch bei einer gegebenen Mithaftung des Auftraggebers allein, wenn eine Haftpflichtversicherung für diesen Schadensfall besteht oder wenn der Auftragnehmer eine solche hätte abschließen können. Auch in § 10 Abs. 3 und 4 VOB/B sind Haftungsgründe formuliert, aus denen der Auftragnehmer in Anspruch genommen werden kann. Hierzu zählen das unbefugte Betreten oder Nutzen von Grundstücksflächen, das Versperren von Wegen, die Verletzung von gewerblichen Schutzrechten etc. Da möglicherweise eine Versicherung den Schaden ersetzt und für den Auftragnehmer eintritt, muss der Bauleiter den Schaden der eigenen Versicherung melden. Die Schadensmeldung muss unverzüglich erfolgen, damit der Versicherer die Abwicklung des Schadensfalles übernehmen kann. Eine typische Schadensmeldung an die eigene Versicherung ist das Schreiben MS 101. Zu beachten ist, dass es der Versicherung auch bereits zu melden ist, wenn auf Grund gegebener Umstände nur die Möglichkeit eines Schadenseintrittes vorliegt.

Es kann aber auch sein, dass ein Dritter Schäden an der Bauleistung oder der Baustelleneinrichtung verursacht. Dann hat der Auftragnehmer möglicherweise einen Anspruch gegen den Schädiger oder dessen Versicherer. Der Bauleiter muss auch diese Ansprüche durch eine Schadensmeldung an die Versicherung des Schädigers sicherstellen, damit ihm der eigene Schaden ersetzt wird. Eine Schadensmeldung an eine fremde Versicherung ist das Schreiben MS 102. **1241**

In den Fällen, in denen der Auftragnehmer für einen Schaden haften muss, aber den Schaden nicht selbst verursacht hat, sondern sein Nachunternehmer oder ein anderer Erfüllungsgehilfe, sind an alle Versicherer Meldungen zu versenden. Das ist der eigene Versicherer, der möglicherweise für den Schaden eintritt, aber auch der Versicherer des Nachunternehmers. Eine Schadensmeldung an eine Versicherung des Nachunternehmers zeigt das Schreiben MS 103. Der Nachunternehmer ist unmittelbarer Verursacher des Schadens und daher eventuell gegenüber dem Auftragnehmer regresspflichtig. In vielen Fällen regeln die betroffenen Versicherer Schadenersatzzahlungen und deren Höhe untereinander, sodass alle Versicherer unmittelbar zu informieren sind. **1242**

Wenn ein Schadensfall eingetreten ist, sind zwei Dinge zu prüfen. Die erste Frage lautet, ob ein Schadensverursacher haften muss. Dies nennt man die haftungsrechtliche Beurteilung. Es handelt sich häufig um rechtliche Fragestellungen, welche man einem Juristen überlassen sollte. Die zweite Frage ist, ob bei einem vorliegenden Haftungsfall Versicherungsschutz für den Schaden besteht. Das richtet sich allein nach dem Vertrag mit der Versicherung. **1243**

Versicherungsverträge unterliegen nicht nur den Vorschriften des BGB, sondern auch des VVG, des Versicherungsvertragsgesetzes. Weiterhin ist es üblich, dass allgemeine und besondere Versicherungsbedingungen eingeschlossen werden, bei speziellen Risiken oder Rahmenbedingungen aber auch abgeänderte Bedingungen oder individuelle Vereinbarungen für den Einzelfall. Daher ist auch eine Prüfung, ob Deckungsschutz besteht, im Einzelfall schwierig. **1244**

Für den Bauleiter ist unabhängig von den vorstehenden Fragestellungen und der weiteren Bearbeitung des Schadensfalles zu beachten, dass er die Informationen möglichst schnell weiterleitet. Die Schadensfälle müssen in bestimmten Fristen gemeldet werden, da sonst die Ansprüche auf einen Ver- **1245** sicherungsschutz verfristen können. Daher darf der Bauleiter auch keine Zusagen gegenüber einem Geschädigten machen oder eigene Stellungnahmen zu den Schadensursachen abgeben, da in die Beurteilung die Versicherung einzubeziehen ist. Wenn sich in einer Schadensangelegenheit Beteiligte an den Bauleiter wenden, hat dieser die Korrespondenz an die Versicherung weiterzuleiten. In jedem Fall hat der Bauleiter die Pflicht, den Schaden zu dokumentieren, und, wenn möglich, zur Besichtigung durch den Versicherer bereitzustellen. Wenn eine Minderung des Schadens oder eine Vermeidung weiterer Schäden möglich ist, obliegen entsprechende Maßnahmen jedem Versicherungsnehmer als Pflicht.

1246 Bei Personenschäden sind neben den unten genannten Versicherungen auch die gesetzlichen Unfallversicherungen der Berufsgenossenschaften zu informieren. Sie kommen für Behandlungskosten und Renten auf, welche aus innerbetrieblichen Unfällen, also Arbeitsunfällen auf der Baustelle oder auf Firmengrundstücken, resultieren.

1247 Im Folgenden werden die wichtigsten Versicherungen, welche für Schäden während der Bauabwicklung aufkommen, beschrieben. Die Beschreibung dient auch zur Prüfung im Schadensfall, ob und welche entsprechenden Versicherungen abgeschlossen worden sein können. Es gibt allerdings noch weitere Versicherungen oder Kombinationen und Erweiterungen von Policen. Der Bauleiter muss sich daher vor Beginn der Durchführung der Baumaßnahme in seinem eigenen Unternehmen, aber auch bei den anderen Beteiligten erkundigen, welche Versicherungen abgeschlossen worden sind.

Bau- Betriebs Haftpflichtversicherung

1248 Wer schließt ab?
Die Bau-Betriebs-Haftpflichtversicherung wird durch das Bauunternehmen abgeschlossen.

1249 Zweck der Versicherung?
Die Versicherung besteht für die Regulierung von Schäden durch ein Bauunternehmen, welche aus dem Betrieb des Bauunternehmens bei Dritten entstehen.

1250 Was ist versichert?
Ansprüche Dritter auf Ersatz von Schäden, deren Anspruch sich nach den gesetzlichen Haftpflichtregeln ergibt. Hierbei handelt es sich um die typischen Schadensverursachungen während und auf Grund der Bautätigkeit. Deckung

besteht auch für alle bei dem Bauunternehmen angestellten und beschäftigten Mitarbeiter.

Was ist nicht versichert? 1251
Schäden, welche nur auf Grund einer vertraglich zugesagten Haftung reguliert werden müssen, sind nicht versichert. Ebenfalls besteht für eigene Schäden und vorsätzlich herbeigeführte Schäden keine Deckung. Dementsprechend fallen unter den Versicherungsschutz auch keine Mängelansprüche an der Bauleistung. Ausnahmen bilden allerdings Bau-Betriebs-Haftpflichtversicherungen für das Bauhandwerk, bei denen Kosten erstattungsfähig sein können, welche bei einer Mangelbeseitigung dadurch entstehen, dass man die Stelle der Ursache erst zugänglich machen muss sowie nach der Mangelbeseitigung den ursprünglichen Zustand wiederherzustellen hat.

Ein weiter Bereich nicht versicherter Schäden betrifft selbstfahrende Arbeits- 1252
maschinen, durch die Schäden verursacht worden sind. Für diese Maschinen besteht nach dem Pflichtversicherungsgesetz eine Kraftfahrzeug-Haftpflichtversicherung. Allerdings gibt es auch viele Arbeitsmaschinen, für die keine Versicherungspflicht als Kraftfahrzeug besteht. Hierzu zählen auch Planierraupen, Hydraulikbagger etc. Verursachen diese Fahrzeuge Schäden, sind diese möglicherweise durch individuelle Klauseln in den Deckungsumfang der Bau-Betriebs-Haftpflichtversicherung eingeschlossen.

Führen Bauunternehmen mit ihren Beschäftigten Planungsleistungen durch, 1253
wozu auch statische Berechnungen, konstruktive Entwürfe etc. gehören, die nicht für Bauvorhaben im eigenen Auftrag gedacht sind, dann handelt das Bauunternehmen wie ein eigenständiges Architekten- oder Ingenieurbüro. Daher sind diese eigenständigen Tätigkeiten nicht über die Bau-Betriebs-Haftpflichtversicherung abgedeckt. Sollten die Planungsleistungen für ein selbst durchgeführtes Bauvorhaben sein, sind die genannten Tätigkeiten üblicherweise mitversichert

Sogenannte Auslandsschäden sind nicht versichert. Die Deckung bezieht 1254
sich daher nur auf Schäden, welche im Inland verursacht werden.

Anmerkungen

Wesentliche Baurisiken sind nach den Allgemeinen Haftpflichtbedingungen 1255
nicht mitversichert. Hierzu zählen Schäden an Versorgungsleitungen, Senkungs- und Erschütterungsschäden, Schäden auf Grund von Abbrucharbei-

ten und Sprengungen, als Folge von Unterfangungen etc. Diese Risiken können aber in die Bau-Betriebs-Haftpflichtversicherung eingeschlossen werden. Die maximale Deckungssumme, welche die Versicherung für jeden Schadensfall bezahlt, ist in den Verträgen begrenzt. Häufig wird ein Selbstbehalt vereinbart. Dadurch trägt der Auftragnehmer den Schaden bis zur Höhe des Selbstbehaltes.
Ergänzende Versicherungen zur Bau-Betriebs-Haftpflichtversicherung sind eine Produkt-Haftpflichtversicherung und eine Umwelt-Haftpflichtversicherung.

Bauleistungsversicherung

1256 Wer schließt ab?
Die Bauleistungsversicherung wird durch das Bauunternehmen oder den Auftraggeber abgeschlossen.

1257 Zweck der Versicherung?
Vor der Abnahme trägt der Auftragnehmer das Risiko der Beschädigung oder Zerstörung der Werkleistung. Dieses Risiko kann durch den Auftragnehmer über eine Bauleistungsversicherung abgedeckt werden. Es handelt sich um die so genannte Bauwesenversicherung von Unternehmerleistungen, die sich nach den ABU, den Allgemeinen Bedingungen für Bauwesenversicherungen von Unternehmerleistungen, richten.
In den Bauverträgen kann eine abweichende Risikoverteilung geregelt sein, so wie dies auch in § 7 VOB/B vorgesehen ist. Dann trägt der Auftraggeber einen Teil der Risiken der Beschädigung und des Unterganges vor der Abnahme. Daher gibt es auch eine Bauleistungsversicherung für Auftraggeber, welchen die ABN, Allgemeine Bedingungen für Bauwesenversicherungen von Gebäudeneubauten durch Auftraggeber, zu Grunde liegen. Man kann in beiden Arten der Bauleistungsversicherung die jeweils anderen Risiken mit abdecken. Es ist üblich, dass der Auftraggeber in diesen Fällen die Prämienzahlungen teilweise auf den Auftragnehmer umlegt. Sollte der Auftraggeber die Risiken des Auftragnehmers mitversichert haben, ist vom Bauleiter bei dem Auftraggeber eine Kopie der Police und der vollständigen Versicherungsvertragsbedingungen anzufordern. Damit kann geprüft werden, ob für die eigenen Risiken in dem Versicherungsvertrag ausreichende Deckung vorhanden ist, ob die vorliegenden Risiken nicht ausgeschlossen sind usw.

Was ist versichert? **1258**
Versichert sind nur die Bauleistungen. Hierzu zählen auch die bereits auf die Baustelle gelieferten Baustoffe und Bauteile. Im Weiteren kommt es auf den Versicherungsumfang und darauf an, ob eine Bauleistungsversicherung gemäß den ABU oder ABN abgeschlossen worden ist bzw. was die Ursache für den Schaden an der Bauleistung war.

Was ist nicht versichert? **1259**
Im Versicherungsumfang nicht enthalten sind Personen- und Vermögensschäden. Ebenfalls nicht versichert sind Baumaschinen, Geräte und Gegenstände der Baustelleneinrichtung.
Leistungen im Ausbau sind nicht in allen Bauleistungsversicherungen enthalten. Auch Bauhilfskonstruktionen und Baubehelfe sind nicht immer in den Versicherungsumfang eingeschlossen. Empfindliche Materialien werden in den Versicherungsbedingungen von der Deckung ausgenommen. Hierzu zählen zum Beispiel Glas und Kunststoffoberflächen. Mängel an der hergestellten Bauleistung, für die der Auftragnehmer verantwortlich ist, fallen nicht unter die Bauleistungsversicherung.
Bei Diebstahl, mangelnden Schutzmaßnahmen gegen Frost, Grundwasseranstieg sowie einer Verursachung durch Brand, Blitzschlag, Hochwasser etc. besteht kein Anspruch auf Schadenersatz.

Anmerkungen

Der Versicherungsschutz gilt zeitlich je nach Vorliegen der ABU oder ABN unterschiedlich lang. Die Bauleistungsversicherung des Auftragnehmers stellt auf die Abnahme der Werkleistung als Ende des Versicherungsschutzes ab, da zu diesem Zeitpunkt das Risiko auf den Auftraggeber übergeht. Bauleistungsversicherungen des Auftraggebers stellen auch auf spätere Zeitpunkte für das Ende des Versicherungsschutzes ab, zum Beispiel die Nutzung. **1260**
Sollte sich während der Baudurchführung die Bauleistung durch Leistungsänderungen und zusätzliche Leistungen wesentlich ändern, ist zu prüfen, ob der Versicherungsschutz in vollem Umfang auch für die erweiterten Leistungen besteht. Im Zweifel ist der Versicherung die Leistungsänderung zu melden.
Schäden für Bauleistungen im Ausland sind im Einzelfall zu prüfen, da die in Deutschland üblichen Bauleistungsversicherungen diese Schäden nicht abdecken.
Versichert ist üblicherweise nur die Baustelle. Sollte die Baumaßnahme verschiedene Baubereiche betreffen, zum Beispiel wegen dazwischen liegender Transportwege für Fertigteile, Beton etc., ist im Einzelfall die Deckung zu prüfen.

Baugewährleistungsversicherung

1261 Wer schließt ab?
Eine Baugewährleistungsversicherung wird durch das Bauunternehmen abgeschlossen.

1262 Zweck der Versicherung?
Die Baugewährleistungsversicherung deckt Risiken des Auftragnehmers ab, die ihm durch seine Pflicht zur Mängelhaftung nach §§ 634 ff. BGB bzw. § 13 Abs. 5 VOB/B entstehen.

1263 Was ist versichert?
Der Auftragnehmer hat gegenüber dem Auftraggeber für Mängel nach der Abnahme zu haften. Dies nennt man im Allgemeinen Gewährleistung, im Gesetz auch Verjährungsfrist für Mängelansprüche. Der Auftraggeber kann bei Mängeln in der Gewährleistungszeit Ansprüche gegen den Auftragnehmer geltend machen. Diese Ansprüche sind im Einzelfall auf eine Mangelbehebung und auf Minderung gerichtet.
Die Baugewährleistungsversicherung kommt daher für Kosten auf, welche zur Mangelbeseitigung aufgewendet werden müssen. Dafür ist erforderlich, dass der Auftraggeber Mängel meldet und die Ansprüche gegenüber dem Auftragnehmer geltend macht.
Der Versicherungsumfang deckt auch die Kosten ab, welche aus der Abwehr unberechtigt gestellter Mangelbeseitigungsansprüche entstehen. Hierzu zählen Kosten für Sachverständige, Anwälte und gerichtliche Verfahren.

1264 Was ist nicht versichert?
Im Versicherungsumfang sind keine Mängel enthalten, welche vor der Abnahme der Leistung durch den Auftraggeber festgestellt werden oder bekannt sind, aber von dem Auftragnehmer nicht beseitigt worden sind. Ebenfalls sind keine Kosten erstattungsfähig, welche der Auftraggeber hätte aufwenden müssen, um schon anfänglich eine mangelfreie Leistung herzustellen, die sogenannten Sowieso-Kosten.

1265 Wenn auf Grund eines Mangels Schäden an anderen Bauteilen entstehen, ist die Beseitigung dieser Schäden möglicherweise nicht im Deckungsumfang enthalten. Eine Abgrenzung ist nach den Versicherungsbedingungen und den tatsächlichen Gegebenheiten zu beurteilen.

1266 Die Baugewährleistungsversicherung kommt nicht für Schadenersatzforderungen auf. Daher sind Forderungen eines Auftraggebers auf Ersatz von entgangenen Mieteinnahmen oder Nutzungsmöglichkeiten wegen der Mangelbeseitigung nicht von einer Baugewährleistungsversicherung abgedeckt.

Anmerkungen

Üblicherweise ist die Baugewährleistungsversicherung für eine Haftung von **1267**
fünf Jahren nach der Abnahme abgeschlossen. Sollte die Gewährleistungszeit kürzer vereinbart sein, kann der Versicherungsschutz ebenfalls verkürzt werden. Dadurch werden günstigere Prämien möglich. Sollten allerdings längere Gewährleistungszeiten vereinbart sein, muss auch der Versicherungsvertrag entsprechend angepasst werden. Dies gilt zum Beispiel bei der üblichen Vereinbarung von 10 Jahren Gewährleistung für Flachdächer oder erdberührte Abdichtungsflächen.
Bei bestimmten Gewerken oder Eigenschaften wird eine Deckung nicht gegeben. Hierzu zählen zum Beispiel Bepflanzungen und andere Leistungen der Außenanlagen, vertragliche Zusagen bestimmter Eigenschaften über das übliche Maß hinaus, Mängel an Wartungsgegenständen auf Grund fehlender Wartung etc.

Baugeräteversicherung

Wer schließt ab? **1268**
Die Baugeräteversicherung wird durch das Bauunternehmen abgeschlossen.

Zweck der Versicherung? **1269**
Es handelt sich im Grundsatz um eine Kaskoversicherung gegen Schäden auf Grund äußerer Ereignisse.

Was ist versichert? **1270**
Für den Versicherungsvertrag und die Police werden Verzeichnisse angefertigt, in denen die versicherten Geräte aufgeführt sind. Diese Geräte sind versichert. Für die einzelnen Geräte sind Versicherungssummen anzugeben, die sich auf den Neuwert und die Beschaffungskosten beziehen. Dabei ist zu beachten, dass Zubehör oder Anbauteile gesondert angegeben werden, damit sie ebenfalls versichert sind.
Es können mit einer Baugeräteversicherung auch die Gegenstände der Baustelleneinrichtung versichert werden. Dies sind Baustellencontainer, Magazine, Kleingeräte, Schalung, Gerüste etc.

1271 Was ist nicht versichert?
Nicht in dem Verzeichnis der Police aufgeführte Geräte sind nicht versichert. Sie müssen nachgemeldet werden. Oftmals sind auch die Transportfahrzeuge nicht versichert, da für sie eine Kaskoversicherung im Rahmen der Straßenverkehrszulassung besteht. Schwimmende Geräte müssen zumindest gesondert als solche ausgewiesen werden. Verschleißteile und Werkzeuge sind nur dann versichert, wenn sie nicht auf Grund ihres üblichen Betriebes zu Schaden kommen, also gerade kein Verschleißschaden vorliegt.
In einer üblichen Baugeräteversicherung sind nur Schäden auf Grund äußerer Einwirkung versichert, zum Beispiel Zusammenstöße, Steinschlag etc. Sollen auch Schäden wegen Nutzerfehlern, Kurzschlüssen, technischen Mangelerscheinungen etc., also Ursachen der Maschine selbst oder ihrer Bedienung, versichert werden, ist zusätzlich zu der Kaskoversicherung eine Maschinenversicherung abzuschließen.

Anmerkungen

1272 In Baugeräteversicherung können Diebstahl und besondere Einsatzbedingungen von der Deckung ausgenommen sein, wie zum Beispiel der Einsatz von Baggern für Unterwasseraushub, der Einsatz auf einem Ponton usw.
Bei gemieteten Geräten ist es vorteilhaft, wenn der Vermieter die Versicherung abschließt. Der Bauleiter muss daher bei der Anmietung darauf achten, dass Versicherungsschutz in der Miete enthalten ist. Bei Baugeräteversicherungen, die als Jahresverträge abgeschlossen werden, ist üblicherweise das Transportrisiko mitversichert. Wenn daher Großgeräte längere Zeit auf einer Baustelle verbleiben, kann durch den Wegfall des Transportrisikos mit der Versicherung ein günstigerer Tarif verhandelt werden.
Einsätze im Ausland sind mit dem Versicherer vorab zu klären.

Sachversicherungen

1273 Wer schließt ab?
Diverse Sachversicherungen können durch das Bauunternehmen abgeschlossen werden.

1274 Zweck der Versicherung?
Schutz bei Beschädigung von eigenen Sachen und Betriebsmitteln.

1275 Was ist versichert?
Der versicherte Umfang hängt von dem jeweiligen Versicherungsvertrag ab. Als Bauunternehmen kann man die Betriebseinrichtungen versichern. Hierzu

zählen die Gebäude der Verwaltung, die Bauhöfe und Fertigungsanlagen, zum Beispiel für Fertigteile. Die Versicherungen können für Schäden durch Feuer, Sturm, Einbruch etc. abgeschlossen werden.
Für stationäre Fertigungen kann man Betriebsunterbrechungs-Versicherungen abschließen. Diese Versicherungen kommen für Verdienstausfälle auf Grund von Sachschäden an den Anlagen auf.
Computer, Server und andere elektronische Geräte können ebenfalls versichert werden. Die Versicherungen decken Schäden an den Anlagen ab, allerdings nicht an den verloren gegangenen Daten.
Transportversicherungen gibt es in der Form der Werkverkehrsversicherung. Diese deckt Schäden an der Ladung bei dem Transport mit eigenen Fahrzeugen. Die Ladung sind eigene Sachen oder Güter, also zum Beispiel Fertigteile.
Für Bauunternehmen, die Montagefahrzeuge unterhalten, sind abgeschlossene Autoinhaltsversicherungen in Anspruch zu nehmen. Diese Versicherungen kommen für die Werkzeuge und Materialien in den Fahrzeugen auf, wenn sie durch einen Unfall, Brand, Diebstahl etc. Schaden nehmen.

Was ist nicht versichert? **1276**
Grundsätzlich ergeben sich die Grenzen des Versicherungsschutzes aus den jeweiligen Vertragsbedingungen. In aller Regel sind vorsätzlich und grob fahrlässig herbeigeführte Schäden nicht im Deckungsumfang enthalten.

Anmerkungen

Es gibt noch diverse andere Sachversicherungen. Hier muss sich der Baulei- **1277**
ter im Einzelfall innerhalb seines Unternehmens erkundigen.

Berufs-Haftpflichtversicherung

Wer schließt ab? **1278**
Eine Berufs-Haftpflichtversicherung wird durch den tätigen Architekt oder Bauingenieur abgeschlossen. Wenn man allerdings in einem Büro mit mehreren Beteiligten tätig ist, kann auch über das Büro oder die Firma eine Berufs-Haftpflichtversicherung für alle in dem Unternehmen Beschäftigten abgeschlossen werden.

1279 Zweck der Versicherung?
Die Versicherung besteht für die Regulierung von Schäden durch einen Architekten oder Bauingenieur, welche aus seiner Tätigkeit bei Dritten entstehen.

1280 Was ist versichert?
Ansprüche Dritter auf Ersatz von Schäden, deren Anspruch sich nach den gesetzlichen Haftpflichtregeln ergibt. Hierbei handelt es sich um die typischen Schadensverursachungen während und auf Grund der Planungs- oder Bautätigkeit. Es muss also ein fehlerhaftes Verhalten des Versicherten vorliegen.

1281 Was ist nicht versichert?
Es ist für den tätigen Architekten oder Bauingenieur keine Deckung gegeben, wenn er für sich selbst baut und dafür tätig wird. Dafür reicht aus, wenn er in fremdem Namen, aber auf eigene Rechnung ausführen lässt.
Es besteht auch kein Versicherungsschutz, wenn man selbst Bauleistungen erbringt.

Anmerkungen

1282 Die maximale Deckungssumme, welche die Versicherung für jeden Schadensfall bezahlt, ist in den Verträgen begrenzt. Häufig wird ein Selbstbehalt vereinbart. Dadurch trägt der Architekt oder Bauingenieur den Schaden bis zur Höhe des Selbstbehaltes.
Die Versicherungen benennen mitunter das Leistungsspektrum oder die konkreten Tätigkeitsbereiche des Versicherten, zum Beispiel die HOAI-Leistungsphasen. Kein Versicherungsschutz besteht, wenn die übernommenen Tätigkeiten einen weiteren Umfang haben als in der Police beschrieben.

Checkliste 40: Schadensfall

Wann:	Gleich nach Eintritt des Schadens
Warum:	Sicherstellung des Deckungsschutzes einer Versicherung
Wer:	Bauleiter, Baukaufmann
Was:	Innerbetriebliche Weiterleitung der Informationen zu dem Schadensfall Prüfung auf bestehende Versicherungen Meldung des Schadensfalles an alle in Frage kommenden Versicherungen
Wie:	Schaden protokollieren und intern an die Zentrale melden Durchsicht der Unterlagen zu bestehenden Versicherungen Anfrage an den Auftraggeber zu bestehenden Versicherungen Anfrage an Nachunternehmer zu bestehenden Versicherungen Anfrage an den Schädiger zu bestehenden Versicherungen Versenden der Schadensmeldung an die Versicherungen
Kontrolle:	Prüfung auf weitere bestehende Versicherungen Ablage der versendeten Schreiben mit Wiedervorlage
Weiteres Vorgehen:	Dokumentation des Schadensfalles Sicherstellung von beschädigten Sachen zur Begutachtung durch die Versicherung Nachfrage bei der Versicherung zu weiterem Vorgehen Anforderung eines Schadensformulares von der Versicherung
Eigene Anmerkungen:	

Musterschreiben 101: Schadensmeldung an die eigene Versicherung

Adressat: *Eigene Haftpflichtversicherung*

Bauvorhaben: ....

Datum: ....

AS Nr. *70:* **Mitteilung eines Schadens, unsere Policenr. der Haftpflichtversicherung 123234345**

Sehr geehrte Damen und Herren,

heute, am 4. Juli 2027, haben wir unsere Betonpumpe im Einsatz gehabt. Nach ca. 30 Minuten Betrieb hat plötzlich die Betonmenge nachgelassen. Die umgehende Abschaltung und Inspektion ergab, dass ein Förderschlauch geplatzt ist. Dadurch wurden zwölf in der Nähe der Betonpumpe auf öffentlicher Straße geparkte Autos mit Beton verunreinigt. Durch den Zuschlag kam es auch zu Beschädigungen.

Wir setzen Sie hiermit über diesen Schadensfall in Kenntnis. Bitte senden Sie uns ein Schadensformular zu und teilen Sie uns mit, wie wir weiter verfahren sollen.

Die entstandenen Schäden *an den Fahrzeugen* **werden wir dokumentieren** *und die Nutzer in Kenntnis setzen.* *Der defekte Förderschlauch wurde ausgetauscht und in Verwahrung genommen.*

Für Rückfragen stehen wir gerne zur Verfügung.

Mit freundlichen Grüßen

....

(Unterschrift)

Hinweise zu Musterschreiben 101

Art des Schreibens: Muss, Schriftform, Zugangsnachweis

Zeitpunkt des Schreibens: Das Schreiben muss direkt nach dem Schadensereignis versendet werden. **1283**

Vorschriften: Regelungen aus dem Versicherungsvertrag **1284**

Adressat: Eigene Versicherung **1285**

Nummerierung: Das Schreiben ist als allgemeines Schreiben zu nummerieren und zur Bauakte zu nehmen. Wichtiger ist allerdings die Dokumentation des Schadens und des auslösenden Ereignisses. **1286**
Die Antwort des Versicherers ist ebenfalls zu dokumentieren.

Text: Das Schreiben muss die Nummer der Versicherungspolice benennen. **1287**
Nur damit ist es dem Versicherer möglich, den Schadensfall zu bearbeiten.
Der Schadenshergang ist zu beschreiben. Diese Beschreibung kann so erfolgen, dass eine erste Beurteilung möglich ist. Eine detaillierte Beschreibung wird von den Versicherern meist in übersendeten Formularen abgefragt.
Es ist anzufragen, wie weiter verfahren werden soll. Diese Abstimmung mit dem Versicherer ist notwendig, damit man keine Beweismittel vernichtet und Ansprüche ausschließt.
Erste Maßnahmen, die man ergreift, sollte man beschreiben.

Weitere Hinweise: Wichtig ist, dass man den Schaden und mögliche Verursachungstatsachen dokumentiert. Jedenfalls sollte man gegenüber Geschädigten keine Zusagen machen, keine Schäden vorgreifend beheben oder Gegenstände vernichten. In Eilfällen ist bei dem Versicherer telefonisch nachzufragen und ein Telefonprotokoll anzufertigen. **1288**

Musterschreiben 102: Schadensmeldung an eine fremde Versicherung

Adressat: *Fremde Haftpflichtversicherung*

Bauvorhaben: ....

Datum: ....

AS Nr. *71:* **Mitteilung eines Schadens, Versicherungsnehmer** *Hr. Müller, amtl. Kennzeichen UX-Y-321*

Sehr geehrte Damen und Herren,

Ihr Versicherungsnehmer Herr Müller hat heute um 11.00 Uhr bei einem Einparkvorgang mit seinem Kraftfahrzeug unseren Bauzaun umgefahren. Es handelt sich um einen Zaun aus vorgefertigten Stahlelementen, die in Betonfüßen aufgestellt sind. Es wurden drei Elemente und ein Betonständer beschädigt. Da der Bauzaun auf Grund des Anfahrens umgefallen ist, wurden die Blumenkästen mit Geranien, welche an dem Baubüro unseres Oberbauleiters angebracht waren, ebenfalls vollständig zerstört.

Wir setzen Sie hiermit über diesen Schadensfall in Kenntnis. Bitte senden Sie uns ein Schadensformular zu und teilen Sie uns mit, wie wir weiter verfahren sollen.

Die entstandenen Schäden *an den Elementen und den Blumen* **werden wir dokumentieren.**

Die defekten Elemente werden wir austauschen und in Verwahrung nehmen.

Für Rückfragen stehen wir gerne zur Verfügung.

Mit freundlichen Grüßen

....

(Unterschrift)

Hinweise zu Musterschreiben 102

Art des Schreibens: Sollte, Schriftform, Zugangsnachweis

Zeitpunkt des Schreibens: Das Schreiben muss direkt nach dem Schadens- 1289
ereignis versendet werden.

Vorschriften: Regelungen aus dem Versicherungsvertrag des Schädigers, 1290
die aber nur für den Schädiger selbst gelten

Adressat: Fremde Versicherung 1291

Nummerierung: Das Schreiben ist als allgemeines Schreiben zu nummerie- 1292
ren und zur Bauakte zu nehmen. Wichtiger ist allerdings die Dokumentation des Schadens und des auslösenden Ereignisses.
Die Antwort des Versicherers ist ebenfalls zu dokumentieren.

Text: Das Schreiben muss alle verfügbaren Daten des Schädigers und Versi- 1293
cherungsnehmers benennen, die der Versicherung die Identifikation erlauben. Nur damit ist es dem Versicherer möglich, den Schadensfall zu bearbeiten.
Der Schadenshergang ist zu beschreiben. Diese Beschreibung kann so erfolgen, dass eine erste Beurteilung möglich ist. Eine detaillierte Beschreibung wird von den Versicherern meist in übersendeten Formularen abgefragt.
Es ist anzufragen, wie weiter verfahren werden soll. Diese Abstimmung mit dem Versicherer ist notwendig, damit man keine Beweismittel vernichtet und Ansprüche ausschließt.
Erste Maßnahmen, die man ergreift, sollte man beschreiben.

Weitere Hinweise: Der Versicherungsnehmer ist verpflichtet, den Schaden 1294
seiner Versicherung selbst zu melden. Da man aber nicht weiß, ob er dies fristgerecht erledigt, ist das zusätzliche Schreiben an die Versicherung sinnvoll.
Wichtig ist, dass man den Schaden und mögliche Verursachungstatsachen dokumentiert. Jedenfalls sollte man keine Schäden vorgreifend beheben oder Gegenstände vernichten. In Eilfällen ist bei dem Versicherer telefonisch nachzufragen und ein Telefonprotokoll anzufertigen.

Musterschreiben 103: Schadensmeldung an die Versicherung eines Nachunternehmers

Adressat: *Haftpflichtversicherung des Nachunternehmers*

Bauvorhaben: ....

Datum: ....

AS Nr. *72:* **Mitteilung eines Schadens, Versicherungsnehmer Fa.** *Maierhuber,* **Vers.-Scheinnr.** *454545*

Sehr geehrte Damen und Herren,

Ihr Versicherungsnehmer Firma *Maierhuber* **ist als Nachunternehmer für uns auf oben genanntem Bauvorhaben tätig. Die Police der bei Ihnen abgeschlossenen Haftpflichtversicherung ist uns als Nachweis eines bestehenden Versicherungsschutzes ausgehändigt worden.**

Die Fa. Maierhuber hat heute um 13.30 Uhr bei einem Schwenkvorgang mit einem Bagger einen auf dem Nachbargrundstück befindlichen Geräteschuppen beschädigt. Es handelt sich um einen Schuppen aus vorgefertigten Holzelementen.

Wir setzen Sie hiermit über diesen Schadensfall in Kenntnis. Da der Nachunternehmer auf unserer Baustelle tätig ist und der Geschädigte sich mit uns in Verbindung gesetzt hat, haben wir den Schaden auch unserer Versicherung gemeldet. Bitte teilen Sie uns mit, wie wir weiter verfahren sollen.

Die entstandenen Schäden *an dem Schuppen* **werden wir dokumentieren.**

Für Rückfragen stehen wir gerne zur Verfügung.

Mit freundlichen Grüßen

....

(Unterschrift)

Hinweise zu Musterschreiben 103

Art des Schreibens: Sollte, Schriftform, Zugangsnachweis

Zeitpunkt des Schreibens: Das Schreiben muss direkt nach dem Schadensereignis versendet werden. **1295**

Vorschriften: Regelungen aus dem Versicherungsvertrag des Schädigers, die aber nur für den Schädiger selbst gelten **1296**

Adressat: Fremde Versicherung **1297**

Nummerierung: Das Schreiben ist als allgemeines Schreiben zu nummerieren und zur Bauakte zu nehmen. Wichtiger ist allerdings die Dokumentation des Schadens und des auslösenden Ereignisses. **1298**
Die Antwort des Versicherers ist ebenfalls zu dokumentieren.

Text: Das Schreiben muss alle verfügbaren Daten des Schädigers und Versicherungsnehmers benennen, die der Versicherung die Identifikation erlauben. Nur damit ist es dem Versicherer möglich, den Schadensfall zu bearbeiten. **1299**
Üblicherweise übergeben Nachunternehmer die Kopie der Versicherungspolice und deren Daten zum Nachweis des Bestehens der Versicherungsdeckung. Eine Kopie der Police ist beizufügen.
Der Schadenshergang ist zu beschreiben. Diese Beschreibung kann so erfolgen, dass eine erste Beurteilung möglich ist. Eine detaillierte Beschreibung wird von den Versicherern meist in übersendeten Formularen abgefragt.
Es ist anzufragen, wie weiter verfahren werden soll. Diese Abstimmung mit dem Versicherer ist notwendig, damit man keine Beweismittel vernichtet und Ansprüche ausschließt.
Erste Maßnahmen, die man ergreift, sollte man beschreiben.

Weitere Hinweise: Der Versicherungsnehmer ist verpflichtet, den Schaden seiner Versicherung selbst zu melden. Da man aber nicht weiß, ob er dies fristgerecht erledigt, ist das zusätzliche Schreiben an die Versicherung sinnvoll. **1300**
Wichtig ist, dass man den Schaden und mögliche Verursachungstatsachen dokumentiert. Jedenfalls sollte man keine Schäden vorgreifend beheben oder Gegenstände vernichten. In Eilfällen ist bei dem Versicherer telefonisch nachzufragen und ein Telefonprotokoll anzufertigen.
Wenn auch eine eigene Versicherung besteht, ist der Schaden auch dort anzumelden, vergleiche Musterschreiben 101.

12 Neues Werk- und Bauvertragsrecht

1301 Am 01. Januar 2018 ist das neue Werkvertragsrecht mit dem Bauvertragsrecht in Kraft getreten. Es gilt für alle Bauverträge, die ab dem 01. Januar 2018 abgeschlossen wurden. Es ist also immer zu prüfen, wann der zu Grunde liegende Vertrag abgeschlossen worden ist. Dies ist meist durch das Datum erkennbar, welches bei der Unterschrift angegeben ist. Ist das Datum der Unterschrift, also des Vertragsabschlusses, der 01.01.2018 oder später, gilt das neue Bauvertragsrecht für diesen Vertrag.

1302 Wurde der Vertrag vor dem 01. Januar 2018, also bis spätestens am 31. Dezember 2017, abgeschlossen, gelten die neuen Vorschriften des Bauvertragsrechts nicht. In diesen Fällen findet weiterhin das Werkvertragsrecht in der alten Fassung Anwendung. Das bedeutet, dass die Werkvertragsregelungen des BGB vor der Neuerung Geltung haben.

1303 Zu beachten ist, dass das Datum bei der Unterschrift unter den Vertrag nicht zwingend das Datum des Vertragsabschlusses darstellt. Die Vertragspartner können den Vertrag bereits vorab mündlich abgeschlossen haben. Dies geschieht dann meist in Verhandlungen, in denen der Abschluss des Vertrages bereits bindend vereinbart wird. Lediglich die Unterschrift wird zeitlich verschoben, also die schriftliche Ausfertigung des bereits abgeschlossenen Vertrages. Das Datum im Vertrag stellt in diesen Fällen nicht das Datum des mündlichen Vertragsabschlusses dar. Der Vertrag wurde also bereits vorher abgeschlossen. Liegt der mündliche Vertragsabschluss vor dem 01.01.2018, gilt das neue Bauvertragsrecht also nicht, obwohl der Vertrag ein Datum nach dem 01.01.2018 trägt. In diesen Fällen sollte allerdings die tatsächliche und rechtliche Situation überprüft werden, indem mit dem Vertragspartner einvernehmlich das Datum des Vertragsabschlusses festgestellt wird.

1304 Für die Fälle, in denen das neue Bauvertragsrecht für die Vertragsdurchführung gilt, sind die folgenden Ausführungen einschlägig. Vorab sind die Fälle zu unterscheiden, in denen das neue Bauvertragsrecht gilt und im Vertrag die Geltung der VOB/B vereinbart ist. Die Regelungen der VOB/B unterscheiden sich von den Regelungen des neuen Bauvertragsrechts. Daher ist in diesen Fällen zu fragen, ob die Regelungen der VOB/B als allgemeine Geschäftsbedingungen Bestand haben, oder ob diese Regelungen unwirksam sind, da sie dem gesetzlichen Leitbild des neuen Bauvertragsrechts widersprechen und benachteiligend oder unklar sind. Diese Frage kann derzeit nicht eindeutig beantwortet werden, da zukünftige Gerichtsentscheidungen zeigen werden, welche Regelungen aus der VOB/B Bestand haben oder nicht.

Fest steht, dass das bisherige Verständnis der Regelungen der VOB/B nicht aus einem eindeutigen Wortlaut resultiert. So hat die neuere Rechtsprechung auch eine andere, abweichende Interpretation vorgenommen. Beispielhaft ist das bei der so genannten Preisfortschreibung eingetreten, die bislang für die Fälle des § 2 VOB/B angenommen worden ist. Der Wortlaut in den verschiedenen Absätzen des § 2 VOB/B spricht allerdings nicht von einer Preisfortschreibung, sondern von der Berücksichtigung der Mehr- oder Minderkosten. Daher hat der Bundesgerichtshof entschieden, dass im Streitfall über die Höhe der Vergütung von Nachträgen nicht eine Preisfortschreibung anzuwenden sei, sondern auf die tatsächlich erforderlichen Kosten abzustellen ist, zuzüglich angemessener Zuschläge. **1305**

Der Verdingungsausschuss hat bislang nicht auf das neue Bauvertragsrecht in der Form reagiert, bekannt zu geben, ob die Regelungen der VOB/B dem neuen Bauvertragsrecht angepasst werden sollen. Daher ist nach derzeitigem Stand davon auszugehen, dass der Text der allgemeinen Geschäftsbedingungen der VOB/B zeitnah nicht geändert wird. Daher wird bei Verträgen, bei denen das neue Bauvertragsrecht gilt und die Geltung der VOB/B vereinbart ist, Ungewissheit bleiben, ob die Regelungen der VOB/B wirksam sind, ob sie durch die Rechtsprechung „nur" neu interpretiert werden oder ob sie geändert werden. **1306**

Wichtig ist für den Bauleiter bei Bauverträgen mit vereinbarter Geltung der VOB/B, dass er bei Nachträgen Sicherheit erhält, wie sie in der Höhe berechnet werden. Hierzu muss er sich mit dem Auftraggeber einigen, welche Berechnungsmethode für das gesamte Bauvorhaben angewendet werden soll. Wenn sich die Vertragspartner über die Berechnungsmethode einig sind, wird diese Berechnungsmethode auch angewendet, wenn über die Höhe der Vergütung gestritten wird. Eine schriftliche Einigung ist erforderlich, die zum Beispiel mit dem Schreiben MS 104 angefordert werden kann. **1307**

Die neuen gesetzlichen Regelungen des Werkvertragsrechts sind in verschiedene Teile gegliedert worden, die auch nur in bestimmten Fällen anwendbar sind. Daher ist es sinnvoll, sich zunächst einen Überblick zu verschaffen. **1308**

1309 Der Untertitel 1 wird im Gesetz als Werkvertrag bezeichnet und in vier Kapitel aufgeteilt.

- Kapitel 1 enthält allgemeine Regelungen, die für alle Werkverträge gelten. Diese Regelungen sind daher auch für Bauverträge und sonstige Werkverträge anwendbar.
- Kapitel 2 heißt Bauvertrag. Dieses Kapitel enthält Vorschriften, die nur für Bauverträge gelten. Diese Regelungen gelten nicht für alle Werkverträge, sondern nur für die so genannten Bauverträge.
- Kapitel 3 befasst sich mit dem Verbraucherbauvertrag. Hier sind Vorschriften enthalten, die dem besonderen Verbraucherschutz dienen. Diese Vorschriften gelten nur für Bauverträge, bei denen der Auftraggeber ein so genannter Verbraucher ist.
- Kapitel 4 enthält nur eine Regelung. In dieser sind die Vorschriften aufgeführt, von denen durch vertragliche Regelungen von den gesetzlichen Regelungen nicht abgewichen werden darf.

1310 Der Untertitel 2 führt Regelungen zum Architektenvertrag und Ingenieurvertrag auf, Untertitel 3 Vorschriften für Bauträgerverträge und Untertitel 4 enthält Regelungen zu Reiseverträgen etc. Da diese Regelungen der Untertitel 2 bis 4 für Bauleiter nicht von Interesse sind, werden sie hier nicht vorgestellt.

1311 In den Kapiteln 1 bis 4 des Untertitels Werkvertrag des neuen Werkvertragsrechts sind teilweise auch schon bestehende gesetzliche Vorschriften aus dem alten Werkvertragsrecht enthalten. Diese wurden nur in die einzelnen Kapitel neu aufgeteilt und der neuen Nummerierung angepasst. Diese weiterhin bestehenden Regelungen werden im Folgenden nicht erläutert, da sie bereits in den Kapiteln zur Bauabwicklung behandelt worden sind.

1312 Im Folgenden werden die einzelnen Regelungen vorgestellt, die sich geändert haben oder neu hinzugekommen sind. Sollte der Bauvertrag also nach dem 01.01.2018 abgeschlossen worden sein, sind die folgenden Ausführungen für diese Punkte maßgeblich und die entsprechenden Musterbriefe zu verwenden. Der Bauleiter sollte allerdings vor jedem Schritt bedenken, dass sich in der Praxis die gesetzlichen Vorschriften noch nicht „herumgesprochen" haben und in vielen Fällen unbekannt sind. Man kann sich also in bisheriger Praxis mit seinem Auftraggeber einigen. Dann gilt das Sprichwort „Wo kein Kläger, da kein Richter". Es ist aber immer gut, wenn der Bauleiter seine Rechte kennt und auf Grundlage der Kenntnisse eine Entscheidung treffen kann, welche Lösung für ihn Vor- oder Nachteile hat.

12.1 Werkvertragsrecht

Die allgemeinen Regelungen des Werkvertragsrechts in Kapitel 1 enthalten drei wesentliche Änderungen. § 632a BGB sieht inhaltlich eine neue Bestimmung für die Ermittlung der Höhe von Abschlagsrechnungen vor. Bislang war der Auftragnehmer nach § 632a BGB berechtigt, die Höhe der Abschlagsrechnung danach zu bestimmen, in welcher Höhe er mit seiner Leistung einen Wertzuwachs bei dem Auftraggeber bewirkt hat. Damit konnte es zu einer Abweichung zwischen der für die Leistung nach Vertragspreisen zu fordernden Vergütung und dem Wertzuwachs kommen. Hätte zum Beispiel der Auftragnehmer nach den Vertragspreisen und dem Stand der erbrachten Leistungen 5.000,00 € abrechnen können, aber wäre mit dieser Leistung nur ein geringerer Wertzuwachs bei dem Auftraggeber eingetreten, hätte der Auftragnehmer auch nur den geringeren Betrag abrechnen dürfen. Allerdings konnte der Auftragnehmer auch einen höheren Betrag als die Vergütung für den Leistungsstand in der Abschlagsrechnung einstellen, wenn der Wertzuwachs höher war. 1313

In § 632a BGB wird nun der Bezug auf den Wertzuwachs fallen gelassen. Es wird auf den Wert der erbrachten Leistung abgestellt, also auf die vertragliche Vergütung für den aktuellen Leistungsstand. Das ist eine sinnvolle Änderung, da die Höhe der Abschlagsrechnung aus dem vertraglichen Leistungsverzeichnis und den Aufmaßen ermittelt wird. Die Frage, wie hoch ein Wertzuwachs zu einem bestimmten Zeitpunkt ist, war in der Praxis unbrauchbar. Diese Änderung des Gesetzes passt sich im Grunde nur dem allgemeinen Umgang bei der Bestimmung der Höhe von Abschlagsrechnungen an und hat in der Praxis für den Bauleiter daher keine Auswirkungen. 1314

Der Auftraggeber hat weiterhin das Recht, bei Mängeln die Zahlung eines angemessenen Teils der Abschlagszahlung einzubehalten. Es kommt dabei nicht darauf an, ob es sich um einen wesentlichen Mangel handelt oder nicht. Angemessen ist nach wie vor der doppelte Betrag, der voraussichtlich als Kosten der Mangelbeseitigung erwartet werden kann. Für den Nachweis der Mangelfreiheit bleibt der Auftragnehmer unverändert bis zur Abnahme beweispflichtig. 1315

§ 640 BGB regelt weiterhin die Abnahme. Hatte der Auftragnehmer dem Auftraggeber eine angemessene Frist zur Abnahme gesetzt und hat der Auftraggeber die Abnahme nicht erklärt, trat die Abnahme per Fiktion ein. Voraussetzung ist aber, dass die Leistung abnahmereif, also auch frei von wesentlichen 1316

Mängeln ist. Das hatte den Nachteil, dass bei Untätigkeit des Auftraggebers bei dem Auftragnehmer keine Gewissheit vorlag, ob die Abnahmefiktion eingetreten ist. Der Auftraggeber konnte jederzeit geltend machen, dass das Werk nicht abnahmereif war und deshalb die Abnahmefiktion nicht eingetreten sei.

1317 Diesen Missstand hat der Gesetzgeber mit der neuen Formulierung des § 640 BGB beseitigt. In der neuen Vorschrift ist vorgesehen, dass der Auftragnehmer dem Auftraggeber weiterhin eine angemessene Frist zur Abnahme zu stellen hat. Hierfür kann das Musterschreiben MS 54 verwendet werden. Voraussetzung dafür ist die Fertigstellung des Werks. Das bedeutet praktisch nichts anderes als die vollständige Herstellung. Der Auftraggeber muss nun aber innerhalb der Frist gegenüber dem Auftragnehmer die Verweigerung der Abnahme erklären und mindestens einen Mangel angeben. Es reicht also nicht mehr aus, dass der Auftraggeber sich überhaupt nicht erklärt oder ohne weitere Begründung die Abnahme verweigert. Ohne die entsprechend begründete Verweigerung der Abnahme tritt also jetzt in jedem Fall die Abnahme über die Fiktion ein. Das bedeutet, dass auch bei einem Vorliegen von wesentlichen Mängeln die Abnahmefiktion eintreten kann. Auf die Frage, ob die genannten Mängel wesentlich sind oder nicht, kommt es also nicht an.

1318 Das ist ein klarer Vorteil für den Auftragnehmer. Entweder er hat Gewissheit, dass die Abnahme per Fiktion vorliegt, oder er kennt Mängel aus dem Antwortbrief des Auftraggebers, die aus Sicht des Auftraggebers der Abnahme entgegenstehen. Diese Mängel kann der Auftragnehmer beseitigen und erneut die Abnahme fordern. Hierfür kann das Musterschreiben MS 55 verwendet werden. Nachteilig ist an der neuen Regelung des § 640 BGB allerdings, dass der Auftraggeber nicht verpflichtet ist, alle Mängel sofort zu nennen. Wenn ihm noch weitere als die in der Abnahmeverweigerung genannten Mängel auffallen, kann er diese auch zu einem späteren Zeitpunkt als Grund für die Abnahmeverweigerung anführen.

Wenn der Auftraggeber nicht innerhalb der gesetzten angemessenen Frist unter Angabe mindestens eines Mangels die Abnahme verweigert hat, sollte der Bauleiter dem Auftraggeber mitteilen, dass mit Ablauf der Frist das Bauwerk als abgenommen gilt und die Verjährungsfrist für Mängelansprüche begonnen hat zu laufen. Das dient der Klarstellung und ist daher dringend zu empfehlen. Ein entsprechendes Schreiben (MS 105) ist als wichtiger Bestandteil zu den vertraglichen Unterlagen zu nehmen, da es einem Abnahmeprotokoll entspricht.

Bislang gab es nur das freie Kündigungsrecht für den Auftraggeber nach dem alten § 649 BGB, das unverändert in § 648 BGB bestehen bleibt. Der Auftragnehmer hatte aber kein geregeltes Kündigungsrecht mit Ausnahme der Kündigung bei unterlassener Mitwirkung des Auftraggebers nach § 643 BGB, das auch unverändert beibehalten wurde. Das Fehlen eines Kündigungsrechts aus wichtigem Grund für den Auftragnehmer war unbefriedigend und hatte dazu geführt, dass die Rechtsprechung beiden Vertragspartnern ein Kündigungsrecht aus wichtigem Grund in Urteilen zugestanden hat. Diese Rechtsprechungspraxis wurde nun Gesetz. In § 648a BGB wurde ein Kündigungsrecht aus wichtigem Grund für den Auftragnehmer in das Gesetz aufgenommen. **1319**

Für die Praxis sieht die gesetzliche Regelung allerdings keine Klarstellung vor, wann ein wichtiger Grund vorliegt, der zur Kündigung berechtigt. Das Gesetz sieht nur eine Beurteilung im Einzelfall vor und überlässt es daher weiterhin den Gerichten, durch Urteile diese Umstände zu präzisieren. Man kann daher davon ausgehen, dass die bisherige Rechtsprechung zum Vorliegen wichtiger Gründe fortgesetzt wird. In § 9 VOB/B sind Kündigungsgründe genannt, die den Auftragnehmer berechtigen, den Vertrag zu kündigen. Dabei handelt es sich um den Zahlungsverzug des Auftraggebers und um die Nichtvornahme von notwendigen Mitwirkungshandlungen. Diese Gründe werden auch weiterhin im Rahmen des neuen § 648a BGB Anwendung finden. **1320**

Nach der neuen Regelung ist keine Frist für die Kündigung einzuhalten. Sicherheitshalber sollte aber in jedem Fall sehr zeitnah nach Eintritt des wichtigen Grundes gekündigt werden. Ein Musterbrief für eine Kündigung aus wichtigem Grund ist als MS 106 dem Kapitel angefügt. **1321**

Auch die Kündigung nur eines Teils der Leistung ist möglich. Dafür ist es nur erforderlich, dass es sich um eine abgrenzbare Teilleistung handelt. Es wurde hier bewusst eine andere Formulierung gewählt als in § 8 VOB/B. Dort ist von einem in sich abgeschlossenen Teil der Leistung die Rede. Im BGB hat man diese teilweise hohe Anforderung der VOB/B nicht übernehmen wollen. Daher ist nach der neuen gesetzlichen Regelung eine Teilkündigung flexibler zu handhaben. **1322**

Sollte ein Vertragspartner aus wichtigem Grund gekündigt haben, muss auf Verlangen eines Vertragspartners der Leistungsstand gemeinsam festgestellt werden. Damit beide Vertragspartner dieser Verpflichtung nachkommen, trifft die nicht zum Termin erschienene Partei später die Beweislast für **1323** den Leistungsstand. Die Leistungsfeststellung ersetzt allerdings nicht die Abnahme. Sie dient nur der Feststellung der erbrachten Leistungen als Tatsache. Der Terminvorschlag zur Leistungsfeststellung sollte mit dem Kündigungsschreiben zusammen erfolgen. Hierzu kann auf das Musterschreiben MS 106 verwiesen werden.

12.2 Der Bauvertrag

In Kapitel 2 Bauvertrag sind Regelungen enthalten, die nur Bauverträge betreffen. Diese Vorschriften gelten also bei Bauverträgen ergänzend neben den allgemeinen Vorschriften aus Kapitel 1, die vorab erläutert wurden. In Kapitel 2 gibt es fünf neue Vorschriften, die für den Bauleiter wichtig sind. **1324**

§ 650a BGB führt aus, wann ein Bauvertrag vorliegt mit der Folge, dass die Vorschriften des Kapitels 2 anwendbar sind. Das bedeutet, dass es aber auch Werkverträge geben kann, bei denen die Vorschriften des Kapitels Bauvertrag keine Anwendung finden. Daher ist es wichtig zu wissen, ob der vorliegende Vertrag auch ein Bauvertrag im Sinne des § 650a BGB ist. Leider ist dies noch unklar. Um eine genauere Abgrenzung vornehmen zu können, wird man Urteile abwarten müssen. Eine erste Richtlinie zur Orientierung kann man aber aus der bereits vorhandenen Rechtsprechung zu dem alten Werkvertragsrecht entnehmen. **1325**

Wie schon bislang liegt ein Bauvertrag vor, wenn die Leistung die Herstellung, den Rückbau oder den Umbau eines Bauwerks umfasst. Auch Außenanlagen zählen dazu. Der vertragliche Leistungsumfang kann auch lediglich Teile eines Bauwerks betreffen. Verträge über die Instandhaltung von Bauwerken zählen auch zu den Bauverträgen, wenn die Instandhaltung für die Konstruktion, den Bestand oder den bestimmungsgemäßen Gebrauch von wesentlicher Bedeutung ist. Hier wird man ebenfalls abwarten müssen, wie die Gerichte bezüglich Instandhaltungsverträgen im Einzelfall entscheiden werden. **1326**

Leitlinie wird sein, dass Bauverträge vorliegen, wenn eine längerfristige Zusammenarbeit der Vertragspartner erforderlich ist und es sich nicht nur um geringfügigere Arbeiten handelt. Handelt es sich lediglich um kleinere Werkleistungen, die in kürzerer Zeit ausgeführt werden können und keinen hohen Schwierigkeitsgrad aufweisen, handelt es sich nicht um einen Bauvertrag. Beispielsweise sind Malerarbeiten kein Bauvertrag, wenn es sich lediglich um kleinere Ausbesserungsarbeiten handelt. Sieht der Vertrag aber die Ausführung von Malerarbeiten bei der Errichtung eines Neubaus in größerem Umfang vor, handelt es sich um einen Bauvertrag. **1327**

§ 650b BGB legt nun auch im Gesetz für Bauverträge ein Bestellungsänderungsrecht des Auftraggebers fest. Dabei handelt es sich prinzipiell um das gleiche Anordnungsrecht, wie es in § 1 Abs. 3 und Abs. 4 VOB/B vorgesehen ist. Die gesetzliche Regelung weicht aber inhaltlich deutlich von dem Bestellungsänderungsrecht der VOB/B ab. **1328**

1329 In § 650b BGB bekommt der Auftraggeber auch das Recht, die Änderung des Werkerfolges anzuordnen. Das umfasst vom Wortlaut her jegliche Änderung der vereinbarten Leistung. Da das sehr weitgehend ist, sieht das Gesetz vor, dass der Auftragnehmer die Leistungsänderung nur ausführen muss, wenn sie ihm zumutbar ist. Bei Angabe betriebsinterner Vorgänge als Grund für die Unzumutbarkeit hat der Auftragnehmer das Vorliegen zu beweisen. Weitere Gründe der Unzumutbarkeit sind zum Beispiel, wenn der Auftragnehmer die technischen Möglichkeiten nicht hat, wenn er für die Ausführung der Arbeiten keine ausreichende Qualifikation hat etc. Die Unzumutbarkeit ist dem Auftraggeber schriftlich mitzuteilen (MS 107). Bezüglich der Zumutbarkeit der Ausführung einer Leistungsänderung bei Generalunternehmern wird man kaum Gründe finden können, warum für die geänderte Leistung nicht ein weiterer Nachunternehmer mit ausreichender Qualifikation gefunden werden kann.

1330 Liegen keine Gründe für eine Unzumutbarkeit der Ausführung der geänderten Leistung vor, muss der Auftragnehmer ein Angebot über die Mehr- und Minderkosten der Leistungsänderung vorlegen. Für dieses Angebot enthält das Gesetz keine ausdrückliche Regelung, ob das Angebot nach den Maßstäben der Auftragskalkulation zu erfolgen hat. Daher kann der Auftragnehmer unabhängig von seinen Vertragspreisen oder seiner Kalkulation ein Angebot für die geforderte Leistungsänderung frei erstellen. Eine Bindung an Vertragspreise oder eine hinterlegte Kalkulation besteht für dieses Angebot also nicht. Der Angebotspreis muss auch nicht begründet werden. Es reicht aus, wenn der Auftragnehmer mindestens einen Betrag als Vergütung für die geänderte Leistung ohne Herleitung nennt.

1331 Der Auftragnehmer muss das Angebot für den geänderten Leistungsumfang erst nach Vorlage der erforderlichen Planung durch den Auftraggeber anfertigen, wenn der Auftraggeber auch sonst die Planung erstellt hatte. Das bedeutet, dass der Auftragnehmer für sein Angebot von dem Auftraggeber Unterlagen bekommen muss, wie er diese Unterlagen auch für den vertraglich vorgesehenen Leistungsumfang von dem Auftraggeber bekommen hat. Das kann also ein Leistungsverzeichnis sein, wenn der Auftraggeber mit einem Leistungsverzeichnis den vertraglichen Leistungsumfang beschrieben hatte, Pläne oder sonst erforderliche Unterlagen.

1332 Wenn der Auftraggeber diese Unterlagen zur Erstellung des Angebots nicht bereitstellt, ist der Auftragnehmer nicht verpflichtet, ein Angebot zu erstellen. Damit ist der Auftragnehmer gleichzeitig an der Ausführung der geänderten

Leistung gehindert, da er die geänderte Leistung vor dem Versuch einer Einigung auf der Grundlage seines Angebots nicht ausführen darf. In diesem Fall muss der Auftragnehmer den Auftraggeber auffordern, die entsprechenden Unterlagen zur Verfügung zu stellen und auf die Möglichkeit der hindernden Umstände hinweisen (MS 108).

Eine Ausnahme sieht das Gesetz von der Verfahrensweise vor, dass der Auf- **1333**
traggeber die Planunterlagen vorzulegen hat. Wenn der Auftraggeber eine Änderung anordnet, die zur Erstellung einer mangelfreien Leistung nach dem vertraglichen Leistungsumfang erforderlich ist, und wenn der Auftragnehmer die Planungsleistungen in seinem Auftragsumfang hat, soll dem Auftragnehmer keine Vergütung zustehen und er deshalb auch kein Angebot legen müssen. Dieser Ausnahmefall wird allerdings durch die Praxis noch zu präzisieren sein, da der Erfolg der nach Vertrag zu erstellenden Leistung und die nach Vertrag dafür zu erbringende Planungsleistung vom Einzelfall abhängen.

Es ist gesetzlich vorgesehen, dass sich die Vertragspartner über die Mehr- **1334**
oder Mindervergütung auf Grundlage des Angebots des Auftragnehmers einigen. Hierfür sieht das Gesetz eine Frist von 30 Tagen vor. Die Frist beginnt mit dem Zugang des Änderungsbegehrens einschließlich der erforderlichen Planungsunterlagen des Auftraggebers bei dem Auftragnehmer. Für dieses Änderungsbegehren des Auftraggebers gibt es keine formellen Vorgaben. Daher reicht hier auch eine Protokollierung in einer Baubesprechung, letztlich auch eine mündliche Mitteilung durch den Auftraggeber oder seinen Bevollmächtigten. Der Auftragnehmer ist gut beraten, im Falle von Unklarheiten, ob ein Änderungsbegehren vorliegt, den Auftraggeber aufzufordern, das Änderungsbegehren zu bestätigen. Dies sollte schriftlich erfolgen und es sollte darauf hingewiesen werden, dass erst mit Zugang der Bestätigung die Frist von 30 Tagen zu laufen beginnt (MS 109).

Nach der gesetzlichen Regelung läuft also die Frist von 30 Tagen für das Zu- **1335**
standekommen einer Einigung erst nach dem Zugang des Änderungsbegehrens und nach der Bereitstellung der für das Angebot erforderlichen Planungsunterlagen durch den Auftraggeber. Es ist allerdings nicht geregelt, was passiert, wenn der Auftraggeber keine Planungsunterlagen vorlegt, wenn es kein Änderungsbegehren gibt, da der Auftraggeber im Gegensatz zu dem Auftragnehmer die von ihm verlangte Leistung als vom vertraglichen Leistungsumfang umfasst ansieht, oder wenn der Auftraggeber die geänderte Leistung vor Ablauf der 30-Tage-Frist anordnen möchte, da er eine Einigung ausschließt. Es ist auch nicht geregelt, wann der Auftragnehmer sein Angebot in-

nerhalb der Frist vorlegen muss, was der Auftragnehmer machen soll, wenn die Frist von 30 Tagen für die vollständige Ausfertigung eines Angebots nicht ausreicht, ob der Auftragnehmer bestimmte Ansprüche im Angebot unbeziffert lassen kann, sich diese Ansprüche aber vorbehalten darf, wie detailliert ein Angebot sein muss etc.

1336 Es wird erkennbar, dass das neue Gesetz in vielen Punkten sehr vage gehalten ist und es einer weitergehenden Interpretation durch die Entscheidung von streitigen Fällen durch die Gerichte bedarf. Auf Grund dieser vielfachen Unklarheiten ist dringend zu empfehlen, zur Streitvermeidung mit den gesetzlichen Regelungen sehr „vernunftbetont" umzugehen und zumindest bezüglich des Vorgehens eine Einigung mit dem Auftraggeber herzustellen. In der Praxis werden Kompromisse notwendig sein, da die gesetzlichen Regelungen bei „sehr harter" Anwendung nicht zu interessengerechten Lösungen für beide Vertragspartner führen.
Innerhalb der Frist von 30 Tagen sollen die Vertragspartner eine Einigung über zwei Punkte herstellen, nämlich über die geänderte Leistung, also was auszuführen ist, und über die geänderte Vergütung. Wenn sich die Vertragspartner ohne ein Angebot des Auftragnehmers bereits einigen, so stellt dies den Idealzustand dar. In jedem Fall sollte der Auftragnehmer aber daran denken, dass im Falle einer Einigung über eine Vergütung auch alle Ansprüche bezüglich der geänderten Leistung mit dieser Vergütung abgegolten sind. Steht aber nicht fest, ob es durch die geänderte Leistung zu einer Bauzeitverlängerung und zu weiteren Kosten kommt, muss sich der Auftragnehmer diese Ansprüche vorbehalten und dies entsprechend schriftlich in der Vereinbarung über die Vergütung festhalten.

1337 Sollten sich die Vertragspartner nicht innerhalb der Frist von 30 Tagen einigen, kann der Auftraggeber die Leistungsänderung anordnen. Der Auftragnehmer muss dieser Anordnung nachkommen und die Leistung ausführen. Einzige Ausnahme ist die Unzumutbarkeit der Ausführung der geänderten Leistung für den Auftragnehmer. Wichtig ist für den Auftragnehmer, dass der Auftraggeber die Änderung in Textform anordnen muss. Sollte die Anordnung nicht in Textform vorliegen, riskiert der Auftragnehmer, dass er keine Vergütung für die geänderte Leistung erhält, da die vom Gesetz verlangte, zwingende Schriftform nicht gegeben ist. Der Auftragnehmer muss also in seinem eigenen Interesse darauf achten, dass bei fehlender Einigung eine Anordnung des Auftraggebers schriftlich erfolgt. Diese Anordnung muss der Auftragnehmer daher vor der Ausführung der angeordneten Leistungen einholen (MS 110).

Nach den neuen gesetzlichen Regelungen ist also nach Ablauf von 30 Tagen nach dem Änderungsbegehren des Auftraggebers die Situation so, dass entweder eine Einigung der Vertragspartner vorliegt. Diese Einigung muss schriftlich festgehalten werden, da es sich um eine Änderung des Vertrages handelt. In dieser Einigung ist die Vergütung für die angeordneten Leistungen geregelt, sodass der Auftragnehmer diesen Vergütungsanteil in seine Abschlagsrechnungen oder in die Schlussrechnung aufnimmt. **1338**

Andererseits kann auch eine Einigung über die angeordnete Leistung erfolgt sein, aber keine Einigung über die dafür zu zahlende Vergütung. In dieser zweiten Alternative muss die Einigung über die auszuführende Leistung schriftlich erfolgen. Bezüglich der fehlenden Einigung über die zu zahlende Vergütung ist so zu verfahren, wie dies nachfolgend beschrieben wird. Die dritte Alternative ist, dass weder bezüglich der durch den Auftraggeber angeordneten Leistungen noch bezüglich der Vergütung eine Einigung erzielt worden ist. Dann ist bezüglich der angeordneten Leistung die Anordnung des Auftraggebers in Textform erforderlich und dann durch den Auftragnehmer auszuführen. Bezüglich der Vergütung ist ebenfalls wie nachfolgend beschrieben vorzugehen. **1339**

§ 650c BGB regelt im Falle von leistungsändernden Anordnungen des Auftraggebers die Folgen für die Vergütungsanpassung des Auftragnehmers, wenn sich die Vertragspartner nicht auf eine Vergütung geeinigt haben und daher die Höhe der Vergütung noch zu bestimmen ist. Diese Regelung entspricht damit dem Grundgedanken des § 2 VOB/B, für angeordnete Leistungen die Berechnungsmethode für die Vergütung vorzugeben. § 650c BGB hat aber einen anderen Regelungsinhalt, als ihn die Praxis bislang im Rahmen des § 2 VOB/B unterstellt hat. **1340**

Der Auftragnehmer kann nach § 650c BGB zukünftig bei jedem einzelnen Nachtrag wählen, wie er die Höhe der Vergütung berechnet. Hierfür stehen ihm eine „Kostenerstattung“ nach § 650c Abs. 1 BGB oder eine Preisfortschreibung gemäß den Angaben der „Urkalkulation“ nach § 650c Abs. 2 BGB zur Verfügung. Die Preisfortschreibung ist allerdings für den Auftragnehmer nur wählbar, wenn eine Kalkulation vereinbarungsgemäß hinterlegt worden ist. Dies ist bislang bei der Vergabe von Aufträgen nach der VOB/A erfüllt, da dort die Hinterlegung der Kalkulation verlangt wird. Aber auch in diesen Fällen **1341** kann der Auftragnehmer die Höhe der Vergütung nach § 650c Abs. 1 BGB als „Kostenerstattung" wählen.

Einigen sich die Vertragspartner also nicht über die Vergütung der Leistungsänderung, sieht § 650c Abs. 1 BGB als grundsätzliche Berechnungsmethode vor, dass der Auftragnehmer die Mehr- oder Minderkosten für den geänderten Leistungsumfang nach den tatsächlich erforderlichen Kosten bestimmt. Die tatsächlich erforderlichen Kosten ermitteln sich durch die Feststellung der tatsächlichen Kosten, die für die geänderte Leistung aufzuwenden waren. Davon in Abzug zu bringen sind die Kosten, die für die unveränderte Leistung nicht entstanden sind. Der Differenzbetrag entspricht der in Rechnung zu stellenden Höhe der Vergütung für die Leistungsänderung. Prinzipiell kann dieser Betrag auch eine Minderkostenforderung des Auftraggebers sein.

1342 Zu beachten hat der Auftragnehmer, dass er möglicherweise die tatsächlichen Kosten nicht vollumfänglich in Rechnung stellen darf. § 650c Abs. 1 BGB beschränkt die Vergütung auf erforderliche Kosten, die tatsächlich entstanden sind. Damit muss der Auftragnehmer darauf achten, dass er keine Kosten aufwendet, die für die angeordneten Leistungen nicht erforderlich sind. Das bedeutet, dass der Auftragnehmer bei der Berechnung der Vergütung auch immer im Auge behalten muss, dass er nachweisen kann, dass die jeweiligen Kosten nicht nur entstanden sind, sondern dass die Kosten auch erforderlich waren.

1343 Die tatsächlich erforderlichen Kosten sollen auch nicht den bisher verwendeten Begriff der üblichen Vergütung ersetzen. Dieser in § 632 BGB verwendete Begriff wird als nicht tauglich angesehen, da die Vergütung im entsprechenden Einzelfall unter Berücksichtigung der Besonderheiten der Leistung und der Umstände bestimmt werden soll.

1344 Die tatsächlich erforderlichen Kosten kann der Auftragnehmer mit einem angemessenen Zuschlag für allgemeine Geschäftskosten, Wagnis und Gewinn beaufschlagen. Dieser Zuschlag kann durch den Auftragnehmer im Rahmen der Angemessenheit frei bestimmt werden. Er muss hierfür nicht die Prozentsätze der Zuschläge aus seiner Kalkulation verwenden, sondern kann davon abweichende Zuschlagsätze anwenden. Über die Höhe der Zuschläge im Rahmen der Angemessenheit wird man im Einzelfall streiten. Für den Auftragnehmer ist es wichtig, dass er die Höhe der angesetzten Zuschläge begründen kann, insbesondere wenn er höhere als die kalkulierten Zuschläge verwendet.

Zu beachten ist für den Auftragnehmer, dass das Gesetz keine Zuschläge für Baustellengemeinkosten vorsieht. Das bedeutet jedoch nicht, dass diese Kosten nicht geltend gemacht werden können. Der Auftragnehmer kann diese Baustellengemeinkosten als tatsächlich erforderliche Kosten geltend machen. Das erfordert aber eine genaue Dokumentation dieser Kosten, die sonst als Zuschlag aufgeschlagen werden würden. Dies wird für den Auftragnehmer einen erheblichen Mehraufwand darstellen, da er alle Kostenbestandteile, die im Zuschlag für Baustellengemeinkosten enthalten sind, nun auf die Einzelkosten der Teilleistungen der geänderten Leistung zuordnet und den tatsächlichen Aufwand mit den Kosten bestimmen muss. **1345**

Allerdings sieht § 650c Abs. 2 BGB auch die Alternative vor, dass der Auftragnehmer auf Ansätze aus einer Urkalkulation zurückgreifen kann. Dafür ist allerdings Voraussetzung, dass die Kalkulation vereinbarungsgemäß hinterlegt worden ist. Liegt diese Voraussetzung vor, kann der Auftragnehmer frei zwischen den Alternativen wählen. Das Wahlrecht besteht nach der gesetzlichen Regelung bei jedem Nachtrag neu. Das bedeutet, dass der Auftragnehmer je nach Nachtrag zwischen den Vergütungsberechnungen des Absatzes 1 und des Absatzes 2 wechseln kann. **1346**

Wählt der Auftragnehmer die Variante der Preisfortschreibung, so geht er in gleicher Art und Weise bei der Bestimmung der neuen Vergütung vor, wie es bisher bei der Preisfortschreibung nach § 2 VOB/B üblich war. Das bedeutet, dass er Preisbestandteile aus der Kalkulation verwenden kann und die dort ausgewiesenen Zuschläge verwendet. Das führt wie bisher dazu, dass die neue Vergütung die Gewinne und Verluste fortschreibt, die bereits in den Vertragspreisen enthalten waren. Da für den Auftragnehmer ein freies Wahlrecht besteht, kann er also bei niedrigen Vertragspreisen eine „Kostenerstattung“ nach § 650c Abs. 1 BGB für die geänderte Leistung wählen, bei Nachträgen, durch die hohe Vertragspreise betroffen sind, aber eine Preisfortschreibung nach § 650c Abs. 2 BGB. **1347**

§ 650c Abs. 2 Satz 2 BGB enthält die Regelung, dass vermutet wird, dass die auf Basis der Urkalkulation fortgeschriebene Vergütung der Vergütung auf Grundlage der tatsächlich erforderlichen Kosten zuzüglich angemessener Zuschläge für Allgemeine Geschäftskosten, Wagnis und Gewinn entspricht. Damit will das Gesetz eine Beschränkung vorgeben, dass eine Berechnung der Vergütung mittels der Preisfortschreibung nicht zu überhöhten Preisen für die geänderte Leistung führt. Diese Regelung darf als misslungen angese- **1348** hen werden, da nicht nur Fragen der Beweislast offen sind, sondern ein gleiches Ergebnis der Berechnungsmethoden rechnerisch purer Zufall wäre.

1349 Auch mit dieser Unklarheit wird man leben müssen, bis gerichtliche Entscheidungen hierzu ergangen sind. Vorsichtshalber sollte der Auftragnehmer immer eine Dokumentation der tatsächlichen Kosten für geänderte Leistungen anlegen, auch wenn er beabsichtigt, die Vergütung auf Grundlage der Kalkulation zu berechnen. Würde der Auftraggeber im Nachhinein nachweisen können, dass die Berechnung auf Grundlage der Kalkulation überhöht ist, kann der Auftragnehmer auf diese Dokumentation zurückgreifen.

1350 Gemäß § 650c Abs. 3 BGB ist eine weitere Neuerung vorgesehen. Falls sich die Vertragspartner nicht über die Vergütung einer Leistungsänderung einigen und ein entsprechendes freies Angebot des Auftragnehmers für die geänderte Leistung vorliegt, kann der Auftragnehmer 80 % des Angebotspreises in die nächste Abschlagsrechnung einstellen. Damit wird dem Auftragnehmer die Möglichkeit gegeben, sehr schnell und unproblematisch eine Vergütung für Mehrleistungen zu erhalten, auch wenn keine Einigung der Vertragspartner zu den Mehrkosten vorliegt.

1351 Das bedeutet, dass der Auftragnehmer ohne Bezug zu einer Berechnung der letztlich berechtigten Vergütungsforderung mittels tatsächlich erforderlicher Kosten oder als Preisfortschreibung den Betrag in Höhe von 80 % des Angebots in Rechnung stellen kann. Daher ist dem Auftragnehmer zu empfehlen, das freie Angebot in der Höhe so zu bestimmen, dass von diesem Angebotspreis 80 % letztlich berechtigt sind und seine Kosten inklusive Zuschlägen damit abgedeckt sind. Das Angebot ist also faktisch ~25 % zu hoch zu stellen. Das hat auch der Gesetzgeber so gesehen und diese Regelung trotzdem so in das Gesetz aufgenommen, da er die Liquidität des Auftragnehmers sichern wollte.

1352 Bei diesem Vorgehen ist aber der Betrag in Höhe von 80 % des Angebots nicht letztverbindlich. Der Auftragnehmer hat in der Schlussrechnung die Vergütung für diese geänderten Leistungen wahlweise nach den tatsächlich erforderlichen Kosten zuzüglich Zuschlägen, oder nach der Preisfortschreibung zu berechnen. Sollte sich der Betrag in Höhe von 80 % des Angebots im Nachhinein gegenüber der berechtigten Vergütung als zu hoch herausstellen, ist eine Rückzahlung durch den Auftragnehmer vorzunehmen. Der übersteigende Betrag ist durch den Auftragnehmer zu verzinsen.

§ 650g BGB enthält eine spezielle Regelung zur Abnahme für den Bauvertrag und ergänzt damit die neue allgemeine Regelung zur Abnahme in § 640 BGB. § 650g BGB gilt also in den Fällen, in denen ein Bauvertrag vorliegt und der Auftraggeber die Abnahme unter Angabe von Mängeln verweigert hat. Für diese Fälle wird festgelegt, dass der Auftragnehmer eine Zustandsfeststellung seiner Leistung verlangen kann (MS 111). Dies ist dem Auftragnehmer dringend zu empfehlen, damit dokumentiert ist, in welchem Zustand der Auftraggeber das Bauwerk übernommen hat. **1353**

Diese Zustandsfeststellung muss dann von dem Auftraggeber gemeinsam mit dem Auftragnehmer durchgeführt werden. Über die Inhalte ist ein Protokoll anzufertigen und beiderseits zu unterschreiben. Das Protokoll muss das Datum der Zustandsfeststellung enthalten. Es ist zu erwarten, dass bei der Erstellung des Protokolls Unstimmigkeiten über den Inhalt auftreten. Das ist aber überflüssig, da es um eine reine Zustandsfeststellung geht, die mit Bildern zu bewerkstelligen ist. Eine Bewertung, ob dies einen Mangel darstellt oder nicht, ist nicht erforderlich. **1354**

Daher sollte der Bauleiter sich für diesen Termin so ausrüsten, dass er Bilder anfertigen kann und diese Bilder direkt vor Ort in eine Datei überträgt, die er auf seinem Laptop bearbeiten kann. Es sollte auch dafür Sorge getragen werden, dass diese Datei vor Ort ausgedruckt werden kann, um das Protokoll anfertigen und unterschreiben zu können. Sollte das Baubüro noch vor Ort sein, ist dies in aller Regel kein Problem. **1355**

Kommt der Auftraggeber zu dem Termin unentschuldigt nicht, kann der Auftragnehmer den Zustand allein feststellen. Er muss dann ebenfalls ein unterschriebenes Protokoll anfertigen, es mit dem Datum versehen und dem Auftraggeber zeitnah übermitteln. Wichtig ist, dass das Protokoll den Zustand des Bauwerks für Dritte eindeutig erkennbar macht. Daher muss der Auftragnehmer auch bei einer allein durchgeführten Zustandsfeststellung den gleichen Maßstab an die Ausführlichkeit und Genauigkeit seiner Dokumentation im Protokoll anlegen, wie es bei einer gemeinsamen Leistungsfeststellung erfolgen würde. Vorteil der einseitigen Zustandsfeststellung ist, dass der Auftragnehmer das Protokoll im Nachgang in seinem Büro anfertigen und ausdrucken kann. Die folgende Zustellung an den Auftraggeber muss aber sehr zeitnah erfolgen, sodass der Auftragnehmer das Protokoll spätestens am nächsten Tag anfertigen und versenden sollte. **1356**

1357 Liegt eine unverzügliche Mitteilung des Auftraggebers an den Auftragnehmer vor, in dem er einen Grund nennt, dass er den Termin nicht wahrnehmen konnte und feststellbar ist, dass der Auftraggeber diesen Grund nicht zu vertreten hat, muss ein neuer Termin für eine gemeinsame Zustandsfeststellung vereinbart werden. In diesen Fällen kann der Auftragnehmer versuchen, die Vereinbarung zu erreichen, dass der Auftraggeber das einseitige Protokoll anerkennt. Sollte keine Einigung erfolgen, kann der Auftragnehmer zumindest das allein angefertigte Protokoll als Grundlage bei der gemeinsamen Zustandsfeststellung verwenden.

Wenn ein offenkundiger Mangel in den schriftlichen Zustandsfeststellungen nicht enthalten ist, gilt die Vermutung, dass dieser Mangel erst nach der Zustandsfeststellung entstanden ist. Damit hat der Auftraggeber diesen Mangel zu vertreten. Der Auftragnehmer muss diesen Mangel also nicht beseitigen. Eine Ausnahme liegt allerdings vor, wenn der Mangel so beschaffen ist, dass er nicht vom Auftraggeber verursacht worden sein kann.

1358 § 650g Abs. 3 BGB gleicht nunmehr die Fälligkeitsvoraussetzungen § 16 VOB/B an. Es ist erforderlich, dass der Auftragnehmer eine prüffähige Schlussrechnung erstellt und an den Auftraggeber übermittelt.

1359 § 650h BGB sieht zwingend vor, dass die Kündigung eines Bauvertrages schriftlich zu erfolgen hat. Eine mündliche Erklärung der Kündigung reicht daher nicht aus. Ob eine Vereinbarung der Vertragspartner ausreicht, von dem gesetzlichen Schriftformerfordernis für eine Kündigung abzuweichen, ist fraglich. Aus Sicht des Auftragnehmers ist es zu Dokumentationszwecken aber immer besser, eine Kündigung durch die schriftliche Ausfertigung nachweisen zu können.

12.3 Der Verbraucherbauvertrag

In Kapitel 3 des Bauvertragsrechts sind spezielle Vorschriften enthalten, die nur dann gelten, wenn der Auftraggeber ein Verbraucher ist. In § 13 BGB ist, übertragen auf den Bauvertrag, definiert, dass ein Verbraucher ein Mensch ist, der einen Bauvertrag, der nicht seinen beruflichen Zwecken dient, abgeschlossen hat. Der Auftraggeber baut also überwiegend aus privaten Gründen. § 650i BGB ergänzt diese Definition dahingehend, dass Inhalt des Bauvertrages der Neubau eines Gebäudes sein muss, zumindest aber der erhebliche Umbau eines bestehenden Gebäudes. Ein Verbraucherbauvertrag liegt also beispielsweise vor, wenn der Generalunternehmer ein Einfamilienhaus für einen privaten Kunden errichtet. Sieht der Vertrag lediglich die Errichtung eines Carports vor, handelt es sich zwar um einen Vertrag mit einem Verbraucher, aber nicht über die Errichtung eines neuen Gebäudes im Sinne des Gesetzes und damit nicht um einen Verbraucherbauvertrag. 1360

Auch bei dieser Vorschrift wird man im Einzelfall darüber streiten, ob ein Verbraucherbauvertrag vorliegt, weil es sich um den Bau eines neuen Gebäudes handelt oder nicht, oder um die Frage streiten, ob es sich um erhebliche Umbaumaßnahmen handelt oder nicht. Für den Auftragnehmer ist diese Frage in der Praxis nicht so wichtig, wenn er in Zweifelsfällen bei privaten Kunden und größeren Leistungsumfängen davon ausgeht, dass es sich um einen Verbraucherbauvertrag handelt und die folgenden Vorschriften einhält. 1361

Sehr wichtig ist, dass der Auftragnehmer den vollständigen Bauvertrag mit dem Verbraucher in Textform abfasst. Das umfasst den gesamten Vertrag einschließlich aller Anlagen. Das sollte zwar bei allen Verträgen eine Selbstverständlichkeit sein, aber Auftragnehmer treffen mit privaten Bauherren schnell ergänzende Vereinbarungen im Gespräch, die dann nicht schriftlich festgehalten werden. Das betrifft auch Leistungsänderungen nach Vertragsabschluss. Hier ist also bei Verbrauchern als Bauherr besondere Aufmerksamkeit notwendig, alle vertraglichen Vereinbarungen in Textform zu dokumentieren, dem Auftraggeber auch in Textform zu übergeben und möglichst beiderseits zu unterschreiben. 1362

Die Textform ist bei Verbraucherbauverträgen zwingend. Ist sie nicht eingehalten, ist der Vertrag nichtig. Das bedeutet, dass er als nicht existent angesehen wird mit der Folge, dass beide Vertragspartner aus dem „nicht existierenden" Vertrag keine Ansprüche herleiten können. Der Auftragnehmer kann damit keine Vergütungsansprüche für bereits erbrachte Leistungen aus ei- 1363 nem Vertrag geltend machen. Zwar kann es andere Ansprüche geben, die nicht aus dem Vertrag hergeleitet werden. Diese sind aber sehr schwer durchsetzbar und in vielen Fällen mit erheblichen finanziellen Einbußen verbunden.

1364 § 650j BGB verpflichtet den Auftragnehmer, dem privaten Auftraggeber vor Vertragsabschluss eine Baubeschreibung zu übergeben. Dabei muss der Auftragnehmer berücksichtigen, dass der Auftraggeber ausreichend Zeit hat, die angebotene Bauleistung auf Grund der übergebenen Baubeschreibung zu prüfen. Daher wird man im Regelfall davon ausgehen, dass die Baubeschreibung mindestens zwei Wochen vor Vertragsabschluss dem Auftraggeber vorgelegt wird.

1365 Diese Baubeschreibung muss dem Auftraggeber vor Vertragsabschluss in schriftlicher Form ausgehändigt werden. Die Inhalte der Baubeschreibung ergeben sich aus Art. 249 des Einführungsgesetzes zum BGB. Hierbei handelt es sich um Mindestanforderungen. Danach sind folgende Punkte aufzunehmen:

- Eine allgemeine Beschreibung der vorzunehmenden Arbeiten oder des herzustellenden Bauwerks, zum Beispiel der Typ des Hauses, die Bauweise etc.
- Eine Beschreibung von Art und Umfang der angebotenen Leistungen, zu denen auch die entsprechende Planungs- und Bauleitungstätigkeit gehören kann.
- Pläne, Schnitte, Grundrisse und Ansichten des Gebäudes mit Raum- und Flächenangaben.
- Angaben zu bauphysikalischen Eigenschaften, also Schallschutz, Wärmeschutz, Energiestandard etc.
- Konstruktive Beschreibungen zu allen wichtigen Gewerken.
- Beschreibungen des Innenausbaus.
- Beschreibung der gebäudetechnischen Anlagen.
- Die Angabe von Qualitätsmerkmalen.
- Beschreibung der Haustechnikeinbauten, also zum Beispiel der Sanitärartikel, der Armaturen, der Elektroanlagen etc.

1366 Durch diese Punkte der Baubeschreibung müssen die Eigenschaften des Bauwerks oder der Bauleistungen in einer für den Laien klaren Form und verständlich vermittelt werden. Wenn es Besonderheiten der Ausführung gibt, müssen diese ebenfalls beschrieben werden. Daher sollte die Baubeschreibung um weitere Punkte ergänzt werden, damit sie den Leistungsumfang vollständig und eindeutig erkennbar macht.

Wichtig kann es auch sein, in die Baubeschreibung Leistungen aufzunehmen, die der Auftragnehmer nicht ausführt und die nicht zu seinem Leistungsumfang gehören. Das sind beispielsweise die Beseitigung von Kontaminationen, Entsorgungsleistungen, die Bereitstellung von Strom und Wasser, Zuleitungen etc. Damit wird dem Auftraggeber klar gemacht, welche Leistungen er selbst erbringen muss. Wenn diese Mitwirkungen zeitkritisch sind, sollte auch darauf hingewiesen werden. **1367**

Nur ausnahmsweise ist der Auftragnehmer nicht verpflichtet, eine Baubeschreibung anzufertigen und auszuhändigen. Das gilt in den Fällen, in denen der private Auftraggeber oder ein von ihm Beauftragter die wesentliche Planung selbst vorgibt. Beauftragte sind in aller Regel Architekten, die für den Auftraggeber die Planung erstellen. Bekommt der Auftragnehmer die vollständige Ausführungsplanung von seinem Auftraggeber, die der Architekt erstellt hat, sind das die wesentlichen Planungsvorgaben, sodass keine Baubeschreibung übergeben werden muss. Fraglich sind allerdings die Fälle, in denen der Auftraggeber die Planung nicht durch einen Fachmann erstellen lässt oder in denen nur die Genehmigungsplanung vorliegt. Hier ist der Unternehmer auch in diesen Zweifelsfällen gut beraten, eine Baubeschreibung anzufertigen und rechtzeitig zu übergeben. **1368**

Die Baubeschreibung muss auch die Angabe der Fertigstellung oder des benötigten Ausführungszeitraums enthalten. Da diese Angaben verbindlich werden können, sollte sich der Auftragnehmer überlegen, ob er die Leistungen trotz möglicher störender Ereignisse in dem angegebenen Zeitraum fertigstellen kann. Im Zweifelsfall ist hier Pufferzeit zu berücksichtigen, denn eine frühere Fertigstellung ergibt keine Probleme. **1369**

Nach § 650k BGB wird die zu übergebende Baubeschreibung des Auftragnehmers in Bezug auf die Bauausführung Vertragsinhalt. Damit soll sichergestellt werden, dass in der Baubeschreibung keine Angaben gemacht werden, die bei der späteren Ausführung nicht eingehalten werden. Die vor Vertragsabschluss übergebene Baubeschreibung wird nur in den Fällen nicht oder nicht vollständig Vertragsinhalt, in denen der Auftragnehmer und der Auftraggeber im abgeschlossenen Bauvertrag etwas Anderes vereinbaren. In diesen Fällen ist es aber für den Auftragnehmer sehr wichtig, dass er die Abweichun- **1370** gen zwischen der Baubeschreibung und dem Bauvertrag kennzeichnet und aus dem Bauvertrag eindeutig erkennbar ist, dass sich die Vertragspartner auf diese Änderungen geeinigt haben.

1371 Die Eindeutigkeit der Baubeschreibung oder des Bauvertrags sind für den Auftragnehmer auch besonders wichtig, weil in § 650k Abs. 3 BGB geregelt ist, dass in Fällen der Unklarheit oder der Unvollständigkeit der Baubeschreibung oder des Bauvertrags eine Vertragsauslegung so vorgenommen wird, dass im Zweifel zu Lasten des Auftragnehmers entschieden wird. Wenn der Bauvertrag beispielsweise Sanitärartikel nicht genau beschreibt, kann deren Qualität aus dem allgemeinen Qualitätsstandard der sonstigen Leistungen bestimmt werden. Hat sich der Auftraggeber für günstigere Sanitärartikel entschieden und wird dies im Bauvertrag nicht eindeutig ausgewiesen, kann im Streitfall ein Gericht von einem höheren Standard ausgehen, den der Auftragnehmer zu erfüllen hat. Daher ist es besonders wichtig, in den Fällen einer Reduzierung des allgemeinen Qualitätsstandards für einzelne Leistungen eine eindeutige Beschreibung im Bauvertrag vorzusehen.

1372 Diese Regelung in § 650k BGB gilt auch, wenn der Bauvertrag oder die Baubeschreibung unvollständig ist. Hier sind insbesondere klare Beschreibungen in dem Bauvertrag oder der Baubeschreibung zwingend, aus denen erkennbar wird, dass die erforderlichen Leistungen gerade nicht im Leistungsumfang enthalten sind und es sich nicht um eine unvollständige Baubeschreibung handelt. In der Praxis kommt dies insbesondere vor, wenn der private Auftraggeber durch Eigenleistungen Anteile der für die Errichtung des Bauwerks erforderlichen Leistungen selbst erbringt. Diese Leistungen müssen also in der Baubeschreibung als beigestellte Leistungen des Auftraggebers genau aufgeführt werden. Hier muss auch aufgeführt werden, dass diese Arbeiten möglicherweise die Leistungen des Auftragnehmers hindern und zu einer Bauzeitverlängerung führen, wenn sie durch den Auftraggeber zu spät erbracht werden.

1373 Bezüglich der Bauzeit oder des Fertigstellungstermins sieht § 650k Abs. 3 BGB vor, dass der Bauvertrag diesbezüglich verbindliche Angaben enthalten muss. Wenn die Vertragspartner in den Bauvertrag hierzu keine Regelungen aufnehmen, werden die diesbezüglichen Angaben aus der übergebenen Baubeschreibung Vertragsinhalt. Daher muss der Auftragnehmer darauf achten, dass bei einem Zeitablauf zwischen der Vorlage der Baubeschreibung und dem Vertragsabschluss die aktuellen Termine berücksichtigt und im Bauvertrag angepasst werden.

Wenn weder in der Baubeschreibung noch in dem Bauvertrag Fertigstellungstermine oder die Ausführungsdauer genannt sind, ergibt sich die Leistungszeit aus den Umständen des Einzelfalles. Grundsätzlich hat der Auftragnehmer die Leistungen zeitnah nach Vertragsabschluss zu beginnen und zügig auszuführen. Die Ausführungsdauer bestimmt sich dabei nach dem Umfang der durch den Vertrag festgelegten Leistungen. Da diese Dauer im Streitfall durch ein Sachverständigengutachten bestimmt werden würde, ist das mit erheblichen Unsicherheiten verbunden. Umso wichtiger ist es, den Termin im Vertrag anzugeben. **1374**

§ 650l BGB gibt einem Verbraucher ein Widerrufsrecht für den Verbraucherbauvertrag. Das soll den Verbraucher schützen, da es ihm die Möglichkeit gibt, seine Entscheidung zum Bau seines Hauses rückgängig zu machen. Mit der Widerrufserklärung kann der Auftraggeber den Verbraucherbauvertrag also einseitig nach Vertragsabschluss aufheben. Folge eines Widerrufs ist, dass die erbrachten Leistungen zurückgegeben werden müssen. Das heißt für den Auftragnehmer, dass er die bereits erhaltene Vergütung zurückzahlen muss. Im Gegenzug erhält er seine bereits erbrachten Leistungen zurück. Sollte das nicht möglich sein, erhält der Auftragnehmer für die bereits erbrachten Leistungen einen Wertersatz, der sich in aller Regel an der vereinbarten Vergütung orientiert. **1375**

Für den Auftragnehmer bedeutet diese Regelung Unsicherheit, ob der Vertrag bis zum Ende durchgeführt wird. Daher muss der Auftragnehmer einem Widerruf vorbeugen, indem er den Verbraucher darüber aufklärt, dass ihm ein Widerrufsrecht zusteht. Diese Belehrung muss in bestimmter Form erfolgen, damit sie ordnungsgemäß ist. Der Wortlaut der Belehrung ist in Anlage 10 zu Art. 249 § 3 EGBGB aufgeführt und muss verwendet werden (MS 112). Diese Belehrung ist auf einem gesonderten Blatt auszudrucken und bei Vertragsabschluss dem Auftraggeber zur Unterschrift vorzulegen. Ein Ausdruck verbleibt bei dem Auftraggeber, der andere, unterschriebene Ausdruck wird durch den Auftragnehmer im Original seinem Vertragsexemplar beigelegt. **1376**

Wichtig ist dabei, dass der Auftragnehmer seine Kontaktdaten einträgt, der Verbraucherbauvertrag bezeichnet wird und der Auftraggeber mit Angabe des leserlichen Datums unterschreibt. Bei Verbrauchern kommt es häufig vor, dass als Vertragspartner zum Beispiel die Eheleute als zwei Personen angegeben sind. In diesen Fällen muss die Erklärung auch von beiden Ehepartnern unterschrieben werden. Im Prinzip ist die Belehrung durch die gleichen Personen zu unterzeichnen, die auch den Bauvertrag unterzeichnen. **1377**

1378 Hat der Auftragnehmer die unterschriebene Belehrung, läuft für den Verbraucher eine Frist von 14 Tagen ab Vertragsabschluss und Datum der Belehrung, seinen Widerruf zu erklären. Sollten die Datumsangaben nicht identisch sein, beginnt die Frist mit dem späteren Datum. Ist die Frist von 14 Tagen abgelaufen, kann der Auftraggeber den Vertrag nicht mehr widerrufen. Der Auftragnehmer muss also im Regelfall nach Vertragsabschluss 14 Tage mit dem Beginn der Leistung abwarten, damit er weiß, ob der Auftraggeber sein Widerrufsrecht ausübt. Hat der Auftragnehmer die Belehrung nicht oder nicht ordnungsgemäß vorgenommen, hat der Verbraucher eine Frist zur Ausübung des Widerrufsrechts von einem Jahr und 14 Tagen nach Vertragsabschluss.

1379 § 650m BGB sieht bei Bauverträgen mit Verbrauchern weiterhin vor, dass Abschlagsrechnungen vom Auftragnehmer nur bis zu einer Höhe von 90 Prozent der Gesamtvergütung gestellt werden dürfen. Bei zusätzlichen Leistungen ist deren Vergütung der ursprünglichen Auftragssumme hinzuzurechnen. Der Verbraucher kann weiterhin Sicherheit für die rechtzeitige und mangelfreie Ausführung verlangen. Diese Sicherheit beträgt 5 % der Gesamtvergütung und ist durch den Auftragnehmer bei der ersten Abschlagsrechnung zu gewähren. Hierfür kann der Sicherheitseinbehalt von den Abschlagszahlungen einbehalten werden.

1380 Nach § 650n BGB muss der Auftragnehmer dem privaten Auftraggeber Unterlagen zur Verfügung stellen. Diese Verpflichtung besteht nach § 650n Abs. 1 BGB bereits vor Beginn der Ausführung der Arbeiten. Der Auftragnehmer muss dem Auftraggeber die Planungsunterlagen zur Verfügung stellen, die der Auftraggeber für den Nachweis gegenüber Behörden benötigt, dass die im Vertrag vorgesehenen Leistungen den öffentlich-rechtlichen Vorschriften entsprechen werden. Zu diesen Planungsunterlagen gehören also zum Beispiel die Baubeschreibung, Standsicherheitsnachweise, Brandschutznachweise etc. Diese Pflicht ist grundsätzlich eingeschränkt, wenn der Auftraggeber oder ein von ihm beauftragter Dritter die wesentlichen Planungsvorgaben erstellt, also nicht der Auftragnehmer.

1381 Eine weitere Verpflichtung des Auftragnehmers zur Anfertigung und Übergabe von Unterlagen besteht spätestens mit der Fertigstellung der Leistungen. Zu diesem Zeitpunkt hat der Auftragnehmer die Unterlagen zu übergeben, die der Auftraggeber für den Nachweis gegenüber Behörden benötigt, dass die tatsächliche Ausführung der Leistungen den öffentlich-rechtlichen Vorschriften entspricht. Der Umfang dieser Unterlagen ist davon abhängig, welche Unterlagen von der Behörde bei dem Auftraggeber angefordert werden.

Letztlich muss der Auftragnehmer dem Auftraggeber auch diejenigen Pla- **1382**
nungsunterlagen und weiteren Unterlagen übergeben, die der Auftraggeber für den Nachweis der Einhaltung bestimmter Bedingungen benötigt. Hierbei handelt es sich zum Beispiel um Nachweise für einen Kredit bei der KfW-Förderbank oder andere Subventionen. Diese Verpflichtung des Auftragnehmers besteht aber nur in den Fällen, in denen ihm bekannt war, dass der Auftraggeber entsprechende Fördermittel in Anspruch nehmen will, dafür bestimmte Bedingungen erfüllt sein müssen und weiterhin der Auftragnehmer bei dem Verbraucher die Erwartung bestätigt hat, dass die auszuführenden Leistungen diese Bedingungen erfüllen. Im Zweifelsfall sollte der Auftragnehmer also bereits vor Vertragsabschluss mit dem Auftraggeber klären, ob dieser Fördermittel oder Kredite in Anspruch nehmen will, die von der Erfüllung von Bedingungen der Bauleistung abhängen, welche das sind und ob die entsprechenden Merkmale erreicht werden.

Bei einem Verbraucher als Vertragspartner hat der Auftragnehmer auch bei **1383**
der Abnahme besondere Regelungen zu beachten. Zwar regelt § 640 Abs. 2 BGB die Abnahme für den Auftragnehmer günstig, indem hier eine gesetzliche Abnahmefiktion eintritt, wenn der Auftraggeber die Abnahme nicht unter Angabe eines Mangels verweigert oder sich nicht erklärt. Diese Abnahmefiktion tritt bei einem Verbraucher als Auftraggeber aber nur ein, wenn der Auftragnehmer den Verbraucher darüber belehrt hat, dass er bei Verweigerung der Abnahme mindestens einen Mangel benennen muss. Diese Belehrung hat mit der Einladung zum Abnahmetermin zu erfolgen (MS 113).

Abschließend ist in § 650o vorgeschrieben, dass von den Vorschriften zum **1384**
Schutz der Verbraucher nicht in vertraglichen Regelungen abgewichen werden darf. Eine teilweise Ausnahme bildet lediglich § 650m BGB bezüglich der Abschlagsrechnungshöhe.

Checkliste 41: Anwendung Neues Baurecht

Wann:	Vor Vertragsabschluss
Warum:	Klärung der anwendbaren Vorschriften
Wer:	Einkauf, Bauleiter, Baukaufmann
Was:	Klärung des Datums des Vertragsabschlusses, wenn nach dem 01.01.2018, Anwendung des neuen Bauvertragsrechts. Klärung, ob ein Bauvertrag vorliegt, dann auch Anwendung der Vorschriften über den Bauvertrag. Klärung, ob der Vertragspartner des Bauvertrags ein Verbraucher ist, dann auch Anwendung der Vorschriften über den Verbraucherbauvertrag.
Wie:	Durchsicht der Vertragsunterlagen auf Übereinstimmung mit dem neuen Bauvertragsrecht Klärung des Vertragstyps und der Art des Vertragspartners
Kontrolle:	Quercheck mit den gesetzlichen Vorschriften
Weiteres Vorgehen:	Anpassung des Vertrags Eventuelle Belehrungen des Vertragspartners Information der beteiligten Mitarbeiter über die zu beachtenden Punkte
Eigene Anmerkungen:	

Musterschreiben 104: Anfrage zur Einigung auf eine Berechnungsmethode für Nachträge

Adressat: *Auftraggeber*

Bauvorhaben: ....

Datum: ....

AS Nr. *73:* **Berechnungsmethode für Nachträge**

Sehr geehrte Damen und Herren,

in unserem Bauvertrag ist die Geltung der VOB/B vereinbart. Da auch das neue Bauvertragsrecht Anwendung findet, ist die Methode der Berechnung der Vergütung für geänderte und zusätzliche Leistungen sowie andere Nachträge vor allem im Streitfall unklar. Wir möchten dies mit Ihnen vorab klären, damit wir diesbezüglich Sicherheit haben.

Wir schlagen Ihnen vor, dass wir für alle Nachträge einheitlich, wie dies auch bisher bei Anwendung des § 2 VOB/B üblich war, die Höhe der Vergütung mit Hilfe der Preisfortschreibung bestimmen. Grundlage der Preisfortschreibung ist die bei Ihnen hinterlegte Kalkulation.

Sollten Sie damit einverstanden sein, bitten wir uns dies schriftlich zu bestätigen.

Für Rückfragen stehen wir gerne zur Verfügung.

Mit freundlichen Grüßen

....

(Unterschrift)

Hinweise zu Musterschreiben 104

Art des Schreibens: Muss, Schriftform

1385 **Zeitpunkt des Schreibens:** Das Schreiben muss vor der Berechnung des ersten Nachtrags versendet werden.

1386 **Vorschriften:** § 2 VOB/B, § 650c BGB

1387 **Adressat:** Auftraggeber

1388 **Nummerierung:** Das Schreiben ist als allgemeines Schreiben zu nummerieren. Eine Kopie ist zur Bauakte zu nehmen.
Das Original des Anschreibens und die Antwort des Auftraggebers sind zu dokumentieren und bei dem Original des Bauvertrags zu hinterlegen.

1389 **Text:** Das Schreiben muss dem Auftraggeber eindeutig klar machen, dass eine Einigung auf eine Berechnungsmethode erfolgen soll, die für alle Nachträge Geltung hat, auch im Streitfall.

1390 **Weitere Hinweise:** Wichtig ist, dass im Vorfeld klar ist, dass nicht im Nachgang eine Berechnung nach tatsächlichen Kosten erfolgen muss. Das hat in der Praxis den Nachteil, dass eine Dokumentation der tatsächlichen Kosten nicht vorliegt und damit ein vollständiger Nachweis der tatsächlichen Kosten nicht mehr möglich ist.

Musterschreiben 105: Mitteilung des Eintritts der Abnahmefiktion

Adressat: *Auftraggeber*

Bauvorhaben: ....

Datum: ....

AS Nr. *74:* **Mitteilung Beginn der Gewährleistung**

Sehr geehrte Damen und Herren,

mit Schreiben vom *12.09.2027* **haben wir Ihnen Frist gesetzt für die Abnahme unserer fertiggestellten Leistungen. Diese Frist ist am** *30.09.2027* **abgelaufen, ohne dass Sie unter Angabe eines Mangels die Abnahme verweigert haben. Wir setzen Sie daher in Kenntnis, dass unsere Leistungen mit dem** *01.10.2027* **als abgenommen gelten und die Gewährleistungsfrist von** *5* **Jahren begonnen hat zu laufen.**

Für Rückfragen stehen wir gerne zur Verfügung.

Mit freundlichen Grüßen

....

(Unterschrift)

Hinweise zu Musterschreiben 105

Art des Schreibens: Sollte, Schriftform, Zugangsnachweis

1391 **Zeitpunkt des Schreibens:** Das Schreiben sollte direkt nach dem Ablauf der Frist zur Abnahme versendet werden.

1392 **Vorschriften:** § 640 Abs. 2 BGB

1393 **Adressat:** Auftraggeber

1394 **Nummerierung:** Das Schreiben ist als allgemeines Schreiben zu nummerieren und zur Bauakte zu nehmen. Das Schreiben sollte im Anschluss an das Aufforderungsschreiben zur Abnahme abgelegt werden.

1395 **Text:** Das Schreiben dient zur Klarstellung, dass innerhalb der Frist zur Abnahme durch den Auftraggeber nicht reagiert wurde, indem er unter Angabe mindestens eines Mangels die Abnahme verweigert hat. Daher gelten die Leistungen als abgenommen und es beginnt die Gewährleistungsfrist zu laufen.

1396 **Weitere Hinweise:** Sollten im Vertrag abweichende Regelungen vereinbart sein, zum Beispiel eine förmliche Abnahme, kann das der gesetzlichen Regelung vorgehen.

Musterschreiben 106: Kündigung des Vertrags aus wichtigem Grund

Adressat: *Auftraggeber*

Bauvorhaben: ....

Datum: ....

AS Nr. *75:* **Kündigung des Auftrags**

Sehr geehrte Damen und Herren,

hiermit kündigen wir Ihnen den Bauvertrag vom *13.10.2027* **aus wichtigem Grund.**

Sie haben trotz zweifacher Mahnung und Ankündigung der Kündigung die Nachfrist zur Zahlung der unstreitig fälligen fünften Abschlagsrechnung nicht eingehalten.

Für die Feststellung unserer Leistungen haben wir als Termin *nächste Woche, Donnerstag, den 15.12.2027 ab 09.00 Uhr* **vorgesehen. Wir bitten Sie um Ihre Teilnahme oder um unverzügliche Mitteilung, dass Sie zu diesem Termin verhindert sind. In diesem Fall schlagen Sie bitte einen zeitnahen Ersatztermin vor.**

Mit freundlichen Grüßen

....

(Unterschrift)

Hinweise zu Musterschreiben 106

Art des Schreibens: Muss, Schriftform, Zugangsnachweis

1397 **Zeitpunkt des Schreibens:** Das Schreiben muss versendet werden, wenn während des Bauablaufs ein wichtiger Grund vorliegt, sodass die Fortsetzung des Vertragsverhältnisses mit dem Auftraggeber unzumutbar ist. Das ist zum Beispiel Zahlungsverzug, das Unterlassen von Mitwirkungshandlungen etc. Das Kündigungsschreiben ist unmittelbar nach Eintritt des wichtigen Grundes zu versenden.

1398 **Vorschriften:** § 648a BGB

1399 **Adressat:** Auftraggeber

1400 **Nummerierung:** Das Schreiben ist als allgemeines Schreiben zu nummerieren und zur Bauakte zu nehmen. Wichtig ist allerdings auch die Ablage der Dokumentation des wichtigen Grundes, zum Beispiel der nicht innerhalb der Nachfrist erfolgten Zahlung.

1401 **Text:** Es ist klar und unmissverständlich zum Ausdruck zu bringen, dass man den Vertrag vollständig ab dem Zeitpunkt des Schreibens kündigt. Das Anschreiben sollte den wichtigen Grund genau benennen. Für die Feststellung des Leistungsstandes ist ein Termin zu nennen, der innerhalb einer angemessenen Frist liegt.

1402 **Weitere Hinweise:** Durch die Kündigung wird das Vertragsverhältnis beendet. Nach der Leistungsfeststellung ist daher die Schlussrechnung einzureichen.

Musterschreiben 107: Ablehnung einer Leistungsänderung wegen Unzumutbarkeit

Adressat: *Auftraggeber*

Bauvorhaben: ....

Datum: ....

AS Nr. *76: Unzumutbarkeit der Leistungsänderung*

Sehr geehrte Damen und Herren,

mit Schreiben vom *13.10.2027* **haben Sie eine Leistungsänderung von uns** *verlangt. Hierbei handelt es sich darum, nicht mehr wie vorgesehen den Bodenbelag als textilen Bodenbelag auszuführen, sondern eine Verlegung von Naturstein auszuführen.*

Für diese Arbeiten ist unser Betrieb nicht eingerichtet und hat keine entsprechend qualifizierten Mitarbeiter. **Daher ist Ihre gewünschte Leistungsänderung uns nicht zumutbar und wir können diese Arbeiten für Sie nicht ausführen.**

Bitte teilen Sie uns mit, ob wir deshalb wie vorgesehen *den textilen Bodenbelag* **ausführen sollen, oder ob Sie die Arbeiten an einen anderen Unternehmer vergeben wollen. Im Falle der anderweitigen Vergabe wollen Sie uns bitte die Kündigung des entsprechenden Leistungsteils schriftlich mitteilen oder Ihre Entscheidung, auf die Leistungsänderung zu verzichten. Wir benötigen Ihre Entscheidung bis zum** *20.10.2027*.

Mit freundlichen Grüßen

....

(Unterschrift)

Hinweise zu Musterschreiben 107

Art des Schreibens: Muss, Schriftform, Zugangsnachweis

1403 **Zeitpunkt des Schreibens:** Das Schreiben muss unverzüglich nach Erhalt des Änderungsbegehrens des Auftraggebers versendet werden.

1404 **Vorschriften:** § 650b BGB

1405 **Adressat:** Auftraggeber

1406 **Nummerierung:** Das Schreiben ist als allgemeines Schreiben zu nummerieren und zur Bauakte zu nehmen. Wichtig ist allerdings auch die Ablage der Dokumentation des Grundes für die Unzumutbarkeit, zum Beispiel der fehlenden Qualifikation.

1407 **Text:** Das Schreiben muss den Auftraggeber darüber informieren, dass die Leistungsänderung nicht ausgeführt werden kann. Das Anschreiben sollte die Gründe benennen. Für den möglicherweise entfallenden Leistungsanteil ist eine Teilkündigung vom Auftraggeber anzufordern, die schriftlich zu erfolgen hat.

1408 **Weitere Hinweise:** Erfolgt durch den Auftraggeber eine Teilkündigung der vertraglich vorgesehenen Leistungen, ist eine Kündigungsabrechnung für diesen Leistungsteil vorzunehmen.

Musterschreiben 108: Anforderung von Angebotsunterlagen für geänderte Leistungen

Adressat: *Auftraggeber*

Bauvorhaben: ....

Datum: ....

AS Nr. *76:* **Anforderung von Planungsunterlagen**

Sehr geehrte Damen und Herren,

mit Schreiben vom *13.01.2026* **haben Sie uns aufgefordert, geänderte Leistungen zu erbringen.**

Sie möchten auf dem Zufahrtsbereich statt der Verlegung von Pflastersteinen nun eine Asphaltdecke.

Für diese Leistungsänderung müssen wir Ihnen ein Angebot erstellen, auf dessen Grundlage wir uns auf die Vergütung einigen. Um dieses Angebot zu erstellen, übersenden Sie uns bitte die notwendigen Planunterlagen.

Da Sie den vertraglichen Leistungsumfang *mit einem Leistungsverzeichnis, Vordersätzen und der vollständigen Ausführungsplanung* **geplant haben, bitten wir um die Übersendung solcher Unterlagen für die geänderten Leistungen.**

Wir benötigen diese Unterlagen bis zum *23.01.2026*, **da wir innerhalb von weiteren 30 Tagen nach Erhalt der Unterlagen das Angebot erstellen und verhandeln müssen, die Arbeiten** *4 Wochen* **Vorlauf benötigen und wir nach derzeitigem Bautenstand ab dem** *24.03.2026* **diese geänderten Leistungen ausführen würden.**

Wir weisen darauf hin, dass bei Bereitstellung der Planunterlagen nach diesem Termin das Angebot erst entsprechend später vorgelegt werden kann mit der Folge, dass sich die Ausführung der geänderten Leistungen verschieben kann. Da von der Ausführung der geänderten Leistungen die weitere Ausführung der im Vertrag vorgesehenen Arbeiten *zur Markierung und Verkehrsleitung* **abhängt, kann es zu einer Bauzeitverlängerung und zu Mehrkosten kommen.**

Mit freundlichen Grüßen

....

(Unterschrift)

Hinweise zu Musterschreiben 108

Art des Schreibens: Muss, Schriftform, Zugangsnachweis

1409 **Zeitpunkt des Schreibens:** Das Schreiben muss versendet werden, wenn der Auftraggeber eine geänderte Leistung begehrt und der Auftragnehmer für sein Angebot Planunterlagen des Auftraggebers bekommen muss. Das Schreiben ist daher sofort nach Bekanntwerden des Änderungsbegehrens zu versenden.

1410 **Vorschriften:** § 650b BGB

1411 **Adressat:** Auftraggeber

1412 **Nummerierung:** Das Schreiben ist als allgemeines Schreiben zu nummerieren und zur Bauakte zu nehmen. Das Änderungsbegehren des Auftraggebers ist mit zu dieser Dokumentation zu nehmen.

1413 **Text:** Der Auftragnehmer muss ein Angebot für die geänderte Leistung, die der Auftraggeber verlangt, erstellen. Hierfür hat er 30 Tage Zeit. Diese Frist läuft aber erst, wenn der Auftraggeber die für das Angebot notwendigen Unterlagen an den Auftragnehmer übergeben hat. Diese Unterlagen können durch den Auftragnehmer in dem Schreiben genannt werden, zum Beispiel die Ausführungsplanung, ein Leistungsverzeichnis, ein Bodengutachten etc. Es ist darauf hinzuweisen, dass vor Übermittlung der Unterlagen kein Angebot erstellt wird und daher die Ausführung dieser Leistungen nicht möglich ist.

1414 **Weitere Hinweise:** Die Frist zur Einigung über die Änderung und deren Vergütung innerhalb von 30 Tagen muss genutzt werden. Der Auftragnehmer darf die geänderten Leistungen nicht vorher ausführen, da er riskiert, keine Vergütung zu erhalten. Daher sind hindernde Umstände anzumelden. Das gilt insbesondere, wenn von den geänderten Leistungen weitere Arbeiten abhängen.

Musterschreiben 109: Anforderung der Bestätigung eines Änderungsbegehrens

Adressat: *Auftraggeber*

Bauvorhaben: ....

Datum: ....

AS Nr. *77:* **Bestätigung eines Änderungsbegehrens, Anforderung von Planungsunterlagen**

Sehr geehrte Damen und Herren,

am *13.01.2026 hat Ihr vertretungsberechtigter Herr Schmal* **uns** *bei dem Baustellenrundgang* **mitgeteilt, dass möglicherweise geänderte Leistungen zu erbringen sind.** *Sie möchten auf dem Zufahrtsbereich statt der Verlegung von Pflastersteinen eventuell nun eine Asphaltdecke.*

Für uns ist nicht klar, ob dies bereits ein Änderungsbegehren Ihrerseits darstellt. Sollte dies so sein, müssen wir Ihnen ein Angebot für diese Leistungsänderung erstellen, auf dessen Grundlage wir uns auf die Vergütung einigen. Hierfür ist eine Frist von 30 Tagen ab Zugang Ihres Änderungsbegehrens vorgesehen. Derzeit gehen wir davon aus, dass Ihre Mitteilung lediglich informativ war und noch kein konkretes Änderungsbegehren darstellt.

Sollten Sie *oder Herr Schmal* **das Änderungsbegehren bereits verbindlich gemeint haben, teilen Sie uns dies bitte umgehend mit. Wir gehen dann davon aus, dass die Frist von 30 Tagen in jedem Fall erst ab Zugang Ihrer Bestätigung läuft.**

Um dieses Angebot zu erstellen, übersenden Sie uns bitte auch die notwendigen Planunterlagen.

Mit freundlichen Grüßen

....

(Unterschrift)

Hinweise zu Musterschreiben 109

Art des Schreibens: Sollte, Schriftform, Zugangsnachweis

1415 **Zeitpunkt des Schreibens:** Das Schreiben sollte versendet werden, wenn der Auftraggeber eine geänderte Leistung ausführen lassen will, aber dem Auftragnehmer noch nicht klar ist, ob der Auftraggeber dies bereits verbindlich angekündigt hat.

1416 **Vorschriften:** § 650b Abs. 2 BGB

1417 **Adressat:** Auftraggeber

1418 **Nummerierung:** Das Schreiben ist als allgemeines Schreiben zu nummerieren und zur Bauakte zu nehmen.

1419 **Text:** Der Auftragnehmer muss ein Angebot für die geänderte Leistung, die der Auftraggeber verlangt, erstellen. Hierfür hat er 30 Tage Zeit. Diese Frist läuft ab Zugang des Änderungsbegehrens des Auftraggebers bei dem Auftragnehmer. Der Auftragnehmer sollte daher bei Unklarheiten eine Klarstellung bezüglich der möglicherweise zu ändernden Leistung herbeiführen. Daher ist das Verständnis des Auftragnehmers, die verursachende Situation und die mögliche Leistungsänderung anzugeben, sodass der Auftraggeber weiß, wodurch die Unklarheiten entstanden sind und um welche mögliche Leistungsänderung es geht.

1420 **Weitere Hinweise:** In diesem Schreiben können auch direkt die für eine Angebotserstellung notwendigen Unterlagen angefordert werden. In jedem Fall läuft die Frist für die Einigung nach Zugang des Änderungsbegehrens und Zugang der notwendigen Planunterlagen.

Musterschreiben 110: Anforderung der Anordnung vom Auftraggeber in Textform

Adressat: *Auftraggeber*

Bauvorhaben: ....

Datum: ....

AS Nr. *78:* **Anforderung der schriftlichen Anordnung**

Sehr geehrte Damen und Herren,

mit Schreiben vom *13.01.2026* **haben Sie uns aufgefordert, geänderte Leistungen zu erbringen.**

Sie möchten auf dem Zufahrtsbereich statt der Verlegung von Pflastersteinen nun eine Asphaltdecke.

Für diese Leistungsänderung hatten wir Ihnen ein Angebot erstellt, auf dessen Grundlage wir leider innerhalb von 30 Tagen keine Einigung erzielt haben. In der letzten Verhandlung am *12.02.2026* **haben Sie uns mündlich aufgefordert, die geänderten Leistungen zu erbringen. Es erfolgte aber bis heute keine schriftliche Anordnung der geänderten Leistungen.**

Nach den gesetzlichen Vorgaben benötigen wir vor der Ausführung der von Ihnen angeordneten Leistungen eine schriftliche Bestätigung von Ihnen, dass wir diese Leistungen ausführen sollen.

Wir benötigen die schriftliche Anordnung bis zum *23.02.2026*, **da wir nach derzeitigem Bautenstand ab dem** *24.02.2026* **diese geänderten Leistungen ausführen würden.**

Wir weisen darauf hin, dass bei einer schriftlichen Anordnung nach diesem Termin sich die Ausführung der geänderten Leistungen verschieben wird. Da von der Ausführung der geänderten Leistungen die weitere Ausführung der im Vertrag vorgesehenen Arbeiten zur Markierung und Verkehrsleitung abhängt, kann es zu einer Bauzeitverlängerung und zu Mehrkosten kommen.

Mit freundlichen Grüßen

....

(Unterschrift)

Hinweise zu Musterschreiben 110

Art des Schreibens: Muss, Schriftform, Zugangsnachweis

1421 **Zeitpunkt des Schreibens:** Das Schreiben muss versendet werden, wenn der Auftraggeber eine geänderte Leistung begehrt, aber diese nicht in Textform angeordnet hat. Das Schreiben ist daher gleich nach Ablauf der 30-Tage-Frist ohne Einigung bezüglich der geänderten Leistung und deren Vergütung zu versenden.

1422 **Vorschriften:** § 650b Abs. 2 BGB

1423 **Adressat:** Auftraggeber

1424 **Nummerierung:** Das Schreiben ist als allgemeines Schreiben zu nummerieren und zur Bauakte zu nehmen. Das Änderungsbegehren des Auftraggebers in Textform ist mit zu dieser Dokumentation zu nehmen.

1425 **Text:** Der Auftragnehmer muss eine schriftliche Anordnung vor der Ausführung der geänderten Leistungen vorliegen haben. Diese schriftliche Anordnung ist daher anzufordern. Zur Klarstellung ist auszuführen, um welche Anordnung es inhaltlich geht. Es ist darauf hinzuweisen, dass vor Übermittlung der schriftlichen Anordnung die Ausführung dieser Leistungen für den Auftragnehmer nicht möglich ist.

1426 **Weitere Hinweise:** Schon bislang musste der Auftragnehmer eine Anordnung des Auftraggebers nachweisen. Das war am einfachsten, wenn die Anordnung schriftlich vorlag. Die Schriftform war aber nicht zwingend. Da die Textform aber nun im Gesetz vorgesehen ist, muss der Auftragnehmer dafür sorgen, dass diese eingehalten wird und im Zweifelsfall die Ausführung der angeordneten Leistungen verweigern, wenn keine Anordnung in Textform vorliegt. Da das Gesetz die Textform vorsieht, darf bezweifelt werden, dass die Vertragspartner von dieser gesetzlichen Vorgabe durch Vereinbarung oder ständige Handlung bei der Vertragsdurchführung abweichen dürfen.

Musterschreiben 111: Aufforderung zur gemeinsamen Zustandsfeststellung

Adressat: *Auftraggeber*

Bauvorhaben: ....

Datum: ....

AS Nr. *79:* **Aufforderung zur Zustandsfeststellung**

Sehr geehrte Damen und Herren,

mit Schreiben vom *13.01.2027* **haben Sie uns mitgeteilt, dass Sie wegen der im Schreiben genannten Mängel die Abnahme unserer Leistungen verweigern.**

Für unsere ausgeführten Leistungen verlangen wir daher eine gemeinsame Zustandsfeststellung. Wir schlagen als Termin *Freitag, den 25.01.2027 vor, 08.00 Uhr vor dem Eingang des Gebäudes*.

Wir weisen darauf hin, dass wir die Zustandsfeststellung im Falle Ihres Fernbleibens allein vornehmen werden. Das angefertigte Protokoll werden wir Ihnen in diesem Fall zukommen lassen.

Mit freundlichen Grüßen

....

(Unterschrift)

Hinweise zu Musterschreiben 111

Art des Schreibens: Muss, Schriftform, Zugangsnachweis

1427 **Zeitpunkt des Schreibens:** Das Schreiben muss versendet werden, wenn der Auftraggeber die Abnahme unter Angabe von mindestens einem Mangel verweigert hat.

1428 **Vorschriften:** § 650g BGB

1429 **Adressat:** Auftraggeber

1430 **Nummerierung:** Das Schreiben ist als allgemeines Schreiben zu nummerieren und zur Bauakte zu nehmen. Nach Anfertigung des Protokolls der Zustandsfeststellung ist dieses dem Schreiben anzuhängen.

1431 **Text:** Der Auftragnehmer muss eine gemeinsame Zustandsfeststellung aus Dokumentationszwecken schriftlich bei dem Auftraggeber verlangen. Hierfür setzt er gleichzeitig einen Termin.

1432 **Weitere Hinweise:** Alternativ kann der Zustand des Bauwerks auch durch einen Sachverständigen festgestellt werden. Dies erscheint aber aus der Sicht des Auftragnehmers keine gleichwertige Alternative, da auch das Protokoll einer einseitigen Zustandsfeststellung verbindlich wird.
Wichtig ist, dass der Auftragnehmer das von ihm gefertigte Protokoll dem Auftraggeber unverzüglich mit Zugangsnachweis zukommen lässt.
Der Auftragnehmer sollte das Protokoll auch im Fall der einseitigen Erstellung sorgfältig und nachvollziehbar ausarbeiten. Ein einfaches Blatt Papier, in dem er protokolliert, alles sei bestens, wird nicht ausreichen.

Musterschreiben 112: Widerrufsbelehrung Verbraucherbauvertrag

Adressat: *Auftraggeber*

Bauvorhaben: ....

Datum: ....

Verbraucherbauvertrag vom............

Widerrufsbelehrung

Widerrufsrecht

Sie haben das Recht, binnen 14 Tagen ohne Angabe von Gründen diesen Vertrag zu widerrufen.

Die Widerrufsfrist beträgt 14 Tage ab dem Tag des Vertragsabschlusses. Sie beginnt nicht zu laufen, bevor Sie diese Belehrung in Textform erhalten haben.

Um Ihr Widerrufsrecht auszuüben, müssen Sie uns, *die Schnell Bau GmbH, Baustraße 15, 70555 Bauhausen, Tel. 0453-34552, Fax. 0453-34550, E-Mail: Kundenservice@Schnell-Bau.de,* **mittels einer eindeutigen Erklärung (z.B. Brief, Telefax oder E-Mail) über Ihren Entschluss, diesen Vertrag zu widerrufen, informieren.**

Zur Wahrung der Widerrufsfrist reicht es aus, dass Sie die Erklärung über die Ausübung des Widerrufsrechts vor Ablauf der Widerrufsfrist absenden.

Folgen des Widerrufs

Wenn Sie diesen Vertrag widerrufen, haben wir Ihnen alle Zahlungen, die wir von Ihnen erhalten haben, unverzüglich zurückzuzahlen.

Sie müssen uns im Falle des Widerrufs alle Leistungen zurückgeben, die Sie bis zum Widerruf von uns erhalten haben. Ist die Rückgewähr einer Leistung ihrer Natur nach ausgeschlossen, lassen sich etwa verwendete Baumaterialien nicht ohne Zerstörung entfernen, müssen Sie Wertersatz dafür bezahlen.

....

(Unterschrift Verbraucher)

Hinweise zu Musterschreiben 112

Art des Schreibens: Muss, Schriftform

1433 **Zeitpunkt des Schreibens:** Das Schreiben muss dem Verbraucher als Auftraggeber bei Vertragsabschluss vorgelegt und von ihm unterschrieben werden.

1434 **Vorschriften:** § 650l BGB, Art. 249 § 3 EGBGB, Muster Anlage 10

1435 **Adressat:** Auftraggeber bei Verbraucherbauvertrag

1436 **Nummerierung:** Die unterschriebene Widerrufsbelehrung ist zur Bauakte zu nehmen und dem Originalbauvertrag anzufügen. Dem Auftraggeber ist eine Zweitausfertigung zu übergeben.

1437 **Text:** Der Auftraggeber muss über sein Widerrufsrecht ordnungsgemäß belehrt werden. Dafür kann der Mustertext des Gesetzgebers verwendet werden, der diese Anforderungen erfüllt.

1438 **Weitere Hinweise:** Der Auftragnehmer hat seinen Firmennamen, die Adresse und die Kontaktdaten aufzunehmen. Der Verbraucherbauvertrag muss im Kopf der Belehrung bezeichnet werden, sodass klargestellt ist, um welchen Vertrag es sich handelt.

Musterschreiben 113: Aufforderung zur Abnahme Verbraucherbauvertrag

Adressat: *Auftraggeber*

Bauvorhaben: ....

Datum: ....

AS Nr. *80:* **Vereinbarung eines Abnahmetermins**

Sehr geehrte Frau Müller,

sehr geehrter Herr Müller,

wir führen derzeit *nur noch wenige Restarbeiten für den Bodenbelag in den Obergeschossen* **aus. Diese Arbeiten werden am** *Freitag, den 25. November 2027*, **abgeschlossen sein.** *In der darauf folgenden Woche* **steht das Gebäude zur Abnahme bereit.**

Wir schlagen Ihnen als Termin für die Abnahme

Montag, den 28. November 2027, 09.00 **Uhr vor.**

Die zu übergebenden Unterlagen stellen wir Ihnen derzeit zusammen.

Die Dauer der Abnahme schätzten wir mit *vier Stunden* **ein. Der von uns vorgesehene Ablauf der Abnahme ergibt sich aus der Aufstellung in der Anlage.**

Bitte bestätigen Sie den Termin und teilen Sie uns mit, mit welchen Personen Ihrerseits die Abnahme durchgeführt werden wird oder ob Sie ergänzende Wünsche zu dem vorgesehenen Ablauf haben.

Da wir einen Verbraucherbauvertrag abgeschlossen haben, müssen wir Sie darüber informieren, dass Sie sich zu der Abnahme erklären müssen und bei einer Verweigerung der Abnahme mindestens einen Mangel benennen müssen. Diese Erklärung muss bis zu unserem Abnahmetermin erfolgen, spätestens bei dem Termin. Sollten Sie sich nicht erklären oder die Abnahme ohne Angabe mindestens eines Mangels verweigern, tritt die Abnahme mit ihren Rechtsfolgen durch die gesetzliche Fiktion ein.

Für Rückfragen stehen wir gerne zur Verfügung.

Mit freundlichen Grüßen

....

(Unterschrift)

Anlage: Ablauf der Abnahme

Hinweise zu Musterschreiben 113

Art des Schreibens: Muss, Schriftform, Zugangsnachweis

1439 **Zeitpunkt des Schreibens:** Das Schreiben sollte so versendet werden, dass eine Abnahme der Leistungen möglichst kurzfristig nach deren Fertigstellung erfolgen kann. Es ist allerdings eine angemessene Frist bis zum vorgesehenen Termin der Abnahme einzuhalten.

1440 **Vorschriften:** § 640 Abs. 2 BGB.

1441 **Adressat:** Auftraggeber, der Verbraucher ist.

1442 **Nummerierung:** Das Schreiben ist als allgemeines Schreiben zu nummerieren und zur Bauakte zu nehmen. Wichtiger sind allerdings die Dokumentation und Ablage des Abnahmeprotokolls, in dem der Auftraggeber bestätigt, dass er mit der Leistung einverstanden ist, oder die Dokumentation der verweigerten Abnahme ohne Angabe mindestens eines Mangels.

1443 **Text:** Das Anschreiben muss den Termin für die Abnahme konkret benennen. Ergänzend hat es sich bewährt, wenn man einen Ablauf der Abnahme vorschlägt und einen zeitlichen Rahmen.
Ergänzend sollte man fragen, welche Personen für den Auftraggeber an der Abnahme teilnehmen. Damit kann man sich auf die Abnahme besser vorbereiten oder nach entsprechenden Vollmachten fragen, wenn der Auftraggeber selbst nicht anwesend ist.
Wesentlich ist die Belehrung, dass bei Verweigerung der Abnahme ohne Angabe mindestens eines Mangels eine Abnahmefiktion eintritt.

1444 **Weitere Hinweise:** Ist sich der Auftragnehmer nicht sicher, ob es sich bei dem Auftraggeber um einen Verbraucher handelt, sollte im Zweifel die Belehrung aufgenommen werden. Wenn Ehepartner den Vertrag unterschrieben haben, sollte die Einladung zur Abnahme auch an beide Ehepartner adressiert werden.

Stichwortverzeichnis

Das Stichwortverzeichnis verweist auf Randnummern

A

B

C

D

E

F

N

O

P

Q

R

S

T

U

V